北京理工大学“双一流”建设精品出版工程

Explosion Technology and Its Application

爆炸技术及应用

黄广炎 冯顺山 刘 瀚 王 涛 ◎ 编著

北京理工大学出版社
BEIJING INSTITUTE OF TECHNOLOGY PRESS

图书在版编目（CIP）数据

爆炸技术及应用／黄广炎等编著.— 北京：北京理工大学出版社，2021. 2（2024.12 重印）
ISBN 978 -7 -5682 -8672 -5

Ⅰ.①爆…　Ⅱ.①黄…　Ⅲ.①爆破技术 - 高等学校 - 教材　Ⅳ.①TB41

中国版本图书馆 CIP 数据核字（2020）第 170859 号

出版发行／北京理工大学出版社有限责任公司
社　　址／北京市海淀区中关村南大街 5 号
邮　　编／100081
电　　话／(010) 68914775（总编室）
　　　　　(010) 82562903（教材售后服务热线）
　　　　　(010) 68944723（其他图书服务热线）
网　　址／http：//www. bitpress. com. cn
经　　销／全国各地新华书店
印　　刷／廊坊市印艺阁数字科技有限公司
开　　本／787 毫米 ×1092 毫米　1/16
印　　张／21
字　　数／492 千字
版　　次／2021 年 2 月第 1 版　2024 年 12 月第 4 次印刷
定　　价／68. 00 元

责任编辑／张海丽
文案编辑／张海丽
责任校对／周瑞红
责任印制／李志强

前言

PREFACE

爆炸是自然界和人们生活中的一种特殊现象，它与人类社会的发展密不可分，人类生活当中有各种形式的爆炸，爆炸技术中所应用的爆炸现象主要是指炸药的爆炸现象。爆炸技术是利用炸药爆炸所释放能量的专门技术，是人类在长久生产活动中的重大实践，被广泛应用于军事、工业和爆炸防护方面。现代爆炸技术不断进步与发展，爆炸技术的应用范围也不断扩大，种类更加多样，广泛应用于国民经济建设与国防建设的各个领域，并取得了可喜的成绩，起到了重要的促进与推动作用。

编者在撰写过程中发现，相关同类著作主要涉及爆炸技术在军事或爆破工程方面的应用，而在机械加工、航空航天领域及警用反恐与公共安全等方面均涉及较少。编者结合多年科研工作经历和积累的大量数据与素材撰写本书，内容除爆炸技术的相关基础理论知识及传统领域的应用外，主要围绕爆炸技术在航空航天、地质勘探和石油开采、机械加工、爆破工程领域的最新应用，以及反恐爆炸技术等方面展开介绍和论述。

全书共11章，包括爆炸技术相关理论及各方面应用。第1章概论，对爆炸技术的概念、技术特点、应用范围和发展前景做出了全方位的分析总结，该章为全书基础。第2章与第3章，介绍了炸药爆炸基本原理与炸药起爆理论与技术，对爆轰现象、典型炸药及威力测试，各种起爆器材及常用起爆方法进行了深入讲解。第4~8章，介绍爆炸技术在国民经济各方面的应用，从传统的爆破工程、能源勘探与采集，到新兴的爆炸加工技术与在航空航天中的应用，再到抗旱救灾、海上求生等应急救灾方面的应用。第9章与第10章，分别介绍了爆炸技术在日益重要的警用反恐方面及传统军事领域的深入研究与应用。爆炸技术应用范围广，但由于自身特点，危险性不可避免，第11章着重从爆炸安全与防护角度，详细介绍了在不同场合的安全与防护措施。

本书可作为高等院校弹药工程与爆炸技术、武器发射工程、安全工程、军事化学与烟火技术及相关兵器类专业的本科生教材用书，同时也可满足安全工程、地质勘探、矿业、工程建筑、公安武警和消防等从业人员或研究人员的阅读需求，还可作为兵器科学与技术学科专业研究生的教学参考书。

本书在编写过程中，博士生卞晓兵、崔欣雨、朱炜、郭志威、解亚宸、薛浩，硕士生张鹏、周颖、许尧杰、黄轶鸥等在实例计算和编排方面付出了辛勤的劳动。同时，本书的编写得到了公安部第一研究所刘春美、李剑，清华大学柳占立，中国工程物理研究院董奇，北京理工大学董永香的支持和帮助。北京理工大学王芳、王博、祁少博、兰旭科在百忙之中对本书的内容进行了审查，并提出了宝贵的建议。编者谨向这些专家和学者的帮助表示衷心感谢。本书参考和引用了国内外专家、学者、工程技术人员和研究生发表的著作与论文的部分内容，以及相关爆炸技术及应用方面图片，谨在此一并表示诚挚的感谢！

由于编者知识水平有限，尽管倾注了极大的精力和努力，但书中难免有疏漏和不妥之处，敬请读者批评指正。

编著者

2020 年 5 月

目录
CONTENTS

第1章
概　　论

1.1 爆炸技术概述

爆炸（explosion）技术是利用炸药爆炸所释放能量的专门技术，是人类在长久生产活动中的重大实践，被广泛应用于军事、工业和爆炸防护等方面。

炸药是爆炸的主体，它是一种特殊的能源，通过很少的外界能量作用即可使其发生剧烈的化学反应，快速释放大量能量，从而形成爆炸。对炸药爆炸技术的应用最早可追溯到2 000多年前我国汉代使用硝石、硫黄和木炭作为火攻的武器，这是世界上最早的关于黑火药爆炸技术的军事应用。13世纪黑火药传入欧洲，并通过不断的改良和发展，开始广泛应用于工程爆破、矿山爆破、煤矿爆破等工业中，开创了黑火药爆炸技术应用的灿烂时代。此后西欧人发明了硝化甘油（NG）、三硝基甲苯（TNT）、黑索金（RDX）等多种猛炸药，但由于没有可靠的起爆手段，其在军事上和工业上都难以有效应用。直到1867年，诺贝尔同时发明了雷管和工业硝化甘油炸药，从此揭开了现代工业炸药的序幕，带动了爆炸技术的飞速发展。

随着现代爆炸技术的不断进步与发展，爆炸技术的应用范围也不断扩大，种类更加多样，取得的成效也越发显著。爆炸技术在军事、爆破工程等传统领域的应用越发深入成熟，并尝试突破，开发新技术、新工艺。应用聚能效应研制的爆炸成型弹丸（EFP）、应用云雾爆轰原理设计的云爆弹等弹药装备有效增强了我国国防实力，保障了国家安全；地下巷道光面爆破、水下炸礁与岩塞爆破、路堑爆破等技术也不断创新发展，应用于工程爆破，服务于国民经济建设。近年来，在传统爆炸技术基础上建立的特种爆破技术，在理论与应用方面取得了很大成就，爆炸分离螺母、油井爆炸压裂、人工降雨等在航空航天、抢险救灾中的应用，爆炸切割与焊接、爆炸喷涂、爆炸粉末压制等爆炸加工技术的应用等，在我国国民经济建设中起到了重要的促进与推动作用。

进入21世纪，爆炸技术不断发展，规模不断扩大，爆炸工艺呈现多样化，现代爆破技术迈入崭新的高速发展时期。爆炸技术在国防建设和国民经济中占有非常重要的地位，了解爆炸技术在军事、工业和爆炸防护中的应用，对深入了解爆炸科学具有重要的作用。

1.2 爆炸及其分类

自然界中有各种各样的爆炸现象，如自行车爆胎、鞭炮燃放、锅炉爆炸、原子弹爆炸等。爆炸时往往伴有强烈的发光、声响和破坏效应。从广义上讲，爆炸是物质能量急剧地释放的过程。在此过程中，系统的势能极为迅速地转变为机械功和声、光、热等多种形式。爆炸时，在爆炸点周围介质中发生急剧的压力突跃，这种压力突跃是爆炸产生破坏作用的直接原因。

按引起爆炸的原因不同，可将爆炸分为物理爆炸、核爆炸和化学爆炸三类。

1. 物理爆炸

这是由物理原因造成的爆炸，爆炸不发生化学变化。例如锅炉爆炸、氧气瓶爆炸、轮胎爆胎等都是物理爆炸。在实际生产中，除了煤矿利用内装压缩空气或二氧化碳的爆破筒落煤外，很少应用物理爆炸。锅炉爆炸后的残骸如图 1－1 所示。

图 1－1　锅炉爆炸后的残骸

2. 核爆炸

这是由核裂变或核聚变引起的爆炸，如图 1－2 所示。核爆炸放出的能量极大，相当于数万吨至数千万吨三硝基甲苯爆炸所释放的能量，爆炸中心区温度可达数百万摄氏度至数千万摄氏度，压力可达数十万兆帕以上，并辐射出各种很强的射线。目前，在岩土工程中，核爆炸的应用范围和条件仍十分有限。

3. 化学爆炸

这是由化学变化造成的爆炸，如图 1－3 所示。因物质本身起化学反应，产生大量气体和高温而发生的爆炸称为化学爆炸，与物理爆炸不同，化学爆炸后有新的物质生成。炸药爆炸属于化学爆炸，可燃气体、液体蒸汽和粉尘与空气（一定浓度的氧气）混合物的爆炸等均属于化学爆炸，因此化学爆炸将是我们研究的重点。

图 1－2　核爆炸

图 1－3　炸药爆炸

1.3　爆炸能量特点及其应用方法

爆炸是自然界和人们生活中的一个特殊现象。相对稳定的系统受到一定能量扰动或达到一定的极限状态时，物质的状态发生急剧的物理或化学变化，在这个过程中，系统的内能变化为机械压缩能，且使原来的物质或变化产物产生压力突变，使周围介质受到猛烈的冲击或破坏，这就是爆炸现象。

爆炸技术中所应用的爆炸方式主要是指炸药的爆炸，是炸药在受到外界刺激的条件下，发生剧烈的化学反应，并释放出大量的热量和气体的现象，因此反应放热、反应过程的高速度和反应中产生大量气体产物是炸药爆炸的三个特点。爆炸反应所释放的热量是爆炸产生破坏作用的能量；反应过程的高速度使炸药所具有的能量在极短时间内放出，达到极高的能量密度，所以炸药爆炸具有巨大的做功功率和强烈的破坏作用；反应过程中产生的大量气体产物，是炸药爆炸对外做功的媒介。

炸药的爆炸现象是一种巨大的能量释放，它可以提供短时巨大的能量来源，其应用方式就是通过爆炸做功来实现预设效果。例如，运用在军事方面，在目标处利用炸药的爆炸做破坏功，从而摧毁对方武器装备、破坏工事设施以及杀伤有生力量；运用在工业方面，通过爆炸技术实现定向爆破、开山筑路、爆炸合成等。

1.4 爆炸技术在国民经济方面的应用

1.4.1 爆炸技术在加工中的应用

利用炸药对金属进行加工已有百余年历史，但近50年才发展成为一种生产手段。这种生产手段注重的不只是炸药释放的总能量，还有它的功率。在许多场合，利用炸药对金属进行加工已成为唯一可行的方法（图1-4）。自爆炸加工技术问世以来，就得到了材料开发与应用领域的高度重视和不断的探索研究。

爆炸加工技术是以炸药为能源，利用炸药爆炸产生的瞬时高温高压对可塑性金属、陶瓷、粉末等材料进行改性、优化、形状设计、合成等的加工技术（图1-5）。爆炸加工技术包括爆炸焊接、爆炸成形、爆炸切割、爆炸压实、爆炸硬化、爆炸强化、爆炸合成等内容。

图1-4 爆炸加工技术合成金属复合板

图1-5 爆炸喷涂技术

目前，包括我国在内的世界上为数不多的几个国家已经利用爆炸加工技术（尤其是爆炸焊接技术）进行产品的开发和生产，并且将其大量地应用于石油、化工、冶金、机械、电子、电力、汽车、轻工、宇航、核工业、造船等各工业领域。尤其在压力容器行业，爆炸加工技术的应用最为广泛，占复合板加工总量的70%以上。

但由于受到炸药的性能、批次、种类和金属原材料成分、热处理状态、加工状态等方面的影响，爆炸加工产品的质量稳定性仍然存在着很大的不确定性。因此，对爆炸加工的研究目前仍然是科学技术界的热点。且因目前科学研究手段的局限性，对爆炸加工技术的认识还存在着很多未知的领域。

1.4.2 爆炸技术在爆破工程中的应用

随着现代科技的发展，爆炸技术因其施工工具简单、轻便灵活、操作容易、维修方便、耗能少、效率高，而广泛应用于国民经济建设的各个领域，并取得了可喜的成绩。

中华人民共和国成立后，爆炸技术在我国矿山开采（图 1－6）、铁路（公路）修筑、农田水利建设等国民经济基础建设的恢复和发展中立下了汗马功劳。改革开放以来，我国爆破科技事业更是获得了蓬勃发展，特别是近 30 年来，爆破技术与工程建设项目紧密结合，在三峡工程、西气东输工程、高速铁路、建筑物爆破拆除（图 1－7）及其他基础建设项目中都发挥了至关重要的作用。

图 1－6 矿山开采

图 1－7 建筑物爆破拆除

将爆炸技术应用于土木工程作业始于 17 世纪，利用炸药爆破来破碎岩体，至今仍然是一种最有效和应用最广泛的手段。水下爆破和陆地爆破的原理大致相同，水下爆破是需要爆破的介质自由面位于水中的爆破技术。但因水的不可压缩性以及压力、水深、流速的影响，水下爆破又具有许多特点，如要求爆破器材具有良好的抗水性能。此外，水下爆破需要综合考虑水的传爆能力、水深、流速、风浪等的影响。在等量装药的情况下，水下爆破产生的地震波比陆地爆破要大，水中冲击波的危害更加突出。水下爆破常用的方法有水下裸露药包爆破、水下钻孔爆破、水下洞室爆破等。

以爆破方式拆除建（构）筑物的控制爆破技术，称为拆除控制爆破。在人口稠密的城市居民区或繁华街道以及各种设备密集的厂矿区内，采用控制爆破技术拆除废弃的楼房、烟囱、水塔等高大建筑物及地震后的高大危险建筑物，是一种最有效的、安全的施工方法。

爆破技术经过几十年的发展，已经发展出以岩石爆破、水下爆破与定向拆除爆破为主的多层次、多种类的工程应用，随着国民经济的进一步发展、工程建设的不断增多，在冶金、煤炭、水电、铁路交通和基础设施建设领域发挥更重要的作用，爆炸技术在爆破工程上的应用也引起了人们更多的关注。

1.4.3 爆炸技术在资源勘探与采集中的应用

在地球物理勘探中，从20世纪20年代开始，人们就采用爆炸地震勘探法对石油、煤炭等资源进行勘探，并探测地下结构。发展至今，爆炸地震勘探法已经成为油气资源勘探的最主要手段。爆炸震源是一种典型且理想的地震信号的激发源。地震勘探时利用炸药爆炸产生地震波，地震波在地下空间传播并形成反射波，通过对反射波信号的收集和处理可得出勘探结果，为进一步资源采集打下基础。

随着国民经济的高速发展，石油作为最重要的能源和化工原料，消费量逐年增加，对外依赖性日益增加，供需矛盾日益突出，这就需要进一步重视与加强国内油藏资源的采集与开发。

石油射孔是指在油气井的预定深度利用射孔器对井壁穿孔，使目的层（油、气层）与井内形成通道的作业工序。射孔技术不仅在新油（气）田完井作业中发挥着重要作用，而且在对老油（气）田的进一步开发利用过程中也是不可或缺的。射孔设备如图1－8所示。

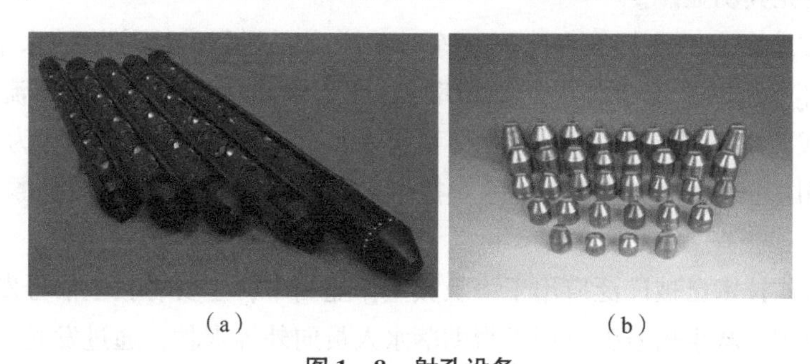

（a） （b）

图1－8 射孔设备

（a）射孔器；（b）射孔弹

我国易采油藏储量逐渐衰竭，低渗透油田储量在已探明储量中的比例不断增加。爆炸压裂技术是改善低渗透储层物性、提高油气采收率进而改善储油层物性的可靠方法。而井内爆炸技术可使井筒周围产生大量裂缝，降低钻井过程中对地层的表皮损害，并使天然裂缝体系与井筒连通。爆炸松动技术则是通过炸药的爆炸波在地层中的叠加，在油层内造成产生“压涨”的条件。

石油射孔、爆炸压裂、井内爆炸、爆炸松动等多种爆炸技术在资源采集中的应用，有效缓解了供求矛盾，保障了国家能源安全。核爆炸采油技术、高能气体压裂技术、层内爆炸增产技术等爆炸技术在资源采集上的新型创新性应用，也将为我国的能源与化工原料开发，不断做出新的贡献。

1.4.4 爆炸技术在应急救灾中的应用

近年来全球自然灾害频发，造成重大的人员伤亡与财产损失。我国是世界上自然灾害较多的少数国家之一，灾害种类多，发生频率高，分布地域广，造成损失大。而爆炸技术凭借自身特点，在应急救灾中具有广泛而深入的应用，为挽回国家经济财产、减少人员伤亡做出了重要贡献。

水在我们的国民经济生活中发挥着不可替代的作用，但在我国一些干旱地区，经常会出现水资源匮乏，严重影响国民经济建设。在这种情况下，利用爆炸技术，采用火箭或高炮向云层布撒催化剂进行人工增雨作业，是抗旱减灾的重要方法。具体而言，火箭布撒是沿火箭飞行弹道连续撒播人工晶核，并向周边迅速扩散的撒播方式，对大型天气过程有显著效果。而高炮布撒则采用了将含有催化剂的炮弹推进冰雹云内的冰雹生长区或上升气流区爆炸，对局部对流性天气有明显效果。

森林火灾被认为是世界性的重大自然灾害之一，造成人畜重大伤亡及巨大财产损失，并使生态环境受到破坏。它具有发生面广、突发性强、扑救困难等特点。目前，防御和控制森林火灾越来越受到各国的重视，各国已经研制出大量的森林消防设备，种类繁多，功能各异。森林灭火弹是其中效果较好的设备之一，它采用的是爆炸灭火的方法来扑灭森林大火。爆炸灭火的原理是通过炸药爆炸产生的冲击波以及高压气流来扑灭大火，或通过引爆装有灭火剂的炮弹将灭火剂释放，以此来压灭火头，控制火势发展。爆炸灭火方法在应对大面积森林火灾时的作用尤其明显。

在我国北方地区，河流封冻和冰河解冻时，冰冻和开裂的冰块将随水下流形成流冰。它们常常会损坏下游的水工建筑物（如桥墩），或产生冰凌壅塞，阻断水流，使上游水位迅速抬高，造成水灾。此外，平静的河流和水库结冰，也会破坏堤坝。为了消除这些隐患，人们经常用水下爆破法或用投弹爆炸技术破冰排凌，这是一种被频繁使用且较为有效的方法。

近年来，爆炸技术已被广泛应用于海上救生作业当中，主要有救生信号发射系统及海上捞救两方面的应用。救生信号弹可用于帮助落水人员向外界求救，通过发光或产生烟雾来发出信号，暴露自己的位置，有利于搜救人员及时定位和搜救。而浮索发射筒，应用火箭推进原理，将火箭、救生索与发光漂浮体等新型材料有机合成，可远距离将救生浮索抛射到待救人员附近，解决了在高海况条件下救援船无法靠近待救人员实施援救的难题。

1.4.5 爆炸技术在航空航天上的应用

美国航天飞机在不同的连接件处，使用了 3 种不同直径的易碎螺母。当航天飞机从发射台上离开时，采用了 8 个能承受 45 300 kg 的爆炸螺母；轨道飞行器主发动机熄灭后，在前端使用分离螺栓将外燃料箱分离（图 1-9）；每个轨道飞行器与外燃料箱之间的液氢和液氧燃料供应管支撑板上各使用了 3 个爆炸螺母固定（图 1-10）。

火工品分离装置是航天部件分系统之间分离装置的关键部件之一，在火箭分离过程中起着极其重要的作用。自 1957 年苏联发射的第一颗人造卫星以来，爆炸螺栓开始应用在星箭分离系统的火工品装置中。为了满足“强连接、弱解锁、无污染”的需求，又出现了爆炸螺母及分离螺栓等火工品分离装置。

航天技术的直接应用为人类可持续发展开辟了更广阔的道路，提高了人类生活的质量，改善了人类的生活环境。从 1956 年至今，我国的航空航天事业取得了令世人瞩目的成就，航空航天事业的发展也带动了一系列科学技术的进步，爆炸技术在航空航天方面有着广泛应用，并不断发展。

图1-9 火箭二、三级爆炸分离

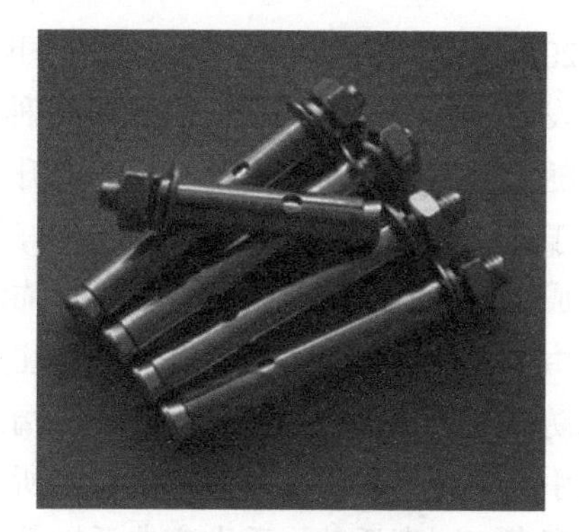

图1-10 爆炸螺母

1.4.6 其他爆炸技术相关应用

随着人们对爆炸技术认识的逐步深入，爆炸技术不仅限于战争、采矿、拆除建（构）筑物等破坏效应的应用，人们还利用爆炸的高速度、高压力、高温环境以及物理、化学效应开发了众多新的应用领域。如用薄片炸药去爆炸冲击奥氏体钢材，可以使材料表面硬化，由此衍生的爆炸硬化技术已经用于在工厂室内进行大量的铁道辙叉预硬化加工（如乌克兰和我国秦皇岛等国家和地区）；用小量的爆炸处理大型容器焊缝的爆炸消除焊接残余应力技术，可以消除焊缝应力、改善应力腐蚀，已应用于大型化工储罐和三峡等水利工程引水压力管线，实现了焊接应力现场消除；利用水中爆炸实现了金属板料的无模成型和连铸结晶器等精密部件成型；在数千米的油井下进行射孔、整形、补贴和压裂增采等爆炸作业。其中，用于新材料合成的爆炸加工技术包括：用于制造金属包覆材料的爆炸复合（焊接）技术，用于金属与陶瓷粉末冶金的爆炸粉末烧结技术，用于陶瓷粉末和金刚石等超硬材料粉末制造的冲击波合成方法以及制备纳米粉末的气相爆轰合成方法等。

除上述以外，通过烟花爆竹爆炸产生的光、声、色、形、烟雾等效果用来增加节日和庆祝的气氛。将爆炸冲击效应用于食品、生物材料的处理，如对肉类进行的冲击爆炸嫩化、对木纤维进行爆炸膨化等。利用冲击波进行体外粉碎肾结石、超声乳化吸除，糖尿病、心肌病等方面的诊疗技术探索。发动机燃料通过爆炸形成爆轰波传递大量能量，传播速度超声速10倍，使火箭或飞机爆轰发动机产生强劲的脉冲式或稳定式推力。此外，还利用某种特定效果的爆炸方式，如常常出现的破障弹、侦查弹、燃烧弹、发烟弹、灭火弹、信号弹、烟幕弹及照明弹等。

1.5 防爆反恐与爆炸防护的应用

1.5.1 防爆反恐技术

爆炸现象是一把双刃剑，正确地利用可以加强国防建设和促进国民经济发展，但是如果没有很好的防范控制，如危爆品的意外爆炸事故或爆炸恐怖事件等，则将严重影响国家社会稳定与人民的生命财产安全。

20 世纪 90 年代以来，无论是从国际社会的角度还是从我国经济建设的角度来看，由于经济发展、宗教冲突、领土争端等多种问题，恐怖活动越来越成为社会安全的一大威胁因素。随着恐怖分子知识水平的逐渐上升，恐怖袭击手段也更加具有威胁性，其中爆炸恐怖袭击由于其具有巨大的社会影响力、良好的袭击隐蔽性、爆炸物制造的简便性以及严重的杀伤性，成为恐怖分子主要采用的一种恐怖活动手段。

由于爆炸物的高危性，人们更加注重将爆炸伤害遏制在未遂状态。因此，技术防范作为反恐防爆的重要措施便日益彰显出广阔的应用前景，而爆炸物探测技术则是技术防范的重要应用手段。目前，世界各国对重要场所、重大活动，如要害部门、机场、铁路、地铁、重大国际赛事、国事活动、重大庆典活动等加强以防爆为主的安全检查。X 射线安检设备、金属探测器、安全门、离子迁移谱炸药探测设备等仍是最主要、最普遍、最可靠的安检技术手段。这些传统的技术手段，对有特定形状、有金属起爆装置、背景不太复杂以及炸药挥发性较强的爆炸物检查效果较为良好。安检设备和爆炸物探测设备如图 1－11 和图 1－12 所示。

图 1－11　安检设备

图 1－12　爆炸物探测设备

若在爆炸物检测环节检测出爆炸物，或通过公安情报获得了爆炸物的位置信息，可以使用应急爆炸物处置装备。应急爆炸物处置装备按战技要求大致分为阻爆处置装备、移动处置装备、防护储运装备和爆炸物销毁装备等四种。

阻爆处置装备按战技指标大致分为人工失效工具、冷冻式阻爆装备（图 1－13）和水侵式装备三类，是在现场用来对疑似爆炸物品临时阻爆的装备。目前常见装备为液氮（N_2）处置系统，液氮处置系统主体为一个钢桶，在其中盛满液氮。该系统的阻爆原理是利用压缩空气将超低温的液氮注入爆炸装置，将爆炸装置快速冷却最终达到使其无法起爆的目的。

移动处置装备按战技指标大致分为排爆机器人装备和排爆机械臂装备两类，是用于对危险品移动的装备。现有装备包括排爆机器人、手动杆式机械手、电动杆式机械手等（图 1－14）。

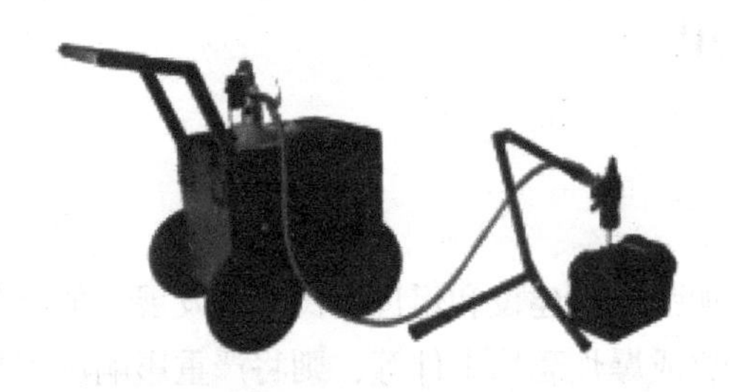

图 1－13　冷冻式阻爆装备

图 1－14　排爆机械手

防护储运装备按战技指标大致分为应急防爆装备、防爆储运装备、生化储运装备等三类。防爆储运装备按战技指标大致分为密闭式储运装备与开口式储运装备两种，密闭式储运装备又有脚轮式防爆球、拖车式防爆球（图1－15）与车载式防爆球三种。开口式储运装备也有拖车式防爆桶、防爆箱两种。现有防爆储运装备以防爆球、防爆罐为国内市场主导，其中钢制防爆球和刚柔复合防爆罐为地铁、公安、机场等部门列装最为广泛。生化储运装备具有很高的排爆当量，可提供 NBC（核、生、化）保护及炸药、有毒炸药保护。应急防爆装备主要用于对疑似爆炸物的快速围挡或保护，主要有防爆毯、防爆围栏等，目前比较先进的有大防爆当量的柔性防爆毯。

图1－15　拖车式防爆球

爆炸物销毁装备按战技指标大致分为解体销毁装备、诱爆销毁装备、燃烧法销毁装备与激光销毁装备等4种。解体销毁装备是利用爆炸物销毁器炸（打）碎疑似爆炸物，对疑似爆炸物实施分解以令爆炸物失效的装备，以水炮枪最具代表性。诱爆销毁装备是利用炸药包或聚能装药对疑似爆炸物品进行诱爆的销毁装备，此类销毁方法对作业现场的警戒范围要求严格，对操作人员专业等级要求严苛。燃烧法销毁装备适于销毁各种发射药、烟火剂以及少量起爆药、烟花爆竹等。当前，利用在密闭容器内通过电加热管高温加热方法对疑似爆炸物进行销毁的装备最具代表性。激光销毁装备是利用激光发生器产生聚能激光束对疑似爆炸物品进行失效处置的装备。

1.5.2　警用爆炸技术

警察作为公共安全的保障者，在执行任务中需要面对各种复杂危险环境，更需要配备先进的技术设备。

在反劫持作战中，如何解决“进不去”的问题，是各级首长和一线指战员关心的重点，也是装备保障的难点。从处置俄罗斯莫斯科、别斯兰两起大规模劫持人质事件破拆装备的保障情况看，利用火炸药技术装备实施反劫持破拆，是目前解决“进不去”问题较理想的技术手段，其作业方式的隐蔽性、能量发挥的高效性、能量释放的定向性、达成目的的突然性是其他破拆装备无法相比的。破门弹如图1－16所示。

另外，警察常年处于反恐防爆的第一线，会面对各种形式的爆炸物，由于爆炸犯罪的不确定性，警方需要相应的爆炸防护装备作为一种对疑似危险物品的现场应急防护（包括个人防护），从而避免突发爆炸造成破坏及伤亡。现有装备包括排爆服、防爆头盔、防爆盾牌（个人防护）；防爆毯、防爆帐篷、防爆挡板等。排爆服如图1－17所示。

图 1－16　破门弹

图 1－17　排爆服

1.6　爆炸技术在军事方面的应用

炸药的发展与战争有着密切的关系，火药的产生结束了长矛、大刀的冷兵器时代，作战威力和作战距离得到很大提高。近代随着雷管起爆药、猛炸药的出现，枪、炮武器广泛应用于各种军事用途，作战规模大大增大。现代战争高科技武器在追求“快”“准”的同时仍然离不开“狠”，爆炸技术仍显得十分重要。

爆炸技术在国防建设中占有非常重要的地位，炸药是实现火箭、导弹、炮弹等终点毁伤效应，直接杀伤敌方有生力量和破坏敌方各种设施的工具，是决定武器威力的核心组成要素。在军事上，炸药用于装药装填火箭和导弹弹头、炮弹、炸弹、手榴弹、雷管、聚能装药弹、核武器等，对这类军用炸药的基本要求是高威力、高爆速、苛刻存储条件下的高热安定性，且对冲击、摩擦和撞击钝感。炸药在军事上也用于推进剂、发射药和火工剂。

炸药在武器装备中的应用可以分为以下几种。

1. 直接利用炸药爆炸效应形成冲击波

炸药爆炸形成的爆轰产物和冲击波（或应力波）可以直接对目标造成破坏作用，其破坏机制包括爆轰产物的破坏作用和冲击波的破坏作用。

弹丸爆炸时，形成高温高压气体，以极高的速度向四周膨胀，强烈作用于周围邻近的目标上，使之破坏或燃烧。由于作用于目标的压力随距离的增大而下降很快，因此它对目标的破坏区域很小。

更大区域内的破坏效应是依靠爆炸冲击波造成的，冲击波的破坏作用是指炸药在空气、水等介质中爆炸时所形成的强压缩波对目标的破坏作用。冲击波是一种状态参数有突跃的强扰动传播，它是由爆炸时产生的高温高压的爆轰产物，以极高的速度向周围膨胀飞散，强烈压缩邻层介质，使之密度、压力和温度突跃升高并高速传播而形成的。

炸药在空气中爆炸时，压缩空气形成空气冲击波，冲击波波阵面上有很高的压力，通常以超过环境大气压的压力值表征，称为超压。当冲击波在一定距离内遇到目标时，将以很高的压力或冲量作用于目标上，使其遭到破坏。破坏不同的目标，需要的超压或冲量也不同。一般对于各种建筑物或技术装备，常以破坏半径来衡量冲击波的破坏作用；而对于有生目标，则以致命杀伤半径表征冲击波的作用范围。

炸药在水中爆炸时，不但会产生冲击波，而且水中冲击波脱离爆轰产物后，爆轰产物还会出现多次膨胀、压缩的气泡脉动，并形成稀疏波与压缩波。气泡第一次脉动形成的压缩波，称为二次压力波，对目标也具有实际破坏作用。

炸药在岩土中爆炸时，是以爆炸为波源形成应力波在岩土中传播，根据炸药埋设深度的不同，炸药在岩土中爆炸呈现不同的爆破现象：当炸药埋设很深时，高温高压爆轰产物使得岩土中瞬间形成一个空腔，即爆腔；当埋设有一定深度时，爆炸冲击波只引起周围介质的松动，而不发生土石向外抛掷现象，即松动爆破；当埋设深度较浅接近地表时，炸药爆炸的能量超过炸药上方介质的阻碍时，土石就被抛掷，在爆炸中心与地面之间形成一个抛掷漏斗坑，称为抛掷爆破。

2. 利用炸药爆炸加载驱动破片

利用战斗部内部装填的高能炸药爆炸，使战斗部金属外壳碎裂形成大量高速破片。这种爆炸加载驱动技术是炸药在弹药、导弹战斗部应用的重要形式。高能炸药爆炸后，壳体在爆轰波和爆轰产物的高压作用下发生膨胀、变形、破裂，乃至破碎。壳体破碎后形成分散的破片，爆轰产物溢出，并包围破片。破片在爆轰产物作用下一直被加速，直到爆轰产物膨胀速度相对破片运动可以忽略为止。

根据外壳的不同结构设计，破片产生的途径也不同，主要分为三类：自然破片、半预制破片（包括刻槽式破片、聚能衬套式破片和叠环式破片）和预制破片，其中连续杆和离散杆也可近似认为是预制破片的一种形式。

3. 利用炸药聚能效应形成射流、杆式侵彻体或爆炸成型弹丸

柱形装药一端具有空穴而在另一端起爆的结构称为空穴装药或聚能装药，空穴的几何形状通常是半球形、锥形等。当药柱在另一端起爆时，在空穴端将造成爆轰产物的能量聚集，形成聚能气流。这种爆轰产物的聚集，可大大提高局部作用力，与没有空穴装药相比，它可以在金属板上造成一个较深的空穴，这种现象称为聚能效应。

为增强破坏效应，空穴内衬会有一薄层金属、陶瓷、活性材料或其他固体材料，称为药型罩。当炸药起爆后，在炸药内将产生一球面爆轰波并从起爆点向外传播，其波速与炸药性能相关，可达到9 000 m/s。空穴内的药型罩在高压爆轰产物作用下将加速运动，并向装药轴线压合，发生碰撞、挤压。根据不同药型罩锥角，在压垮作用下可形成：高速聚能射流（JET，头部速度一般为6 000 ~ 8 000 m/s）、杆式侵彻体（JPC，头部速度一般为3 000 ~ 5 000 m/s）和爆炸成型弹丸（速度一般在1 000 ~ 2 000 m/s）三种不同特征的聚能侵彻体类型。爆炸成型弹丸成形及杀伤效果示意图如图1-18所示。

图1-18 爆炸成型弹丸成形及杀伤效果示意图

4. 利用爆炸膨胀作用抛撒子弹药

子弹药抛射系统利用火药或炸药能量，使子弹获得必要的速度。在此过程中，还必须保证子弹及其引信的全部功能不被破坏。这样，抛射速度将受到很大的限制。在一般情况下，保证子弹不受破坏的实际安全抛射速度不超过200 m/s。子弹抛射系统的类型有很多种，而在常规弹药中适用的子弹抛射系统，如离心抛射、导向抛射等，从总体上说不适用于防空导弹战斗部系统。常用的子弹抛射系统主要有三种：整体式中心装药子弹抛射系统、枪管式抛射系统和膨胀式抛射系统。

5. 利用炸药产物云雾爆轰

燃料空气炸药（FAE）是一种新型爆炸能源，其显著特征在于：燃料空气炸药爆轰过程所需要的氧气取自爆炸现场的空气中，因而可大大提高装药效率；燃料空气炸药实施分布爆炸，因而其云雾区爆轰压力较低，但超压作用范围和比冲量较大。从空间上看，燃料空气炸药的爆炸破坏作用形式，涉及空中、地面和地下；从物理现象看，燃料空气弹药的爆炸作用形式有云雾爆轰直接作用、空气冲击波作用、窒息作用、爆炸地震作用、热传导燃烧作用、电磁燃烧作用、电磁辐射作用和噪声等。云雾爆轰现象如图1－19所示。

图1－19　云雾爆轰现象

按照其充填物的不同，燃料空气炸药的弹药应用分为云爆弹和温压弹两种。

（1）云爆弹。云爆弹是一种以气化燃料在空气中爆炸产生的冲击波超压获得大面积杀伤和破坏效果的弹药，其战斗部由装填可燃物质的容器和定时起爆装置构成。通常云爆弹装填的可燃物质为环氧乙烷、环氧丙烷、甲基乙炔、丙二烯或其混合物等。由于这种弹药被投放到目标区后会先形成云雾，然后再次起爆，形成巨大热浪，爆炸过程中又会消耗大量氧气并造成局部空间缺氧而使之窒息，故又称“气浪弹”和“窒息弹”。

（2）温压弹。温压弹是利用高温和高压造成杀伤效果的弹药，也称为“热压”武器。温压弹与云爆弹采用同样的燃料空气爆炸原理，都是通过药剂和空气混合生成能够爆炸的云雾；爆炸时都形成冲击波，对人员、工事、装备可造成严重杀伤；都能将空气中的氧气燃烧掉，造成爆点区暂时缺氧。二者不同之处在于温压弹采用固体炸药，而且爆炸物中含有氧化剂。当固体药剂呈颗粒状在空气中散开后，形成的爆炸杀伤力比云爆弹更强。在有限的空间里，温压弹可瞬间产生高温、高压和气流冲击波，对藏匿于地下的设备和系统可造成严重的损毁。温压弹一般采用一次起爆，实现了燃料抛撒、点燃、云雾爆轰一次完成。温压弹爆炸如图1－20所示。

图1-20 温压弹爆炸

1.7 爆炸技术的发展方向和前景

为了适应社会发展和技术进步的要求，爆炸科学技术正在向着以下几个方向发展：

（1）爆炸控制的精确化：通过精确计算起爆方式和装药量，可实现对建筑物倒塌方向、倒塌范围、破坏区域、碎块飞散距离和地震波、空气冲击波等公害的有效控制。

（2）爆炸技术的科学化：爆破理论落后于爆破技术发展的现状，近年来随着相关科学技术的进步和爆破理论的发展，尤其是计算机技术的广泛使用而有所改观，但仍需科研工作者继续深入研究。

（3）爆炸技术的数字化：以爆炸技术数字化研究与应用为切入点，与信息化技术相融合。数值模拟不再是理论分析和实验研究的辅助手段，而是独立于它们的基本科研活动。数值模拟和实验研究、理论分析已构成认识爆炸力学，甚至整个力学问题的三种有效方法，数值模拟已成为人类认识世界的第三种手段。

1.7.1 在军事应用方面

随着武器的发展，特别是战术核武器和机载及舰载常规武器的发展，对炸药提出了更高的要求，“高能、钝感、绿色”是新一代炸药的发展方向。高能高威力一直是炸药发展的主要目标，也是军事应用中最关注的核心点，通过发现和合成新材料，炸药的威力将出现显著提升，如CL-20，全氮化合物，乃至金属氢、暗物质都是现在含能炸药领域研究的热点和前沿技术，其威力较现在的奥克托今（HMX）将提高几倍甚至几十倍。钝感炸药可以提高武器系统的安全可靠性和生存能力，是炸药军事化装备应用的要求，涉及重要的安全问题，也是炸药领域崭新的革命性发展。绿色是近几年提出的新概念，虽然战争是不人道的，但是在必要的条件下，我们只能通过战争来守护我们共同的家园，在战争中造成破坏是不可避免的，然而不应该对地球环境造成持续性影响，如核弹虽然威力巨大，但是对环境影响是持续的，因此这就要求我们在追求爆炸威力最大化的同时，要考虑爆炸对环境产生的持续危害。

除了传统的炸药爆炸伤害，电磁炸弹、激光弹药、智能弹药也在军事中极具应用前景。电磁炸弹是通过爆炸在环境中产生强电磁脉冲辐射从而对电子设备产生短暂干扰或强磁、热效应毁伤。激光弹药是通过爆炸直接冲击压缩发光工质产生激光或爆炸磁压缩产生电流，再由电能激励发光工质转换为光能而产生激光。智能弹药种类更为繁多，其除了利用炸药的爆炸效应外，还将结合网络智能工具、生物或机械载体、多种作用毁伤源等，实现对不同目标的精确、智能、集群或软毁伤等毁伤形式。

1.7.2 在国民经济建设方面

近年来，国内外爆炸加工技术的应用已日趋成熟，但其理论研究却不能与应用协调发展。如爆炸粉末烧结技术产生以来，关于其机理的研究取得了巨大的进展，但仍不完善。爆炸复合相关理论研究也发展缓慢，特别是在爆炸焊接过程中金属界面结合机理研究方面明显不足。目前，爆炸复合技术的应用主要是在爆炸复合的基础上的简单复合。爆炸复合的发展趋势是应用于多种材料的多项加工技术，以及对各种爆炸技术的大量详细的系统理论研究。需要注意的是，精确的数字化可使爆破对象的机械加工更加精细，并通过数字化和自动化等技术，实现对炸药药量和爆炸过程的精确控制，实现对复杂结构的爆破加工，是我们应重视和发展的方向。

我国爆破工程的发展应用与国家经济建设的需要密不可分，工程爆破技术已成为我国经济社会建设中不可缺少的重要支撑技术之一。其总的发展方向是：研究发展工程爆破施工装备技术，提高机械化、自动化水平；努力实现工程爆破设计和施工的精细化；加强爆破理论和数值模拟技术的研究，以指导工程实践。为适应国家经济建设更广泛的需求，工程爆破安全技术应进一步创新和发展。其具体体现为：①加强岩石爆破动力学、结构(动)力学、爆炸力学、非线性碰撞、振动力学和地质学等多学科的基础理论研究，为精细控制炸药爆炸能量的释放和定量化爆破设计提供理论支撑；②以爆破对象的数字化研究与应用为切入点，开展精细爆破与信息化技术的融合研究；③在我国创立和发展低噪声、低振动、无飞石的清洁爆破技术。向家坝水电站精细爆破如图 1-21 所示。

图 1-21　向家坝水电站精细爆破

爆炸技术在我国资源勘探与采集方面贡献巨大，有力支持了国家建设。地震勘探是石油与天然气资源勘查的重要手段，在煤田和工程地质勘查、区域地质研究和地壳研究等方面也得到了广泛应用。我国 90% 以上的石油储量都是依靠地震勘探技术找到的，炸药震源是目前陆上石油地震勘探中应用最广泛的震源。在过去几十年里，关于炸药震源的装药设计及激发技术已取得了很大的进展。然而针对不同条件（如地质、地貌及温度气候等）下如何设计和使用炸药震源，还有很多需要研究的工程问题。在炸药震源的装药组分与装药结构方面，测试技术的飞速发展为爆炸科学提供了有利的研究手段，探究炸药爆炸对地震波场影响、打破传统爆炸震源激发方式等，是炸药震源的发展与研究方向。三维采矿模型如图1-22所示。

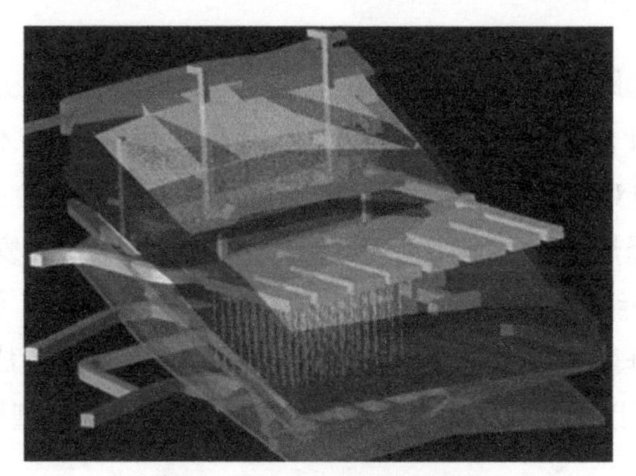

图1-22 三维采矿模型

随着我国能源开采不断深入，开采重点向非常规油气以及主力油田边缘区块转移，同时为满足大量老油田的生产需求，射孔技术已经由一种单一的完井方法逐渐成为油气藏开发过程中的重要环节。如何通过射孔补孔或爆燃压裂使这些老井重新恢复产能也是射孔技术未来的一个重要研究方向。通过各种先进的射孔技术以及相应的辅助措施，提升射孔完井与增加产量的能力，而且经过科学设置储集层维护设施，延伸油气田的开发周期是重要的任务。此外，射孔技术随着科技的进步而不断完善，射孔检查测量技术也在持续改进，这能够确保射孔的稳定性与可靠性，使射孔技术的应用环境与检测措施更为简便，使其更加符合标准。

20世纪50年代中期，由于航空航天工业的发展，产生了许多爆炸加工工艺，如爆炸螺栓、爆炸螺母。爆炸螺栓是航天器实现分系统间解锁分离的关键部件之一。建立爆炸螺栓动力学模型，精确预示星箭分离解锁冲击力学环境，是保证航天发射任务的重要手段。采用形状记忆合金等智能材料控制星箭解锁分离是减少解锁冲击的重要手段。为了降低爆炸冲击的危害、减少火工品药量，应进一步提高爆炸螺栓可靠性，研制新型低冲击或无冲击爆炸螺栓结构是一个重要的发展方向。三级装药多级复合射孔弹装药结构如图1-23所示。

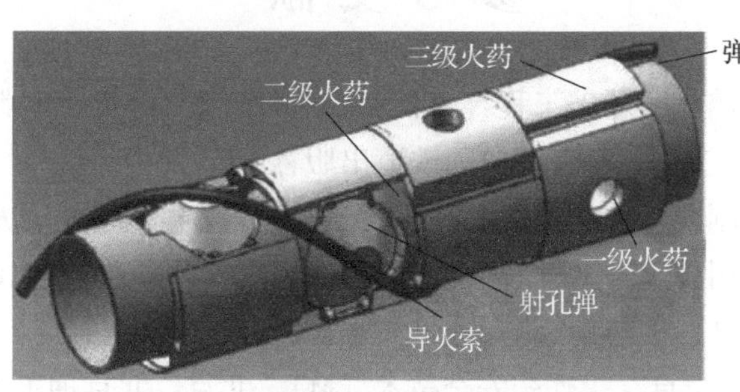

图1-23 三级装药多级复合射孔弹装药结构

1.7.3 在防爆反恐与爆炸防护方面

在公共安全领域，涉及爆炸危险品的安全防护是社会安全治理和安全防范的关键，爆炸技术在公共安全领域的应用有以下几个方向：

（1）爆炸物的非接触精确探测。将爆炸危险与密集群众、关键设施、重要场所分离开的第一步就是准确地检测出爆炸物，而目前爆炸物的激发装置更加多样化，爆炸物内所含炸药也难以预测，因此在不影响公共秩序的情况下精确地检测出爆炸危险品是防爆安检的重中之重。

（2）疑似爆炸物的远距离迅速处置。由于目前爆炸物的触发方式多种多样，并且爆炸物的 TNT 当量也难以估计，因此排爆人员应尽可能利用机器人技术、爆炸物远程销毁技术等，尽可能地远离爆炸物对其进行处置。

（3）无次生伤害的爆炸防护结构。爆炸物破坏力惊人，公共安全部门在关键公共场所应当装备一定的爆炸防护结构，用于面对不可预知的爆炸物威胁，但目前的刚性防护结构在面对 TNT 当量未知的爆炸物时，其次生伤害会对周围人员设备造成更加巨大的威胁。而非金属复合柔性防爆结构可以较好减少次生碎片的威胁，是未来新型爆炸防护结构探索的重要一步。

（4）无附带毁伤的精确破障技术。在面对隐匿的恐怖分子时，一方面，执法人员往往需要动用各种破门、破墙、破障的装备，用于打开犯罪人员与执法人员之间的障碍；另一方面，由于此类执法行动往往在城市内，并且犯罪分子常常挟持着人质，因此破障装备也不能拥有过高的威力，从而避免对人质的伤害。目前，研发一种作用可靠、附带伤害较小的破障装备，具有很重要的工程前景。

各国公共安全部门在加强传统的反恐措施的同时，更加注重反恐高科技手段，包括反恐情报搜索、侦察、爆炸物现场处置、事件侦破、人质救援等，同时也涉及各种主被动防范技术，如重要建筑物、航空器、敏感工厂企业、基础设施等的保护，涵盖各种监控措施手段等。

爆炸技术在我国经济建设、军事及防爆反恐等方面的各个领域均有着广泛而深入的应用，针对爆炸技术的发展及应用现状，结合现有技术水平与发展程度不足的客观现实，切实抓住发展机遇，深入研究，以更开阔的视野谋划和推动自主创新，着力增强创新驱动发展新动力，方能加快我国爆炸技术的发展和应用。

参考文献

[1] 东兆星，邵鹏，傅鹤林．爆破工程［M］．北京：中国建筑工业出版社，2005.
[2] 王海亮．工程爆破［M］．北京：中国铁道出版社，2008.
[3] 肖汉甫，吴立，陈刚，等．实用爆破技术［M］．武汉：中国地质大学出版社，2009.
[4] 张恒志．火炸药应用技术［M］．北京：北京理工大学出版社，2010.
[5] 欧育湘．炸药学［M］．北京：北京理工大学出版社，2014.
[6] 胡双启，赵海霞，肖忠良．火炸药安全技术［M］．北京：北京理工大学出版社，2014.
[7] 李剑．爆炸与防护［M］．北京：中国水利水电出版社，2014.
[8] 汪旭光．爆炸合成新材料与高效、安全爆破关键科学和工程技术［M］．北京：冶金工业出版社，2011.

第 2 章

爆炸基本原理和炸药类别

2.1 爆炸现象及基本特征

2.1.1 化学爆炸的三要素

化学爆炸必须具备以下三个条件：

（1）爆炸性物质：能与氧气（空气）反应的物质，包括气体、液体和固体。气体包括氢气、乙炔、甲烷等，液体包括酒精、汽油等，固体包括粉尘、纤维粉尘等。

（2）氧化剂：如空气中的氧气及炸药中的氧化剂成分。

（3）点燃源：包括明火、电气火花、机械火花、静电火花、高温、化学反应、光能等。

2.1.2 炸药爆炸的基本特征

炸药爆炸是一种高速进行的，且能自动传播的化学反应过程，同时能释放出大量的热能并生成大量的气体产物。炸药爆炸过程具有以下三个特征：

1. 反应过程的放热性

放热是炸药爆炸的必要条件之一。爆炸反应只有在自身提供能量的条件下才能自动进行。缺少此条件，爆炸不能发生，且不能自行延续。爆炸反应所释放的热量是爆炸产生破坏作用的能源。此外，反应的放热性也是系统对外做功的能源，只有反应系统释放热能，才能够对外界做功，因此不放热或放热很少的反应不能提供做功所需要的足够能量，当然也不会具有爆炸性。

需要指出的是，凝聚态炸药在爆炸反应时放出的热量，如果按照单位质量计算并不比一般燃料的多，但是若按容积计算却高于一般燃料。这是因为凝聚态炸药本身含有氧，具有较小的比容。而一般燃料不含氧，反而要靠加入氧气才能反应和释放能量，氧气的比容较大，整个混合物的比容也就更大。表 2－1 列出几种炸药和燃料混合物的含能量，通过对比可以看出炸药含能量的特点。

由此可见，凝聚态炸药在反应时放出热量，就单位质量而言，它比普通燃料燃烧时放出的热量还低，但是前者集中在较小的容积内；按单位体积的含能量来看，它比普通燃料具有大得多的能量密度。因此，凝聚态炸药并非高能物质，而是一种高能量密度的物质。

表 2-1 几种炸药和燃料混合物的含能量

物质名称	含能量	
	kJ/kg	kJ/L
黑火药（$\rho=1.2\ g/cm^3$）	2 782.4	3 347.2
TNT（$\rho=1.6\ g/cm^3$）	4 250.9	6 803.2
硝化棉（$\rho=1.3\ g/cm^3$）	4 288.6	5 564.7
硝化甘油（$\rho=1.6\ g/cm^3$）	6 221.6	9 957.9
碳氧混合物	9 204.8	17.15
苯氧混合物	9 748.7	18.41
氢氧混合物	13 514.3	7.11

2. 反应过程的高速性并能够自行传播

反应过程的高速性是炸药爆炸区别于一般化学反应的重要标志。一般的燃烧反应过程较为缓慢，虽然能释放出大量的热量与气体产物，但不能形成爆炸。而炸药的爆炸反应进行得很快，时间在 $10^{-6}\sim10^{-7}$ s 量级，虽然炸药的总体能量不比一般燃料多，但反应的高速使其能够达到一般化学反应不能比拟的高能量密度（功率）。

由于炸药爆炸的化学反应速度极快，因此可以认为爆炸反应产物来不及膨胀，所释放的能量全部集中在炸药爆炸前所占的体积内，从而维持一般化学反应所无法达到的很高的能量密度，这样所形成的高温高压气体，使炸药的爆炸具有巨大的功率和强烈的破坏作用。1 kg 普通的炸药爆炸时释放的热量一般在 $4.18\sim6.27\times10^6$ J，仅相当于 1 kW 电动机工作一个多小时的能量，但其在爆炸瞬间的功率可以达到 $5\sim6\times10^6$ kW。

3. 反应过程中生成大量的气体产物

爆炸反应中产生的大量气体产物，是其对外做功的媒介。爆炸瞬间炸药定容地转化为气体产物，气体产物密度相比正常气体极大。同时由于反应的放热性，高温高压气体开始急剧膨胀，将炸药的位能转化为气体运动的动能，对周围介质做功。

需要补充的是，在某些情况下，有足够的放热性和快速性，虽不生成气体，也可以发生爆炸过程。如由较细的铝粉组成的类似铝热剂的反应，铝粉在混入空气时，受热后发生弱爆炸，这种爆炸是空气受热膨胀后产生的，并不是铝热剂本身发生的。体积为 1 L 的普通炸药爆炸反应时，标准状态下一般可产生 1 000 L 左右的气态产物。由于反应的放热性和快速性，在爆炸瞬间形成的高温高压气体急剧膨胀，便对外界产生猛烈的机械作用。

由此可见，放热性给爆炸反应提供了能源，快速性则使有限的能量集中在较小容积内并产生强大的功率，反应生成的气态产物则提供了能量转换的工质。这三个特征之间又相互联系，放热性将炸药和产物加热到较高的温度，从而增大了爆炸反应的速度，即增强了快速性，放热性和快速性将产物加热到更高的温度，从而使更多的产物处于气态。

炸药自身的化学结构和物理状态决定其爆炸特征参量，不同炸药放热量的多少、反应速度的大小以及产生气体量的不同决定了其爆炸性能的差异。

2.1.3　炸药化学反应的基本形式

炸药化学反应过程属于氧化还原反应。根据反应方式和反应环境条件的不同，炸药的化学反应过程能够以不同的形式进行，而且在特性上具有很大的差别。按反应速度和反应传播的性质，可以将炸药的化学反应分为热分解、燃烧和爆轰。

1. 热分解

炸药热分解是缓慢的化学反应。在常温条件下，当不受其他外界能量作用时，炸药常常以缓慢的速度进行分解反应。其特征是：分解在整个物质内进行，反应速度主要取决于环境温度，反应规律基本服从阿伦尼乌斯（Arrhenius）定律，即环境温度升高，化学反应速率呈现指数增长。在常温条件下，热分解的速度十分缓慢。但当热分解放出的热量大于散热量时，能量就会积聚，随着时间的延续，温度会不断升高，热分解反应也会不断加速，继而引发炸药燃烧，甚至转化为热爆炸。历史上有过多次军火库在无外界激发时发生自炸，一般是由这种过程引起的。虽然民爆器材储存期较短，但如果炸药入库时温度较高、堆垛太大、库房不通风，依然存在热分解引发炸药的自燃及爆炸的可能性。

2. 燃烧

燃烧是炸药剧烈的化学反应。它与一般的缓慢化学反应的主要区别在于燃烧不是在全体炸药内进行，而是在某一局部发生，而且以化学反应波的形式在炸药中按一定的速度一层一层地自动进行传播。化学反应区比较窄，化学反应就是在这个很窄的反应区内进行和完成的。炸药的燃烧与一般燃料燃烧不同，由于炸药本身含有氧化剂和可燃剂，因此不需要空气中的氧气就可燃烧。反应区沿炸药表面法线方向传播的速度叫作燃烧速度。一般情况下，燃烧速度在每秒几毫米至每秒数百米之间。燃烧速度与外界压力等因素有很大关系，随着压力的升高而显著增大。

大部分单质炸药、混合炸药在敞开环境中用明火点燃，在控制堆积量的前提下，会平稳燃烧。当炸药在密闭环境下燃烧或堆积量非常大时，会发生燃烧转爆轰。发射药和烟火药的燃烧往往根据装药的形状和装药状态，以一定的规律进行燃烧。起爆药开始也是燃烧，但其燃烧速度变化非常快，很快燃烧就转为爆轰了。

炸药燃烧的基本特点为：炸药燃烧时反应区的能量是通过热传导、气体产物扩散和热辐射传入原始炸药的。由于传热和扩散是一个缓慢的过程，因此炸药燃烧的速度比声速要低得多，一般为每秒几毫米到每秒数百米，燃烧的传播速度也大大低于爆轰波的传播速度。火焰波后的燃烧产物是向后运动的，因此在火焰区域内燃烧产物的压力较低。大量炸药或在密闭状态下的炸药燃烧，容易发生燃烧转爆炸。

3. 爆轰

爆轰也是炸药剧烈的化学变化，是化学反应的最高形式。爆轰化学反应在化学反应区的局部区域发生，并一层一层地自发进行高速传播。炸药的爆轰是在一定条件下，以其最大速度在炸药中传播的一种化学反应。爆轰速度一般可达每秒数千米甚至每秒上万米。

爆轰一旦形成，其受外界条件的影响就很小了，在爆炸点附近压力急剧升高，无论是在敞开体系或密闭容器中，爆轰产物都急剧地冲击周围介质，从而导致附近的物体产生变形和破坏飞散。爆轰过程有稳定爆轰和不稳定爆轰。传播速度恒定不变的爆轰称为稳定爆轰，传播速度变化的爆轰称为不稳定爆轰。

爆轰与爆炸在意义上是可以通用的，只不过着眼点不同。爆炸面更广些，爆炸包括炸药药剂的爆轰反应，也可指炸药爆轰后爆轰产物对外界的爆炸作用。

燃烧和爆轰是两种不同特性的化学反应过程，它们的最主要区别如下：

（1）从传播过程的机理来看，燃烧时反应区的能量是通过热传导、热辐射及产物的扩散作用传入未反应炸药的，而爆轰的传播则是借助冲击波的冲击压缩作用进行的。

（2）从质点运动方向来看，燃烧过程中反应区内产物的质点运动方向与燃烧波阵面的方向相反，波阵面压力低；而爆轰时反应区内产物的质点运动方向与爆轰波的传播方向一致，波阵面压力较高，达几十兆帕甚至几十吉帕。

（3）从反应地点来看，凝聚态炸药燃烧时，放热反应主要是在气相中进行的，而爆轰时的放热反应主要在液相或固相中进行。

（4）从波的传播速度来看，燃烧速度一般在每秒几毫米至每秒几百米，一般小于声速，爆轰波总是以大于原始炸药声速传播，为每秒几百米至每秒几千米，甚至达到每秒上万米。

（5）从受外界影响来看，燃烧过程受环境温度、压力等条件影响较大，爆轰速度极快，几乎不受外界条件的影响。

另外，炸药化学反应的三种形式在性质上虽各不相同，但它们之间有着紧密的内在联系，炸药的缓慢分解在一定条件下可以转变为炸药燃烧，而燃烧在一定条件下也可以过渡到不稳定爆轰，进而发展为稳定爆轰。炸药的这三种化学反应形式在一定的条件下可以相互转化，如图 2－1 所示。

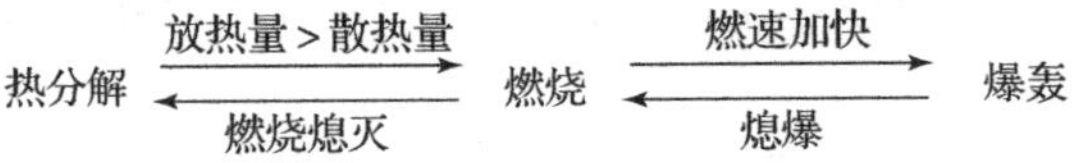

热分解 ⇄ 燃烧 ⇄ 爆轰

热分解 → 燃烧：放热量 > 散热量
燃烧 → 热分解：燃烧熄灭
燃烧 → 爆轰：燃速加快
爆轰 → 燃烧：熄爆

图 2－1　炸药化学反应形式关系

在燃烧过程中，如果生成气体的速度大于排气速度，气体平衡被打破，压力增大，燃烧速度加快，燃烧就变得不稳定，并可能转成爆轰；反之则产生熄爆、熄燃。

2.2　火炸药分类及基本特征

2.2.1　火炸药的定义

火炸药是指在一定的外界和环境条件下，在特殊的封闭体系中（无须其他物质参与）以燃烧或者爆轰的物理化学方式释放能量并实现对外做功的一种特殊能源。其本质是组成元素的起始与终点物理化学状态的不同，造成元素的能级状态不同而释放能量，通常为热能。火炸药作为能源的特殊性在于其组成元素的物理化学变化过程在封闭体系下完成，无须其他物质参与。

火炸药主要应用于武器，可作为武器的发射、推进与毁伤能源，对武器威力起着重要的基础支撑与保证作用。所以，火炸药可以作为武器能源，同时也能作为其他方面的热源、气源、信号源等。

2.2.2 火药和炸药的相关性与区别

在很多情况下，火药与炸药是两个相对独立的概念。在应用形式上，用于身管武器发射和火箭推进的称为火药，用于战斗部装药毁伤的称为炸药。火炸药发展到今天，在配方、组织结构形态等方面已经没有较大差别。例如火药中的晶体爆炸物成分已经达到 70% 以上，同时火药在适当的装填与引爆条件下可以作为炸药使用。火药与炸药之间的本质区别体现在能量释放的方式上。

在外界能量的激发下，火炸药组分发生化学反应，元素进行重排使能级改变，从而产生能量（主要是热能）。火炸药的化学反应有热分解、燃烧和爆轰。热分解为缓慢化学反应，燃烧和爆轰为快速化学反应。C－J 爆轰理论认为，如果化学反应在某一局部以冲击波的形式稳定地进行并传播，反应波阵面内的压力不发生突跃变化，就是燃烧；如果化学反应在某一局部以冲击波的形式稳定地进行并传播，反应阵面内的压力发生突跃变化，就是爆轰。以爆轰形式释放能量的是炸药，以燃烧形式释放能量的则是火药。

在能量释放的时间数上，火药在 $10 \sim 10^{-3}$ s 数量级，根据使用时燃烧压力环境的不同，可分为发射药和推进剂炸药。其中，前者的燃烧压力在 10^2 MPa 数量级，后者在 10 MPa 数量级。炸药的能量释放时间在 10^{-6} s 数量级，其功率是火药的 10^3 倍。

2.2.3 炸药分类及基本特征

炸药作为一种特殊的能源，在铁路、公路、水利水电、矿业、石油、金属加工等民用领域和国防建设中得到广泛应用。研究典型炸药的爆轰理论，掌握炸药的爆炸性能和爆炸作用特征，对于安全、正确地使用炸药，有效提高炸药能量利用率有着重要意义。很多能发生爆炸的化合物由于各种原因而不能实际应用，所以能作为炸药的单一化合物是不多的，但混合炸药的品种则极其繁多。下面采用各种平行的方法对炸药进行分类：

（1）按炸药组成，炸药可分为单质炸药和混合炸药。

①单质炸药是指碳、氢、氧、氮等元素以一定的化学结构存在于同一分子中，并能自身发生迅速氧化还原反应释放出大量热能和气体产物的物质。

②混合炸药是指由两种或两种以上的成分组成的机械混合物，既可以含单质炸药，也可以不含单质炸药，但应含有氧化剂和可燃剂两部分，而且两者是以一定比例均匀混合在一起的，当受到外界能量刺激时，能发生爆炸反应。

（2）按主要化学成分，炸药可分为硝铵类炸药、硝化甘油类炸药和芳香族硝基化合物类炸药。

硝铵类炸药是以硝酸铵为主要成分，加上适量的可燃剂、敏化剂及其他附加剂的混合炸药。硝化甘油类炸药是以硝化甘油或硝化甘油与硝化乙二醇混合物为主要爆炸组分的混合炸药。芳香族硝基化合物类炸药主要是指苯及其同系物，如甲苯、二甲苯的硝基化合物以及苯胺和萘的硝基化合物。

（3）按炸药作用特性，炸药可分为起爆药、猛炸药和发射药。

①起爆药是指易受外界能量激发而发生燃烧或爆炸，并能迅速形成爆轰的一类敏感炸药。对外界一定的热、电、光、机械等激发能有较大的敏感度，并能输出足够的能量，以爆轰波引爆猛炸药引起爆轰。起爆药种类有单质起爆药、共沉淀起爆药、混合起爆药和新型起爆药等，常用的是单质起爆药。常用的起爆药有雷汞、叠氮化铅、二硝基重氮酚和三硝基间苯二酚铅等。

②猛炸药是指敏感度较高、爆炸威力大、使用量少且较为安全的炸药。按组分其又分为单质猛炸药和混合猛炸药。单质猛炸药如三硝基甲苯，即TNT，一般不单独使用，常作为炸药敏化添加剂兼增威添加剂；又如黑索金等亦作为敏化及增威添加剂。有些可作为雷管的加强药，如黑索金、特屈儿（Tetryl）等。混合猛炸药通常由硝酸铵作为主体与可燃物混合而成，混合猛炸药是工程爆破中用量最大的炸药，工业上常用的有粉状硝铵类炸药、含水硝铵类炸药、硝化甘油炸药等。

③发射药又称火药，主要用作枪炮或火箭的推进剂，也有用作点火药、延期药等。长期以来，发射药一直被用来作为各种身管武器的弹丸运动的发射能源。其基本功能是将弹丸可靠、准确地射向目标，并保证射击时的安全。发射药及其装药的基本目标就是提高能量（火药力）以进一步提高弹药的杀伤威力，只有提高能量才能提高初速度，增强打击力。发射药的特点是对火焰极其敏感，可在敞开的环境下爆燃，而在密闭条件下爆炸，爆炸威力很弱；吸湿能力强，吸水后敏感性大大降低。

发射药的基本成分有黏合剂、增塑剂、高能添加剂、安定剂、性能改良剂和工艺附加物。根据其组分的不同，分为单基发射药、双基发射药和三基发射药三种形式，它们可以按实际需要加工成不同的形状尺寸，用于各类武器。

单基发射药以纤维素硝酸酯为主，添加少量附加成分和化学安定剂（主要是二苯胺），采用醇醚溶剂溶解挤压成型。双基发射药主要由纤维素硝酸酯、甘油三硝酸酯和附加组分组成，采用溶剂法生产柯达型双基药和无溶剂法生产巴利斯太型双基药；太根发射药也是一种双基药，与通常所称的双基发射药不同的是用三乙二醇二硝酸酯（俗称硝化三乙二醇，TEGDN）代替了甘油三硝酸酯。三基发射药是在双基发射药的基础之上加入硝基胍（NQ）等高能固体炸药溶剂法挤压成型生产。一般认为，单基发射药和双基发射药都是一种均质结构，而三基发射药是非均质结构。

2.3 经典单质炸药

单质炸药分子含有爆炸性基团，按照化学结构分为硝基化合物、硝铵、硝酸酯、氯酸与过氯酸的衍生物、叠氮化合物等。本书介绍几种经典的单质炸药。

2.3.1 硝基化合物炸药

目前用作炸药的硝基化合物主要是芳香族多硝基化合物，属于叔硝基化合物。根据芳香母体的结构可分为碳环（单环、多环及稠环）与杂环两大类，最常用的是单碳环多硝基化合物，其典型代表是 TNT。硝基化合物炸药的爆炸能量和机械感度均低于硝酸铵酯类和硝铵类炸药，安定性甚优，制造工艺成熟，大多数原料来源充足，价格较低，故应用广泛。可用作炸药的脂肪族多硝基化合物主要是硝仿系化合物，它们的氧平衡较佳，密度和爆速均较高，机械感度也较高，有的已获实际应用。多硝基烷烃大多用作混合炸药组分或制造炸药的原料。

TNT 化学名称为三硝基甲苯，分子式为 $C_6H_2(NO_2)_3CH_3$。自然状态的 TNT 是一种黄色或淡黄色的晶体。TNT 的化学稳定性好，常温下不分解，180 ℃时才显著分解，遇火燃烧，并冒出黑烟，在密闭或堆积量很大的情况下，燃烧可以转变为爆轰。TNT 的机械感度低，但掺入硬质掺和物时易被引爆。TNT 有毒性，吸湿性小，难溶于水，易溶于甲苯和丙酮等有机溶剂。

TNT 具有良好的爆炸性能，其撞击感度为 4%～8%，摩擦感度为 0，爆发点为 290～300 ℃，做功能力为 285～300 mL，猛度为 16～17 mm。密度为 1.65 g/cm^3 时，爆速为 6 990 m/s。TNT 是目前使用最广泛的一种猛炸药，可单独使用，也可与其他炸药混合使用。其有着广泛的军事用途，常用精制的 TNT 做炸药中的加强药或硝铵类炸药中的敏化剂。TNT 如图 2－2 所示。

图 2－2　TNT

2.3.2　硝铵炸药

含有 $N-NO_2$ 的化合物称为硝铵。$N-NO_2$原子团比 $C-NO_2$ 产生多一倍的氮气，氧平衡也较好，因此比芳香族硝基化合物的爆炸能量高。但 $N-NO_2$ 键的牢固程度不如 $C-NO_2$ 键，因此热安定性低于芳香族硝基化合物，而感度（sensitivity）高于芳香族硝基化合物。硝铵炸药是在第二次世界大战期间崛起的一类炸药，其主要代表是黑索金和奥克托今，其他还有特屈儿、硝基胍、乙烯二硝铵等，它们均广泛应用于弹药装药，或作为发射药和火箭推进剂的重要组分。硝铵炸药的爆炸气态产物生成量较高，具有较高的做功能力和能量要求，尽管其感度高于硝基化合物炸药而低于硝酸酯炸药，不过其安全性仍能满足军用要求。

1. 黑索金

黑索金是硝铵炸药中最重要的一种炸药，化学名称为环三次甲基三硝铵，分子式为 $C_3H_6N_3(NO_2)_3$。自然状态的 RDX 是一种粉末状白色晶体，熔点为 204.5 ℃，爆发点为

230 ℃，不吸湿，几乎不溶于水，热安定性好，机械感度比 TNT 高，有毒。

黑索金是一种爆炸性能很高的炸药，在常用的军用炸药中，它的爆速、猛度、威力等均比 TNT、特屈儿等高，但机械感度较大。黑索金密度为 1.767 g/cm^3 时爆速为 8 640 m/s，威力 TNT 当量 150%～160%，猛度 TNT 当量 150%。RDX 同样广泛地应用于军事领域。除用于工业雷管的加强药外，RDX 还可用作导爆索的药芯以及同 TNT 混合后制作起爆药包。

2. 奥克托今

奥克托今化学名称为环四次甲基四硝铵，其为目前所使用炸药中能量最高的单质炸药之一，亦是黑索金的同系物，但作为炸药使用要比黑索金晚得多，1941 年作为合成黑索金的一种副产物被发现。其具有爆炸性，由于爆炸威力高和良好的耐热性能，目前已经成为核武器、导弹战斗部的装药，同时用于石油射孔弹和导爆索等的装药。由于奥克托今感度高，一般不单独使用，可以和 TNT 组成混合炸药，并可以与高聚物组成高分子黏结炸药。

奥克托今是由环五次甲基二硝基四胺与浓硝酸反应制得的，为白色结晶，分子量为 296.17，熔点为 286 ℃。奥克托今是化学性质比较稳定的硝铵炸药，对酸、碱的耐受能力比黑索金强。其密度为 1.88 g/cm^3 时爆速为 9 010 m/s，威力为 TNT 当量的 120%。作为高能炸药，奥克托今最大的特点是结晶密度大，因此能达到较高的爆速和爆压。

3. 硝基胍

硝基胍于 1906 年开始被用作发射药组分，两次世界大战中，以硝基胍为主要组分的混合炸药用于多种弹体装药。目前，许多国家把它用作发射药的重要组分，即所谓的三基药（硝化棉、硝化甘油、硝基胍）。由于硝基胍的爆温低，可以降低对炮膛的烧蚀作用，延长火炮使用寿命。

硝基胍由于爆炸性能与 TNT 接近，且安定性较好，因此以它为基组成混合炸药可以广泛用于弹体的装药，20 世纪 80 年代研制出了以硝基胍为基的低易损性炸药。此外，由于其主要原料为硝酸铵和尿素，可与化肥生产相结合，因此硝基胍在平时和战时都有一定的重要地位。

硝基胍存在两种晶型，其中 α 型为长针状晶型，β 型是一种薄的长片状晶型。硝基胍在硝酸和硫酸中的溶解度较大，呈弱碱性，其密度为 1.55 g/cm^3 时爆速为 7 650 m/s，威力 TNT 当量 104%。其机械感度和冲击波感度都很低，爆轰感度也很小，因此可作为低易损性炸药使用。

4. 特屈儿

特屈儿，代号 CE，化学名三硝基苯甲硝铵，分子组成式 $C_7H_5N_5O_8$。特屈儿为无色结晶，光照状态下迅速变黄。自然状态的特屈儿是一种淡黄色晶体，室温下不挥发，难溶于水，热感度和机械感度高，爆轰感度较高，易于起爆。特屈儿的爆炸性能好，威力 TNT 当量 130%，猛度 TNT 当量 120%，易与硝酸铵作用而释放热量导致自燃。特屈儿毒性较大，已不大量生产，主要用作传爆药柱。除了军事用途外，特屈儿也可用作工业雷管中的加强药。

2.3.3 硝酸酯炸药

硝酸酯也称 O－硝基化合物，是一类诞生很早的炸药。1833 年即已制得的硝化淀粉，是近代有机爆炸物的先驱。1845 年制得的硝化棉及 1859 年进入实际应用的硝化甘油，在火炸药发展史上更是具有突出的地位，且至今仍是不可缺少的火药组分。1894 年合成的太安（PETN），是一种多功能炸药，用途广泛，但现在已经很少用作军用炸药（图 2－3）。硝酸酯除了作为猛炸药外，更是发射药及推进剂的基本原料。与芳香族硝基化合物炸药和硝铵炸药相比，硝酸酯炸药的热安定性及水解安定性均较差，机械感度也较高，氧平衡较佳，燃烧及爆炸性能良好。有重要实际使用价值的硝酸酯炸药是太安、硝化甘油及其同系物和硝化棉，还有一些用作含能增塑剂的硝酸酯也日益为人所重视。

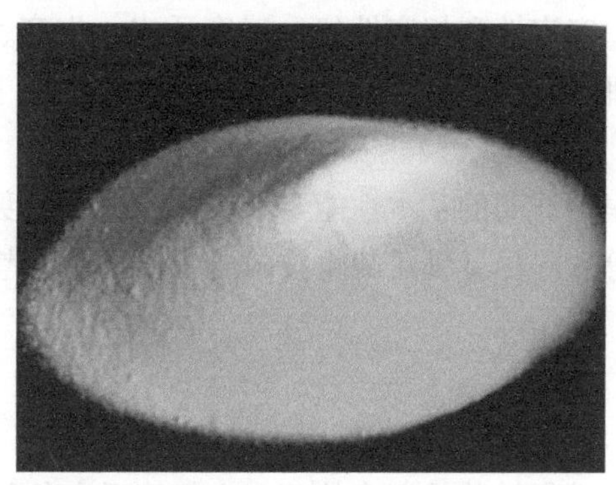

图 2－3　太安

1. 太安

太安化学名称是季戊四醇四硝酸酯，分子式为 $C(CH_2ONO_2)_4$。自然状态的 PETN 是一种白色晶体，几乎不溶于水。太安在密度为 1.77 g/cm^3 时爆速为 8 600 m/s，威力 TNT 当量 145%，猛度 TNT 当量 125%。太安在硝酸酯炸药中热安定性最好，威力稍大于黑索金，但能量密度不如黑索金，又具有良好的爆轰感度，是常用炸药中最适于作为低爆速、低密度炸药的敏化剂，也是临界直径最小的爆炸传感器件的装药，且原料来源广泛，因此至今仍占有一定的地位。

太安在水中爆炸时，释放出的能量很高，是一种有效的水下炸药。可用于以火花引爆的无起爆药雷管。缺点是机械感度高，用量大于 10 g 时必须钝化处理，钝化后可装填小口径炮弹。因感度问题，太安已很少作为军用炸药。

2. 硝化甘油

硝化甘油化学名称是丙三醇三硝酸酯，也可叫作甘油三硝酸酯，分子式为 $C_3H_5N_3O_9$，相对分子质量 227.10，氧平衡 +3.52%。NG 的晶型影响着它的熔点，一般来说，稳定型（斜方晶型）的熔点为 13.2～13.5 ℃，不稳定型（三斜晶形）的熔点为 2.2～2.8 ℃。减压下 NG 的沸点，20 mm 汞柱时为 125 ℃，50 mm 汞柱时为 180 ℃。纯品为无色油状液体，工业品略带黄色，易溶于大多数有机溶剂，同时也是一种良好的溶剂，可以溶解低含氮量的硝化纤维素并形成胶体，用来制作双基发射药和爆胶。

硝化甘油爆速随其物理状态及起爆强度不同而有很大波动，起爆冲能低时爆速在 1 100～2 400 m/s，起爆冲能足够大时表现为高级爆轰状态，爆速可达到 8 000 m/s 以上，当液态硝化甘油中存在气泡时易转化为高级爆轰。其爆热为 6.77 MJ/kg（液态水）或 6.31 MJ/kg（气态水），爆容为 715 L/kg。其撞击感度极高，机械感度则与物理状态密切相关。

硝化甘油是粉状硝化甘油炸药、爆胶及胶质炸药的重要组分，主要用于火药领域，与硝化纤维素制成双基发射药，与硝化纤维素和硝基胍制成三基发射药，更是各类近、中、远程导弹用固体推进剂不可或缺的组分。

2.4 典型军用炸药

军用炸药是指用于军事目的的炸药，主要用于装填各种常规弹药，少量用于装填核弹药。其特点是能量水平高，安定性和相容性好，感度适中，生产、运输、储存、使用安全，且装药性能和其他物理－机械性能良好。此外，低易损性也是20世纪70年代以来对军用炸药提出的要求。

从使用角度来讲，对军用炸药的基本性能要求包括能量、密度、安全性、安定性、相容性、力学性能、储存性能等。除尽量满足战术技术要求外，还要考虑配方的工艺性、经济性及对环境的友好性。

2.4.1 熔铸炸药

熔铸炸药指能以熔融态进行铸装的混合炸药，它们能适应各种形状药室的装药，综合性能较好。熔铸炸药的组分至少应有一个是易熔炸药，炸药的蒸汽应无毒或毒性较低，且在稍高于易熔炸药熔点下能保持较长时间而无分解。此类炸药通常含有：①易熔组分；②在易熔炸药熔点下仍为固态或大部分是固态的炸药或其他组分；③钝感剂；④附加剂，用以改善流动性、均匀性及化学安定性等。大多数熔铸炸药是TNT与其他猛炸药（或硝酸铵）的混合物，如B炸药。熔铸炸药广泛应用于装填榴弹、破甲弹、航弹、地雷及导弹战斗部。

为了提高其战场生存能力，目前正致力于降低易损性和提高安全性的研究，主要途径有：①采用合理的颗粒级配以提高固相高能炸药的含量；②选用新的高能炸药，如硝基胍等降低易损性；③加入添加剂以改善内孔、底隙、裂纹等；④采用包覆技术提高装药安全性；⑤采用压力铸装等新工艺。

2.4.2 高聚物黏结炸药

高聚物黏结炸药（PBX）是以高聚物为黏结剂的混合炸药，也称塑料黏性炸药。以粉状高能单质炸药为主体，加入黏结剂、增塑剂及钝感剂等组成。对早期的PBX，常用的单质炸药是硝铵（太安）、芳香族硝基化合物［六硝基芪、三氨基三硝基苯（TATB）］及硝仿系炸药等；对近期的PBX，使用的单质炸药还有NTO（3－硝基－1,2,4－三唑－5－酮）、CL－20等，并更多地使用TATB。黏结剂有天然高聚物和合成高聚物，如聚酯、醇醛缩合物、聚酰胺、含氟高聚物、聚氨酯、聚异丁烯、有机硅高聚物、端羧和端烃聚丁二烯、天然橡胶等；增塑剂有硝酸酯、低熔点芳香族硝基化合物、脂肪族硝基化合物、脂类、烃类、醇类等；钝感剂有蜡类、脂类、烃类、脂肪酸类及无机钝感剂等。PBX具有较高的能量密度，较低的机械感度，良好的安定性、力学性能和成型性能，处理安全可靠，并能按照使用要求制成具有特定功能的炸药。PBX种类繁杂，按装药工艺可分为压装、铸装、塑态捣装等，按物理状态可分为造型粉、塑性炸药、浇铸高聚物黏结炸药、挠性炸药、泡沫炸药等。PBX 可采用溶液混合－蒸馏法、沉淀法、糊状物过筛法、破乳法、溶液蒸发法、化学聚合法制造。PBX 在军事上用于反坦克导弹、水雷、鱼雷、航空炸弹和核战斗部起爆装置，在工业上用于石油射孔弹、爆炸成型等。

2.4.3　含铝炸药（高威力混合炸药）

含铝炸药是由炸药与铝粉组成的混合炸药，也称铝化炸药。其主要成分为猛炸药及铝粉，有的含少量其他添加剂（钝感剂和黏结剂等）。铝粉能与爆炸产物（二氧化碳、水）产生二次反应生成三氧化二铝，放出大量的热，使爆热和做功能力大幅度提高，爆炸作用时间延长，爆炸作用范围扩大，破片温度升高，并有利于水中气泡的扩张和增压。但铝粉使炸药的爆速、爆压和猛度降低，机械感度增高，所以炸药中铝粉含量以 10%～35% 为宜。此类炸药种类繁多，可分为铸装及压装两大类，前者的典型品种有 80/20 TNT/铝粉混合物（梯铝）、67/22/11 TNT/硝酸铵/铝粉混合物（阿莫纳尔）、60/24/16 TNT/黑索金/铝粉混合物（梯黑铝）、64/24/11/1 TNT/黑索金/铝粉/卤蜡混合物（梯黑铝－5）等；后者的典型代表有 80/20 钝化黑索金/铝粉混合物（钝黑铝）、51/9/40 奥克托今/氟橡胶/铝粉混合物、69/29/2 黑索金/铝粉/乙基纤维素混合物等。含铝炸药的最大特点是爆热和做功能力大。通常采用制造混合炸药的干混法、湿混法和悬浮法等工艺，将含铝炸药制成适于压装的粉粒状，或适于浇铸的悬浮状或淤浆状，最后以固态使用。含铝炸药用于水雷、鱼雷、深水炸弹、对空武器、反坦克穿甲弹和爆破弹，也可在地面爆破、土石爆破及地质勘探中使用。

2.4.4　钝化炸药

钝化炸药是由单质炸药和钝感剂组成的低感度炸药。常用的钝感剂有蜡、硬脂酸、胶体石墨和高聚物等。与普通单质炸药相比，钝化炸药的撞击感度、摩擦感度明显下降，成型性能改善，而对爆炸能量影响较小。例如，黑索金撞击感度 80%，摩擦感度 76%，用 5% 蜡钝化后撞击感度 32%，摩擦感度 28%。军用钝化炸药有钝化 B 炸药、钝化黑索金、钝化奥克托今、钝化太安等，其中钝化黑索金应用十分广泛。钝化炸药多用于装填对空武器、水中兵器和破甲弹，也用于传爆药和制造含铝炸药。

2.4.5　燃料空气炸药

燃料空气炸药是由固态、液态、气态或混合态燃料（可燃剂）与空气（氧化剂）组成的爆炸性混合物。所用燃料的点火能量低，与空气混合时易达到爆炸浓度，可爆炸的浓度范围宽、热值高。目前主要采用液态燃料，如环氧乙烷、环氧丙烷、硝基甲烷等；固态燃料有固体可燃剂及固态单体炸药；气态燃料有甲烷、丙烷、乙烯、乙炔，但常压缩成液态使用。FAE 可充分利用大气中的氧，大大提高了单位质量装药的能量。使用 FAE 时，将燃料装入弹中，送至目标上空引爆，燃料被抛撒至空气中形成汽化云雾，经二次点火使云雾发生区域爆轰，产生高温火球和超压爆轰波，同时在炸药作用范围内形成缺氧区，使较大面积内的设施及建筑物遭受破坏，人员伤亡。FAE 主要用于装填集束炸弹、航空炸弹、反舰炸弹、水中兵器、火箭弹和扫雷武器。

2.4.6 低易损性炸药

低易损性炸药是对外部作用不敏感、安全性高的炸药。它们对撞击、摩擦的感度低，不易烤燃，不易殉爆，也不易由燃烧转爆轰，在生产、运输、储存，特别是作战条件下都较安全。低易损性炸药目前处于研究发展阶段。目标是制造能量不低于 B 炸药或高聚物黏结炸药 PBX－9404，且安全性能分别高于此两类的低易损性炸药。采用不敏感的单质炸药、往分子中引入不同官能团提高原有单质炸药的安全水平、采用分子间炸药和某些可降低炸药感度的弹性高聚物黏结剂等方法，均有助于降低炸药的易损性。三氨基三硝基苯、六硝基芪等均为安全钝感单质炸药，可作为主体炸药配制低易损性炸药。

2.4.7 液体炸药

液体炸药是在规定环境温度下呈液态的炸药，可分为单质和混合两大类。其一般具有良好的流动性、高能量密度、使用方便、安全性高等特点，适合某些特殊应用的需要。目前我国在个别难爆矿山的爆破作业中长期使用硝酸－硝基苯类液体炸药，该类炸药主要有：浓硝酸－硝基甲烷、浓硝酸－硝基苯的混合物，四硝基甲烷－硝基苯混合物，以高氯酸脲为主的混合液体炸药，氨基酸类混合液体炸药和以硝酸为主要成分的混合液体炸药。

2.5 典型民用炸药

民用炸药是指用于工农业目的的炸药，也称工业炸药，广泛应用于矿山开采、土建工程、农田基本建设、地质勘探、油田钻探、爆炸加工等众多领域，是国民经济中不可缺少的能源。民用炸药主要为混合炸药，按组成可分为硝化甘油炸药、铵梯炸药、膨化硝铵炸药、铵油炸药（ANFO）、浆状炸药、水胶炸药、乳化炸药（包括粉状乳化炸药）、液氧炸药等类，按用途可分为岩石炸药、煤矿安全炸药、露天炸药、地震勘探炸药、水下爆破炸药等类。工业混合炸药应具有足够的能量水平，令人满意的安全性、实用性和经济性。

民用混合炸药具有和军用混合炸药不同的特点，主要表现在以下几个方面：

（1）不同使用目的的民用混合炸药应具有不同的爆炸性能。例如，用于爆破坚硬岩石和金属开采的炸药应具有高威力、高爆速、高猛度；用于采煤爆破作业的炸药则要求较低的猛度，以免爆破后煤块太碎，还要求较低的爆温和不产生引爆瓦斯的炽热产物；用于城市废旧建筑爆破拆除的炸药，要求爆速及威力不宜过高，防止爆炸碎片飞散，影响周围建筑及行人的安全等。

（2）足够低的机械感度（危险感度）和适当的爆轰感度（实用感度），以便于安全地生产、储存和运输，但又能采用适当的起爆手段可靠地爆轰，且能良好传播。

（3）物理化学性能应能满足不同使用场所的要求。例如，用于潮湿地区的炸药应不吸湿、不结块；用于水下爆破的炸药应具有抗水性；用于矿井下及坑道内的炸药爆炸时应不致引爆瓦斯，爆炸生成物中的有毒气体含量应低于国家卫生标准。此外，民用炸药应具有一定的储存期，在储存期各项性能不恶化。

（4）制造工艺应安全便捷，原材料来源广泛，价格低廉。

2.5.1　粉状铵梯炸药

粉状铵梯炸药为以硝酸铵（氧化剂）为主要成分，并含有可燃剂、敏化剂及其他附加剂（防潮剂、表面活化剂和消焰剂等）的粉状混合炸药，也称硝铵炸药。常用的可燃剂是木粉、沥青和石蜡，敏化剂（也是可燃剂）是 TNT，高威力铵梯炸药则还含有黑索金或铝粉。铵梯炸药能量较大，爆轰感度较高，有的既可民用，也可军用。它们的最大缺点是吸湿结块和抗水性差，对环境污染严重，且有毒。其按抗水性可分为抗水和不抗水两类，按用途可分为岩石型、露天型及煤矿安全型三种。粉状铵梯炸药通常含质量分数为 70%～90% 的硝酸铵，5%～15% 的敏化剂，4%～8% 的可燃剂（主要是木粉）。煤矿安全型炸药则含有 10%～20% 的消焰剂。含 67% 硝酸铵、10% TNT、3% 木粉及 10% 食盐的 3 号煤矿铵梯炸药的爆速 2.8 km/s，爆容 740 L/kg，爆热 3.06 MJ/kg，猛度（铅柱压缩值）12 mm，做功能力（铅壔扩孔值）250 cm^3。粉状铵梯炸药一般采用一段混合法（高温重砣法）或二段混合法（低温轻砣法）以轮碾机生产。此类炸药大量用于各种民用爆破，仍是中国目前最主要的工业炸药之一，由于它含有对人体毒害和对环境污染的 TNT，其产量逐年减少，2003 年的产量只占当年工业炸药总产量的 47%，且今后有可能逐步被其他无梯工业炸药（如乳化炸药等）所替代。

在岩石爆破作用中一般使用岩石粉状铵梯炸药，简称岩石炸药。该炸药一般有抗水型和不抗水型两类，我国岩石炸药主要品种的组分和性能见表 2－2。目前我国使用最多的岩石炸药是 2 号岩石铵梯炸药，它具有较强的爆炸能力、有毒气体量少、爆破单位岩石所需炸药量适中等优点。

表 2－2　我国岩石炸药主要品种的组分和性能

品种		1 号岩石铵梯炸药	2 号岩石铵梯炸药	2 号抗水岩石铵梯炸药	3 号抗水岩石铵梯炸药	4 号抗水岩石铵梯炸药
组分/%	硝酸铵	82 ± 1.5	85 ± 1.5	84 ± 1.5	86 ± 1.5	81.2 ± 1.5
	TNT	14 ± 1.0	11 ± 1.0	11 ± 0.5	7 ± 1.0	18 ± 1.0
	木粉	4 ± 0.5	4 ± 0.5	4.2 ± 0.5	6 ± 0.5	—
	沥青	—	—	0.4 ± 0.1	0.5 ± 0.1	0.4 ± 0.1
	石蜡	—	—	0.4 ± 0.1	0.5 ± 0.1	0.4 ± 0.1
性能	密度/($g \cdot cm^{-3}$)	0.95～1.1	0.95～1.1	0.95～1.1	0.95～1.1	0.85～0.95
	猛度/mm	≥13	≥12	≥12	≥10	≥14
	做功能力/cm^3	≥350	≥320	≥320	≥280	≥360
	殉爆距离/cm	≥6	≥5	≥5 浸水后≥3	≥4 浸水后≥2	≥8 浸水后≥4
	爆速/($m \cdot s^{-1}$)	≥3 400	≥3 200	≥3 150	—	—

在露天爆炸作业中一般使用露天粉状铵梯炸药，简称露天炸药。该炸药主要作为露天矿松动大爆破用药，使用量极大，故价格较低。其组成特点是 TNT 含量少，但目前露天爆破作业中应用最多的是铵油炸药和铵沥蜡炸药，铵梯炸药只是作为传爆药。我国常用露天炸药的组分和性能如表 2 –3 所示。

表 2 –3　我国常用露天炸药的组分和性能

品种		1 号露天铵梯炸药	2 号露天铵梯炸药	3 号露天铵梯炸药	露天铵油炸药	露天铵沥蜡炸药
组分/%	硝酸铵	82 ±1.5	86 ±2.0	88 ±2.0	89.5 ±2.0	90 ±2.0
	TNT	10 ±1.0	5 ±1.0	3 ±0.5	—	—
	木粉	8 ±1.0	9 ±1.0	9 ±1.0	8.5 ±1.0	8 ±1.0
	沥青	—	—	—	—	1 ±0.2
	石蜡	—	—	—	—	1 ±0.2
	柴油	—	—	—	2 ±0.3	—
性能	密度/($g \cdot cm^{-3}$)	0.85 ~1.1	0.85 ~1.1	0.85 ~1.1	0.85 ~1.1	0.85
	猛度/mm	≥11	≥9	≥7	≥5	≥8
	做功能力/cm^3	≥300	≥280	≥250	≥208	—
	殉爆距离/cm	≥4	≥3	≥3	≥2	≥2

此外，在有可燃气体或粉尘爆炸等危险场合一般使用煤矿安全粉状铵梯炸药，又称安全炸药或许用炸药。其基本成分有硝酸铵、TNT、木粉和消焰剂，有时还需要加入少量其他物质。它具有简单、便宜、安全和威力较大等特点，仍是我国目前应用最多的煤矿炸药之一。在煤矿用炸药中，无梯型煤矿膨化硝铵炸药及乳化炸药正迅速发展，它们具有更高的安全性和使用效果。我国典型的煤矿安全粉状铵梯炸药的组分及性能如表 2 –4 所示。

表 2 –4　我国典型的煤矿安全粉状铵梯炸药的组分及性能

品种		非抗水型			抗水型		
		1 号煤矿铵梯炸药	2 号煤矿铵梯炸药	3 号露天铵梯炸药	1 号煤矿铵梯炸药	2 号煤矿铵梯炸药	3 号露天铵梯炸药
组分/%	硝酸铵	68 ±1.5	71 ±1.5	67 ±1.5	68.5 ±1.5	72 ±1.5	67 ±1.5
	TNT	15 ±0.5	10 ±0.5	10 ±0.5	15 ±0.5	10 ±0.5	10 ±0.5
	木粉	2 ±0.5	4 ±0.5	3 ±0.5	1.0 ±0.5	2.2 ±0.5	2.2 ±0.5
	消焰剂	15 ±1.0	15 ±1.0	20 ±1.0	15 ±1.0	15 ±1.0	20 ±1.0
	沥青、石蜡	—	—	—	—	0.8	0.8

续表

品种		非抗水型			抗水型		
		1 号煤矿铵梯炸药	2 号煤矿铵梯炸药	3 号露天铵梯炸药	1 号煤矿铵梯炸药	2 号煤矿铵梯炸药	3 号露天铵梯炸药
性能	密度/(g·cm^{-3})	0.95~1.1	0.95~1.1	0.95~1.1	0.95~1.1	0.95~1.1	0.95~1.1
	猛度/mm	≥12	≥10	≥10	≥12	≥10	≥10
	做功能力/cm^3	≥290	≥250	≥240	≥290	≥250	≥240
	殉爆距离/cm	≥6	≥5	≥4	≥6 浸水后≥4	≥4 浸水后≥3	≥4 浸水后≥2

2.5.2 膨化硝铵炸药

膨化硝铵炸药由膨化硝酸铵、复合燃料油和木粉组成，密度一般为 0.85~1.00 g/cm^3，爆速为 3 300~5 000 m/s，猛度为 13~16 mm，殉爆距离 5~10 mm，做功能力 330~360 cm^3。膨化硝酸铵是一种改性硝酸铵，为片状结构，多微孔（孔径为 10^{-5}~10^{-2} mm），这类微孔能形成热点，故具有较高的感度。膨化硝铵炸药是一种高威力、低成本、易制备、不结块的新型无梯粉状硝铵工业炸药，现已形成一系列产品。其按用途有岩石型、煤矿许用型、露天型和震源药柱型，按性能有普通型、抗水型、高威力型、低爆速型和安全型等。这些产品已在我国获得广泛应用，取得了可观的经济效益和社会效益。

膨化硝铵炸药的优点为：①不采用单质炸药敏化剂，消除了 TNT 的毒性和污染，提高了生产安全性；②产品成本大幅度降低；③具有优良的爆炸性能和物理性能，应用效果好；④生产过程简化，生产效率提高。

膨化硝铵炸药的不足之处是抗水性较差、密度较低。

2.5.3 铵油炸药

铵油炸药是由硝酸铵和燃料油及其他附加剂（固体可燃物、表面活性剂等）组成的混合炸药，通常以零氧平衡原则确定各组分配比。所用硝酸铵有多孔粒状、结晶状及粒状三种；燃料油有柴油、机油和矿物油等，以轻柴油最为适宜；固体可燃物有 TNT 及木粉。其按用途分为煤矿型、岩石型及露天型三类，或按硝酸铵种类分为粉状及多孔粒状两类。铵油炸药原料来源丰富，制造工艺简单，成本低廉，生产、使用安全，曾在矿山爆破中大量使用。其缺点是起爆感度低（需用传爆药引爆），不抗水，易产生静电，爆炸能量低于铵梯炸药。含 94% 硝酸铵及 6% 柴油的铵油炸药，爆速 2.0~3.0 km/s，爆热 3.7~5.2 MJ/kg，爆温 2 180~2 680 ℃，爆容约 970 L/kg，猛度 5~8 mm（铅柱压缩值），做功能力（铅墙扩孔值）310~330 cm^3，5 kg 落锤不发生爆炸的最大落高大于 50 cm。这类炸药可在炮孔中或布袋中配制，或在固定设备中混制，适用于露天矿、无沼气和无煤尘爆炸危险的矿井和硐室爆破。

其中铵松炸药（含硝酸铵、松香、木粉和石蜡，有的品种还加有少量柴油）和铵沥蜡炸药（以沥青代替铵松蜡炸药中的松香）也属于铵油炸药。

由于常用的铵油炸药密度偏低，颗粒间存在一些间隙，为了克服铵油炸药抗水性差和爆炸能力低的缺点，人们在此空隙中填入活性乳胶体，不但使炸药的密度提高、体积威力增大，而且使抗水性能明显改善，从而形成新型结构的重铵油炸药。该炸药的铵油炸药成分占70%～95%，乳胶体成分占5%～30%，密度为0.95～1.3 g/cm^3，爆速为3 000～4 000 m/s，相对铵油炸药的威力提高了1.04～1.16倍。

2.5.4 浆状炸药

浆状炸药是由氧化剂水溶液、可燃剂（非敏化型可燃剂）、敏化剂（敏化型可燃剂）、胶凝剂和其他添加剂组成的混合炸药，是一种含水炸药。其中的固体组分均匀分散于胶化了的可溶性组分水溶液中，外观为可流动的水包油型胶浆体。所用氧化剂主要是硝酸盐；可燃剂有柴油、煤粉、硫黄、木粉、硬沥青等；敏化剂有猛炸药（主要是TNT）、金属粉（使用最多的是铝粉）、非金属粉、气泡等；胶凝剂包括胶结剂及交联剂，前者有植物胶（如田菁胶）、改性纤维素和合成高聚物（如聚丙烯酰胺），后者有硼砂、重铬酸钾；其他添加剂有尿素（安定剂和增塑剂）、表面活性剂、抗冻剂、交联延滞剂等。这类炸药可分为胶状炸药及浆状爆破剂，前者以炸药敏化，后者以金属粉或气泡敏化。

浆状炸药的最大特点是含水和胶化，其优点如下：①抗水，可在水下使用；②感度低，使用安全；③密度高，体积威力大；④输送便利，易于机械化操作；⑤炮烟少，爆炸产物中有毒气体含量低。其缺点是生产技术要求较严，储存稳定性较差，且不适于低温操作。浆状炸药的性能取决于配方、制造工艺及爆破时的外界条件（外壳、药卷直径等），该类炸药的密度一般为1.05～1.55 g/cm^3，爆速4 000～6 000 m/s，爆热2.5～5.0 MJ/kg，爆压7.5～12.0 GPa。浆状炸药常用于岩石爆破、涌水炮眼爆破、路障构筑爆破和沟渠开掘等。

2.5.5 水胶炸药

水胶炸药与浆状炸药同属于含水炸药，两者的组成（主要敏化剂除外）、成胶机制、形态、性能优缺点及制造工艺都基本相同，差别在于水胶炸药的主要敏化剂不是炸药、金属粉等固态物质，而是水溶性的有机胺盐或有机醇铵盐。由于水溶性敏化剂在水胶炸药中呈溶液状态，能与氧化剂均匀而紧密地结合，因而有利于爆轰的激发和传播，所以水胶炸药的爆轰感度比一般浆状炸药的高。水胶炸药采用的敏化剂为甲胺硝酸盐（也称硝酸甲胺），通常使用浓度为80%左右的水溶液，以其制得的水胶炸药柔性较好，且可通过改变硝酸甲胺溶液的浓度和用量来改变炸药的爆速和感度，以适应不同的使用要求。目前，水胶炸药主要用于岩石爆破和地质勘探。

我国生产的SHJ系列水胶炸药的密度为0.95～1.25 g/cm^3，爆速为2 500～3 500 m/s，猛度（铅柱压缩值）10～15 mm，做功能力（铅壔扩孔值）220～340 cm^3，殉爆距离2～8 cm。

2.5.6　乳化炸药

乳化炸药是氧化剂的微小液滴均匀悬浮在由可燃剂、表面活性剂和气泡（或玻璃微球）组成的油状介质中形成的乳胶状混合炸药，也属于含水炸药。这类炸药的氧化剂水溶液构成分散相，非水溶液的油构成连续相，是油包水型乳胶体。所用氧化剂有硝酸盐（常用硝酸铵）和高氯酸盐，可燃剂有油、蜡、高聚物、铝粉、硫粉和煤粉，表面活性剂有司盘-80（Span-80）、失水木糖醇单油酸酯（M-20）和十二烷基硫酸钠，密度调节剂（兼敏化剂）有空心玻璃珠和膨胀珍珠岩等。乳化炸药的爆速一般可达5 000 m/s，做功能力为2号岩石铵梯炸药的140%。

乳化炸药的生产工艺简便、原料来源广泛，组成中不含爆炸性物质，低毒，对环境污染小。产品的机械感度、热感度低，但爆轰感度较高（药卷直径20 mm时可稳定爆轰），且具有较强的抗水性，猛度和做功能力也可按需要调节。乳化炸药自问世以来，发展很快，品种日益增多。按用途分，乳化炸药可分为岩石型、露天型和煤矿型三种，广泛应用于矿山、铁道、水利建设、水下爆破、地质勘探、油井压裂等爆破作业中。几种乳化炸药的组分和性能如表2-5所示。

表2-5　几种乳化炸药的组分和性能

系列或型号		EL系列	SB系列	WR系列	岩石型	煤矿许用型
组分/%	硝酸铵（钠）	65~75	67~80	78~80	65~86	65~80
	水	8~12	3~13	10~13	8~13	8~13
	乳化剂	1~2	1~2	3~5	4~6	0.8~1.2
	油相材料	3~5	3.5~6	3~5	4~6	3~5
	添加剂	2.1~2.2	6~9	5~6.5	1~3	5~10
	密度调整剂	0.3~0.5	1.5~3	—	—	—
性能	爆速/($km \cdot s^{-1}$)	4~5.0	4~4.5	4.7~5.8	3.9	3.9
	猛度/mm	16~19	15~18	18~20	12~17	12~17
	殉爆距离/cm	8~12	7~12	5~10	6~8	6~8
	临界直径/mm	12~16	12~16	12~18	20~25	20~25
	抗水性	极好				
	贮存期	>6	>6	3	3~4	—

2.5.7　粉状乳化炸药

粉胶基质经喷雾干燥后形成的类似粉末状的工业炸药称为粉状乳化炸药。粉状乳化炸药结合了胶质乳化炸药与粉状炸药的性能优点，通过将氧化剂水相和可燃剂油相充分乳化，制得准分子状的油包水型乳胶基质，再使后者雾化脱水，形成含水量低于3%的粉体。与乳化炸药相比，粉状乳化炸药除了仍具有乳化炸药高爆速、高猛度的优点外，由于其水含量低，故做功能力高于乳化炸药，但抗水性能低于乳化炸药。另外，由于粉状乳化炸药中的氧化剂与可燃剂仍然能紧密接触，故无须引入敏化气泡，也具有较高的爆轰感度。

2.5.8 被筒炸药及离子交换炸药

被筒炸药及离子交换炸药都是安全性较高的煤矿安全炸药。

被筒炸药是以煤矿铵梯炸药为药芯、外包消焰剂被筒制成的安全等级比药芯高的煤矿炸药。被筒炸药在使用时，炸药（芯药）首先爆炸，随之被筒被炸碎，在高温高压作用下"雾化"，包围爆炸"点"，隔绝其与危险气尘的直接接触，从而达到"消焰"的目的。根据被筒有无爆炸性可以分为活性被筒和惰性被筒两类：活性被筒用消焰剂和爆炸性物质混合制成，被筒自身具有爆炸性；惰性被筒用非爆炸性材料组成，有刚性被筒、半刚性被筒、软性被筒和液体被筒等。对于被筒材料，刚性被筒为石膏、黏土、水泥、黏结剂、消焰剂等，半刚性被筒为浸有抑制剂的纤维物质，软性被筒为涂有抑制剂和黏结物的纸卷，液体被筒为消焰剂水溶液或水。

离子交换炸药是能在爆轰区迅速进行离子交换反应的炸药，由于交换反应产物能有效降低爆温和抑制沼气燃烧，故安全性高，适于在超级瓦斯矿井中使用。离子交换炸药主要由敏化剂、硝酸钠或硝酸钾及等当量的氯化铵组成。在爆炸反应过程中，组分间进行离子交换反应，生成气态硝酸铵和氯化铵或氯化钾。故离子交换炸药具有多步反应性、高分散性和反应选择性的特点，使安全性得以提高。

2.5.9 氯酸盐及高氯酸盐炸药

氯酸盐及高氯酸盐炸药指由氯酸盐或高氯酸盐（常用铵盐和钾盐）与可燃剂（木粉、燃油、硅粉及芳香族硝基化合物）组成的混合炸药，有的还含有硝酸盐。氯酸盐炸药的机械感度大，已在很多国家禁用。高氯酸盐炸药的危险性虽稍低，做功能力也比氯酸盐炸药的高10%~15%，但价格过高，易爆燃。高氯酸盐炸药目前只在少数国家使用，但高氯酸盐与铝粉组成的混合炸药仍获军用。高氯酸盐炸药爆速为3 700~4 800 m/s，爆温为3 000~4 300 ℃，爆容为650~900 L/kg。这类炸药曾用于手榴弹、炮弹、航空炸弹、地雷、爆破药包及矿山开采，但现已极少使用，基本上被其他混合炸药所替代。

2.5.10 其他工业混合炸药

1. 黏性粒状炸药

1985年，我国成功研制的一种由多孔粒状硝酸铵、柴油和黏稠爆炸剂（一种以水为溶解液的可流动黏稠剂）组成的工业混合炸药，用于解决空压装药机向炮孔吹入粒状铵梯炸药时返药量多造成的浪费和环境污染问题。黏性粒状炸药既具有一定的流散性，又具有一定的黏结性，同时爆炸性能良好，成本较低，目前已在我国地下矿山中使用。黏性粒状炸药采用以流化造粒法生产的多孔粒状硝酸铵（孔容值为 0.11～0.13 cm^3/g，堆积密度为 0.85～0.87 g/cm^3）为氧化剂，所用黏稠爆炸剂由黏结剂（聚丙烯酰胺）、水、粉状 TNT 及粉碎硝酸铵四者组成。如地矿一号黏性粒状炸药的配方为：多孔粒状硝酸铵 70%～80%、黏结剂 2%～4%、粉碎硝酸铵 15%～20%、粉状 TNT 5%～8%。其主要性能如下：装药密度为 1.0 g/cm^3，爆速为 3 600～3 800 m/s，猛度（铅柱压缩值）为 16～18 mm，撞击感度为 4%～8%，爆炸时有毒气体生成量为 23～25 L/kg。

2. 太乳炸药

太乳炸药是由钝化太安与适量黏结剂（胶乳）组成的挠性炸药。具体配方为：钝化太安 75% ±1%，胶乳（干量）20% ±0.5%，四氧化三铅 5% ±0.25%。还可加入少量其他成分，如发泡剂、石墨等。太乳炸药的密度为 0.85～0.95 g/cm^3，爆速为 3 200～4 000 m/s，用 8# 雷管可 100% 起爆，浸水量达 3.5% 后，仍能良好起爆和传爆。除适用于架空电力线（包括导线和地线）接头的连接外，还适用于其他多种电线和电缆线、网的连接，也是各种金属焊接和金属爆炸加工的优良能源。

3. 代那迈特

代那迈特炸药于 1867 年由诺贝尔研制。最初的代那迈特是 75% NG 和 25% 硅藻土的混合物，后者是一种多孔的吸附粉末，它使代那迈特干燥，感度大大降低，从而使得运输及储存相对安全，故也称诺贝尔安全炸药。代那迈特为蜡纸包装的药筒，直径为 2.5 cm，长为 20 cm，每筒重 224 g。其他 NG 基的炸药也采用类似于代那迈特的包装，这种装药筒可直接装于炮孔中而无须打开。

1875 年，诺贝尔发明了胶质代那迈特，是将火棉胶型 NC 溶于 NG 中制得的。胶质代那迈特比代那迈特威力更大且更安全。后来，NH_4NO_3 也用于代那迈特中，这使代那迈特更安全和更价廉。

2.6 炸药爆轰现象及相关理论

2.6.1 介质中的波及冲击波

空气、水、岩体、炸药等物质的状态可以用压力、密度、温度、移动速度等参数表征。物质在外界作用下状态参数会发生一定的变化，物质局部状态的变化称为扰动。如果外界作用只引起物质状态参数发生微小的变化，这种扰动称为弱扰动；如果外界作用引起物质状态参数发生显著变化，这种扰动称为强扰动。

扰动在介质中的传播称为波。在波的传播过程中，介质原始状态与扰动状态的交界面称为波阵面。波阵面的传播方向就是波的传播方向，传播方向与介质质点振动方向平行的波称为纵波，传播方向与介质质点振动方向垂直的波称为横波，如图 2－4 所示。波阵面在其法线方向上的位移速度称为波速。

受扰动后波阵面上介质的压力、密度均增大的波称为压缩波，受扰动后波阵面上介质的压力、密度均减小的波称为稀疏波或膨胀波，如图 2－5、图 2－6 所示。

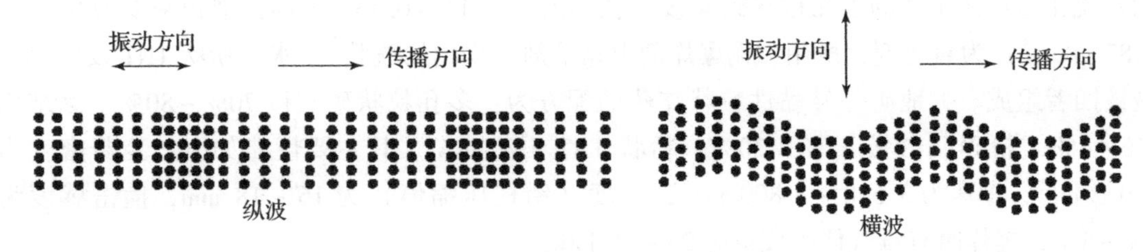

图 2-4　横波和纵波

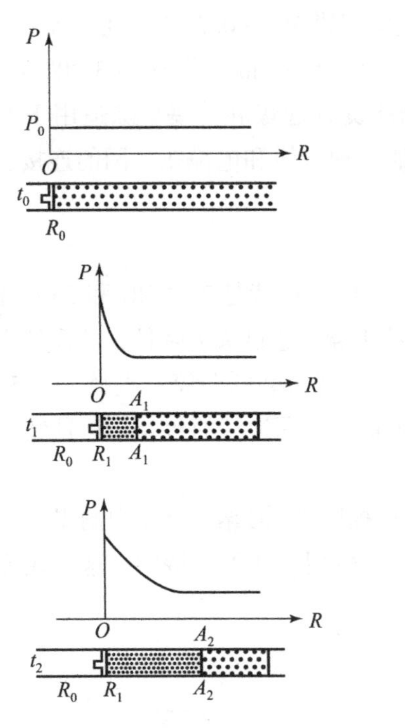

图 2-5　压缩波形成示意图

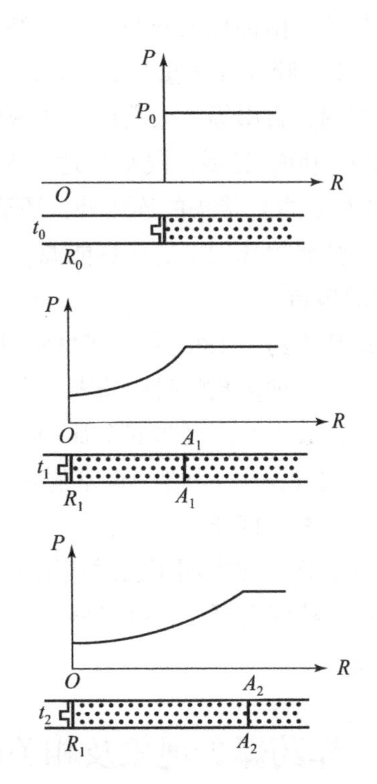

图 2-6　稀疏波形成示意图

现假设活塞向右加速运动，在 R_0 瞬时移至 R_1，活塞右边的气体被压缩，使区间 R_1—A_1 内的气体压力和密度都升高，A_1 点右边气体仍保持初始状态，因此，在该瞬时，波阵面在 A_1—A_1 处。假定活塞停在 R_1 处，则至瞬时 t_2，由于压力差的存在，造成气体继续由高压向低压区运动，波阵面由 A_1—A_1 移至 A_2—A_2。随着时间的推移，波阵面在气缸中逐层向右传播，形成压缩波。

如果在瞬时 t_0，活塞处于 R_0，缸内压力 p_0，活塞不是向右运动，而是向左移动，则缸内气体发生膨胀。在瞬时 t_1，活塞从 R_0 向左移至 R_1，原来在附近的气体移动到 R_0—R_1 区间，使邻近 R_0 右边气体的压力和密度都下降，该瞬间的波阵面在 A_1—A_1。假定活塞停在 R_1 处，则至瞬时 t_2，由于气缸内存在压力差，所以 A_1—A_1 右边的高压气体要继续向 R_1 方向移动，使邻近面气体压力和密度下降，波阵面由 A_1—A_1 移至 A_2—A_2。这种压力和密度持续衰减的传播就形成了稀疏波。

2.6.2　冲击波的形成

冲击波是一种在介质中以超声速传播的并具有压力突然跃升后慢慢下降的一种高强度压缩波，如图 2－7 所示。

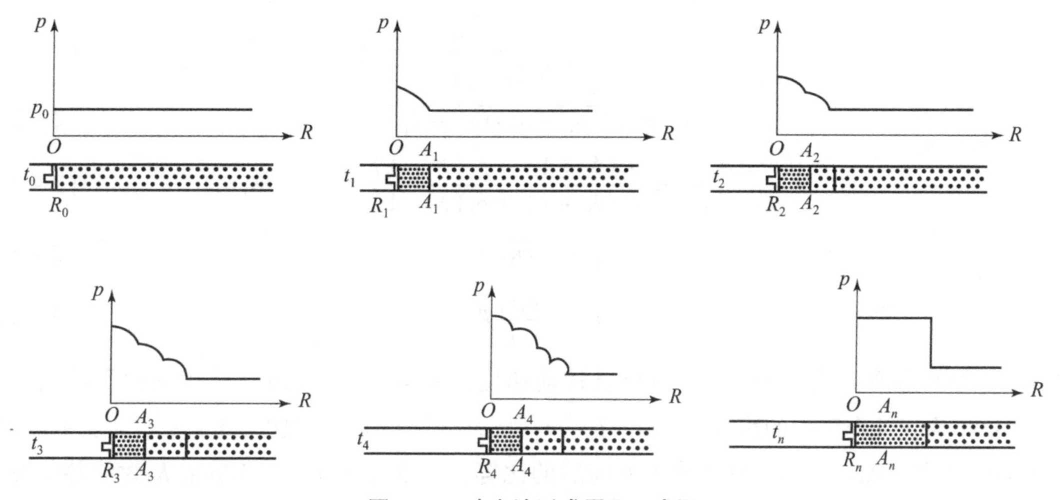

图 2－7　冲击波形成原理示意图

R—活塞与气体的界面；A—各个瞬时的波阵面；p—管中空气压力

在图 2－7 中把冲击波的形成过程分为若干阶段：

t_0 瞬时：假设活塞静止在 R_0 处，缸内气体未受扰动，压力为 p_0。

t_1 瞬时：活塞从 R_0 加速运动至 R_1，占据了区间 R_0—R_1，原来该区间内空气被压缩到 R_1—A_1 区间而形成一个压缩波，波阵面在 A_1—A_1 处，波速等于原来未被扰动时空气的声速 c_0。

假定活塞从 R_1 处向右保持匀速运动。

t_2 瞬时：活塞运动速度不变并到达 R_2，使活塞前端气体继续受到压缩，原来 R_1—R_2 区间的空气被压缩到 R_2—A_2 区间而形成第二个压缩波，波阵面在 A_2—A_2。由于第二个压缩波是在第一次压缩所造成的密度增大了的空气中传播的，它的波速就等于密度加大了空气的声速 c_1，其波速 c_1 大于 c_0。

t_3 瞬时：产生第三个压缩波，其波速 c_2 大于 c_1。

t_4 瞬时：产生第四个压缩波，其波速 c_3 大于 c_2。

如此追逐的结果，必有某一瞬时如 t_n，后面压缩波超过第一个压缩波，彼此叠加成一个与以前压缩波有质的差别的强压缩波，波阵面在 A_n—A_n，面上各个介质参数都是突然跃升的，这就是冲击波。

2.6.3　冲击波基本方程及特征

1. 冲击波基本方程

为了对冲击波进行定量分析，就要确立冲击波的参数，这些参数之间的关系表现在冲击波的基本方程中。如果已知未扰动介质的压力、密度、温度、介质位移速度，则可以借助这些基本方程计算出冲击波波阵面上的相应参数和冲击波波速 c，以及冲击波波阵面上介质的声速 c_1。

根据质量守恒定律、动量守恒定律、能量守恒定律，推导出冲击波基本方程（该方程仅适用于理想气体）如下：

$$c = v_0 \sqrt{\frac{p_1 - p_0}{v_0 - v_1}} \tag{2-1}$$

$$u_1 = \sqrt{(p_1 - p_0)(v_0 - v_1)} \tag{2-2}$$

$$\frac{\rho_1}{\rho_0} = \frac{p_1(K+1) + p_0(K-1)}{p_0(K+1) + p_1(K-1)} \tag{2-3}$$

$$c_1 = \sqrt{Kp_1v_1} \tag{2-4}$$

$$T_1 = \frac{p_1v_1}{p_0v_0}T_0 \tag{2-5}$$

式中，c 为冲击波波速，m/s；u_1 为介质移动速度，m/s；ρ_0、ρ_1 为介质扰动前后的密度，kg/m^3；c_1 为扰动介质中的声速，m/s；T_0、T_1 为介质扰动前后的温度，K；p_0、p_1 为介质扰动前后的压力，Pa；v_0、v_1 为介质压缩前后的比容，分别等于 $1/\rho_0$、$1/\rho_1$；K 为绝热指数，$K = c_p/c_v$，c_p、c_v 分别为介质的质量定压热容和质量定容热容。

2. 冲击波特征

冲击波具有以下典型特征：

（1）冲击波的波速对未扰动介质而言是超声速的。

（2）冲击波的波速对波后介质而言是亚声速的。

（3）冲击波的波速和波的强度有关。

（4）冲击波波阵面上的介质状态参数的变化是突跃的，其强度和对应的波速将随传播距离增加而衰减。

（5）冲击波通过时，静止介质将获得流速，其方向与波传播方向相同，但流速小于波速。

（6）冲击波对介质的压缩不同于等熵压缩。

（7）冲击波以脉冲形式传播，不具有周期性。

（8）当很强的入射冲击波在刚性障碍物表面发生反射时，其反射冲击波波阵面上的压力是入射冲击波波阵面上压力的 2 倍。

2.6.4 炸药的爆轰过程

炸药被激发起爆后，首先在炸药的某一局部发生爆炸化学反应，产生大量高温、高压和高速流动的气体产物流，并释放出大量的热能。这一高速气流强烈冲击和压缩邻近层的炸药，使邻近层炸药中产生冲击波，并引起该层炸药的压力、温度和密度产生突跃式升高而迅速发生化学反应，生成爆炸产物并释放出大量的热能。局部炸药爆轰所释放的热能，一方面可以阻止稀疏波对冲击波头的侵蚀；另一方面又可以补充到冲击波中，以维持冲击波以稳定的速度向前传播。这样冲击波继续压缩下一层炸药又引起下一层炸药的化学反应，新释放的热能又补充到冲击波中去，以维持它的定速传播。如此一层又一层地传播，就完成了炸药的爆轰过程。

2.6.5　爆轰波基本方程及相关参数

在炸药中传播的伴随有快速化学反应区的冲击波称为爆轰波，爆轰波沿炸药装药传播的速度称为爆速。

随着冲击波的传播，新压缩区间产生，原压缩波成为化学反应区，反应在 1—1 面发生，在 2—2 面结束。再随着冲击波的前进，新化学反应区形成，原化学反应区又成为反应产物膨胀区。化学反应释放的能量，不断维持波阵面参数的稳定，其余在膨胀区内消耗掉，因而达到能量平衡，冲击波即以稳定的速度向前传播，这就是爆轰过程的实质，如图 2-8 所示。

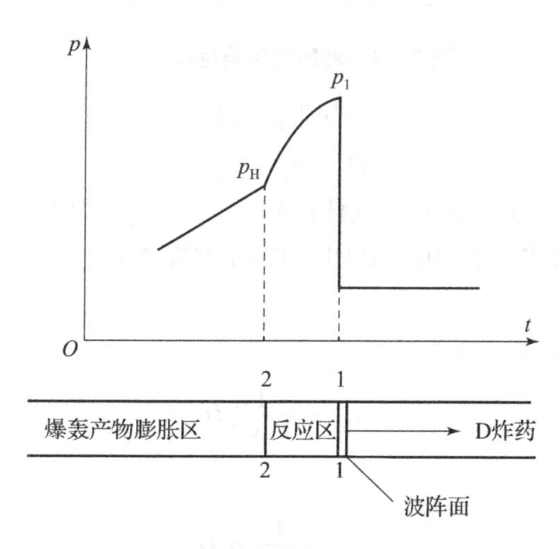

图 2-8　爆轰波结构示意图

因为爆轰波是一种强冲击波，所以冲击波的基本方程也可以应用于爆轰波，即由质量守恒关系得

$$\rho_0 D = \rho_H (D - u_H) \tag{2-6}$$

由动量守恒关系得

$$p_H - p_0 = \rho_0 D u_H \tag{2-7}$$

式中，ρ_0 为初始炸药密度；ρ_H 为反应区物质密度；D 为爆速；u_H 为爆炸生成气体气流速度；p_H 为 C-J 面上压力，即爆轰压力；p_0 为初始压力。

由能量守恒关系得

$$E_H - E_0 = 0.5(p_H + p_0)(v_{e0} - v_H) \tag{2-8}$$

式中，E_H、E_0 为炸药爆轰时和爆轰前的能量；v_{e0}为炸药初始比容；v_H 为爆轰波阵面上爆炸气体的比容。

考虑到爆轰反应中要放出热量，故有

$$E_H - E_0 - Q_V = 0.5(p_H + p_0)(v_{e0} - v_H) \tag{2-9}$$

式中，Q_V 为爆热。

公式（2－9）叫作爆轰波雨果尼奥方程。在图2－9中 $p-v$ 曲线 H_1 叫作爆轰波雨果尼奥曲线。

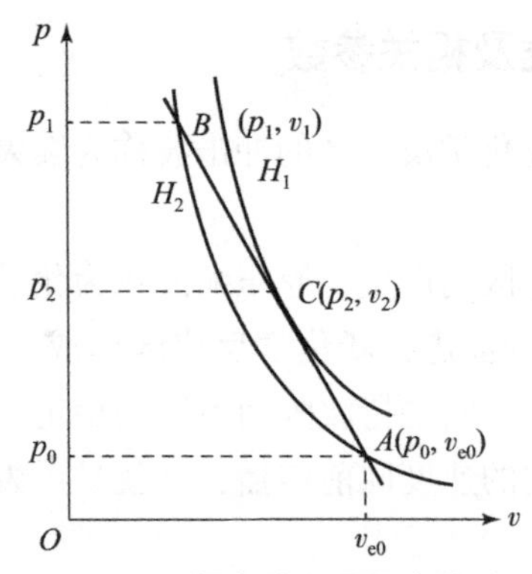

图2－9　爆轰波雨果尼奥曲线

实验结果表明，在稳定爆轰时存在着如下的关系。

$$D = c_{\mathrm{H}} + u_{\mathrm{H}} \tag{2-10}$$

式中，D 为爆速；c_{H} 为C－J面处爆轰气体产物的声速；u_{H} 为C－J面处气体物质点速度。由查普曼和朱格得出的公式（2－10）就叫作C－J方程或C－J条件。

爆轰波的基本方程如下：

C－J面上爆轰产物的移动速度为：

$$u_{\mathrm{H}} = \frac{1}{K+1}D \tag{2-11}$$

爆轰压力：

$$p_{\mathrm{H}} = \frac{1}{K+1}\rho_0 D^2 \tag{2-12}$$

C－J面上爆轰产物的比容：

$$v_{\mathrm{H}} = \frac{K}{K+1}v_0 \tag{2-13}$$

C－J面上爆轰产物的密度：

$$\rho_{\mathrm{H}} = \frac{K+1}{K}\rho_0 \tag{2-14}$$

C－J面上稀疏波对于爆轰产物的速度：

$$c_{\mathrm{H}} = \frac{K+1}{K}D \tag{2-15}$$

爆速：

$$D = \sqrt{2(K^2-1)Q_{\mathrm{V}}} \tag{2-16}$$

爆轰温度：

$$T_{\mathrm{H}} = \frac{2K}{K+1}T_{\mathrm{B}} \tag{2-17}$$

式中，T_{B} 为爆温；Q_{V} 为爆热。

从这些公式可以得出以下结论：

（1）爆轰产物移动速度比爆速小，但随爆速增大而增大。

（2）爆轰压力取决于装药的爆速和密度。

（3）爆轰刚结束时，爆轰产物的密度大于炸药的初始密度。

（4）爆轰温度大于爆温。

几种炸药的爆轰波参数如表 2－6 所示。

表 2－6　几种炸药的爆轰波参数

炸药名称	$\rho_0/(g \cdot cm^{-3})$	$\rho_H/(g \cdot cm^{-3})$	$D/(m \cdot s^{-1})$	p_H/GPa	$u_H/(m \cdot s^{-1})$
特屈儿	1.59	2.12	6 900	18.9	1 725
黑索金	1.62	2.16	8 100	29.0	2 025
太安	1.60	2.13	7 900	25.0	1 975
TNT	1.60	2.13	7 000	19.6	1 750

图 2－9 中 p_2 为 C－J 面上的压力，它与爆炸压力的含义不同，爆炸压力是指根据热力学并假定理想气体状态成立时的爆炸气体的压力。质量为 m（kg）的炸药在体积为 V(L) 的空间内爆炸时，爆炸压力可由式（2－18）求得

$$p = nRT\frac{m}{V} \tag{2-18}$$

式中，n 为每千克炸药爆炸生成气体的摩尔数；R 为气体常数，其值为 0.008 2[L · MPa/(mol · ℃)]；T 为爆温；m/V 为炸药装药量与装药容积之比，即装药密度 kg/L。

对于一定的炸药，nRT 的乘积为定值，称为炸药力（或比能），以 F 表示，单位是 L · MPa/kg。这样，计算爆炸压力的公式又可写为

$$p = F\rho_0 \tag{2-19}$$

式中，ρ_0 为装药密度。

用上述理想气体状态方程求得的爆炸压力值一般偏低。这是因为气体分子间的距离比分子间本身的直径大得多，因此，在标准状态下，气体的体积是指气体分子距离构成的体积；如果密度较大，气体分子本身所占有的体积就不能忽略，因此可供气体分子运动的自由空间就相对变小。补充修正这一点的最简单的状态方程是阿贝尔方程。即

$$p(v_0 - v_\alpha) = F \tag{2-20}$$

式中，v_α 为余容；v_0 为单位质量炸药所占有的体积。

式（2－20）也可改为

$$p = \frac{\rho_0 F}{1 - v_\alpha \rho_0} \tag{2-21}$$

按照理论计算，余容的大小约等于分子体积的 4 倍乘以阿伏伽德罗常数（6.023×10^{23}）。通常可采用其近似值，即令其等于标准状况下所占容积的 0.001 倍。

2.6.6　理想爆轰与稳定爆轰

爆速是爆轰波的一个重要参数，人们往往通过它来分析炸药爆轰波传播的过程。一方面

是因为爆轰波的传播靠反应区释放的能量来维持，爆速的变化直接反映了反应区结构以及能量释放的多少和释放速度的快慢；另一方面是因为在现代技术条件下，爆速是比较容易准确测定的一个爆轰参数。

图 2 - 10 所示为炸药爆速随药包直径变化的一般规律。它表明，随着药包直径的增大，爆速相应增大，一直到药包直径增大到 $d_{极}$ 时，药包直径虽然继续增大，爆速将不再升高而趋于一恒定值，亦即达到了该条件下的最大爆速。$d_{极}$ 称为药包极限直径。随着药包直径的减小，爆速逐渐下降，一直到药包直径降到 $d_{临}$时，如果继续缩小药包直径，即 $d < d_{临}$，则爆轰完全中断，$d_{临}$称为药包临界直径。其中 $d_{极}$ 右边的区域属于理想爆轰区，$d_{临}$至 $d_{极}$之间的区域属于稳定爆轰区，小于 $d_{临}$的区域属于不稳定爆轰区。稳定爆轰区和不稳定爆轰区称为非理想爆轰区。

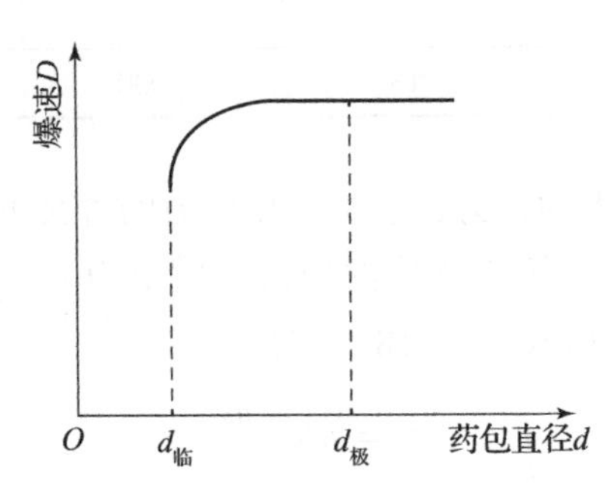

图 2 - 10　炸药爆速随药包直径变化的一般规律

2.7　炸药的感度及爆炸性能

2.7.1　炸药感度

炸药在外界能量的作用下，发生爆炸的难易程度称为感度。能够激发炸药发生爆炸变化的能量有热能、电能、机械能、冲击波能或辐射能等多种形式。通常根据外界作用于炸药能量的形式将炸药的感度分为若干类型，如热感度、火焰感度、撞击感度、摩擦感度、针刺感度、起爆感度等。

1. 炸药的热感度

炸药的热感度是指炸药在热作用下发生爆炸的难易程度。热作用的方式主要有两种：均匀加热和火焰点火，习惯上把均匀加热时炸药的感度称为热感度，而把火焰点火时的炸药感度称为火焰感度。

1）热感度的表示——爆发点

炸药可以在温度足够高的热源均匀加热时发生爆炸。从开始受热到爆炸经过的时间称为感应期或延滞期。在一定条件下，炸药发生爆炸或发火时加热介质的温度称为爆发点或发火点。在一定实验条件下，使炸药发生爆炸时加热介质的最低温度称为最小爆发点。目前广泛采用一定延滞期的爆发点来表示炸药的热感度，常用的有 5 min、1min 或 5 s 延滞期的爆发点。

实验测得几种常用炸药的爆发点如表 2－7 所示。

表 2－7　实验测得几种常用炸药的爆发点（K）

炸药名称	5 s 延滞期	5 min 延滞期	炸药名称	5 s 延滞期	5 min 延滞期
黑火药	—	583～588	阿马托 80/20	—	573
无烟药	473	453～473	爆胶	—	475～481
硝化甘油	495	473～478	硝化棉（13.3% N）	503	—
太安	498	478～488	硝基胍	548	—
奥克托今	608	—	黑索金	553	488～493
TNT	748	568～573	雷汞	483	443～453
特屈儿	520	463～467	三硝基间苯二酚铅	—	543～553
叠氮化铅	618	598～613	梯/黑 50/50	493	—

2）炸药的火焰感度

炸药在火焰作用下，发生爆炸变化的难易程度称为炸药的火焰感度。

火焰雷管中的起爆药，是在火焰作用下引起爆炸的，所以对起爆药、火焰雷管和点火药要测定其火焰感度。火焰感度测试方法目前都比较粗糙，最简单的一种是密闭火焰感度仪。

火焰感度用上、下限表示。上限：使炸药 100% 发火的最大距离（黑火药柱下端到炸药表面的距离）。下限：使炸药 100% 不发火的最小距离。下限表示炸药对火焰的安全程度。因此上限大则炸药感度大，下限大则炸药的危险性大。

对于起爆药，若比较其准确发火的难易程度，应比较其上限。从安全角度考虑应绝对避免和火焰接触。因此目前已不测定其下限。黑火药及几种常用起爆药的火焰感度如表 2－8 所示。

表 2－8　黑火药及几种常用起爆药的火焰感度

炸药名称	100% 发火的最大距离/cm	炸药名称	100% 发火的最大距离/cm
雷汞	20	特屈拉辛	15
叠氮化铅	<8	二硝基重氮酚	17
斯蒂芬酸铅	54	黑火药	2

2. 炸药的机械感度

炸药在机械作用下发生爆炸的难易程度称为炸药的机械感度。一般来说，对猛炸药、火药、烟火剂要求有低的机械感度，而对某些起爆药则要求有适当的机械感度。按机械作用形式的不同，炸药的机械感度相应地分为撞击感度、摩擦感度和针刺感度等。

1）撞击感度

撞击感度是指在机械撞击作用下，炸药发生爆炸的难易程度。它可以用落锤法和苏珊

（Susan）试验测定。

常用的测定撞击感度的仪器是立式落锤仪，其结构如图 2－11 所示。它有两个固定的、互相平行且与地面垂直的导轨，重锤由钢爪或磁铁固定在不同的高度，通过解脱机构使重锤自由落下。常用的锤质量有 10 kg、5 kg、2 kg。

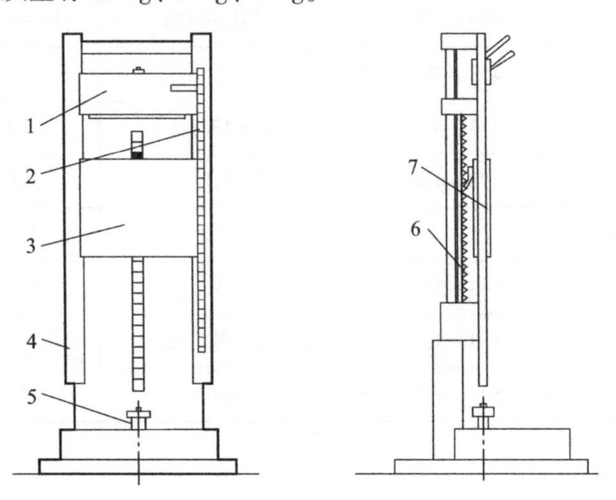

图 2－11　立式落锤仪的结构

1—抓放装置；2—分度尺；3—落锤；4—导柱；5—撞击装置；6—齿板；7—防回跳齿杆

测定时，炸药样品放到撞击装置的两个击柱中间，使重锤自由下落，撞在击柱上。受撞击的炸药凡是发生声响、发火、冒烟等现象之一均为爆炸。

撞击感度表示方法主要有以下 3 种：

（1）爆炸百分数。在一定锤重和一定落高条件下撞击炸药，以其爆炸概率（爆炸百分比）表示。测试时常用的条件为锤质量 10 kg，落高 25 cm，一组平行试验 25 次，平行试验两组，计算其爆炸百分数。若某些炸药爆炸百分数为 100%，不易互相对比，则改用较轻的落锤，如 5 kg 或 2 kg 再进行测定。几种常用炸药的爆炸百分数如表 2－9 所示。

表 2－9　几种常用炸药的爆炸百分数

炸药	爆炸百分数/%
TNT	8
CE	48
PETN	66
HMX	100
RDX	80 ± 8
TNT50/RDX50	50

（2）用 50% 爆炸的落高（称为特性落高或临界落高）表示炸药的撞击感度。普遍采用升降法测定，或者由感度曲线求得。几种常用炸药的 50% 爆炸落高如表 2－10 所示。

表 2－10　几种常用炸药的 50%爆炸落高

炸药	临界落高/cm	炸药	临界落高/cm
TNT	200	A－3 炸药*	60
CE	38	RDX64/TNT36	60
RDX	24	阿马托	116
PETN	13	硝酸铵	>300
HMX	26	双基推进剂	28

注：* A－3 炸药成分为 RDX91/蜡 9；锤重 2.5 kg，试样 35 mg

（3）用上下限表示炸药的撞击感度。撞击感度的上限是指炸药 100% 发生爆炸时的最小落高，下限则是指炸药 100% 不发生爆炸时的最大落高。试验测定时先选择某个落高，再改变落高，观察炸药爆炸情况，得出炸药发生爆炸的上限和不发生爆炸的下限，以每次 10 个实验为一组。试验得出的数据可作为安全性能的参考数据。

2）摩擦感度

摩擦感度是指在摩擦作用下，炸药发生爆炸的难易程度。以摩擦作用作为初始冲能来引爆炸药的并不多，手榴弹中的拉火管是靠摩擦发火的。从安全的观点看，炸药在生产、运输和使用过程中经常会遇到摩擦作用，或是撞击和摩擦都有。因此，研究炸药的摩擦感度是很重要的。

我国普遍采用摆式摩擦仪来测定炸药的摩擦感度。摆式摩擦仪装置如图 2－12 所示。

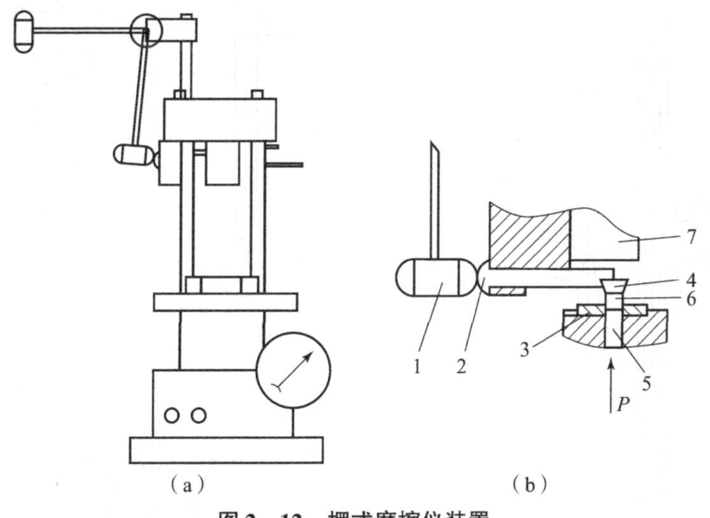

图 2－12　摆式摩擦仪装置

(a) 摆式摩擦仪；(b) 局部放大图

1—摆锤；2—击杆；3—导向套；4—击柱；5—活塞；6—炸药试样；7—顶板

摆式摩擦仪的基本原理是在施加静载荷的摩擦击柱间夹有试样，在摆锤打击下使上下击柱发生水平移动，以摩擦炸药试样观察爆炸与否。判断是否爆炸的标准与撞击感度测试方法相同。测定时将 20 mg 的炸药放在上下击柱间，用油压机通过活塞 5 将击柱 4 推出导向套，并紧压在顶板 7 上，以使炸药试样 6 承受一固定垂直压力 P，压力大小由压力表读出。将摆锤臂悬挂成所需的摆角（一般悬挂成 90°），打击在击柱 2 上，使上击柱滑动 1.5 ~ 2 mm 的水平距离，观察试样是否爆炸。平行试验 25 次，计算爆炸百分数。爆炸百分数越高，摩擦感度越大。表 2－11 列出了几种常用炸药的摩擦感度的数据。

表 2－11　几种常用炸药的摩擦感度的数据

炸药种类	TNT	CE	RDX	PETN	RDX50/TNT50
爆炸百分数/%	0	24	48 ~ 52	92 ~ 96	4 ~ 8
注：猛炸药试验条件：摆角 90°，垂直压力 $P = 5\ 929 \times 10^5$ Pa，表压 49×10^5 Pa，药量 20 mg					
炸药种类	雷汞	叠氮化铅	特屈拉辛	斯蒂芬酸铅	
爆炸百分数/%	100	70	70	70	
注：起爆药试验条件：摆角 80°，表压 5.88×10^5 Pa，药量 10 mg					

3）针刺感度

针刺感度主要是指火帽和雷管两种火工品中起爆药或击发药在针刺作用下能否发火或爆炸的能力，试验的目的是检查火工品在针刺作用下的发火敏感度。

（1）针刺火帽感度。测定针刺火帽的针刺感度一般采用电落锤仪，试验用击针一般采用银亮钢丝制成，落锤重 200 ± 1 g 或 100 ± 1 g，由电磁卡头中的卡销固定，如图 2－13 所示。

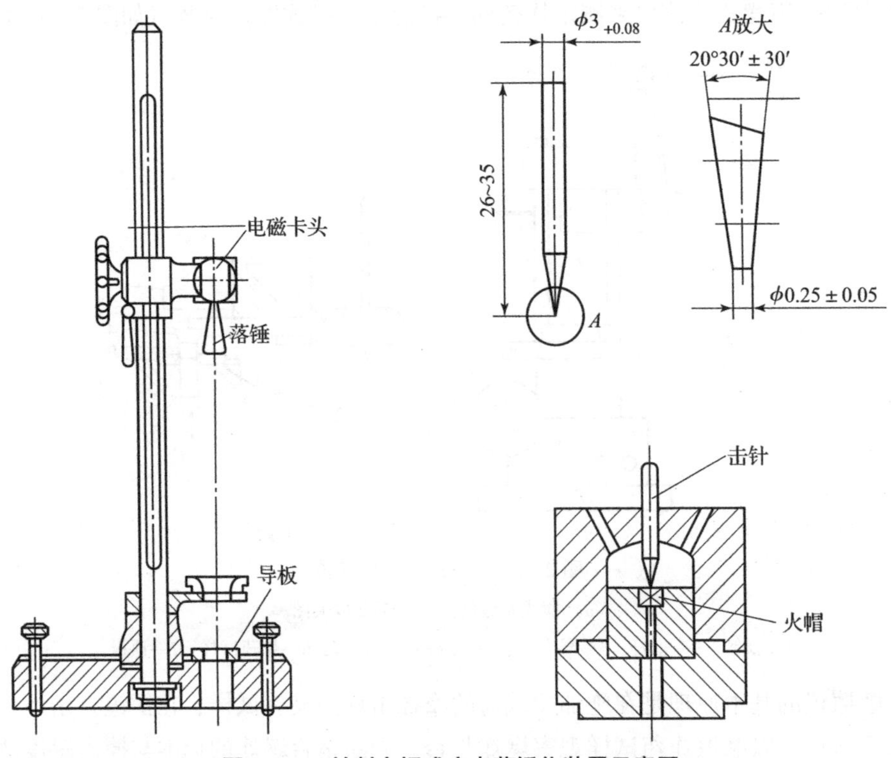

图 2－13　针刺火帽感度电落锤仪装置示意图

试验时，将被测火帽放入辅助工具中，小心放入击针，然后将辅助工具放于落锤仪的导板上。接通电源，卡销松开，落锤垂直落下，碰击击针，使击针刺入火帽。取一定数量的火帽产品，以一定落高进行试验，可测定某一落高下的发火百分率。

(2) 针刺雷管感度。针刺雷管感度试验的目的、方法和原理与针刺火帽的感度试验基本相同，但雷管的感度一般比火帽要高，所用的落锤重量常为 52 ± 1 g，如图 2 – 14 所示。

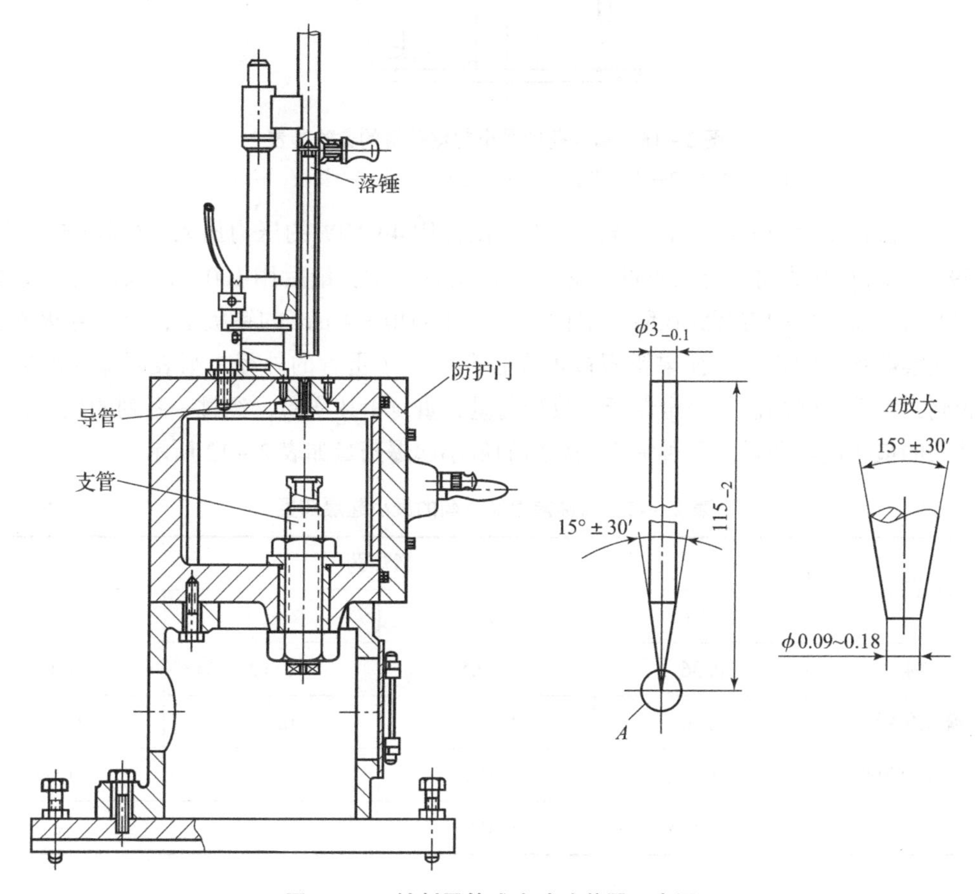

图 2 – 14　针刺雷管感度试验装置示意图

试验前，把落锤调节到要求的高度，用卡销卡住。然后把铅板放于支架上，将雷管放于铅板的中心。关好防护门后，把击针通过导管轻轻地放到雷管上。试验时，将插销松开，落锤垂直下落碰击击针，使击针刺入雷管。

3. 炸药的起爆感度

炸药的起爆感度是指猛炸药在其他炸药（起爆药或猛炸药）的爆炸作用下发生爆炸变化的能力，也称为爆轰感度。猛炸药对起爆药爆轰的感度，一般用最小起爆药量来表示，即在一定的实验条件下，能引起猛炸药完全爆轰所需要的最小起爆药量。最小起爆药量越小，则表明猛炸药对起爆药的爆轰感度越大；相反，最小起爆药量越大，则表明猛炸药对起爆药的爆轰感度越小。猛炸药的最小起爆药量的实验装置如图 2 – 15 所示。

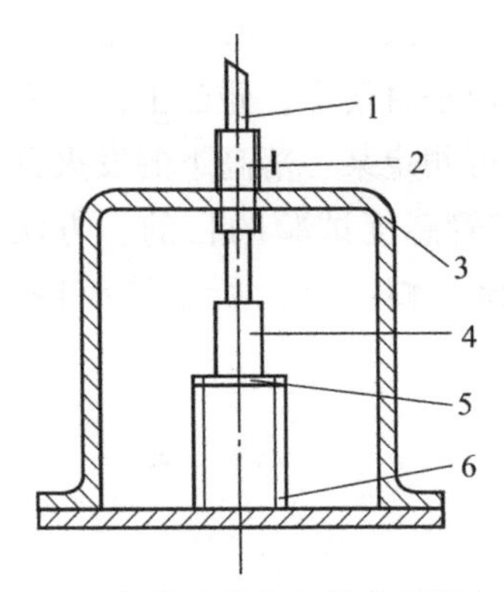

图 2-15　猛炸药的最小起爆药量的实验装置

1—导火索；2—固定夹；3—防护罩；4—雷管；5—铅板；6—钢管

实验的操作步骤如下：将 1 g 被测猛炸药试样用 49 MPa 的压力压入 8#铜质雷管壳中，再用 29.4 MPa 的压力将一定质量的起爆药压入雷管壳中，最后用 100 mm 长的导火索装在雷管的上口。将装好的雷管放在防护罩内并垂直于 $\phi40\times4$ mm 的铅板上，点燃导火索引爆雷管。观察爆炸后的铅板，如果铅板被击穿且孔径大于雷管的外径，则表明猛炸药完全爆轰；否则，说明猛炸药没有完全爆轰。改变药量，重复上述实验，经过一系列的试验，可测定猛炸药的最小起爆药量。几种常用猛炸药的最小起爆药量如表 2-12 所示。

表 2-12　几种常用猛炸药的最小起爆药量　　单位：g

起爆药	猛炸药			
	TNT	特屈儿	黑索金	太安
雷汞	0.36	0.165	0.19	0.17
叠氮化铅	0.16	0.03	0.05	0.03
二硝基重氮酚	0.163	0.075	—	0.09
雷酸银	0.095	0.02	—	—

从表 2-12 可以看出：同一起爆药对不同猛炸药的最小起爆药量不同，这说明不同的猛炸药对起爆药爆炸具有不同的爆轰感度。此外，不同的起爆药对同一猛炸药的起爆能力也不相同。这是由于起爆药的爆轰速度不同造成的，如果它的爆轰速度越大，且爆炸的加速期越短，即爆炸过程中爆速增加到最大值的时间越短，则起爆能力越大。雷汞和叠氮化铅的爆轰速度大致相同，约为 4 700 m/s，但叠氮化铅形成爆轰所需要的时间要比雷汞短很多，因此，叠氮化铅的起爆能力比雷汞大很多，特别是在小尺寸引爆的雷管中两者的差别更明显。但是，如果在雷管直径比较大的情况下，叠氮化铅和雷汞的起爆能力基本相同。

对一些起爆感度较低的炸药，如铵油炸药、浆状炸药等，用少量的起爆药是难以使其爆轰的，这类炸药的起爆感度不能用最小起爆药量来表示，而只能用威力较大的中继传爆药柱的最小质量来表示。

应该指出，起爆药的起爆能力与被起爆平面的大小有很大的关系，随着被起爆面积的增加，起爆药的起爆能力可以在一定的范围内增大，最合适的起爆条件是：起爆药的直径 d 与被起爆装药的直径 D 相同，即 $d/D=1$；否则，由于侧向膨胀能力损失过大，起爆能力将明显降低。

4. 殉爆现象

炸药（主发药包）发生爆炸时引起与它不相接触的邻近炸药（被发药包）爆炸的现象，称为殉爆。殉爆在一定程度上反映了炸药的起爆感度。主发药包爆炸时一定引爆被发药包的两药包的最大距离，称为殉爆距离。炸药的殉爆能力用殉爆距离表示，单位一般为 cm。

研究殉爆的目的在于：一是确定炸药生产工作间的安全距离，为厂房设计提供基本数据；二是改进炸药的性质，提高在工程爆破时起爆或传爆的可靠性。

殉爆距离是炸药的一项重要性能指标。在炸药品种、药卷质量和直径、外壳、介质、爆轰方向等条件都给定的前提下，殉爆距离既反映了被发装药的冲击波感度，也反映了主发装药的引爆能力，两者都与炸药的加工质量有关。殉爆距离的测定如图 2-16 所示。

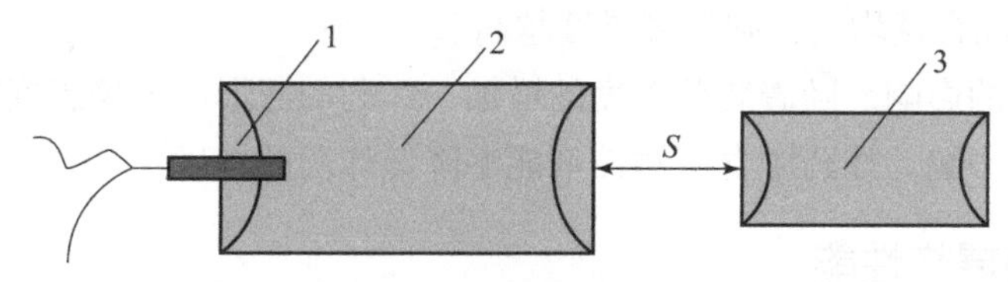

图 2-16　殉爆距离的测定

1—雷管；2—主发装药；3—被发装药；S—殉爆距离

影响殉爆距离的因素主要有：主发装药的药量及性质，被发装药的爆轰感度，惰性介质的性质，装药相互位置的影响。

1）主发装药的药量及性质

主发装药的药量、爆热、爆速越大，引起殉爆的能力就越大。这是因为主发装药的能量高、爆速大、药量多时，形成的冲击的压力和冲量大的缘故。总之，主发装药的起爆能力越大，引起殉爆的能力也越大。此外，主发装药的外壳对殉爆距离的影响也很大。例如，相同条件下钢壳的殉爆距离大于纸壳的殉爆距离。

2）被发装药的爆轰感度

被发装药的爆轰感度越大，越容易引起爆轰，所以殉爆距离就越大。被发装药的密度对殉爆距离也有很大的影响。殉爆距离随着被发装药密度的增加而呈线性下降。此外，被发装药的湿度越大，殉爆距离下降越多。

3）惰性介质的性质

惰性介质的性质对殉爆距离有很大影响，一般空气的殉爆距离最大，水、黏土、钢、砂依次显著减少。这是因为砂、土等介质衰减冲击波能量的能力很强，它们隔在装药之间时，使殉爆距离减少。因此在炸药仓库和某些危险性大的工房实验室周围，常常筑一道土围墙，这样可以大大缩小它们之间或它们与其他建筑物之间的距离，从而减少占地面积。

若主发装药和被发装药之间用管子连接起来，即使这种管子很不坚固，也会使殉爆距离大大增加。这是因为管道存在时，大大限制了产物的侧向飞散，同时冲击波和火焰也很容易沿着管道传播。因此在有爆炸危险的工序之间、工房之间、实验室之间不应该用一个通风总管道，而必须用单独的通风管道。

4）装药相互位置的影响

当装药量不是很大的时候，装药的相互位置也产生一定的影响。

2.7.2 物理状态与装药条件的影响

炸药的感度一方面与自身的结构和物理化学性质有关，另一方面还与炸药的物理状态和装药条件有关。对于爆破工程技术人员来讲，了解炸药的物理状态和装药条件对其感度的影响是十分必要的。炸药的物理状态和装药条件对感度的影响主要表现在以下几个方面：

（1）炸药温度的影响。随温度的升高，炸药的各种感度都增加。

（2）炸药物理状态与晶体形态的影响。当铵梯炸药受潮时，炸药感度会下降。当硝化甘油冻结时，晶体形态发生变化，炸药感度明显提高。

（3）炸药颗粒度的影响。一般情况下，颗粒越小，炸药爆轰感度越大。对于混合炸药，一般各组分越细，混合越均匀，则爆轰感度越高。

（4）装药密度的影响。随着装药密度的增加，炸药的起爆和火焰感度都会下降。

（5）附加物的影响。炸药中含有塑性剂能够降低炸药的感度。

2.7.3 炸药爆炸性能

炸药爆炸性能主要取决于以下三个因素：一是炸药的组成成分，二是炸药的加工工艺，三是炸药的装药状态和使用条件。本节主要介绍炸药的爆速、威力、猛度和聚能效应等性能。

1. 爆速

1）影响因素

爆轰波沿炸药装药传播的速度称为爆速。爆速是炸药重要性能指标之一，也是目前唯一能准确测量的爆轰参数。影响爆速的因素主要有：药包直径、药包外壳、装药密度、炸药粒度、起爆冲能、沟槽效应，如图 2－17～图 2－20 所示。

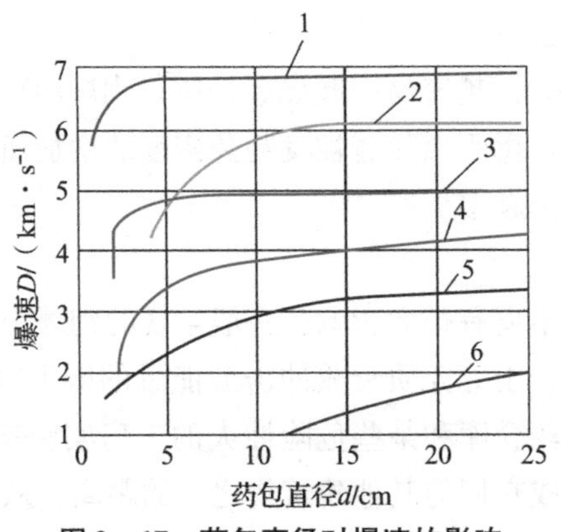

图 2－17 药包直径对爆速的影响

1—TNT（$\rho_0=1.6\ g/cm^3$）；2—TNT/硝酸铵（50/50）（$\rho_0=1.53\ g/cm^3$）；3—TNT（$\rho_0=1.0\ g/cm^3$）；4—TNT－硝酸铵（$\rho_0=1.0\ g/cm^3$）；5—硝酸铵－硝化甘油（$\rho_0=0.98\ g/cm^3$）；6—硝酸铵（$\rho_0=1.04\ g/cm^3$）

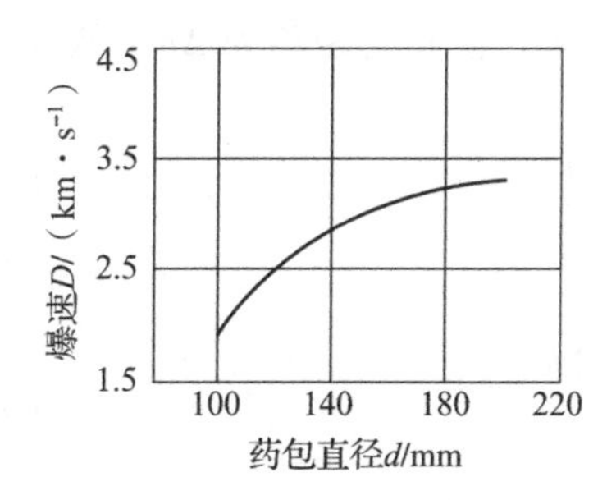

图2-18　粒状铵油炸药爆速随药包直径变化

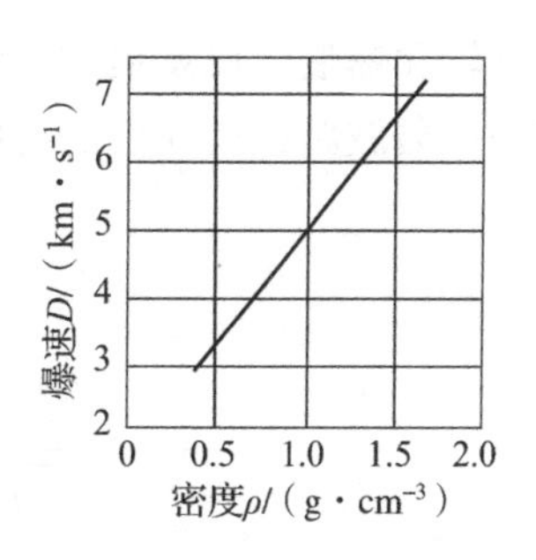

图2-19　TNT装药密度对爆速的影响

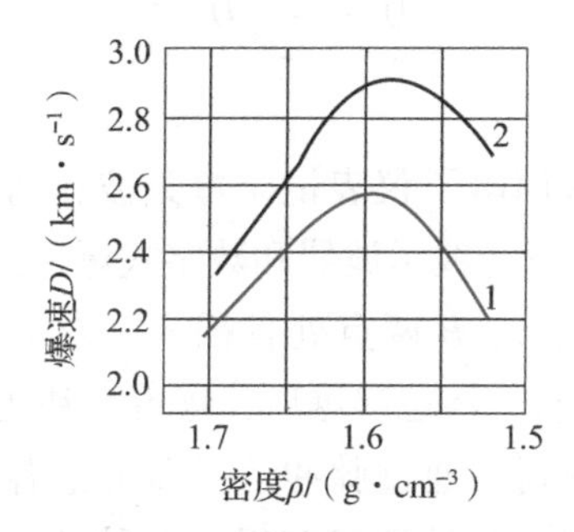

图2-20　混合炸药装药密度对爆速的影响

1—药包直径20 mm；2—药包直径40 mm

沟槽效应，也称管道效应、间隙效应，就是当药卷与炮孔壁间存在月牙形空间时，爆炸药柱所出现的自抑制效应——能量逐渐衰减直至拒（熄）爆的现象。在小直径炮孔爆破作业中这种效应相当普遍地存在着，是影响爆破质量的重要因素之一。减小或消除沟槽效应的技术措施有化学技术、增大药卷直径、堵塞等离子体的传播、调整炸药配方和加工工艺、沿药包全长放置导爆索起爆、采用散装技术、使炸药全部充填炮孔不留间隙等。

2）爆速的测定方法

（1）导爆索法。这是一种古老而简便的对比测定的方法，又叫道特里士法，其原理是利用已知爆速的标准导爆索同待测炸药卷相比较，求出待测炸药一段长度内的平均爆速，测定方法如图2-21所示。

取一定长度的导爆索（通常取2 m左右），两端分别插入待测药包中的A、B两点（距离取200 mm左右），药包直径30～40 mm，长300～400 mm，一端可将起爆雷管插入。将导爆索的中点对准铅板（厚3～5 mm、宽约40 mm、长约400 mm）上的刻点标记M，并用细绳捆住铅板上的导爆索。沿药包继续传播的爆轰波经l/D（D为待测炸药爆速）时间后到达B点，引起B端导爆索起爆。两股爆轰波在导爆索中段相遇时，由于波叠加产生的效果，在铅板上两

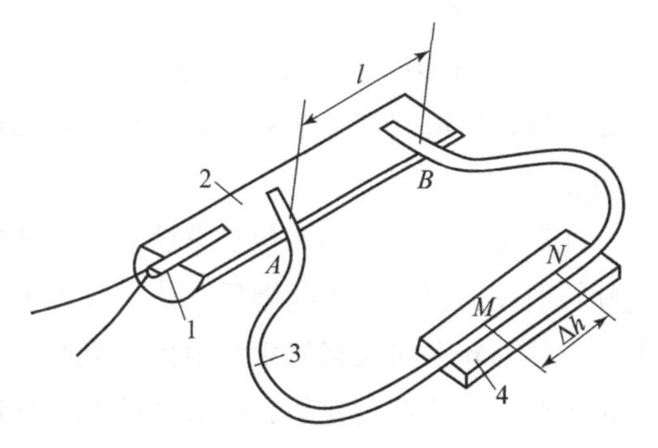

图2-21　导爆索法测爆速

1—雷管；2—药包；3—导爆索；4—铅板

波相遇处留下较深爆痕。设爆痕的位置为 N 点，它至爆索中点 M 的距离为 Δh。从 A 点到 N 点两条不同的爆轰波路径所花费的时间是一样的，即

$$t_{AN} = t_{AB} + t_{BN} \tag{2-22}$$

或

$$\frac{\frac{l_{索}}{2} + \Delta h}{D_{索}} = \frac{l}{D} + \frac{\frac{l_{索}}{2} - \Delta h}{D_{索}} \tag{2-23}$$

化简得

$$D = \frac{l}{2\Delta h} D_{索} \tag{2-24}$$

式中，$D_{索}$为导索爆速，m/s。

（2）电测法。这种方法是采用电子仪表记录爆轰波在药包中传播的时间，量取相应区间的距离算出爆速。常用的仪器有光线示波器和数字式爆速仪。

（3）示波器计时法。在药包 A、B 两点处各插入一对电离探针，探针用细金属导线制成，每对探针的间隙为 1 mm 左右。药包起爆后，爆轰波到达 A 点时，爆轰气体产物因电离而具有良好的导电性，使探针导通，通过脉冲信号器上电容放电给示波器输入一个脉冲信号。同样，当爆轰波到达 B 点时，示波器又获得一个脉冲信号。根据荧光屏上先后显示的两个脉冲的间距，对比下面的时标，即可计算出从第一个脉冲到第二个脉冲所经历的时间。用 A、B 间距离除以记录所得时间即得平均爆速值。示波器测定爆速如图 2－22 所示。

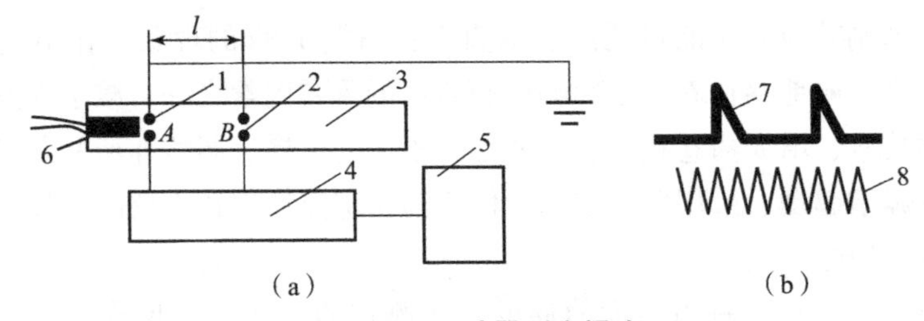

图 2－22　示波器测定爆速

（a）测定装置；（b）荧光屏上波形

1，2—探针；3—药包；4—脉冲信号发生器电路；5—示波器；6—雷管；7—脉冲信号；8—时标

（4）高速摄影法。这种方法的原理是利用爆轰瞬间发生的光效应，通过高速摄影装置将爆轰波传播过程记录下来，经分析计算即可获得爆速值。高速摄影仪转镜扫描的光学系统如图 2－23 所示。

在测定时，将待测药包竖直放置于距透镜一定距离处，利用同步系统在转镜以给定角速度旋转时使药包爆炸。起爆后，炸药爆炸的强烈光束经狭缝和透镜聚射到转镜扫描器的镜片上，扫描器转动时又将光束反射到感光胶片上。爆轰自上而下，转镜则横向进行扫描。如果药包上各点爆速均为定值，则胶片感光、显影、定影并展开后，光迹线是一根具有斜率的直线 AB（图 2－24），AB' 是转镜停止时的光迹。此时光迹的速度等于 βD（β 为摄影仪放大的倍数，D 为爆速）。由于转镜同步旋转，故实际印在胶片上的光迹为 AB，其水平速度分量为 v。βD 则是其竖直分量。因此，根据 AB 的斜率即可求得爆速：

$$D = \frac{v}{\beta}\tan\alpha \tag{2-25}$$

式中，v 为爆速水平分量；α 为光迹倾角，可从胶片上测量得到。

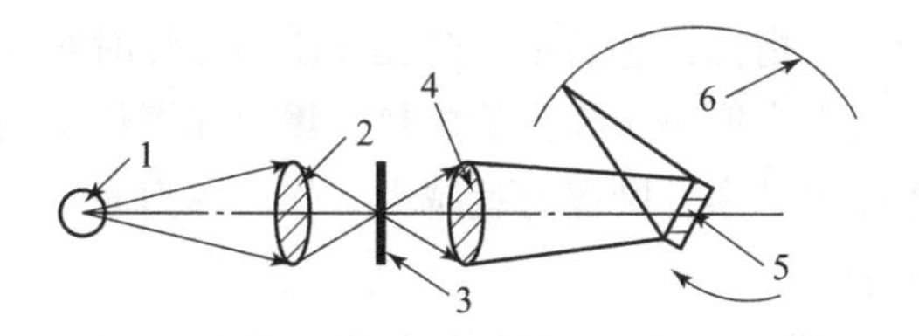

图 2－23　高速摄影仪转镜扫描的光学系统

1—药包；2，4—透镜；3—狭缝；5—反射镜；6—胶片

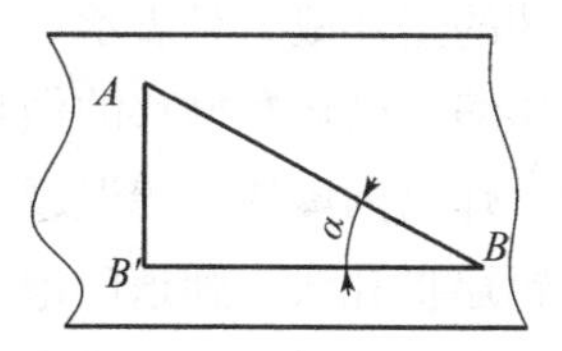

图 2－24　胶片展开光迹图

2. 威力

1）炸药做功能力

炸药做功能力是衡量炸药威力的重要指标之一，通常以爆轰产物绝热膨胀直到其温度降至炸药爆炸前的温度时，对周围介质所做的功来表示。图 2－25 所示为炸药做功的理想过程。

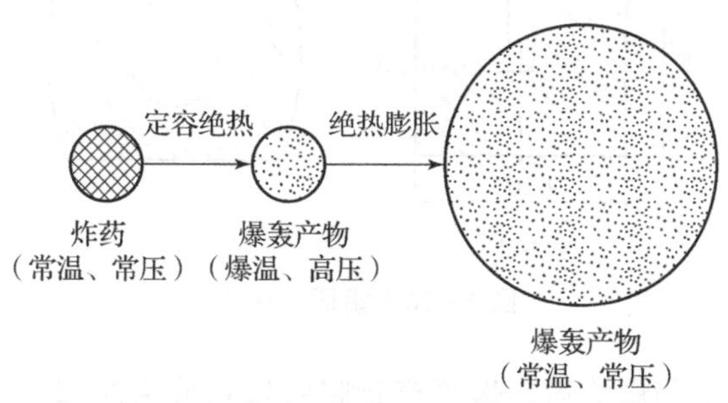

图 2－25　炸药做功的理想过程

按照热力学定律，炸药做的功 A 可按式（2－26）计算：

$$A = \eta Q_V \tag{2-26}$$

$$\eta = 1 - \left(\frac{V_1}{V_0}\right)^{K-1} \tag{2-27}$$

式中，Q_V 为炸药的爆热，J/mol；η 为热转变成功的效率；V_1 为爆轰产物膨胀前的体积，L；V_0 为爆轰产物膨胀到常温的体积，数值上约等于炸药的爆容，L；K 为等熵指数。

上述关系式所表达的物理意义可以概括为以下几点：

（1）炸药的最大做功能力与炸药的爆热有关，它随爆热的增大而增大。

（2）炸药的实际做功能力，除爆热 Q_V 外，还与爆容 V_0 有关。爆容越大，效率越高。

（3）等熵指数

$$K = \frac{c_p}{c_V} = \frac{c_V + R}{c_V} = 1 + \frac{R}{c_V} \tag{2-28}$$

其实，进行爆炸作业时，炸药爆炸实际的有效功只占炸药总能量的 10% 左右。在工程爆破中通常使用相对威力的概念，所谓相对威力是指以某一熟知炸药的威力作为比较的标准。以单位重量炸药相比较的，则称为相对重量威力；以单位体积炸药相比较的，则称为相对体积威力。在选用含水炸药设计爆破参数的依据时，一般应以相对体积威力来衡量比较合适。

2）炸药爆炸威力测定方法

炸药的爆炸威力是表示炸药爆炸做功的一个指标，它表示炸药在介质内爆炸时对介质产生整体压缩、破坏和抛移的做功能力。爆力的大小取决于炸药的爆热、爆温和爆炸生成气体的体积。炸药的爆热、爆温越高，生成气体体积越多，则爆力就越大。炸药爆力测定方法有三种：铅壔扩孔法、弹道臼炮法、爆破漏斗法。

（1）铅壔扩孔法，又称特劳茨铅柱试验。铅柱是用精铅熔铸成的圆柱体，试验时，称 10 ±0.001 g 炸药，装入 ϕ24 mm 锡箔纸筒内，然后插入雷管，一起放入铅柱孔上部，上部空隙用干净的并且经过 144 孔/cm 筛筛过的石英砂填满。爆炸后，圆孔扩大成图 2－26 所示的梨形，用量筒注水测出爆炸前后孔的体积差，以此数值来比较各种炸药的威力。测得孔值越大，其爆力越大。习惯上将铅壔扩孔值称为爆力。

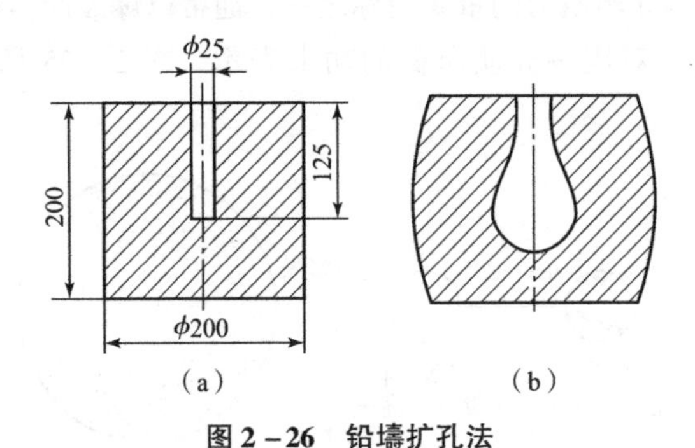

图 2－26　铅壔扩孔法

（2）弹道臼炮法。炸药爆炸后，爆轰产物膨胀做功分为两部分，一部分把炮弹抛射出去；另一部分使摆体摆动一个角度，摆体受到的动能转变为势能，如图 2－27 所示。这两部分的和即为炸药所做的膨胀功。即有

$$A = A_1 + A_2 = GL/(1 + G/F_p)(1 - \cos\beta) = C(1 - \cos\beta) \tag{2-29}$$

式中，A_1 为炸药爆炸对摆体做的功，kJ；A_2 为炸药爆炸对炮弹做的功，kJ；G 为摆体重力，kN；L 为摆长，m；F_p 为炮弹量力，kN；β 为摆体摆动角度，°；C 为摆体结构常数，kJ。

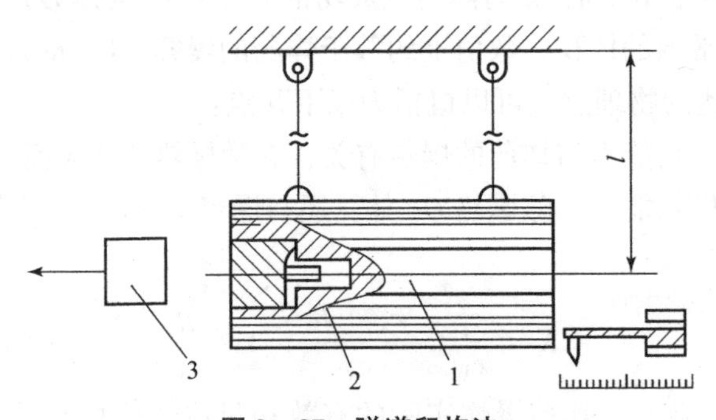

图 2－27　弹道臼炮法

1—臼炮体；2—标准室；3—活塞式炮弹体

通过试验所测到的摆角 β，可计算出炸药所做的功。

（3）爆破漏斗法。在均匀的介质中设置一个炮孔，将一定量被试炸药以相同的条件装入炮孔中，并进行填塞，引爆后形成一个爆破漏斗，可见深度为 h_v，如图 2－28 所示。然后在地平面沿两个互相垂直的方向测量漏斗的直径，取其平均值，同时测量漏斗的可见深度。爆破漏斗容积可按式（2－30）计算：

$$V = \frac{1}{3}\pi\left(\frac{d_v}{2}\right)^2 w \approx \frac{1}{4}d_v^2 w \tag{2-30}$$

式中，V 为爆破漏斗的直径，m^3；d_v 为爆破漏斗底圆直径，m；w 为最小抵抗线深度，m。

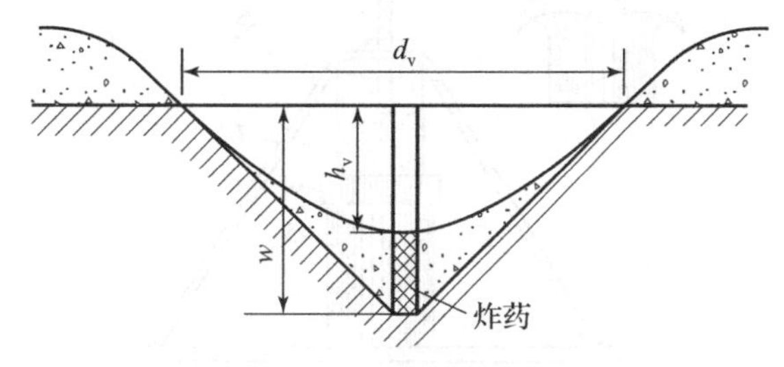

图 2－28　爆破漏斗法

爆破漏斗法是根据炸药在岩土中爆炸后形成的抛掷漏斗坑的大小，来判断炸药的做功能力。当岩土介质、试验条件相同时，抛掷漏斗坑的大小就决定了炸药的做功能力。

此外，还有水下爆炸法和抛掷臼炮法。水下爆炸法需要在爆炸水池中进行试验测定，炸药最终做功能力等于爆炸生成的冲击波能和向四周扩散膨胀直至达到气泡最大直径的气泡能之和。该方法的试验介质为均质且可压缩性较小的水介质，明显优于爆破漏斗法的非均质岩石粉碎抛掷介质，理论支撑依据较为严谨，可用于测定数十公斤级的非理想型炸药做功能力。抛掷臼炮法也称弹道抛体法，该方法用于起爆临界直径较大或不能采用雷管直接引爆的某些工业炸药如铵油类炸药、浆状炸药及其他爆破剂做功能力的评测。将被测炸药放置于带有一定倾角的圆筒，该圆筒口部配有钢质盖体。采用大直径、爆轰感度大的炸药引爆后，通过分析评测爆炸驱动盖体飞掷后的水平距离、抛射角来反演炸药爆炸的能量。该方法能够以功的形式直接表示炸药的做功能力，适应当前出现的各种新型工业炸药威力测试。

3. 猛度

爆力相等的不同炸药，对邻近药包的介质的局部破坏作用可能不相同。例如，TNT 同阿马托（硝酸铵 80/TNT 20）的爆力值大致相同，可是 TNT 对邻近介质的局部破坏能力却比阿马托大得多。此外，即使是药量相等的同一种炸药，两个不同装药密度的药包对邻近介质的局部破坏也不一样。这种差别是由爆轰波的动作用造成的。这种动作用通常用猛度测定值来表示。

炸药的猛度是指爆炸瞬间爆轰波和爆轰产物对邻近的局部固体介质的冲击、碰撞、击穿和破碎能力，它表示了炸药的动作用。它是用一定规格铅柱被压缩的程度来表示的，单位为 mm。

炸药猛度的测定方法如图 2－29 所示。取受试炸药 50 g，装入内径 40 mm 的纸筒内（纸厚 0.15～0.20 mm），然后将炸药压制成中心有孔（孔直径 7.5 mm，深 15 mm）而装药密度为 1 g/cm³ 的药柱。药柱上面放一中心穿孔的圆形纸板，以便插入并固定起爆雷管。用精制的铅浇铸一铅柱并车光表面，铅柱的高度为（60 ±0.5）mm，直径为（40 ±0.2）mm。铅柱置于厚度不小于 20 mm，最短边长不小于 200 mm 的钢板上。药包与铅柱间用厚度为（10 ±0.2）mm、直径为（41 ±0.2）mm 的钢片隔开。药柱、钢片和铅柱的中心应在同一轴线上。用钢板上的细绳固定这个相关位置，分别测量爆炸前、后铅柱的平均高度，其高度差为所求猛度值（mm）。

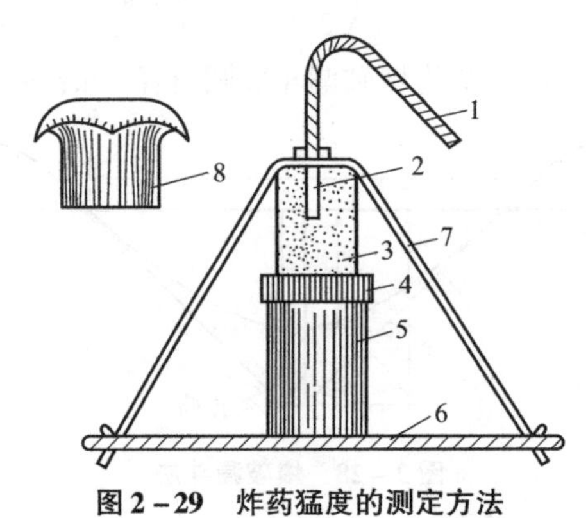

图 2 – 29　炸药猛度的测定方法

1—导火索；2—雷管；3—炸药；4—钢片；5—铅柱；6—钢板；7—细绳；8—爆炸后的铅柱

4. 聚能效应

投石于水中，水内首先形成空洞，而后，水向空洞中心运动，使空洞迅速闭合。在闭合瞬间，相向运动的水发生碰撞、制动，产生很高的压力，将水向上抛出，形成一股高速运动的水流。这是日常生活中能观察到的一种聚能现象，如图 2 – 30 所示。这种靠空穴闭合产生冲压、高压，并将能量集中起来，在一定方向上形成较高能流密度的聚能流效应称为空穴效应。

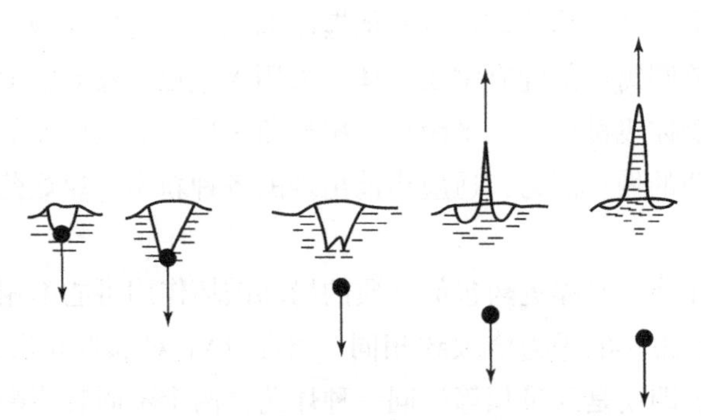

图 2 – 30　水面聚能流的形成

根据这样的规律，利用爆炸产物运动方向与装药表面垂直或大致垂直的规律，做成特殊形状的装药，也能使爆炸产物聚集起来，提高能流密度，增强爆炸作用，这种现象称为炸药的聚能效应。聚集起来朝着一定方向运动的爆炸产物，称为聚能流。

如果将装药前端（即与起爆端相对的一段）做成空穴，则当爆轰波传至空穴时，爆轰产物将改变运动方向（变成大致垂直于空穴表面），就会在装药轴线上汇集、碰撞、产生高压，并在轴线方向上形成镶嵌高速运动的爆炸产物聚能流，如图 2 – 31 所示。

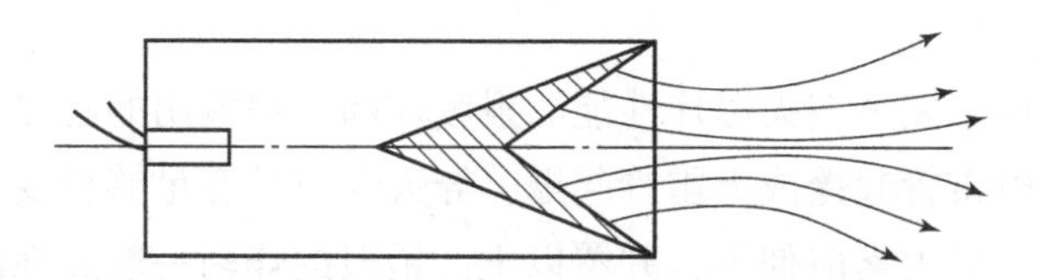

图 2－31　装药前端有空穴时聚能流的形成

若将聚能穴衬以金属制成药型罩，则当爆轰波传至药型罩时，向装药轴向汇集的爆炸产物将压缩药型罩使其闭合。在药型罩闭合过程中，由于碰撞产生极高的压力，金属变成液体，并有一部分液体金属形成沿轴线方向向前射出的一股高速、高密度细金属射流。剩余液体金属形成较粗的杯体，称为杵体，以较低的速度尾随在射流后面运动。聚能射流成型示意图如图 2－32 所示。

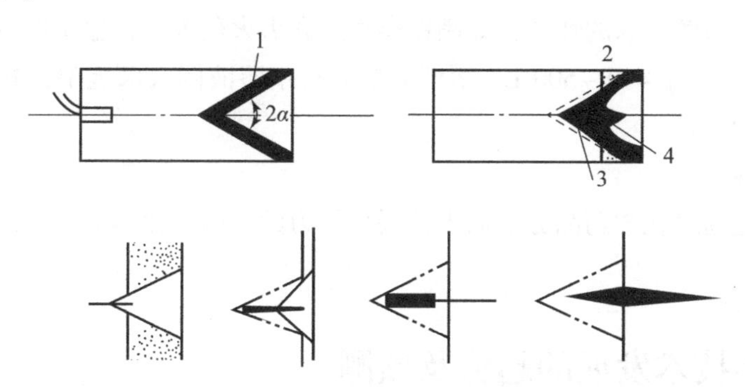

图 2－32　聚能射流成型示意

1—药型罩；2—爆轰波阵面；3—杵体；4—射流

聚能装药的穿透力不仅取决于炸药本身，而且取决于装药结构，图 2－33 所示为不同装药结构时聚能装药的穿透力。

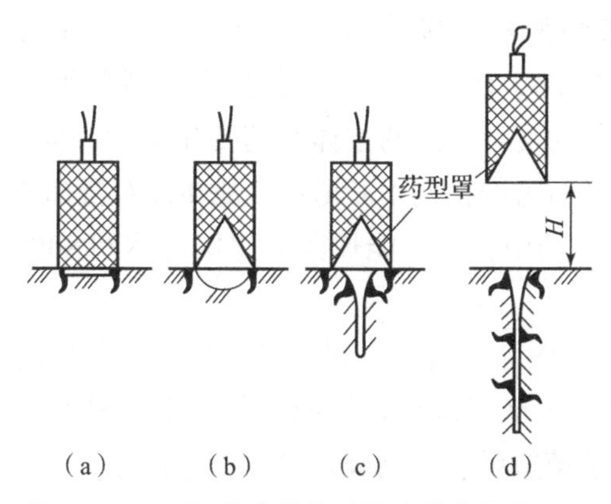

图 2－33　不同装药结构时聚能装药的穿透力

(a) 平底药柱；(b) 带有聚能穴的药柱；(c) 带有药型罩的聚能药柱；(d) 聚能药柱与钢板间有炸高距离

2.7.4　炸药的销毁

经过检验确认炸药已经变质不宜继续储存和使用时，应当及时进行销毁，不得继续使用和转让。销毁的方法有爆炸销毁法、焚烧销毁法、溶解销毁法和化学分解法。

1. 爆炸销毁法

此法适用于销毁尚未完全丧失爆炸性能的报废炸药。销毁用的起爆药包应采用优质的炸药做成，起爆应采用电雷管起爆或火雷管起爆，导火索应具有足够长度，铺设导火索应从下风向铺设到销毁地点。导火索应伸直，并覆以土。销毁的炸药一般放在浅坑内爆炸。

2. 焚烧销毁法

此法适用于不能由燃烧转为爆炸的报废炸药，如黑火药和其他失掉爆炸能力的炸药。焚烧时应在天气晴朗、干燥无风的白天进行。应将焚烧的炸药散铺成长条状，其厚度不大于10 cm，宽度不超过30 cm。可以同时并列铺放3条，每条间距不小于5 m。在每条炸药的下风向铺设长度不短于5 m的引火路，引火路由导火索或易燃的刨花、枯枝和碎纸组成。

3. 溶解销毁法

此法适用于能溶解于水的炸药，如硝铵类炸药和黑火药等。在盛水的容器内溶解时，每15 kg炸药需水量不少于400～500 L，溶解完毕后将水溶液倒入水坑中，并将不溶解的残渣收集起来爆炸或焚烧掉。

4. 化学分解法

此法适用于能通过化学药品分解而失掉爆炸能力的炸药。化学分解后的残渣应进行妥善处理。

2.8 炸药技术发展的趋势及预测

2.8.1 炸药军用发展趋势

1. 炸药研究现状

目前世界各国，除某些弹种直接装填TNT炸药外，大部分是以TNT、RDX、HMX、PETN为主，加上少量的TATB、HNS（六硝基芪）等制成的混合炸药装填武器的战斗部。从20世纪40年代至今，作为混合炸药的主体炸药变化不大，但随着装药技术的不断发展，高能单体炸药在混合炸药中所占的比例不断增加，战斗部对目标的毁伤能力也不断提高。例如，以TNT为载体的混合炸药中，其高能炸药的比例可达到80%～85%，某些高聚物黏结炸药中更是达到98%。

应用最多的是TNT与RDX混合炸药。世界各国采用这种炸药装填炮弹、航弹、火箭弹及导弹战斗部，只是所用配比略有差异。例如，美国用B炸药装填榴弹、多用途破甲弹、反步兵地雷等，法国用以装填航弹、预制破片榴弹、导弹等。

随着对弹药高爆炸性能的要求，装TNT与HMX混合炸药的弹药越来越多，大部分国家用这种炸药装填对付活动目标的高精度、低过载的弹药，如反坦克火箭弹等。此外，PETN/TNT、CE/TNT、高聚物黏结炸药、钝感炸药、含铝炸药等也得到了广泛应用。

2. 炸药发展趋势

炸药科学与技术发展的总目标是提高能量、降低易损性、提高对战争环境的适应能力、优化工艺、降低生产成本、减少对环境的污染等。

（1）单质炸药。TNT、RDX、HMX 仍然是 21 世纪战术武器应用的三大单质炸药，是未来武器装备的基础。据统计，以 TNT、RDX、HMX 为基的炸药品种占混合炸药品种的 95%，改性 B 炸药、RDX 和 HMX 的应用也日趋广泛，它们仍然是 21 世纪战术武器应用的主炸药。

（2）第三代燃料空气炸药。由于燃料空气炸药作用面积大，对目标的作用冲击量大，对有生力量和软目标有很大的毁伤效应，引起了普遍重视。这一类炸药是一种液—气或固—气悬浮爆炸物，由燃料（如环氧乙烷、环氧丙烷、丙炔、丙二烯、甲烷等）与空气混合而成，二者达到一定比例时成为炸药，是有效利用外界空气能量的典型炸药。其关键技术是燃料分散浓度的控制、云雾形状以及云雾内在质量的控制等技术，在航弹、各种导弹、水中兵器以及烟幕弹药上有广阔的应用前景。其发展趋势集中在两点：一是高能化，用烃类燃料代替环氧乙烷，扩大冲击波作用范围；二是提高综合性能，改善低温条件下的可爆性，增强对恶劣环境的适应能力。

（3）高能量密度材料（HEDM）。高能量密度材料的技术发展应是 21 世纪的主攻方向。因为高能量密度材料直接影响炸药技术的发展。例如 20 世纪 80 年代末合成的六硝基六氮杂异伍尔兹烷（HNIW）能量比 HMX 高 6%～9%，作为组分加入混合炸药中可显著提高产品的能量密度，提高弹丸初速、火箭导弹射程和战斗部的威力。高能量密度材料的应用具有四个特点：提高武器的射程和杀伤威力；减少危险性，提高安全性；减少目标特性；提高弹药的可使用性和可靠性。合成的高能量密度材料将主要集中于：多硝基脂肪族化合物；多硝基含氟化合物；多硝基芳香族化合物（主攻方向是合成低感度、高热安定性的耐热炸药）；多硝基杂环化合物和多硝基多环笼形化合物。其中，多硝基多环笼形化合物具有紧密封闭的立体笼形结构，张力能高、结晶密度大、安全性好，在高能量密度材料的合成研究中具有十分诱人的发展前景。21 世纪人类在探索同质异能化合物 C_{60}、N_{60} 等高能量密度材料合成和应用方面将会有新的发展。

（4）军用混合炸药。

①大力发展硝铵混合炸药是 21 世纪炸药发展的主要方向。为了提高武器的威力，必然要求提高炸药的能量。第二次世界大战以来，炸药装药不断更新换代，在需要高能的武器战斗部中逐渐用以 RDX 为基的炸药代替以 TNT 为基的炸药，而且越来越多地采用以 HMX 为基的炸药。例如，20 世纪 80 年代以来，美国改陶、陶Ⅱ反坦克导弹和蝮蛇反坦克火箭筒等战斗部采用了 LX－14 塑料黏结炸药，含 HMX95%，爆速 8 837 m/s（密度 1.833 g/cm^3），爆压 37 GPa。挪威开始生产和销售奥克塔斯梯Ⅷ新炸药，含 HMX 高达 96%，爆速 8 630 m/s（密度 1.81 g/cm^3）。但是，硝铵单组分炸药，尤其是 HMX，成本是 RDX 的 10 倍以上，因而限制了它的广泛应用。国外正在采取各种途径提高产量、降低成本，早日实现 HMX 的广泛应用。

②研制不敏感炸药将是今后较长时期炸药发展的重要方向。不敏感炸药主要用于机载、舰载、车载武器弹药的战斗部装药，要求它在高温和火焰中不易烤燃、不殉爆，且一旦发生意外点火，只燃烧而不易转为爆轰；在破片冲击、枪弹冲击或其他机械冲击作用下，不易引起事故性的意外爆炸。炸药的高能量和低敏感度是一对矛盾，如何使矛盾得到统一，选择最佳性能匹配是研究的重点，也是今后较长时期的发展方向。

武器的发展，特别是战术核武器和机载及舰载常规武器的发展，不仅要求炸药具有较高的能量，而且要求炸药相当钝感。因此，研制既高能又钝感的炸药是武器发展的需求，也是炸药领域崭新的革命性发展。发展不敏感炸药不仅可提高武器系统的安全可靠性和生存能力，而且对今后武器的发展产生深远的影响。以三氨基三硝基苯为基的混合炸药是尖端武器和常规武器较好的不敏感炸药，美国已用于 B77、B43 航弹及其他型号的航弹、榴弹、反坦克炮弹、导弹、鱼雷等，美国海军计划在舰—舰武器上换装不敏感炸药；法国也已部分装备于空—空导弹、舰—舰导弹；英国准备用于新设计的核战斗部和常规武器的导弹战斗部。其他国家也都在研制与发展不敏感炸药。

③加速非理想炸药应用研究是炸药应用研究的重要趋势。非理想炸药的研究是提高炸药能量利用率和安全性的重要途径，具有深远的理论意义和现实意义。由于非理想炸药的大部分能量不在 C－J 面上释放出来，所以按理想炸药爆轰理论设计的武器就不能充分发挥和利用这类炸药的能量。如果能提出适合非理想炸药的新理论，并设法控制和改变非理想炸药释放能量的速率，就可充分利用非理想炸药的能量，从而会大幅度提高武器的威力。特别是在现代武器必须使用钝感高能炸药的情况下，更加显示出发展非理想炸药的重要性。因此，发展非理想炸药是提高炸药能量和安全性的重要途径。

④研制分子间炸药可满足炸药能量—安全—成本的最佳状态。氧化剂、可燃剂为单独的分子，混合在一起后形成的炸药称分子间炸药，该炸药爆轰反应速度低，反应区宽度大、感度低，适用于爆破和水中作用时间长的弹药。当前研制较多的是以乙二胺二硝酸盐/硝酸铵/硝酸钾作为基本浇注材料，加入其他组分以达到所需的能量要求（可以通过加入 RDX 等进行能量调整）和安全性能，这类炸药对意外点火只燃烧，很难转变成爆轰，是现在和未来炸药中使能量—安全—成本获得最佳状态的复合炸药。

⑤高能量密度材料的研究和发展将直接影响火炸药技术的发展。高能量密度材料是指用作炸药、火药或装填于火工品的高能组合物，一般是由氧化剂、可燃剂、黏结剂及其他添加剂构成的复合系统，而不是某一种化合物。HEDM 的应用可显著提高炸药、推进剂及发射药的能量指标，降低它们的使用危险性，增强使用可靠性。发展 HEDM 的关键是它的主要组分即高能量密度化合物（HEDC）的研发。

2.8.2 炸药民用发展趋势

我国迅速发展的现代化工业，带动了各个行业的发展，各种产品的科技含量增高，制造加工精细化，给火炸药在民用领域的应用提供了广阔的空间，可为航空航天、工程施工、精密加工等方面的发展发挥积极的作用，同时也促成了火炸药民用应用技术的不断发展和提高。

1. 精细爆破

精细爆破，即通过定量化的爆破设计和精心的爆破施工，进行炸药爆炸能量释放与介质破碎、抛掷等过程的控制，既达到预定的爆破效果，又实现爆破有害效应的有效控制，最终实现安全可靠、绿色环保、经济合理的爆破作业。精细爆破代表了工程爆破行业的发展方向。精细爆破在重大工程建设、城市密集建筑群之间的拆除作业方面有很大的市场需求。

2. 爆炸加工

爆炸加工的特点是适合于生产量少、加工难度高的工件。它可以不要许多昂贵的加工机械，如成型加工，用传统的方法需要压力机或其他精密机械，需要阴阳模具，而爆炸成型只需简单的工具和水池，仅阴模即可，操作简单、成本低，将在卫星、飞机外壳、导弹头部抛物面形天线以及精密复杂的零件加工中得到重视和应用。

从机理上讲，几乎所有金属都可以爆炸复合（焊接），钛等耐腐蚀性很好的材料，不能用普通的方法同钢铁焊接，用爆炸法却很容易实现。随着爆炸加工技术的不断完善，新的高性能材料的开发和应用会与日俱增。

3. 火炸药能量转化为大功率电磁能技术

火炸药能量转化为大功率电磁能技术是一项军民两用技术，可应用于地球物理研究领域，也可用于提供大功率激光器、粒子束武器，电磁炮、电热炮和核武器效应模拟装置等的脉冲电源。

4. 耐热炸药的应用

耐热炸药主要用于航天任务和地球深度勘探等。耐热炸药作为宇宙航天器上使用的炸药和烟火推进剂材料，可满足长期处于高温、真空和辐射环境的要求。线型炸药的金属柔性导爆索，可用作航天工业中火箭的级间分离动力源，也可用于紧急情况下舱盖外抛。油井、天然气、矿产、地质勘探用耐热炸药作为爆炸装置，可适应高温、高压的环境。

5. 发射药的应用

发射药反应散热的效率很高，作为燃烧剂，可纵火烧毁难以燃烧的废弃物料；作为加热剂，由发射药充填的一种蛇形管加热器，质量轻、使用方便，可在航天、地质及某些特殊设备上使用。某些特种发射药，燃烧后形成高电导率的气体产物，在磁场内运动产生强大的电流，用相应装置将其输入地层内形成反射波，可以快速地勘测地层内的矿产。

6. 作为气体发生剂

火炸药一般为固体，可以通过机械压制成型，引发后便可使化学反应自动进行下去，在瞬间主要生成二氧化碳、一氧化碳、水、氮和氢等气体并放热，其气体生成的过程可以控制，火炸药型气体发生剂可在应急的驱动开关、汽车用防护气袋、飞机安全滑梯、救生阀体等气体发生器中使用。

7. 作为抛射和驱动装置的能源

以推进剂为能源的发动机结构简单、动作迅速，其原理是利用推进剂燃烧反应所产生的气体压力和通过喷口的反作用推力使载荷运动。在人员或机械受阻或难以达到之处，如山地架线、海上抛缆、抛射灭火弹扑灭森林大火等，在应急情况下产生一种动力，完成特定的动作（如飞机座椅的弹射）。

8. 利用声、光、烟效应

在军事上可以利用火炸药的声、光、烟等效应去干扰武器的制导系统。在民间利用烟火的声、光、烟等效应，增加节日的气氛。将火炸药应用于信号和警告装置，能显示出红、绿、黄等颜色的光，用以区别信号的含义，在航空、航海、铁路运输等特殊场合可以采用。

2.8.3 炸药环保与安全

火炸药是武器弹药的关键功效组件，火炸药也是武器弹药寿命期内影响环保的关键因素。提高火炸药的能量与保证安全是矛盾的，如何协调火炸药的能量与它的安全性是个长期的研究课题。

1. "绿色"火炸药技术的发展

这里所说的"绿色"技术指的是火炸药从制造到使用无污染或少污染的技术，其主要特征是：火炸药制造和使用过程中不产生或少产生废物；易于回收再利用。

1）制造技术

（1）硝基含能化合物的生物合成法。

（2）热塑性火炸药连续化柔性制造。以双螺杆混合成型为核心的火炸药柔性制造工艺，可用于某些新型推进剂、黏结炸药、高含铝温热炸药等。

2）"绿色"火炸药

（1）"绿色"固体推进剂。不使用污染环境和破坏臭氧层的有氧化剂（AP）以及对人体健康和环境有害的铅化物，使用清除剂来减少推进剂燃烧后氯化氢（HCl）气体的排放。

（2）"绿色"发射药。目前已开发应用的有以 TPE（热塑性弹性体）和含能 TPE 为黏合剂的发射药和对传统发射药进行低毒或无毒化改进的新型发射药。

2. 废弃火炸药销毁和回收利用

废弃火炸药来源于生产厂家的不良品、废品以及加工余料，军方报废弹药、退役弹药等，由于其燃烧、爆炸、有毒的特征，具有潜在的危险，成为社会性公害。目前的焚烧、降解、吸附、钝感化等处理方法不尽完善，而且有二次污染空气、山水环境的可能。最有效的方法是回收利用，不但能减少污染，还能产生可观的社会效益和经济效益。

目前，有部分废弃炸药用于民用爆破，还有一部分加工为化工材料（如油漆等），但废弃火炸药的数量较大，进一步研究其回收利用技术意义重大。热法处理技术将废弃火炸药完全氧化分解成气态产物并回收利用产生的热能。国内科研工作者研究了废弃火炸药再利用的理论与技术，开发了由多种技术组成的系统技术，使其转化为多种军民用产品。

3. 安全防护的研究

高能火炸药的开发令武器战斗部的威力增大，加速研究对操作人员、部队战士的安全防护至关重要。例如，生产过程自动化、武器射击操作自动化、人员防护装备等。

参 考 文 献

[1] 王海亮．工程爆破［M］．北京：中国铁道出版社，2008.

[2] 东兆星，邵鹏，傅鹤林．爆破工程［M］．北京：中国建筑工业出版社，2005.

[3] 肖汉甫，吴立，陈刚，等．实用爆破技术［M］．北京：中国地质大学出版社，2009.

[4] 庙延钢．爆破工程与安全技术［M］．北京：化学工业出版社，1999.

[5] 王玉杰．爆破工程［M］．武汉：武汉理工大学出版社，1997.

[6] 韦爱勇．工程爆破技术 [M]．哈尔滨：哈尔滨工程大学出版社，2010.
[7] 黄寅生．炸药理论 [M]．北京：北京理工大学出版社，2016.
[8] 张恒志．火炸药应用技术 [M]．北京：北京理工大学出版社，2010.
[9] 董素荣．弹药制造工艺学 [M]．北京：北京理工大学出版社，2014.
[10] 欧育湘．炸药学 [M]．北京：北京理工大学出版社，2014.
[11] 吴腾芳. 爆破材料与起爆技术 [M]．北京：国防工业出版社，2008.

第3章
炸药起爆理论与技术

3.1 炸药起爆理论

炸药具有爆炸性能。在通常情况下，它处于相对稳定状态，也就是说，它不会自行发生爆炸。要使炸药发生爆炸，必须使炸药失去相对稳定的状态，即必须给炸药施加一定的外能作用。炸药在外界能量作用下发生爆炸变化的过程称为炸药的起爆。外界的能量越大，炸药起爆越容易。通常外界能量有热能、电能、光能（激光能量）、机械能（撞击、摩擦）、辐射能（射线）、电磁波能等。引起炸药爆炸变化的最小能量称为引爆冲能，它是度量引起爆炸变化的定量指标。

多种形式的外部能量都可以激起炸药起爆，但从工程爆破技术、作业安全和有效使用炸药的角度看，热能、机械能和爆炸能较有实际意义。

1. 热能

当炸药受到热或火焰的作用时，其局部温度将达到爆发点而引起爆炸。例如，火雷管起爆法就是利用导火索的火焰来引爆火雷管；电雷管起爆法则是利用电桥丝通电灼热引燃引火药头而引燃雷管，进而起爆炸药。

2. 机械能

炸药在撞击或摩擦的作用下，炸药颗粒间产生强烈的相对运动，机械能瞬间转化为热能，从而引起炸药爆炸。但利用机械能起爆炸药既不方便也不安全，工程爆破中一般不采用。在运输和使用炸药时，必须注意机械作用可能引爆炸药的问题，以防爆炸事故发生。

3. 爆炸能

工程爆破中常用一种炸药爆炸产生的强大能量来引爆另一种炸药。例如，在实际爆破作业中最常见的是利用雷管或导爆索的爆炸来引爆炸药；其次是利用起爆药包的爆炸，引爆一些钝感炸药。

除了上述的热能、机械能和爆炸能外，光能、超声振动、粒子轰击、高频电磁波等也都可激起炸药爆炸，因此这些在爆破作业中都应引起注意和重视。

3.1.1 炸药起爆的原因

炸药是一种处于相对稳定状态的物质，本身的能量水平比较高（如处于高位的小球），只有在一定的引爆冲能作用下，才会发生爆炸。有关炸药的稳定性和引爆能量之间的关系可用图 3－1 所示的化学能栅图予以表示。

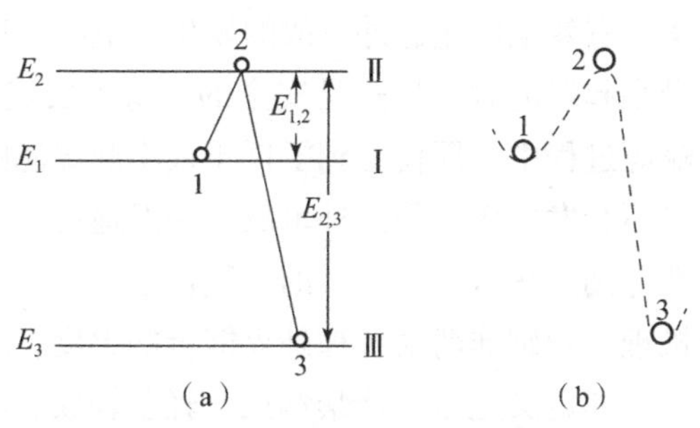

图 3－1　炸药爆炸的能栅图

在无外界能量激发时，炸药处在能栅图中Ⅰ位置，此时炸药是处于相对稳定的平衡状态，其位能为 E_1，当受到外界能量作用后，炸药被激发到状态Ⅱ位置，此时炸药已吸收外界的作用能量，同时自身的位能跃迁到 E_2，位能的增加量为 $E_{1,2}$。如果 $E_{1,2}$ 大于炸药分子发生爆炸反应所需的最小活化能，那么炸药便发生爆炸反应，同时释放出能量 $E_{2,3}$，最后形成的爆炸产物处于状态Ⅲ的位置。

事实上，炸药爆炸的能栅变化如同图 3－1（b）中在位置 1 放置一个小球，小球此时是处在相对稳定的状态，如果给它一个外力让其越过位置 2，则小球就会立即滚到位置 3，同时产生一定的动能。从能栅图还可以看出，外界作用所给的能量 $E_{1,2}$ 既是炸药发生化学反应的活化能，又是外界用以激发炸药爆炸的最小引爆冲能，因此可以得出：$E_{1,2}$ 越小，该炸药的感度越大，炸药越易起爆；相反，$E_{1,2}$ 越大，则炸药的感度越小，炸药越难起爆。

3.1.2　炸药起爆的选择性和相对性

炸药起爆的难易程度用“感度”这个物理量来度量，炸药起爆的难易受外界能量的种类、作用形式及自身状态等因素影响，炸药在某条件下容易起爆，并不代表它在其他条件下均容易起爆。炸药的起爆或炸药的感度体现出一定的选择性和相对性。

（1）外界能量种类：不同种类的外界能量引起爆炸变化的难易程度是不同的（选择性）。例如，TNT 炸药和 NaN_3 炸药都是耐热性的，而 TNT 的机械感度低（$<8\%$），NaN_3 表现出强机械感度。

（2）外界能量的作用速率：一般情况下，外界能量的作用速率越快，炸药起爆越容易。如静压和快速加压，缓慢加热和迅速加热效果是不同的。

（3）装药条件：装药条件（如炸药的装药直径、装药密度等）影响炸药的感度。当炸药的尺寸＜临界尺寸时，不足以使得炸药在热的条件下发生爆炸；当炸药的尺寸＞临界尺寸时，才有热爆炸的可能。

（4）炸药的物理状态：不同物理状态的同种炸药起爆难易程度不同。如熔融态和固态、结晶状态和粉状所体现的效果是不同的。

（5）不同用途的炸药有不同感度的要求。

对工业炸药人们常将感度分为实用感度和危险感度，实用感度是指敏感性，即在一定的起爆方式下，用它的最小起爆能量来起爆某种炸药时，该种炸药能顺利地起爆，不应该出现半爆或拒爆。对于炸药使用者来说，炸药具有适当的实用感度是很重要的，因为较高的实用感度可以减小炸药拒爆概率，有效地防止意外事故的发生。危险感度是指不安定性，即在外界作用的能量低于炸药的最小起爆能时，炸药是安全的。低不安定性是人们对炸药的要求，特别是在炸药的制造、运输等过程中，即使受到了低于最小起爆能的机械或者其他形式的作用，炸药也应该是安全的，不会发生爆炸等意外事故。一般地说，不安定性高意味着意外引爆的可能性大，而不安定性低则意味着意外引爆的可能性小。

掌握炸药的各种起爆机理，判别炸药对各种外界能量的感度，可以指导研究、生产、储存、运输、使用等各个环节，如定员定量、严禁烟火、轻拿轻放、电雷管脚线短路、抗静电处理、过筛、湿混等。

3.1.3 炸药的热能起爆机理

炸药在储存、运输、加工处理及使用过程中常会遇到不同的热源，如雷管中电热丝加热、炸药的烘干，装药前炸药的预热和熔化等。炸药在热源作用下能否发生爆炸？怎样发生爆炸？具备什么条件才能发生爆炸？热作用下发生爆炸同哪些因素有关？这些都与热爆炸（thermal explosion）机理有关。

热爆炸：凡是在单纯的热作用下，炸药在几何尺寸与温度相适应的时候能发生自动的不可控的爆炸现象均称热爆炸。热爆炸理论主要是研究炸药产生热爆炸的可能性、临界条件（温度、几何尺寸）和一旦满足临界条件发生热爆炸的时间等问题。热爆炸的临界条件就是指在单纯的热作用下，能够引起炸药自动发生爆炸的那些最低条件。

炸药在热作用下发生爆炸的理论探索是从爆炸气体混合物热爆炸问题的研究开始的。H. H. 谢苗诺夫建立了混合气体的热自动点火的热爆炸理论。这一理论的基本观点是，在一定条件（温度、压力及其他条件）下，若反应放出的热量大于热传导所散失的热量，就能使混合气体发生热积累，从而使反应自动加速，最后导致爆炸。

弗兰克－卡曼涅斯基发展了定常热爆炸理论，这一理论进一步考虑了温度在反应混合气体中的空间分布。莱第尔、罗伯逊将热爆炸理论应用于凝聚炸药的起爆研究中，提出了热点学说。这一学说揭示了撞击、摩擦、发射惯性力等机械作用下炸药激发爆炸的机理和物理本质。布登、约夫等把热爆炸理论进一步扩展到起爆药的起爆研究中，并对热爆炸的临界条件的某些参数进行了计算。

就研究内容而言，热爆炸理论可分为定常热爆炸理论和非定常热爆炸理论。这里定常与非定常都是就温度与时间的关系而言，即炸药温度是否随时间变化。定常热爆炸理论研究的重点是发生热爆炸的条件，而非定常热爆炸理论则是重点研究具备热爆炸条件后，过程发展的速度。

1. 均温分布的定常热爆炸理论

谢苗诺夫在如下三点假设下，建立了均温分布定常热爆炸的热平衡方程式，进而确定了热爆炸的临界条件：

（1）炸药各处温度相同，就是说炸药的里层和外层不存在温度差。这一假定适于研究薄层炸药的热爆炸，如铝盘中炸药的烘干过程，可以认为盘中炸药各处温度是均匀的。

（2）环境温度 T_0 = 常数，烘药时烘箱加热温度即为 T_0。

（3）炸药达到爆炸时的炸药温度 T 大于 T_0，但两者差值（$T-T_0$）不大。

基于上述假定，可以建立炸药的热平衡方程式。

首先，炸药在温度 T 时单位时间内，由于发生化学反应而放出的热量 Q_1 取决于化学反应速度 W（g/s）及单位质量炸药反应后所放出的热量 q(J/g)，即

$$Q_1 = W \cdot q \tag{3-1}$$

按照化学反应动力学，一级反应（炸药的热分解过程假定属于此种类型）在开始反应时的速度为

$$W = Zm\mathrm{e}^{-\frac{E}{RT}} \tag{3-2}$$

式中，Z 为频率因子，它与分子的碰撞概率有关；E 为炸药的活化能；m 为炸药量；R 为气体常数。

将式（3-2）代入式（3-1）得

$$Q_1 = Zm\mathrm{e}^{-\frac{E}{RT}} \cdot q \tag{3-3}$$

与炸药发生化学反应的同时，单位时间内因热传导而散失环境的热量 Q_2 为

$$Q_2 = K(T - T_0) \tag{3-4}$$

式中，K 为传导系数，J/(℃·s)；T 为炸药温度；T_0 为环境温度。

可想而知，只有当单位时间内炸药反应放出的热量 Q_1 大于散失给环境的热量 Q_2 时，炸药中才有可能产生热的积累，而只有炸药中发生了热积累，才可能使炸药温度 T 不断升高，引起炸药反应速度加快，进而最后导致炸药爆炸。故炸药爆炸的临界条件之一必须满足

$$Q_1 = Q_2 \tag{3-5}$$

即

$$Zmq\mathrm{e}^{-\frac{E}{RT}} = K(T - T_0) \tag{3-6}$$

然而，达到热平衡只是爆炸的一个条件，要达到爆炸必须满足另一个条件，即放热量随温度的变化率超过散热量随温度的变化率，只有这样才能引起炸药的自动加速反应。所以爆炸的第二个条件为

$$\frac{\mathrm{d}Q_1}{\mathrm{d}T} = \frac{\mathrm{d}Q_2}{\mathrm{d}T} \tag{3-7}$$

即

$$\frac{ZmqE}{RT^2}\mathrm{e}^{-E/RT} = K \tag{3-8}$$

由式（3-6）和式（3-8）可得热爆炸的临界条件为

$$T - T_0 = \frac{RT^2}{E} \approx \frac{RT_0^2}{E} \tag{3-9}$$

或

$$(T - T_0) \cdot \frac{E}{RT_0^2} \approx 1 \tag{3-10}$$

令 $(T - T_0)\left(\frac{E}{RT_0^2}\right) = \theta$，这里 θ 称为无因次温度。

显然，当无因次温度 $\theta>1$ 时，炸药就可能发生热爆炸；当 $\theta<1$ 时，炸药不可能发生热爆炸。式（3－10）还可用来估计在环境温度 T_0 时，炸药达到爆炸必须具备的温度 T。

2. 不均温分布的定常热爆炸理论

假设容器中炸药各处温度不均匀，热平衡方程可写成

$$-\lambda\nabla^2 T = qZe^{-E/RT} \tag{3-11}$$

式中，$\nabla^2 T=\frac{\partial^2 T}{\partial x^2}+\frac{\partial^2 T}{\partial y^2}+\frac{\partial^2 T}{\partial z^2}$ 为拉普拉斯算子；$-\lambda\nabla^2 T$ 为散失给环境的热量（λ 为导热系数）；$qZe^{-E/RT}$为炸药化学反应所放出的热。

式（3－11）用无因次温度 θ 变化可得

$$\nabla^2\theta = -\frac{q}{\lambda}\frac{E}{RT_0^2}Ze^{E/RT_0}e^{\theta} \tag{3-12}$$

如果导热过程只与一维空间有关，并把 x（距容器中心的距离）转化为无因子量 $\xi=\frac{x}{r}$（r 为容器的半径），则

$$\frac{d^2\theta}{d\xi^2}+\frac{\xi}{l}\frac{d\theta}{d\xi}=-\delta e^{\theta} \tag{3-13}$$

式中，l 为常数，对于无限大平板状容器 $l=0$，对于圆柱形容器 $l=1$，而对于球形容器 $l=2$。

$$\delta=\frac{q}{\lambda}\frac{E}{RT_0^2}r^2Ze^{-\frac{E}{RT_0^2}} \tag{3-14}$$

在两面均匀加热时，式（3－14）的边界条件为

（1）在容器中心处，$\xi=0$，$\frac{d\theta}{d\xi}=0$。

（2）在壁面处，$\xi=0$，$\theta=0$。

卡曼涅斯基曾对 $l=0,1,2$ 三种情况解出了式（3－14），所得热爆炸临界条件如表3－1所示。表中 δ_K 和 θ_K 为 δ 和 θ 的临界值。如果系统的 $\delta>\delta_K$，$\theta>\theta_K$，则炸药就会发生爆炸。

表3－1　热爆炸临界条件

容器形状	l	δ_K	θ_K
无限大平板状容器	0	0.88	1.19
圆柱形容器	1	2.00	1.39
球形容器	2	3.22	1.61

在 $Q-T$ 坐标系内，$Q_1=Zmqe^{-E/RT}$ 为一条指数曲线，如图3－2所示，称这条曲线为谢苗诺夫得热线，而散热量 $Q_2=K(T-T_0)$ 在 $Q-T$ 坐标系中为一斜线，其斜率为 $K=\tan\alpha$，图3－3所示为谢苗诺夫失热线。

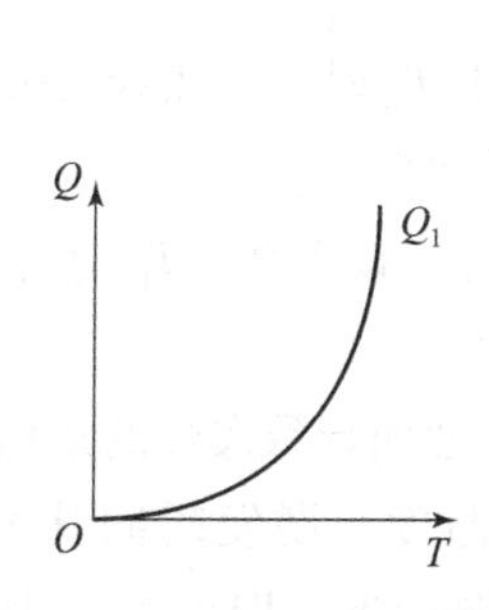

图 3－2　谢苗诺夫得热线

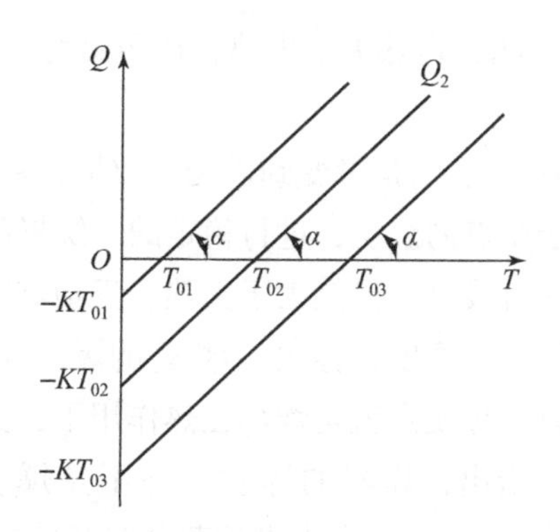

图 3－3　谢苗诺夫失热线

失热线上的每一点的横坐标代表炸药的温度 T，纵坐标代表相应的散热量。失热线和 T 轴的交点表示炸药的温度和环境温度 T_0 相等，失热量 Q_2 为零。失热线与 Q 轴的交点表示炸药温度 $T=0\ K$ 时环境传给炸药的热量（如图 3－3 中 $-KT_{01}$，$-KT_{02}$，$-KT_{03}$ 等所示）。显然，T 轴以下失热线上各点所确定的炸药温度 T 都低于环境温度 T_0，此时环境对炸药加热。

从得热与失热关系容易看出，炸药热爆炸特性与炸药的活化能、炸药的分解反应热、炸药的热传导系数和热容、有效的加热面积及炸药的质量等因素有关。

将得热线与失热线画在同一个 $Q-T$ 坐标系内（图 3－4），而后分三种可能情况进行讨论分析。

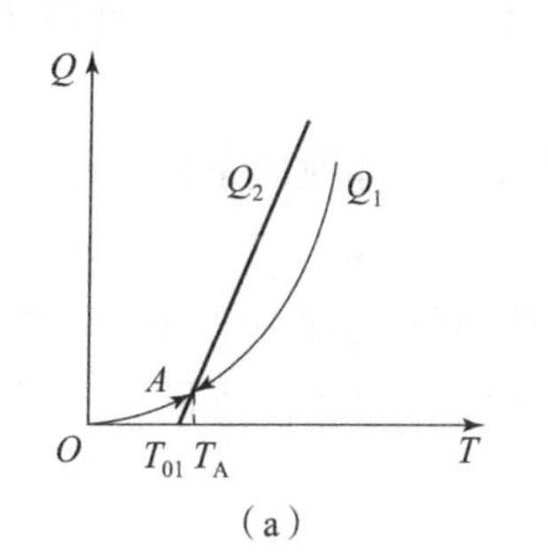

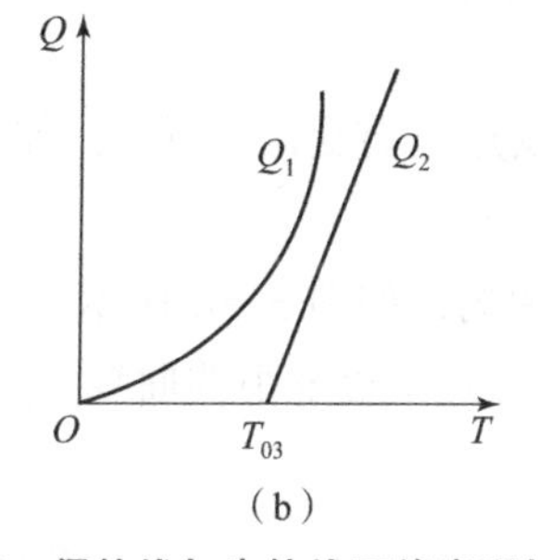

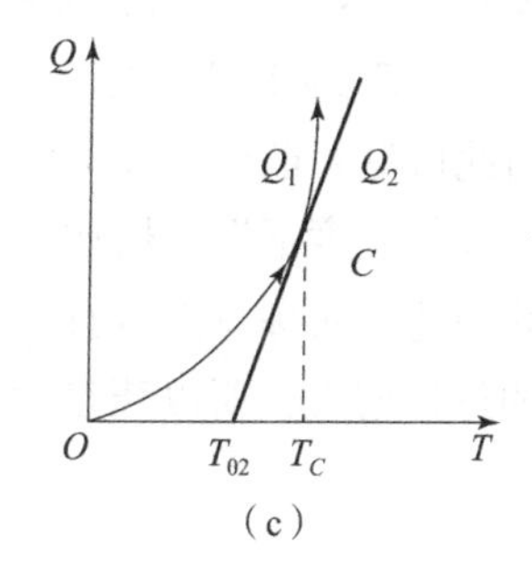

图 3－4　得热线与失热线可能出现的三种形式

（1）环境温度为 T_{01} 时，由图 3－4（a）可看到，直线和曲线有交点 A，在 A 点左边，$Q_1>Q_2$，得热大于失热，使炸药温度升高，升高到 A 点时 $Q_1=Q_2$，在 A 点右边，$Q_2>Q_1$，失热大于得热，使炸药温度降低，又回到 A 点。

所以，当介质温度较低时，炸药温度维持在 T_A，反应稳定地、缓慢地进行，不会自动加快，A 点叫稳定平衡点。

（2）环境温度为 T_{03} 时，由图 3－4（b）可看到，曲线在直线的上方，在这种情况下，因环境温度 T_{03} 很高，炸药在任何温度下，得热总是大于失热，炸药温度不断升高，最终导致爆炸。

（3）环境温度为 T_{02} 时，由图 3－4（c）可看到，曲线与直线相切，在切点 C 上，有 $Q_1=Q_2$，而在 C 点以下和 C 点以上都是 $Q_1>Q_2$。在 C 点的左边，有 $Q_1>Q_2$，此时得热大于失热，温度升高，很快达到 C 点。在 C 点处，只需热量稍微增加一点，就会到达 C 点的右边，

于是 $Q_1>Q_2$，得热大于失热，炸药温度迅速升高，最后导致爆炸，所以称 C 点为不稳定平衡点。

环境温度 T_{02} 是量变到质变的数量界限，环境温度低于 T_{02} 时，得热线与失热线相交，炸药将处于交点的温度，进行稳定的、缓慢的反应，不会导致爆炸。而当环境温度大于 T_{02} 时，曲线将在直线上，得热大于失热，反应将自行加快，最后导致爆炸。T_{02} 是炸药能够导致爆炸的最低环境温度，称 T_{02} 为炸药的爆发点。

所以，爆发点就是炸药在热作用下，其反应能自行加速而导致爆炸的最低环境温度。

应当指出，炸药的爆发点并不是爆发瞬间炸药的温度。爆发瞬间炸药的温度为 T_C [图 3-4 (c)]，爆发点是炸药分解开始自行加速时环境的温度，即为 T_{02}。从开始自行加速到爆炸要有一定的时间，称为爆发延滞期。在实验测定时，延滞期取 5 min 或 5 s 为标准，以便比较。

3. 爆发点的影响因素

爆发点不是炸药的物理常数，因为它不仅与炸药性质有关，而且与介质的传热条件有关。如将测爆发点的铜壳改成铁壳或玻璃壳，炸药的爆发点就会明显地改变。对于同一炸药在相同的介质温度 T_0 下，介质传热系数不同，若 $K_1>K_2>K_3$（或 $\alpha_1>\alpha_2>\alpha_3$），如图 3-5 所示，在介质传热系数较小（$K_3$）时，$T_0$ 高于炸药的爆发点；相反，在介质传热系数较大（K_1）时，T_0 低于炸药的爆发点。因为 $K=K_1$ 时，曲线 Q_1 与 $Q_2(T_{01})$ 相交，T_0 低于爆发点；$K=K_2$ 时，曲线 Q_1 与 $Q_2(T_{02})$ 相切，T_0 是爆发点；$K=K_3$ 时，曲线 $Q_1>Q_2(T_{03})$，T_0 高于爆发点。

由此可见，散热条件不同，爆发点也会变化。所以，如果炸药仓库通风条件不好，炸药可能在较低温度下发生爆炸。

炸药药量对爆发点也有一定的影响，如图 3-6 所示。当药量增大时，单位时间内反应放出的热量增大，所以药量大的曲线 1 在药量小的曲线 2 的上面。因此，药量大，爆发点就低。

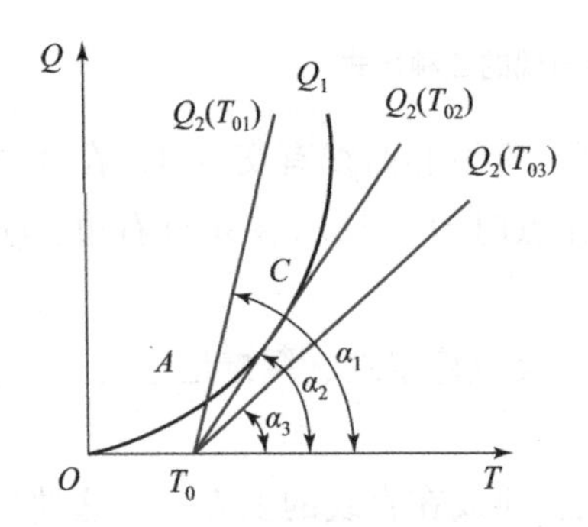

图 3-5　传热系数对爆发点的影响

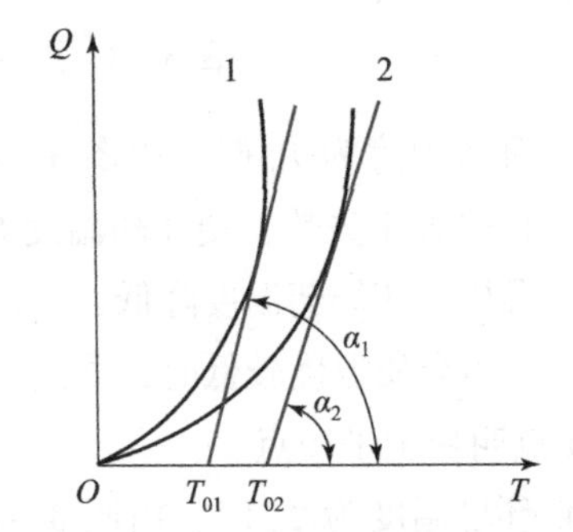

图 3-6　药量对爆发点的影响

由此可见，爆发点是易受各种物理因素影响的一个量。为了比较不同炸药的热感度，在测定爆发点时，必须固定一个标准实验条件。例如，采用同一种仪器、同一管壳，插到合金浴中同一深度（2.5 cm），用同一药量（0.05 g）等。

从上面讨论可以看出，很多炸药在热作用下发生爆炸是单纯的热机理，符合简单反应动力学热爆炸规律，但不少炸药如叠氮化钡、雷汞、TNT 和硝化甘油等在热作用下发生爆炸的机理是自催化热爆炸。所谓自催化热爆炸是指足够量的炸药，其反应速度随着某一产物浓度的增大而增大，在反应速度增长到最大值前，系统中放热速度大于散热速度，这是反应的自动加速，由自催化作用和热作用共同决定，导致自动加速作用更激烈从而爆炸。

有些炸药在受热作用下具有链锁反应的特征，尤其是某些气体混合物，进行链锁反应，链分支大于链中段，即使温度不再升高，也会自动加速，出现等温链锁爆炸。如果炸药受热后不仅进行链锁反应，而且反应放热，随着温度的升高，链锁分支中断，活化中心的数目在短时间内增加得很快，反应会自动加速，从而出现链锁热爆炸。

热爆炸理论虽然是从气体爆炸理论引出来的，但这些基本点也适用于凝聚炸药热爆炸的情况。

3.1.4　炸药的机械能起爆机理

长期以来，人们对炸药的起爆及其机理做了大量的实验和理论研究。最早提出的是贝尔特罗假设（即所谓的“热学说”）：机械能变为热能，使整个受试验的炸药温度升高到爆发点，因而使炸药发生爆炸。这个论点后来引起人们的怀疑。因为计算表明，即使起爆冲击能全部转化为热能被它吸收，像雷汞这样的炸药的温度也只能提高 20 ℃左右，而此温度根本不可能使雷汞爆炸；对其他一些炸药进行计算后也表明，假设炸药在受撞击时所吸收的能量被均匀地分散到整个炸药中，则由于撞击的时间很短，即使炸药的体积很小，温度的上升也不可能使炸药发生爆炸反应，何况实际情况是炸药在撞击过程中所吸收的能量远小于它的临界撞击能。因此，热假设的理论受到了人们的怀疑。

以后又出现了“摩擦化学假说”：炸药受冲击时，炸药的个别质点（晶粒）一方面与其他质点互相接近，即增大其紧密性；而另一方面彼此相互移动，亦在相邻表面上互相滑动，此时在表面上产生两种力（法向力和切向剪力），法向力使一个质点分子上的原子可能落到第二个质点表面上分子引力作用范围之内，而切向剪力的作用可引起表面破坏的原子间键的破坏，最后使化学反应的分子变形并发生爆炸。这种摩擦化学假说既没有考虑热的作用，又没有考虑有些炸药分子的键能非常大，在一般的机械作用下要直接破坏这种分子是相当困难的。因此摩擦化学假设理论具有很大的局限性。

目前，较为公认的是热点学说，它是由英国的布登在研究摩擦学的基础上于 20 世纪 50 年代提出来的，由于热点学说能较好地解释炸药在机械能作用下发生爆炸的原因，因此得到了人们的普遍认可。

1. 热点学说的基本观点

热点学说认为，在机械作用下，产生的热来不及均匀地分布到全部试样上，而是集中在试样个别的小点上，如集中在个别结晶的两面角，特别是多面棱角或小气泡处。在这些小点上温度达到高于爆发点的值时，就会在这些小点处开始爆炸。这些温度很高的局部小点称为热点（或反应中心）。在机械作用下爆炸首先从这些热点处开始，而后扩展到整个炸药的爆炸。

热点学说认为，热点的形成和发展大致经过以下几个阶段：

（1）热点的形成阶段。

（2）热点的成长阶段，即以热点为中心向周围扩展的阶段，其主要表现形式是速燃。

（3）低爆轰阶段，即由燃烧转变为低爆轰的过渡阶段。

（4）稳定爆轰阶段。

2. 爆炸物直接作用于炸药的起爆机理

通过利用一种炸药装药的爆炸引起与它直接接触的另一种炸药装药爆炸的现象称为起爆。起爆炸药主要是通过起爆药的爆炸产物对被起爆药直接作用，其机理主要是由主发装药的爆轰产物在被发装药中产生强冲击波并引起被发装药的爆轰，实际上这种引发爆轰的过程是一种强冲击波的起爆过程。

3.2 起爆器材

炸药虽然属于不稳定的化学体系，但只有在一定的外界能量作用下才能起爆，这种外界能量叫作起爆能；引起炸药发生爆炸反应的过程称为起爆；而用于起爆炸药的器材称为起爆器材。工程爆破中使用的起爆器材主要有雷管、导火索、导爆索、导爆管、导爆管连接元件、继爆管和起爆药柱等。

绝大多数爆破工程都是通过群药包的共同作用实现的。对群药包的起爆是通过单个药包的起爆组合达到的，单个药包的起爆组合即为群药包的起爆网路。根据起爆方法不同，起爆网路分为电雷管起爆网路、数码电子雷管起爆网路、导火索起爆网路、导爆管起爆网路和导爆索起爆网路。后三种也通称为非电起爆网路。

3.2.1 工业雷管

雷管是管壳中装有起爆药，通过点火装置使其爆炸而后引爆炸药的装置。工程爆破中常用的工业雷管种类有火雷管、电雷管和导爆雷管等。工业雷管按其装填药量的多少又分为10个等级，号数越大，起爆力越强。常用的有8号雷管和6号雷管，其装药量如表3－2所示。

表3－2 8号雷管和6号雷管装药量

雷管号数	成分						
	起爆药			加强药			
	药量/g						
	二硝基重氮酚	雷汞	三硝基间苯二酚铅（氮化铅）	黑索金（或钝化黑索金）	特屈儿	黑索金TNT	特屈儿TNT
6号雷管	0.3±0.02	0.4±0.02	0.1±0.02 0.21±0.02	0.42±0.02	0.42±0.02	0.5±0.02	—
8号雷管	0.3～0.36 ±0.02	0.4±0.02	0.1±0.02 0.21±0.02	0.7～0.72 ±0.02	0.7～0.72 ±0.02	0.7～0.72 ±0.02	0.7～0.72 ±0.02

注：火雷管和电雷管均可适用。装二硝基重氮酚的电雷管不装加强帽，但需将二硝基重氮酚的用量增加，8号雷管为0.35～0.42 g，6号雷管为0.30～0.34 g；8号或6号雷管起爆药和加强药各自只用表中的一种。

工业雷管是起爆器材中最重要的一种，根据其内部结构不同，又分为有起爆药雷管和无起爆药雷管两大系列。按引爆方式和起爆能源不同，工程爆破中常用的雷管有火雷管、电雷管和非电雷管。电雷管又有普通电雷管、磁电雷管、数码电子雷管。在普通电雷管中又有瞬发电雷管、秒与半秒延期电雷管、毫秒延期电雷管等。数码电子雷管和磁电雷管是新近发展起来的品种，代表着当今工业雷管的发展方向，应该引起我们的注意。

工业雷管主要有两方面的要求：一是技术条件方面的要求，包括雷管性能均一、延时精度高、具有足够的灵敏度和起爆能力、制造安全与使用安全、长期储存稳定；二是生产经济条件方面的要求，包括结构简单、易于大批量生产，制造与使用方便，原料来源丰富、价格低廉。

3.2.2　火雷管的构成

在工业雷管中，火雷管是最简单的一种，又是其他各种雷管的基本部分。火雷管起爆材料由火雷管、导火索和点火材料三部分组成，如图 3－7 所示。

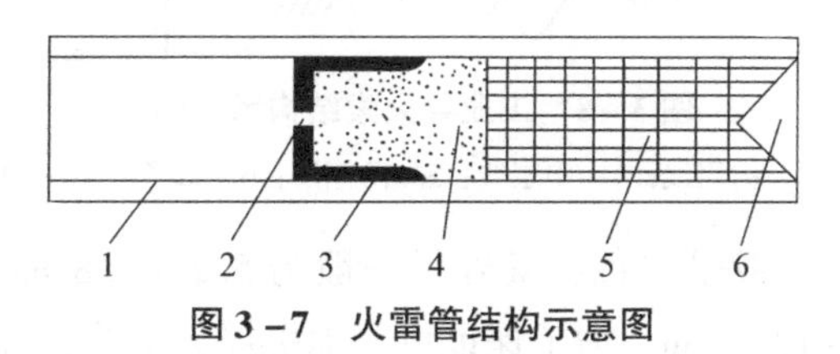

图 3－7　火雷管结构示意图

1—管壳；2—传火孔；3—加强帽；4—正起爆药；5—加强药；6—聚能穴

1. 火雷管

1）管壳

材料：纸、铜、铝、铁、塑料；一端开口已插入导火索。

作用：构成火雷管的外形，盛装和保护雷管装药，限制爆轰产物的旁侧飞散，使爆轰成长期缩短，并加强轴向起爆能力。

2）起爆药与加强药

起爆药应具有良好的火焰感度，在火焰作用下迅速增至爆轰速度，但威力小。一般多用二硝基重氮酚（DDNP），过去用雷汞，军工领域采用史蒂酚酸铅，8 号雷管起爆药用量为 0.3～0.4 g/个。猛炸药感度低，不能用火焰直接点燃，必须用起爆药的起爆冲能，但威力大。现民用雷管多用黑索金、TNT 各 50% 混制，压入 8 号雷管，用药量 0.7 g/个左右。雷管用药中使用较少敏感的起爆药，配以较多的威力大的加强药，使雷管具有较高的敏感性、一定的安全性和较大的威力，解决了安全与威力的矛盾；根据药量的不同，雷管分为 10 个等级，现多用 8 号工业雷管，起爆导爆管的雷管可用 6 号雷管。

3）加强帽

加强帽是一个中心带小孔的小金属罩，由铜带冲制而成，其作用与外壳相似，在雷管中形成密闭小室来减少灵敏的起爆药暴露面积；防止外界影响，防潮；并有利于起爆药爆轰。

火雷管的结构简单、使用方便，不受杂散电流和雷电引爆的威胁，可用于直接起爆和间接起爆各种炸药和导爆索，多用在地面采石场、隧道爆破、水利建设工程中，但在有瓦斯、煤尘和矿尘爆炸危险的场合禁止采用。

2. 导火索

导火索是以具有一定密度的粉状或粒状黑火药为索芯，外面用棉纱线、纸条或沥青材料包缠而成的圆形索状起爆材料。导火索的用途是产生并传递火焰以起爆火雷管或点燃黑火药。

如图3-8所示，导火索一般由索芯和索壳组成。其中芯线指导火索中心的撑线，使黑火药持续均匀分布于索芯中；索芯用轻微压缩的黑火药做成，黑火药是用于保证导火索燃烧可靠传递，并最终引爆雷管的能源；索芯外的包缠物起到缠紧索芯、保持强度的作用。

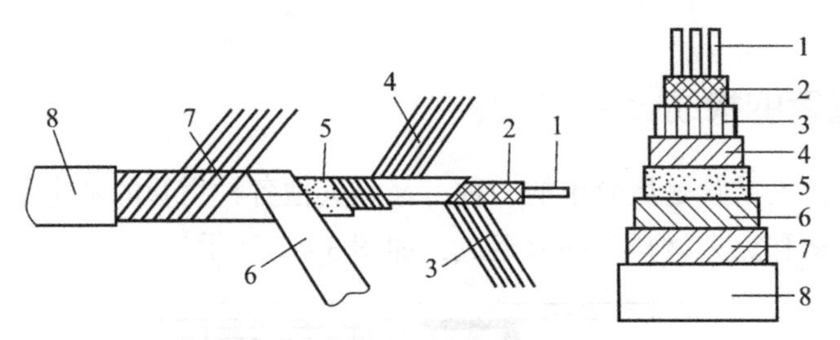

图3-8 工业导火索结构示意图

1—芯线；2—索芯；3—内层线；4—中层线；5—防潮层；6—纸条层；7—外线层；8—涂料层

工业导火索在外观上一般呈白色，其外径一般为5.2~5.8 mm，索芯药量一般为7~8 g/m。燃烧速度为100~125 s/m。为了保证可靠地引爆火雷管，导火索的喷火强度（喷火长度）不小于40 mm。导火索在燃烧过程中不应有断火、透火、外壳燃烧、速燃和爆燃等现象。导火索的燃烧速度和燃烧性能是导火索质量的重要标志。导火索还应具有一定的防潮耐水能力：在1 m深的常温静水中浸泡4 h后，其燃速和燃烧性能不变。

3. 点火材料

点火材料用来点燃导火索的索芯，它包括自制导火索段、点火线、点火棒、点火筒等。

3.2.3 导爆索

1. 导爆索及分类

导爆索是用单质猛炸药黑索金或太安作为索芯，用棉、麻、纤维及防潮材料包缠成索状的起爆器材。导爆索可以传递爆轰波，需经雷管起爆，可直接引爆工业炸药，也可独立作为爆破能源。导爆索的结构与导火索相似，不同之处在于导爆索用黑索金或太安做芯药，最外层表面涂成红色作为与导火索相区别的标志。导爆索起爆法属非电起爆法。

按使用条件，导爆索分为普通导爆索、安全导爆索和油井导爆索。普通导爆索是目前生产和使用最多的一种导爆索，它有一定的抗水性，能直接引爆工业炸药；安全导爆索爆轰时火焰很小，温度较低，不会引爆瓦斯和煤尘；油井导爆索专门用于引爆油井射孔弹，结构与普通导爆索相似。

2. 继爆管

继爆管是一种专门与导爆索配合使用，具有毫秒延期作用的起爆器材，基本由消爆管和不带点火器的毫秒延期雷管构成。

继爆管的工作原理是，首端（爆源方向）导爆索爆炸的冲击波和高温气体产物通过消爆管和大内管的气室后，压力和温度下降，形成一股热气流，它可以点燃延期药而又不致击穿延期药而发生早爆。经过若干毫秒的时间间隔后，延期药引爆起爆药与加强药，从而引爆连接在尾端的导爆索。

如图3－9所示，单向继爆管的首尾两端不可接错，否则发生拒爆。双向继爆管消爆管两端都装有延期药和起爆药，成为对称结构，两个方向都可以传爆，使用时不会因方向接错而发生拒爆事故。

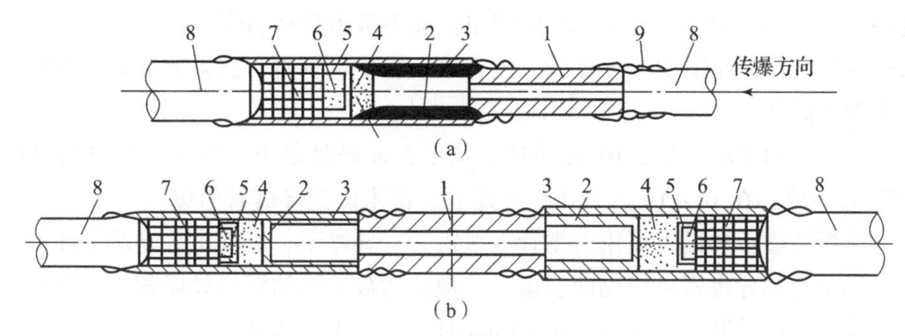

图3－9　继爆管结构示意图

(a) 单向继爆管；(b) 双向继爆管

1—消爆管；2—大内管；3—外套管；4—延期药；5—加强帽；6—正起爆药；
7—副起爆药；8—导爆索；9—连接管

3.2.4　导爆管及导爆管雷管

1. 导爆管

导爆管全称为“塑料导爆管—非电雷管起爆系统”，常被简称为“导爆管”，由“塑料导爆管”和“非电雷管”两部分组成。塑料导爆管内有黑索金高能炸药与铝粉，被击发元件引爆后，以冲击波形式将爆炸能量高速传递至非电雷管，塑料导爆管本身无任何变化。

1）导爆管的结构及传爆原理

塑料导爆管是导爆管非电起爆系统的基本元件，是由高压聚乙烯塑料制成的塑料管。其外径为3 mm，内径为1.5 mm。管的内壁涂有一层薄薄的混合炸药，混合炸药主要是由91%的奥克托今或黑索金，9%的铝粉和少量的附加物构成。导爆管的外观呈银白色。导爆管内壁所涂药量很少，一般为14～16 mg/m。导爆管的结构如图3－10所示。

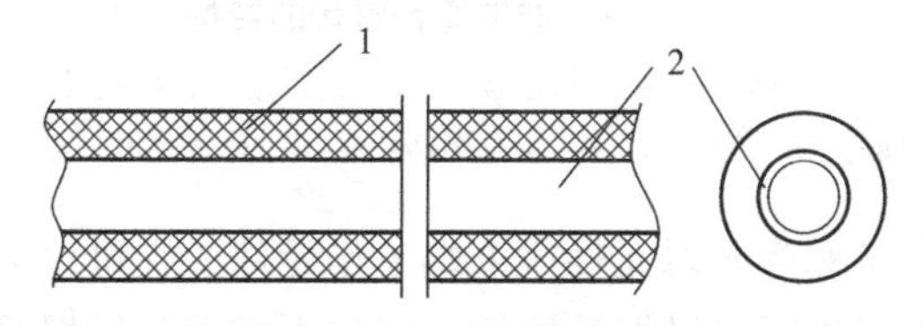

图3－10　导爆管的结构

1—塑料管壁；2—炸药

导爆管需用击发元件来起爆。起爆导爆管的击发元件有工业雷管、普通导爆索、击发枪、火帽、电引火头或专用击发笔等。当击发元件作用于导爆管时，激发起的冲击波在管内传播，管内炸药发生化学变化，形成一种特殊的爆轰。爆炸反应释放出的能量及时不断地补充给导爆管内传播的爆轰波，从而形成一个恒定速度传播的爆轰波。由于导爆管内壁的炸药量很少，形成的爆轰波能量不大，不能直接起爆工业炸药，只能引爆雷管或非电延期雷管，进而起爆工业炸药。

2）导爆管的性能

抗电性能：塑料导爆管能抗 30 kV 的静电，而不被击穿和引爆。

抗火焰性能：火焰不能引爆导爆管，用火焰点燃导爆管时，它只能像其他塑料一样发生燃烧，而不发生爆炸。

抗冲击性能：由实验得知，10 kg 重锤，从 1.5 m 高处落下，对导爆管进行侧向冲击和用“五四”式手枪，在 10～15 m 处击中导爆管，都未能把导爆管引爆。

起爆、传爆性能：导爆管可用火雷管、电雷管、导爆索、引火头等能产生冲击波的起爆器材引爆。用雷管和导爆索可以侧面引爆。一根长达数千米的塑料导爆管，中间不要中继雷管接力，或导爆管内的断药长度不超过 15 cm 时，都可正常传爆。

强度性能：在常温下导爆管能承受 10 kg 的静拉力，在 50 ℃时，可承受 6 kg 的静拉力。在零下 40 ℃时，塑料导爆管不会变脆。

破坏性能：导爆管传爆时，管壁完整，对周围环境没有破坏作用，即使拿在手里也没有什么不适之感，声响也很小。

抗水性能：将导爆管与金属雷管组合后，具有很好的抗水性能。在水下 80 m 深处放置 48 h 还能正常起爆。若对雷管加以适当的保护措施，还可以在水下 135 m 深处起爆炸药。

2. 导爆管雷管

导爆管雷管用非电毫秒雷管，其结构如图 3－11 所示，用塑料导爆管引爆。它与毫秒延期电雷管的主要区别在于：不用毫秒电雷管中的电点火装置，而用一个与塑料导爆管相连接的塑料连接套，由塑料导爆管的爆轰波来引爆延期药。

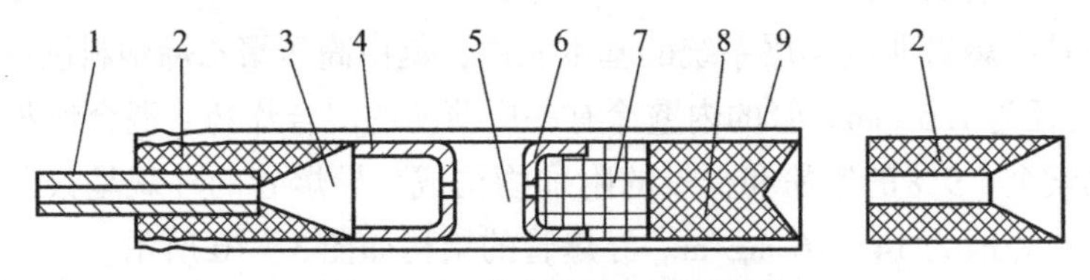

图 3－11　非电毫秒雷管的结构

1—塑料导爆管；2—塑料连接套；3—消爆空腔；4—空信帽；
5—延期药；6—加强帽；7—正起爆药；8—副起爆药；9—金属管壳

导爆管雷管在网路中又称为起爆元件或末端工作元件，它可以直接引爆炸药、导爆索或引爆下一级导爆管。其中对于瞬发导爆管雷管，可将火雷管与导爆管组装，中间连接一个塑料卡口塞，再对其进行箍紧即可，如图 3－12 和图 3－13 所示。

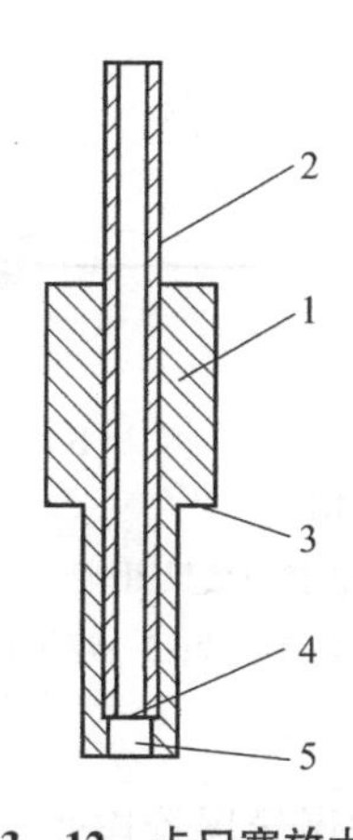

图 3－12　卡口塞放大图

1—连通管；2—导爆管；3—管壳限位台阶；
4—导爆管限位台阶；5—喷孔

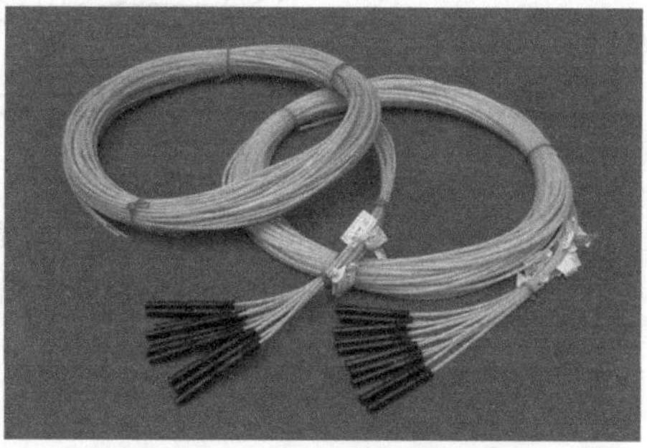

图 3－13　实物图

不同段别、不同系列的非电导爆管雷管的延期时间如表 3－3 所示。

表 3－3　不同段别、不同系列的非电导爆管雷管的延期时间（ms）

段别	第一系列	第二系列	第三系列	段别	第一系列	第二系列	第三系列
1	0	0	0	11	460	250	250
2	25	25	25	12	550	275	275
3	50	50	50	13	650	300	300
4	75	75	75	14	760	325	325
5	110	100	100	15	880	350	350
6	150	125	125	16	1 020	375	400
7	200	150	150	17	1 200	400	450
8	250	175	175	18	1 400	425	500
9	310	200	200	19	1 700	450	550
10	380	225	225	20	2 000	475	600

3. 导爆管连接元件

在塑料导爆管组成的非电起爆系统中，需要一定数量的连接元件与之配套使用。目前连接元件可分成带有传爆雷管和不带传爆雷管两大类。

1）连接块

连接块是一种用于固定击发雷管和被爆导爆管的连接元件。它通常用普通塑料制成，其结构如图 3－14 所示。不同的连接块，一次可传爆的导爆管数目不同。一般可一次传爆 4～20 根被爆导爆管。

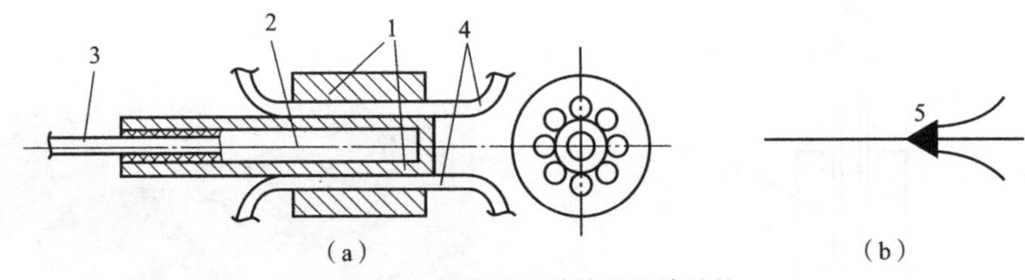

图 3－14　带传爆雷管的连接块结构

(a) 连接块及导爆管连通装配图；(b) 带雷管的连接点效果图

1—塑料连接块主体；2—传爆雷管；3—主爆导爆管；4—被爆导爆管；5—连接元件

2）连通器

连通器是一种不带传爆雷管的、直接把主爆导爆管和被爆导爆管连通导爆的装置。连通器一般用高压聚乙烯压铸而成。它的结构有正向分流式和单向反射式两类，正向分流式连通器又分为分岔式和集束式两种。分岔式有三通和四通两种。集束式有三通、四通和五通三种。它们的长度均为（46±2）mm，管壁厚度不小于 0.7 mm，内径为（3.1±0.15）mm，与国产塑料导爆管相匹配，如图 3－15 所示。

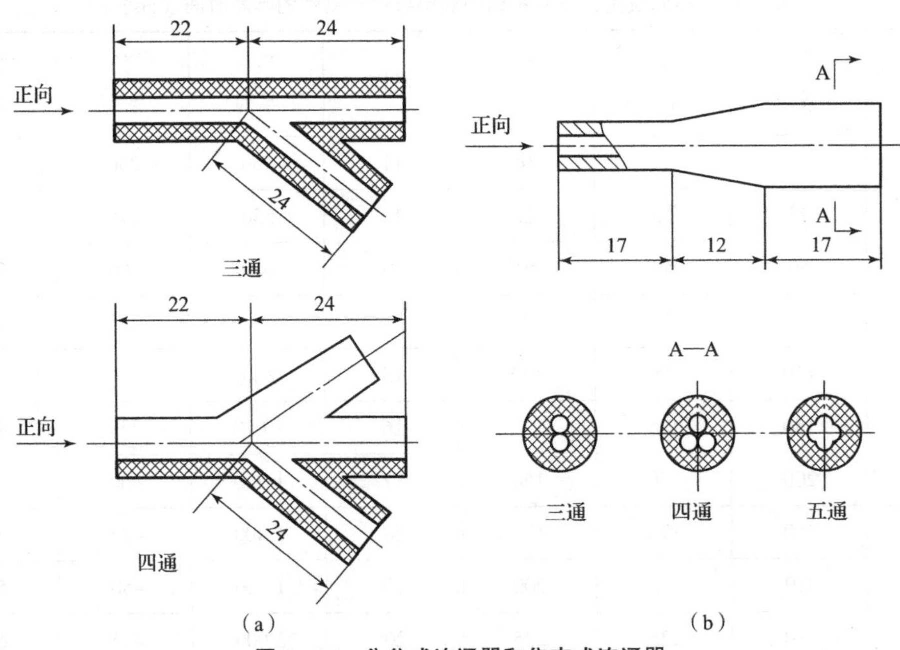

图 3－15　分岔式连通器和集束式连通器

其中正向分流式连通器和单向反射式连通器在导爆管爆破网路中如图 3－16～图 3－18 所示。

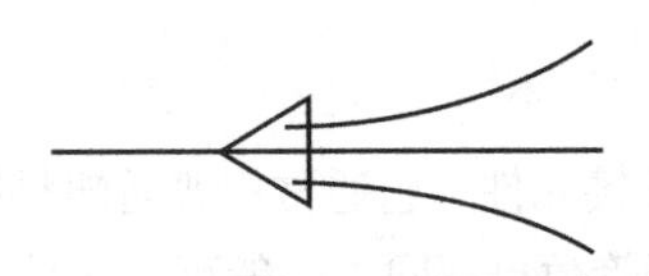

图 3－16　正向分流式连接点

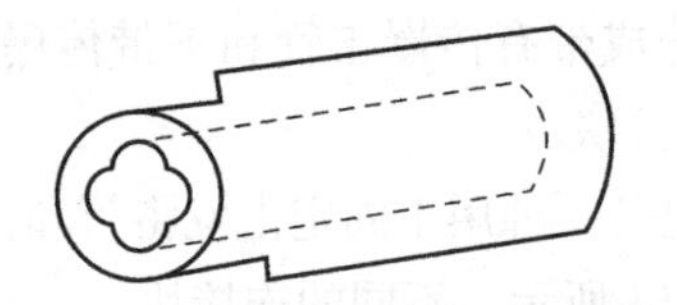

图 3－17　单向反射式四通连通器

凡能产生强烈冲击波的器材都能引爆导爆管，能引爆导爆管的器材统称起爆器材。起爆元件的种类很多，主要有击发枪、击发笔、发爆器、起爆头、导爆索、电雷管、火雷管等，其中后两种最为常用。

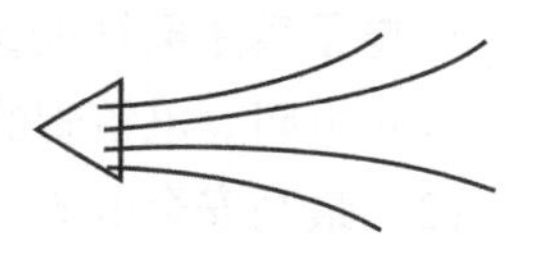
图 3-18　单向反射式连接点

3.2.5　电雷管

1. 电雷管概述

电雷管是以电能引爆的一种起爆器材。常用的电雷管有瞬发电雷管、延期电雷管以及特殊电雷管等。延期电雷管又分为秒延期电雷管和毫秒延期电雷管。

电雷管的起爆炸药部分与火雷管相同，区别仅在于它采用了电力引火装置。电力引火装置由脚线、桥丝和引火药组成。脚线用来给电雷管内的桥丝输送电流；桥丝在通电时灼热，点燃引火药或火头；而引火药一般为可燃剂和氧化剂的混合物。

瞬发电雷管即通过电力引火装置，通电即爆炸的电雷管，如图 3-19 所示。秒延期电雷管就是通电后隔一段以秒为单位的时间后爆炸的电雷管，它的组成与瞬发电雷管基本相同，不同的是在引火头与加强帽之间多安置一延期装置，一般由精致导火索制成，如图 3-20 所示。毫秒延期电雷管与秒延期电雷管类似，不同点在于延期装置一般为延期药，并装有延期内管对其进行固定与保护，如图 3-21 所示。

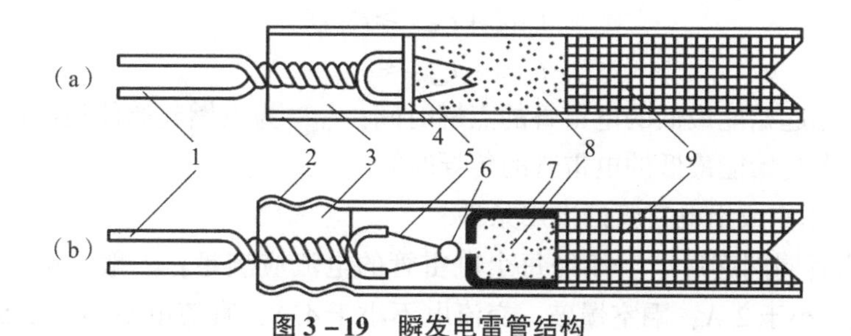

图 3-19　瞬发电雷管结构

1—脚线；2—管壳；3—密封塞；4—纸垫；5—桥丝；6—引火头；7—加强帽；8—二硝基重氮酚；9—猛炸药

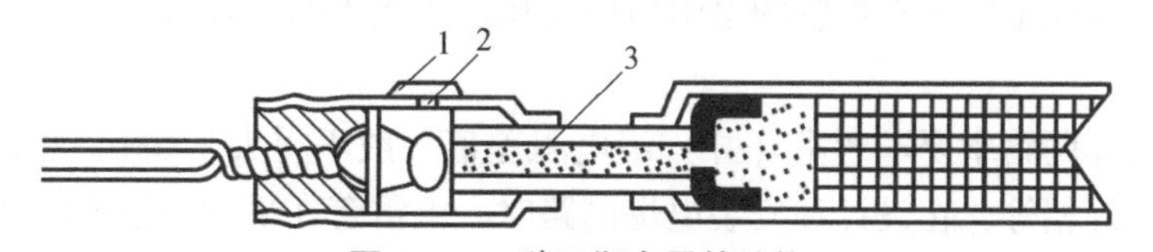

图 3-20　秒延期电雷管结构

1—蜡纸；2—排气孔；3—精制导火索

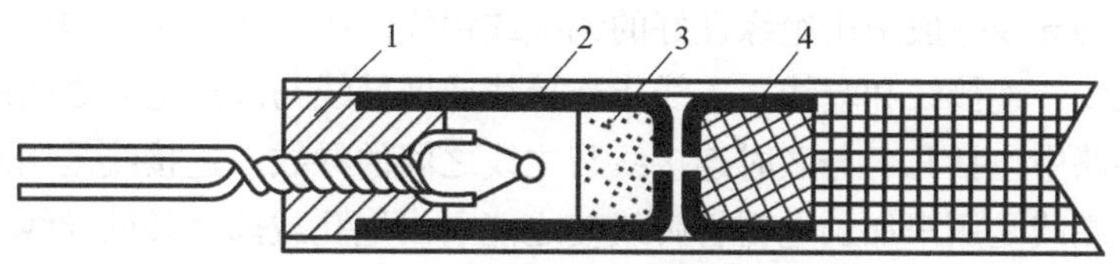

图 3-21　毫秒延期电雷管结构

1—塑料塞；2—延期内管；3—延期药；4—加强帽

2. 电雷管主要性能参数

（1）电阻。电雷管的桥丝电阻与脚线电阻之和，又称全电阻。

（2）最高安全电流。给单发电雷管通恒定直流电 5 min，20 发测试雷管均不会起爆的最高电流称为电雷管的最高安全电流。最高安全电流的实际意义在于保证爆破作业的安全进行；在设计爆破专用仪表时，作为选用仪表输出电流的依据。按安全规程规定，取 30 mA 作为设计采用的最高安全电流值，故一切电雷管的测量仪表，其工作电流不得大于此值。

（3）最低准爆电流。给单发电雷管通恒定直流电 5 min，能把 20 发测试雷管全起爆的最低电流称为电雷管的最低准爆电流。

（4）点燃时间 t_d 和传导时间 t_c。点燃时间 t_d 是桥丝通电到引火点燃所需的时间；传导时间 t_c 是即发电雷管从引火药点燃到电雷管爆炸所经历的时间。定义电雷管的爆炸反应时间

$$t_f = t_d + t_c \tag{3-15}$$

（5）点燃起始能 K_d。点燃起始能或称发火冲能，是使电雷管引火头发火的最小电流起始能，即电流起始能的最低值。

$$K_d = I^2 t_d \tag{3-16}$$

式中，K_d 为点燃起始能，$A^2 \cdot s$；t_d 为点燃时间，s；I 为电流，A。

（6）串联成组电雷管的准爆条件。为了保证串联成组电雷管的准爆，必须要满足条件：

$$t_{d最低} + t_{c最低} \geqslant t_{d最高} \tag{3-17}$$

$$t_{d最高} - t_{d最低} \leqslant t_{c最低} \tag{3-18}$$

式中，$t_{d最低}$为点燃起始能最低的电雷管的点燃时间；$t_{d最高}$为点燃起始能最高的电雷管的点燃时间；$t_{c最低}$为点燃起始能最低的电雷管的传导时间。

（7）工程应用中成组电雷管的准爆条件。

①成组电雷管同网起爆时，流经每个电雷管的电流应满足：一般爆破，交流电不小于 2.5 A，直流电不小于 2 A；硐室爆破，交流电不小于 4 A，直流电不小于 2.5 A。这就是电爆网路单个电雷管的最低电流准爆值：$I_准$。

②电爆网路同网起爆应使用同厂、同批、同规格产品，电雷管的电阻差值不得大于产品说明书的规定，也就是每个电雷管的电阻值应是相近或相等的。各雷管的电阻差值一般不得大于 0.25 Ω。

③在混合电爆网路中要求各串（并）组电阻差值一般不得大于 5%，也就是各串（并）组电雷管数目最好相等，在设计和安装电爆网路时，电雷管在平面呈矩阵排列，横竖都成行（列）。

3. 导线

电爆网路中的导线一般采用绝缘良好的铜线或铝线。按导线的位置和作用，可以将导线分为主线、区域线、连接线和端线。主线指连接线或区域线与起爆电源之间的导线。区域线指在同一电爆网路中包括几个分区时连接线与主线之间的导线。连接线是用来连接相邻炮孔或药室的导线。端线是用来加长电雷管脚线使之能引出炮孔或药室外的导线。

4. 起爆电源

电爆网路中常用的起爆电源有以下三种：

（1）电池。电池包括干电池和蓄电池。实际工程很少用电池作为起爆电源。

（2）交流电源。交流电源即工频交流电，有 220 V 的照明电和 380 V 的动力电。在有瓦斯或矿尘爆炸危险的矿井中，不得使用动力或照明交流电源，只准使用防爆型起爆器作为起爆电源。

（3）起爆器。起爆器属于直流式起爆电源。起爆器有手摇发电机起爆器和电容式起爆器两种。

3.3　起爆方法

利用起爆器材，并辅以一定的工艺方法引爆炸药的过程就是起爆。起爆所采用的工艺、操作和技术的总和叫作起爆方法。工程爆破中选用起爆方法时，要根据环境条件、炸药品种、爆破规模、经济技术效果、是否安全可靠以及作业人员掌握起爆技术的熟练程度来确定。

工程爆破中起爆方法一般分为非电起爆法、电起爆法和混合起爆法。非电起爆法包括导火索起爆法、导爆索起爆法与导爆管起爆法；电起爆法通常采用电雷管起爆法；混合起爆法一般有电雷管－导爆索起爆法、导爆索－导爆管起爆法和电雷管－导爆管起爆法，有时还将电雷管、导爆管、导爆索三者合用。

3.3.1　火雷管起爆法

火雷管起爆法是利用导火索传递火焰引爆雷管再起爆炸药的一种方法，又称导火索起爆法或火花起爆法，属于非电起爆法。火雷管起爆法出现时间最早，是一种操作与技术最为简便的起爆法。随着其他先进起爆方法相继出现，火雷管起爆法逐渐显现其落后性。但因其价格较低，在我国仍有使用，尤其在乡镇的采石场和某些小型隧洞开挖中。由于其安全性较差，从起爆方法发展的总趋势来看，火雷管起爆法终将被淘汰。

火雷管起爆法施工工艺包括雷管的制作，即将导火索与火雷管装配成起爆雷管，然后将起爆雷管装入炸药卷组成起爆药包，即可进行装药和起爆。火雷管在点火时应注意以下几点：

（1）单人点火时，一人连续点火的根数（或分组一次点火的组数）：地下爆破不得超过 5 根（组），露天爆破不得超过 10 根（组）。

（2）导火索长度应保证点完导火索后，人员能撤至安全地点，但最短不得短于 1.2 m。

（3）从最后炮响算起，应超过 5 min 方准许检查人员进入爆破作业地点。

（4）如不能确认有无盲炮，应超过 15 min 后才能进入爆区检查。

3.3.2　导爆索起爆法

导爆索起爆法是利用捆绑在导爆索一端的雷管爆炸引爆导爆索，然后由导爆索传爆，将捆在导爆索另一端的起爆药包起爆的起爆方法，属非电起爆法。

导爆索起爆法不受雷电、杂电的影响，安全性优于电爆网路和导爆管起爆法。但其成本较高，不能用仪表检查网路质量；裸露在地表的导爆索网路在爆破时会产生较大的响声和一定强度的冲击波。导爆索起爆法一般要借助导爆索继爆管，而导爆索继爆管价高且精度低，所以导爆索一般作为辅助起爆网路。导爆索起爆法通常用于深孔爆破、光面爆破、预裂爆破、水下爆破以及硐室爆破。

1. 导爆索起爆网路和连接方法

导爆索起爆网路的形式比较简单，无须计算，只要合理安排起爆顺序即可。

导爆索起爆网路由主干索、支干索和继爆管组成，分为齐发起爆网路和毫秒起爆网路两种。

1）齐发起爆网路

所有炮孔或硐室药包引出的导爆索与主干线导爆索连接起来的网路称为齐发起爆网路。此种网路连接简单，不易产生差错。在不存在爆破震动和空气冲击波的情况下可选择该网路。

如果工程对爆破要求不甚严格，可采用并联网路，用并簇联或单向分段并联（图 3－22）；也可采用串联网路，串联时会出现很短的延时（图 3－23）。对要求严格可靠的导爆索起爆网路，可采用双向并联或环状起爆网路，即双向分段并联网路（图 3－24）

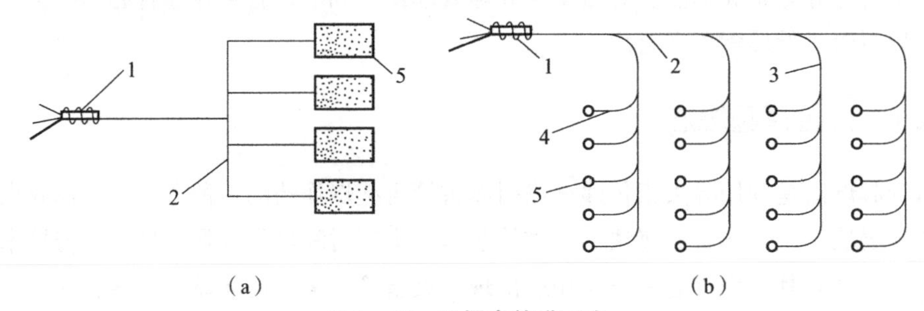

图 3－22　导爆索并联网路

（a）并簇联；（b）分段并联

1—起爆雷管；2—主导爆索；3—支导爆索；4—引爆索；5—药包

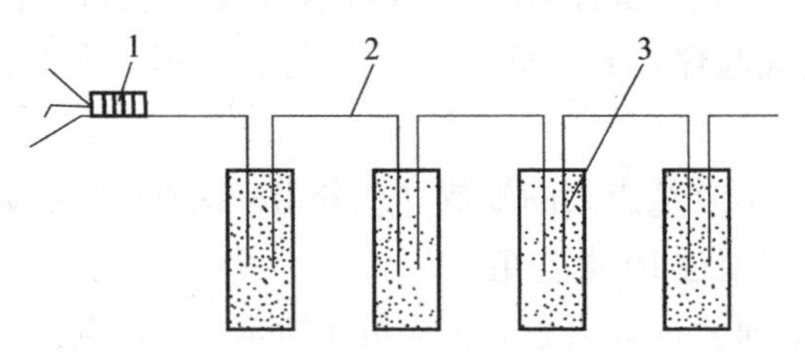

图 3－23　导爆索串联网路

1—雷管；2—导爆索；3—药包

2）毫秒起爆网路

当采用继爆管加导爆索网路形式时，可以实现毫秒爆破。采用单向继爆管时，应避免接错方向。主导爆索应同继爆管上的导爆索搭接在一起，被动导爆索应同继爆管尾部雷管搭接在一起，以保证能顺利传爆。根据爆破工程要求和条件，网路形式有孔间毫秒延迟、排间毫秒延迟、孔间或排间交错延迟等各种形式的毫秒爆破。图3－25、图3－26所示为排间毫秒微差起爆网路和双向起爆的环形网路。

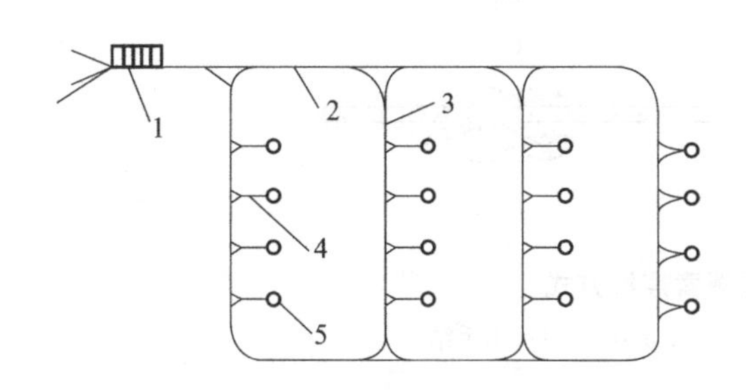

图3－24　双向分段并联网路

1—雷管；2—主导爆索；3—支导爆索；4—被引爆索；5—药包

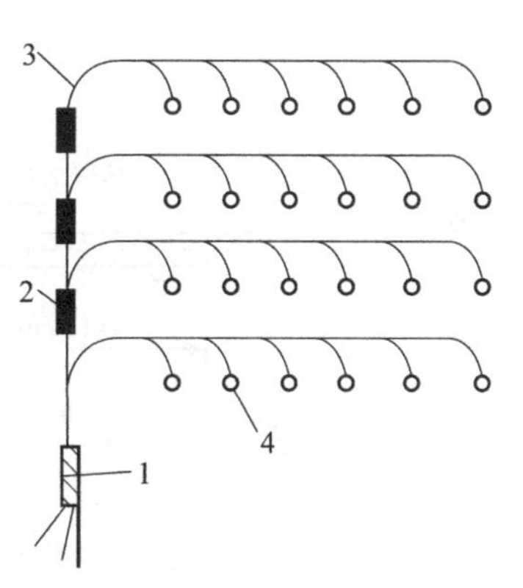

图3－25　排间毫秒微差起爆网路

1—起爆雷管；2—继爆管；3—导爆索；4—药包

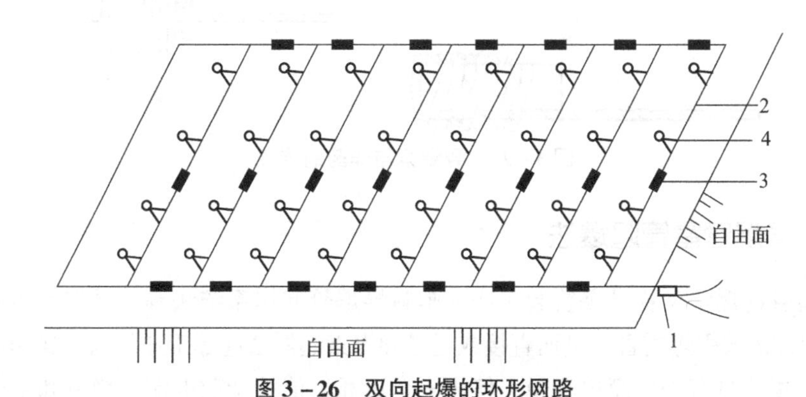

图3－26　双向起爆的环形网路

1—起爆雷管；2—导爆索；3—双向继爆管；4—药包

2. 导爆索起爆网路施工技术

导爆索传递爆轰波的能力有一定的方向性，在其传爆方向上最强，在与爆轰波传播方向成夹角的导爆索方向上传爆能力会减弱，减弱程度与夹角的大小有关。所以导爆索的连接应采用图3－27所示方法连接，其中采用搭接的方式最为常用。为保证传爆可靠，连接时两根导爆索搭接长度应不小于15 cm，中间不得夹有异物和炸药卷，捆扎应牢固，支线与主线传爆方向的夹角小于90°。

导爆索与炸药连接有两种常用的方式：炮孔内连接和硐室内连接。炮孔内连接是将导爆索插入袋装药包内与药袋捆扎结实后送入炮孔内；也可将导爆索沿药袋兜底弯曲包扎结实后送入孔底。硐室爆破的网路往往用导爆索组成辅助网路，即用导爆索做成辅助起爆药包与主起爆药包连接。辅助起爆药包是将导爆索束插入成箱的炸药内，将连出箱的导爆索与其固定起来，使搬运或施工中不致因拉动拖出。导爆索束一般长20 cm左右，由8～15根导爆索折叠而成。主、副起爆体之间一般用两根导爆索连接，将导爆索插入主装起爆药包内，如图3－28所示。

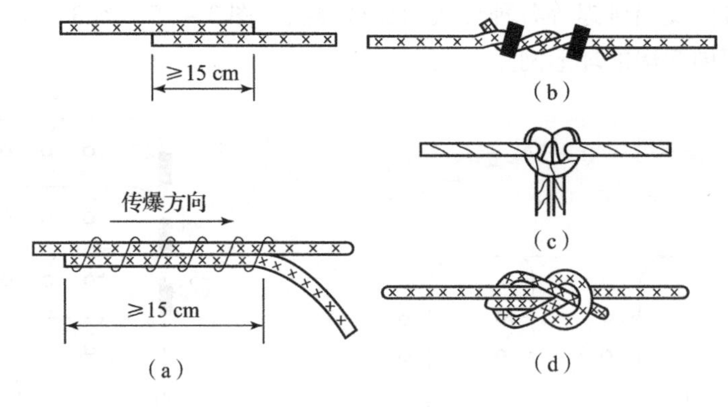

图 3-27　导爆索连接方式

(a) 搭接；(b) 扭接；(c) T形结；(d) 水手结

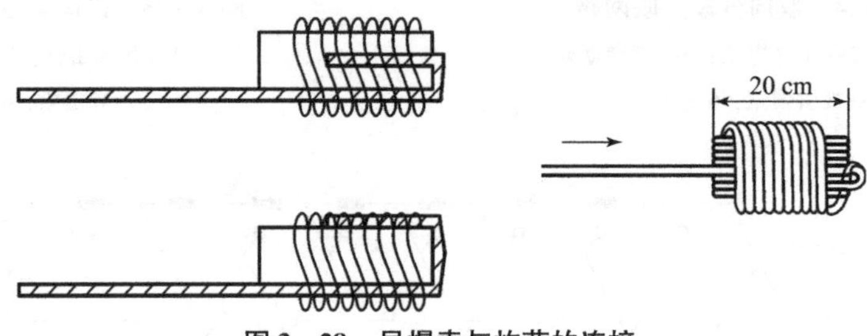

图 3-28　导爆索与炸药的连接

3.3.3　导爆管雷管起爆法

导爆管雷管起爆法又称导爆管起爆法或塑料导爆管起爆系统法等。导爆管雷管起爆法利用导爆管传递冲击波引爆雷管，进而直接或通过导爆索起爆法起爆工业炸药，属非电起爆法。

导爆管起爆法具有操作简单轻便，使用安全可靠，能抗杂散电流、静电和雷电，原料广泛，运输安全等优点。但不能用仪表检测网路连接质量、不适合用于有瓦斯或矿尘爆炸危险的作业场，可以用于水下爆破。

导爆管起爆法的主体是塑料导爆管。

(1) 网路组成。起爆网路由击发元件、传爆元件、起爆元件和连接元件组成。

网路中的击发元件是用来击发导爆管的，有击发枪、电容击发器、普通雷管和导爆索等，现场爆破多用后两种。

传爆元件由导爆管与非电雷管装配而成。在网路中，传爆元件爆炸后可击爆更多的支导爆管，传入炮孔实现成组起爆。

起爆元件多用 8 号雷管与导爆管装配而成。根据需要，可用瞬发或延发非电雷管，它装入药卷，置于炮孔中起爆炮孔内的所有装药。

连接元件由塑料连接块用来连接传爆元件与起爆元件。在爆破现场，塑料连接块很少被采用，多用工业胶布，既方便、经济又简单可靠。

(2) 起爆原理。主导爆管被击发产生冲击波，引爆传爆雷管，再击发导爆管产生冲击波，最后引爆起爆雷管和起爆炮孔内的装药。

1. 导爆管起爆法网路连接形式

导爆管起爆法的连接形式主要有簇联法、并串联连接法和闭合网路连接法。

(1) 簇联法。传爆元件的一端连接击发元件,另一端的传爆雷管外表周围簇联各支导爆管(即起爆元件),如图 3-29 所示。

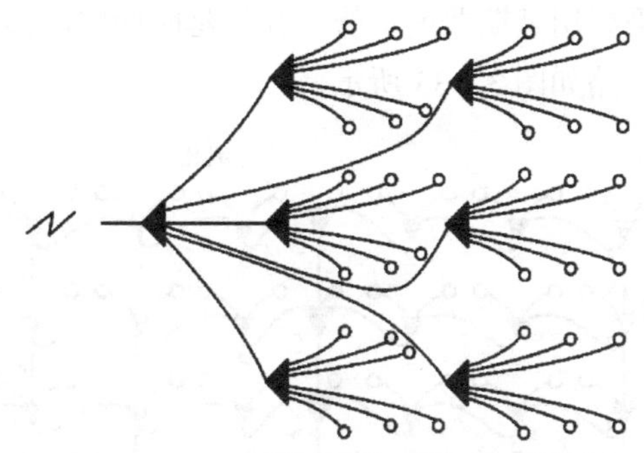

图 3-29 导爆管簇联起爆网路示意图

(2) 并串联连接法。把各起爆元件依次并联或串联在传爆元件的传爆雷管上,每个传爆雷管的爆炸就完全可以击发与其连接的分支导爆管,如图 3-30、图 3-31 所示。

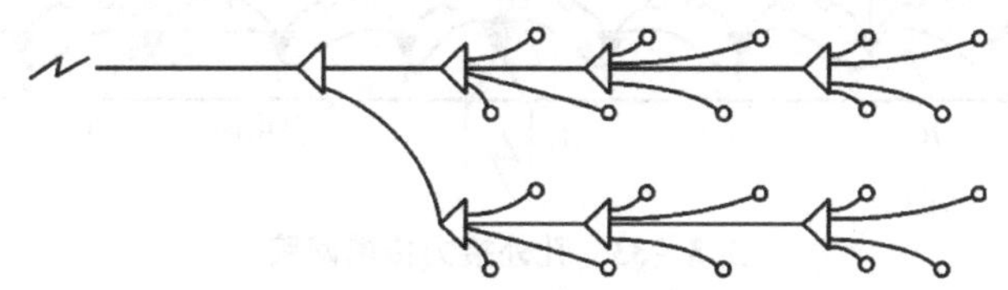

图 3-30 导爆管并串联起爆网路(连通器)示意图

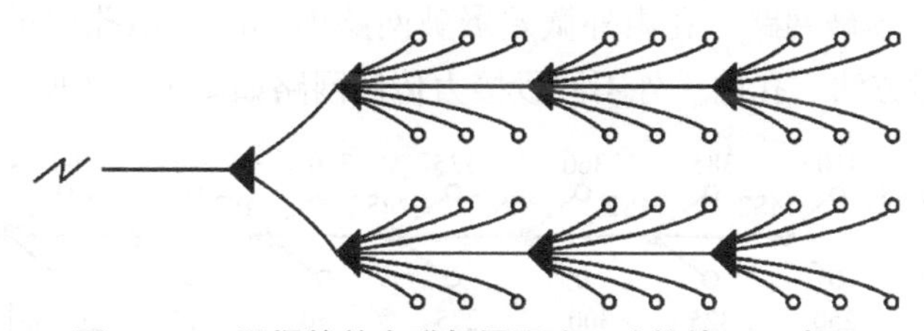

图 3-31 导爆管并串联起爆网路(连接块)示意图

(3) 闭合网路连接法。将串联网路连成闭合环形式,环内所联的分支雷管可收到来自两个方向的起爆冲击波。为了增加网路可靠性,环内可设搭桥辅助连接,如图 3-32 所示。

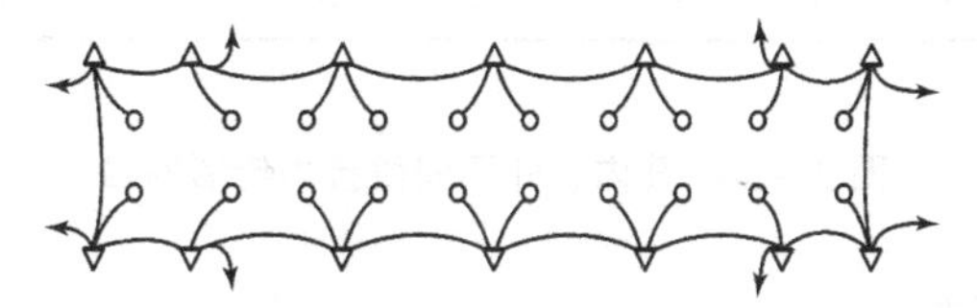

图 3-32 闭合起爆网路(反射四通)连接示意图

2. 导爆管毫秒爆破网路

导爆管毫秒爆破网路又可分为孔内微差爆破网路、孔外微差爆破网路和孔内外微差爆破网路三类微差形式。

(1) 孔内微差爆破网路。在这种网路中传爆雷管全用瞬发非电雷管,而装入炮孔内的起爆雷管根据实际需要使用不同段别的延期非电雷管。当干线导爆管被击发后，干线上各传爆瞬发非电雷管顺序爆炸，相继引爆各炮孔中的起爆元件，通过孔内各起爆雷管的延期后，实现毫秒瞬时爆破。

（2）孔外微差爆破网路。在这种网路中，炮孔内的起爆非电雷管用瞬发非电雷管，而网路中的传爆雷管按时间需要用延期非电雷管。孔外延时网路因涉及网路保护问题，生产上一般不用。孔外接力传爆网路如图 3－33 所示。

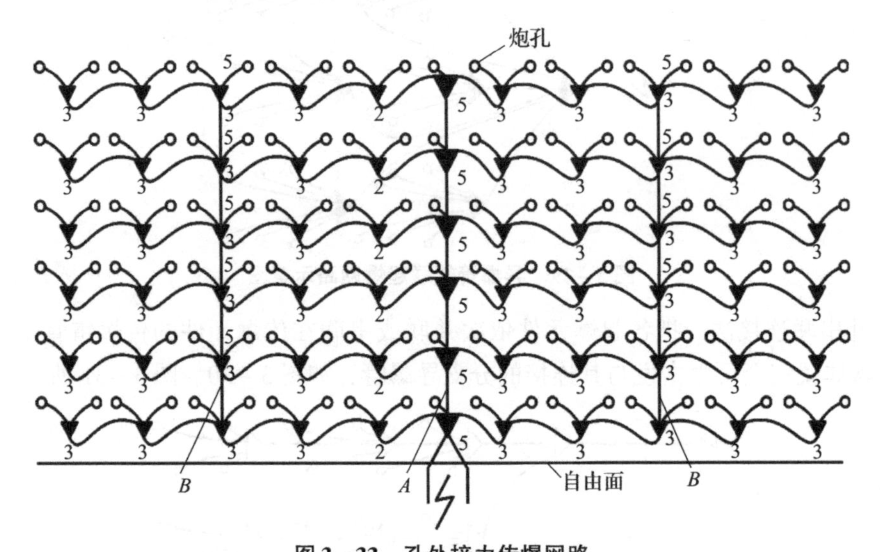

图 3－33　孔外接力传爆网路

A—主传爆干线；B—搭线支线；炮孔内装 10 段

（3）孔内外微差爆破网路。孔内外微差爆破网路即同时采用孔内微差爆破网路和孔外微差爆破网路的传播方法。孔内、外不同段接力传爆网路如图 3－34 所示。

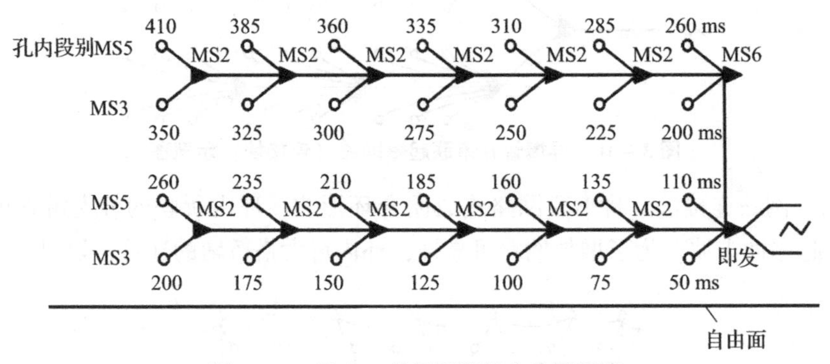

图 3－34　孔内、外不同段接力传爆网路

3.3.4　电力起爆法

电力起爆法就是利用电能引爆电雷管进而直接或通过其他起爆方法起爆工业炸药的起爆方法。电力起爆法是通过电雷管、导线和起爆电源三部分组成的起爆网路来实施的。电力起爆法适用范围广泛，无论是露天或井下、小规模或大规模爆破，还是其他工程爆破均可使用。

1. 电雷管引爆灼热原理

电雷管爆炸是由于电点火元件中的桥丝把电能转化成热能引燃其周围的引火头或起爆药而引起的。引火头在桥丝处发火，逐层向外延续燃烧，一段时间后燃烧到引火头表面，产生的火焰经加强帽上的传火孔引爆起爆药使雷管爆炸。

电雷管主要参数在3.2.5小节中有详细讲解。

在电爆网路中，应采用绝缘良好、导向性能好的铜芯线或铝芯线做导线。为了便于计算和敷设，通常将导线按其在网路中的不同位置划分为脚线、端线、连接线、区域线和主线。

2. 起爆电源

电雷管的电源有起爆器、照明线路或交流电动力线路。

起爆器分为发电机式和电容式两类。发电机式起爆器一般重量大、起爆能力小，已很少使用。目前普遍采用的是电容式起爆器。

3. 电爆网路及计算

电爆网路的形式和计算方法是以电工学中的欧姆定律为基础的。电爆网路有串联、并联和混联三种形式。

1）串联

串联网路简单，操作方便，易于检查，网路所要求的总电流小。串联网路总电阻计算公式为

$$R_{总} = R_{m} + nR' \tag{3-19}$$

式中，$R_{总}$为串联网路总电阻；R_{m}为导线电阻；R'为单个雷管电阻；n为串联电雷管数目。

串联网路的总电流计算公式为

$$I = \frac{V}{R_{总}} = \frac{V}{R_{m} + nR'} \tag{3-20}$$

式中，I为通过单个电雷管的电流；V为电源电压。

当通过每个电雷管的电流大于串联准爆条件要求的准爆电流时，串联网路中的电雷管被全部引爆。在串联网路中，提高电源电压和减小电雷管的电阻，可以增大起爆的雷管数n。

2）并联

并联网路的特点是所需要的电源电压低，而总电流大。并联线路总电阻为

$$R_{总} = R_{m} + \frac{R'}{m} \tag{3-21}$$

线路总电流为

$$I = \frac{V}{R_{总}} = \frac{V}{R_{m} + R'/m} \tag{3-22}$$

每个雷管获得的电流为

$$i = \frac{I}{m} = \frac{V}{mR_{m} + R'} \geqslant I_{准} \tag{3-23}$$

式中，m为并联网路电雷管的数目。

当此电流满足准爆条件时，并联线路的电雷管将被全部引爆。对于并联电爆网路，提高电源电压V和减少电阻值，是提高起爆能力的有效措施。

3）混联

混联由串联和并联组合而成，可分为串并联和并串联两种。串并联是将若干电雷管串联成组，然后将若干串联组又并联在两根导线上，再与电源相连；并串联是若干个电雷管并联，再将所有并联雷管串联，然后通过导线与电源相连。串并联网路和并串联网路如图 3－35 所示。

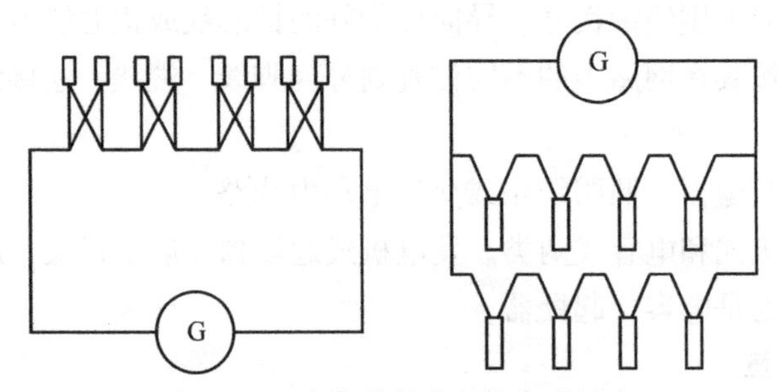

图 3－35　串并联网路和并串联网路

网路总电阻为

$$R_{总} = R_{m} + \frac{nR'}{m} \tag{3-24}$$

网路总电流为

$$I = \frac{V}{R_{m} + \frac{nR'}{m}} \tag{3-25}$$

每个电雷管所获得的电流为

$$i = \frac{I}{m} = \frac{V}{mR_{m} + nR'} \geqslant I_{准} \tag{3-26}$$

式中，n 为串并联时，一组内串联的雷管的个数，并串联时为串联组的个数；m 为串并联时，并联组的组数，并串联时，为一组内并联的雷管个数。

4）电爆网路最大起爆能力与最佳连接计算

（1）混联电爆网路的最大起爆能力计算。

设式（3－26）中 $i = I_{准}$，由变换可得

$$n = \frac{V}{I_{准} R'} - \frac{mR_{m}}{R'} \tag{3-27}$$

则网路电雷管总数 N 为

$$N = nm = \frac{Vm}{I_{准} R'} - \frac{R_{m}m^{2}}{R'} \tag{3-28}$$

该函数中，N 是 m 的函数，对 m 求导可得

$$\frac{\mathrm{d}N}{\mathrm{d}m} = \frac{V}{I_{准} R'} - \frac{2R_{m}m}{R'} \tag{3-29}$$

令 $\mathrm{d}N/\mathrm{d}m = 0$，得

$$m = \frac{V}{2R_{m}I_{准}} \tag{3-30}$$

同理可得

$$n = \frac{V}{2R'I_{准}} \tag{3-31}$$

这就是说，当混联电爆网路采用式（3－30）和式（3－31）计算出的串联 n 值和并联 m 值时，在同等 V、R'、R_m 条件下可起爆的电雷管数量最多。

上述计算应注意：m、n 分别计算并取相近整数；m、n 取值后应代入式（3－26）验算，确定 $i \geqslant I_{准}$。

（2）混联电爆网路的最佳连接计算。

当已知起爆电源电压 V、网路线电阻 R_m、单个电雷管电阻 R' 和要同网起爆的总雷管数 N 时，如何相连才能使流经每个电雷管的电流最大，是混联电爆网路最佳连接计算问题。

将 $N=nm$ 代入式（3－26）可得

$$i = \frac{mV}{m^2R_m + NR'} \tag{3-32}$$

该函数式中，i 是 m 的函数，对 m 求导可得

$$\frac{\mathrm{d}i}{\mathrm{d}m} = \frac{V(NR' - m^2R_m)}{(m^2R' + NR')^2} \tag{3-33}$$

令 $\mathrm{d}i/\mathrm{d}m=0$，得

$$m = \sqrt{\frac{NR'}{R_m}} \tag{3-34}$$

同理

$$n = \sqrt{\frac{NR_m}{R'}} \tag{3-35}$$

这就是说，当混联电爆网路采用式（3－34）或式（3－35）计算的串联 n 值和并联 m 值时，在同等 V、R'、R_m、N 条件下，电爆网路中流经每个电雷管的电流值最大。

上述计算应注意：计算时，仅计算一个 m 或 n 值即可，计算的数值取整时要注意能被另一个数整除，即满足 $N=nm$；计算出的 n 个（组）串与 m 组（个）并时电流最大，并不能就断定已满足成组电爆网路准爆条件，一定要将所求的 n、m 值代入式（3－26）验算，确使 $i \geqslant I_{准}$。

4. 电力起爆中早爆事故及预防

在电爆网路的设计与施工中，既要保证网路安全准爆，又必须防止在正式起爆前网路的早爆。爆破作业的早爆，往往造成重大恶性事故。引起早爆的原因很多，在电爆网路敷设过程中，引起电爆网路早爆的主要因素是爆区范围的外来电场，外来电场主要指雷电、杂散电流、感应电流、静电、射频电、化学电等。不正确地使用电爆网路的测试仪表和起爆电源也是引起电爆网路早爆的原因。

3.3.5　发展中的新型起爆方法

除了上述几种常用的起爆方法之外，近年来国内外还研制和发展了多种新型起爆方法，它们各具特点，在不同条件下有其应用前景。

（1）磁电起爆法。为了保持电力起爆可进行远距离操作和可事先预测等优点，同时又克服电力起爆中杂电威胁较大的缺点，国内外先后研制成功了磁电起爆法。目前我国研制的磁电起爆系统性能已可与国外相比，一次起爆雷管量可达200发，脚线长达10 m，检测系统安全、灵敏、可靠。但其仍处于实验和试用阶段，预期将会有广泛的用途。

（2）水下声波起爆法。由于水对电磁波的吸收能力很强，所以电磁波在水中传播时衰减很快，传播距离不远。然而水对声波的传递能力要强很多。安装在指挥船上的发射器通过伸入水中的送波器向水中发射超声波，水下炮孔口的接收器接收到超声波后，接通起爆装置的电源，引爆药包，这就是水下声波起爆法。

水下声波起爆技术无须拉线，避免了深水水下拉线起爆和施工中的许多困难，大大提高了安全性和准爆可能性，对发展深水水下爆破技术有着重要意义。

（3）激光起爆法。这种起爆方法是把激光装置产生的激光通过先导纤维照射特殊雷管（激光雷管）发火而起爆炸药。激光起爆法以其距离远、能量高的优势具有生命力。目前尚未在工业生产中推广应用，然而在军事上已有不少用途。

参考文献

[1] 王海亮．工程爆破［M］．北京：中国铁道出版社，2008.
[2] 东兆星，邵鹏，傅鹤林．爆破工程［M］．北京：中国建筑工业出版社，2005.
[3] 肖汉甫，吴立，陈刚，等．实用爆破技术［M］．北京：中国地质大学出版社，2009.
[4] 庙延钢．爆破工程与安全技术［M］．北京：化学工业出版社，1999.
[5] 王玉杰．爆破工程［M］．武汉：武汉理工大学出版社，1997.
[6] 韦爱勇．工程爆破技术［M］．哈尔滨：哈尔滨工程大学出版社，2010.
[7] 黄文尧．炸药化学与制造［M］．北京：冶金工业出版社，2009.
[8] 吴国群，黄文尧，王晓光，等．二级煤矿许用乳化炸药爆轰参数的理论计算［J］．安徽理工大学学报，2007，28（1）：78－80.
[9] 郑恒威，郭子如，张显丕．工业炸药爆轰参数理论计算［J］．煤矿爆破，2007（4）：1－4.
[10] 杨军．现代爆破技术［M］．北京：北京理工大学出版社，2004.
[11] 谢兴华．起爆器材［M］．合肥：中国科学技术大学出版社，2008.
[12] 张立．爆破器材性能与爆炸效应测试［M］．合肥：中国科学技术大学出版社，2006.
[13] 丁文，李裕春．爆破材料与起爆技术［M］．北京：国防工业出版社，2008.

第4章

爆炸技术在航天、石油、降雨、灭火、救生等方面的应用

4.1　爆炸分离螺栓/螺母

火工品分离装置是航天部件分系统之间分离装置的关键部件之一，在火箭间分离过程中起着极其重要的作用。美国自20世纪三四十年代就开始研究爆炸分离装置，最早应用在自动汽车上，这些爆炸装置具备了爆炸螺栓的雏形。自1957年苏联发射第一颗人造卫星以来，爆炸螺栓开始应用在星箭分离系统的火工品装置中。为了满足“强连接、弱解锁、无污染”的需求，又出现了爆炸螺母及分离螺栓等火工品分离装置。

4.1.1　爆炸螺栓

爆炸螺栓是最早应用于航天技术上的一种火工装置，多用于多点连接分离面。按分离方式可以分为开槽式、剪切销式、钢球式等。其中，开槽式解锁螺栓结构示意图如图4－1所示。

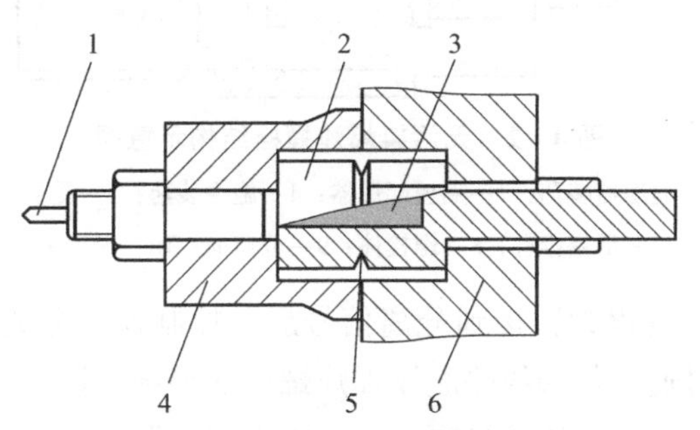

图4－1　爆炸螺栓结构示意图

1—导线；2—爆炸螺栓；3—炸药；4，6—被连接件；5—裂纹

爆炸螺栓形似普通螺栓，内部装有炸药和点火器。在爆炸螺栓的圆柱形药室外壁上，开有一圈环形凹槽，因此形成了一个强度上的薄弱环节。爆炸螺栓是用于将两个物体连接在一起的连接件。分离时，药室内的猛炸药发生爆炸作用后，药室内压力升高，当压力增高到开槽部位的断裂强度时，螺栓断裂，两个被连接的物体被分为两体，被连接的航天器进而分离。

常规爆炸螺栓分为两种类型：一种是高能炸药型，由高能炸药爆轰产生冲击波使螺栓断裂或分离，此冲击波超过了螺栓的极限张力强度；另一种是压力型，由螺栓腔内产生的高压作用于腔的端部，使螺栓破裂或分离。

常规爆炸螺栓结构简单、承载能力大、工作可靠、使用方便，且在螺栓头和本体分离时不产生碎片，但由于爆炸产物会从分离面溢出，对周围设备或环境造成污染，所以不适合在

要求高度清洁的地方使用。在使用爆炸螺栓时，往往需要多螺栓，保证全部螺栓同时断开的难度较大。

4.1.2 无污染爆炸螺栓

卫星整流罩通常是用8个纵向螺栓将2个半圆锥筒连接成一个圆锥体，且圆锥底通过12个横向螺栓与火箭箭体相连。当运载火箭将卫星送入预定高度后，控制器使螺栓爆炸，解除整流罩的连接，整流罩向两边分离，脱离卫星。由于卫星能源靠其表面光洁明亮的太阳能电池板供给，这就要求整流罩脱离过程中不允许太阳能电池板受到污染，传统爆炸螺栓的使用因此受到了限制。在这种应用背景下出现了一种新型无污染爆炸螺栓。

适合于非电起爆系统的无污染爆炸螺栓结构示意图如图4－2所示，它主要由导爆索接头（或电起爆器）、隔板起爆器、螺栓本体、活塞推杆分离机构四部分组成。螺栓本体是保证螺栓能够承受连接力和能被爆炸分离的主要受力件，由螺栓体、活塞推杆和压紧螺圈组成。活塞推杆装于螺栓体的内孔，通过压紧螺圈压紧固定，将三者组成一个整体。在螺栓头和螺杆的分界处，有一削弱槽，是螺栓爆炸断裂时的分离面。

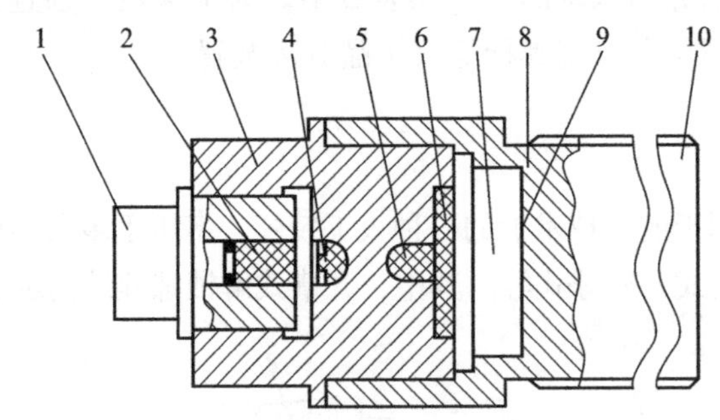

图4－2　无污染爆炸螺栓结构示意图

1—电起爆器；2—起爆器装药；3—隔板起爆器；4—施主装药；5—受主装药；6—主装药；
7—活塞推杆；8—螺栓体；9—分离面；10—螺栓头

无污染爆炸螺栓作用过程为：接到分离信号后，控制器使分离火工系统的首发元件作用；首发元件的爆轰信号通过传输线路起爆爆炸螺栓的导爆索接头；导爆索接头作用后引爆隔板起爆器的施主装药，其冲击波通过隔板引爆隔板起爆器的受主装药及主装药；主装药爆炸产生强大的爆炸压力使活塞推杆向右移动，并推顶螺栓体的螺杆内孔端面，使削弱槽受拉；当活塞推杆的推顶力大于削弱槽断面的抗拉强度时，螺栓则断裂分离。螺栓由于采用了多种形式的密封，使雷管起爆后产生的高压气体和污染物密封在螺栓的腔体内，以达到控制污染的目的。因此这种爆炸螺栓相比于图4－1中所示的传统爆炸螺栓更加适合航天环境。

4.1.3 爆炸螺栓设计

其设计主要包括爆炸气体的密封设计、削弱槽结构和可靠性设计。

1. 爆炸气体密封设计

（1）输入端密封

输入端应该有两级密封：一级为导爆索接头与隔板起爆器的施主装药爆炸气体的密封，

另一级为隔板体对隔板起爆器的受主装药及主装药爆炸气体的密封。另外，在导爆索接头与隔板装药体之间、隔板装药体与螺栓体之间都应该采用“O”型橡胶圈在螺纹端面进行密封。

（2）输出端密封

输出端密封主要解决高压气体从螺栓裂处泄漏的问题。由于螺栓头和螺杆的分离式通过活塞推杆间接作用而不是主装药爆炸气体的直接作用，所以，只要螺杆顶端分离后，活塞推杆不被压出，爆炸气体就将留在螺栓体内。这可以通过在活塞推杆上设计一台阶（当活塞推杆移动到台阶时将被阻住）予以解决。另外，在活塞推杆头装有一“O”型橡胶圈，并辅以缓冲管，可以在保证运动初始的密封的同时，防止“O”型密封圈破损。在保证活塞推杆稳定性的前提下，尽可能将活塞杆的长度选长，以增加腔体内气体外泄时的沿程损失，来提高螺栓的密封性。

2. 结构设计及计算

（1）削弱槽设计

螺栓体材料应能满足一定的强度，能承受爆炸冲击，且削弱槽断裂后，分离面应规整而不破碎。因此，螺栓体材料应选用高强度不锈钢，并经过热处理到中上等强度，使其综合机械性能最好。削弱槽的结构形式一般由三种在；第一，V 形，断裂点在尖点，但尺寸不便控制和测量；第二，U 形，断裂点在正中的最低点，尺寸加工和测量均较方便；第三，半口形槽，如图 4 -3 所示，断裂点在两直角尖点的任一处，尺寸加工和测量均较方便。

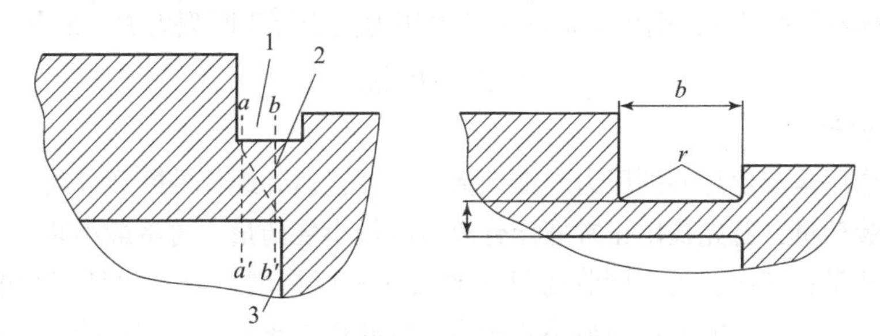

图 4 -3　削弱槽的结构形式和尺寸

1—U 型槽；2—断裂面；3—内台阶

为保证半口形削弱槽的断裂点在 a 尖处，在内表面需有一相应的内台阶。在 $a-a'$ 断面上，应力 q 分布很不均匀，最大应力点在 a 点，故 a 点首先断裂，而 $b-b'$ 断面上的应力分布也很不均匀，但最大应力点在 b' 点，故断裂面将为 $a-b'$。受拉断面的角度大约为 45°，槽宽 b 可表示为

$$b=2r+\delta \qquad (4-1)$$

式中，r 为槽壁与槽底连接处的圆角半径；δ 为断裂面的厚度。

（2）螺栓体设计计算

设螺栓体的分离力为 P，材料的拉伸强度为 σ_b，制成零件后，材料零件的拉伸强度折算为 σ'_b，则削弱槽的断面面积为

$$S=P/\sigma'_b \qquad (4-2)$$

设削弱槽的断面圆环内径为 d，外径为 D，则圆环面积为

$$S_1 = \frac{1}{4}\pi(D^2 - d^2) \tag{4-3}$$

$$D = \sqrt{4S_1/\pi + d^2} \tag{4-4}$$

若已知螺栓的分离力、材料的零件拉伸强度和活塞推杆直径后，就可求得螺栓体的外径。

(3) 活塞推杆设计及计算

活塞推杆的主要作用是承受压力，所以要求材料抗拉强度好，变形小。为增大爆炸压力的传递面积，推杆头的直径应大于推杆直径。另外，活塞推杆的设计移动量应大于螺栓体断裂分离时的最大有效变形，否则不能分离。

螺栓的断裂分离是靠活塞推杆顶断的，所以推杆承受的压力必须大于螺栓的断裂力 P。设活塞推杆直径为 d，活塞推杆的设计使用应力为 σ，则

$$P = S_0\sigma \tag{4-5}$$

$$S_0 = \frac{1}{4}\pi d^2 \tag{4-6}$$

得

$$d = \sqrt{4P/\pi\sigma} \tag{4-7}$$

设推杆头直径为 d_2，压紧螺圈所占去的直径长度为 $2L$，则推杆头的有效直径为

$$d_2' = d_2 - 2L \tag{4-8}$$

设爆炸气体的压强为 q，则传给推杆头的总压力大于等于断裂力 P，则有

$$d_2' = \sqrt{4P/\pi q} \tag{4-9}$$

3. 主装药设计

主装药的作用是产生足够的压力，推动活塞推杆，达到螺栓的断裂分离。可用两种实验确定主装药的装药量，首先找出正常螺栓分离时的最小装药量，再将最小装药量乘上一个裕度系数得到装药量；其次，用不同装药量对放大（乘以裕度系数）设计载荷的螺栓进行实验，找出能分离放大载荷的螺栓的最小装药量，以此作为正常螺栓的装药量。对得到的两种装药量综合分析确定出设计装药量。

(1) 极小装药量估算

根据《航天火工装置通用规范》，极小药量是指 80% 的正常装药量燃烧后所产生的气体压力应能可靠剪掉螺栓杆。设螺栓本体抗静载荷为 F，装药管的初始容腔为 V_1，直径为 d，装药燃烧后，由于气体压力推动剪切塞向前移动造成的容腔增加体积为 V_2。

由密闭爆发器诺贝尔－阿贝尔方程计算极小装药量：

$$W = \frac{P_m(V_1 + V_2)}{f(1 - K_p) + P_m\alpha} \tag{4-10}$$

式中，W 为火药装药量；P_m 为火药燃烧后产生的最小气体量；K_p 为修正系数；α 为火药气体余容；与所选火药气体有关；f 为火药力，与所选火药有关。

火药燃烧后产生的最小气体量计算公式如下：

$$P_m = \frac{F}{\pi d^2/4} \tag{4-11}$$

（2）极大装药量估算

根据《航天火工装置通用规范》，极大药量是指 120% 的正常装药量燃烧后所产生的气体压力应能可靠剪掉螺栓杆的同时，保证电爆管不从螺栓本体中打出。此时，所选取的压力应为电爆管螺纹所能承受的最大压力。

4.1.4　爆炸螺母

爆炸螺母又称易碎螺母（图 4－4），是所有火工品分离装置中最简单的一种，通常利用高压气体使螺母与螺栓分离。其作用前后示意图如图 4－5 所示。螺母中心连接的是双头螺栓，当装在爆炸螺母中压力药筒的雷管发火时，其输出将使爆炸螺母两个半块的临近的薄轮辐断裂，分开两个半块，并引起对称位置的两个薄轮辐也因螺母半块的支轴作用而断裂，继而导致螺母中心的压紧螺栓释放，完成连接件的分离。

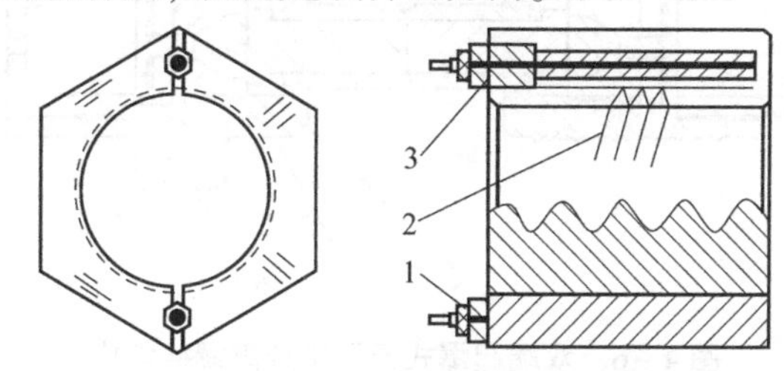

图 4－4　爆炸螺母结构及安装图

1—雷管；2—锯齿螺纹；3—扩爆管

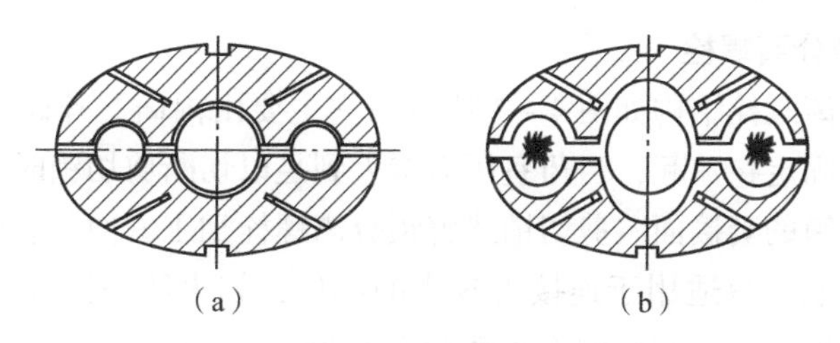

图 4－5　爆炸螺母作用前后示意图

（a）作用前；（b）作用后

美国航天飞机在不同的连接件处，使用了三种不同直径的易碎螺母。当航天飞机从发射台上离开时，采用了 8 个直径为 8.89 cm 的爆炸螺母，每个螺母都能承受 45 300 kg 的载荷；轨道飞行器主发动机熄灭后，在前端使用分离螺栓将外燃料箱分离，在尾部连接点上用 2 个直径为 6.35 cm 的易碎螺母分离，其中每个螺母都能承受 272 000 kg 的载荷；每个轨道飞行器与外燃料箱之间的液氢和液氧燃料供应管支撑板上各使用了 3 个直径为 1.9 cm 的爆炸螺母固定，其中每个螺母都能承受 43 500 kg 的载荷。

4.1.5　分离螺栓

分离螺栓的特点是其内部只装推进剂或烟火药；螺栓分离力来源并不是猛炸药的爆炸或爆炸驱动，而是药筒输出压力经其他介质传递后的相互作用。分离螺栓一般包括以下三种类型：双端起爆式无污染分离螺栓、剪切销式解锁分离螺栓以及滚珠式解锁分离螺栓。

1. 双端起爆式无污染分离螺栓

双端起爆式无污染分离螺栓结构如图 4－6 所示。它的两端各有一对压力药筒、药室、主活塞和次活塞。在两端的主活塞和次活塞之间，各有一个软铅连接塞，在螺栓外壳的中央开有一道环形的凹槽。作用时，两端药室的火药压力推动各自的主活塞，主活塞通过压缩软铅连接塞而得到加强后，传递给次活塞，两个端面顶在一起的次活塞或相互作用，或与对应衬套的台肩作用，二者都将以应力形式拉伸螺栓的外壳，直至在中央的凹槽处断裂，实现分离，并将螺栓分离两端加速到约 30 m/s。这种分离螺栓的特点是两个药室在火药燃烧完后，仍保持密闭，火药燃气不会泄漏到壳体外面，因此是一种无污染分离螺栓。

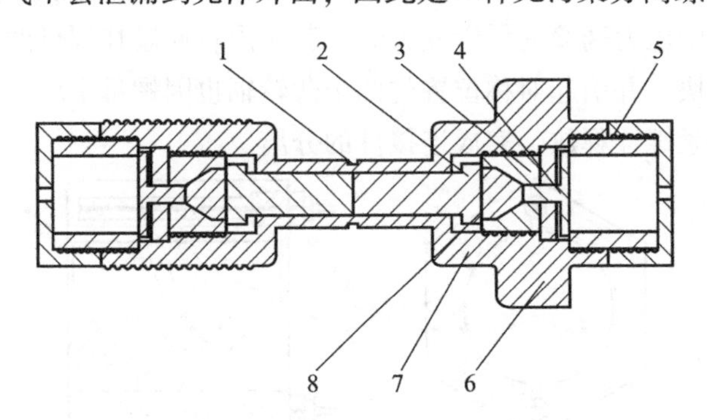

图 4－6　双端起爆式无污染分离螺栓结构

1—破裂凹槽；2—次活塞；3—衬套；4—主活塞；5—定位套；
6—螺栓体底座；7—螺栓体；8—压力放大器

2. 剪切销式解锁分离螺栓

剪切销式解锁分离螺栓结构如图 4－7 所示。它主要由内筒、外筒、剪切销和起爆器组成。内外筒靠剪切销固定在一起，当药室压力增大到足以切断剪切销时，两者解销分离。它的分离面是内筒和外筒的套接面。剪切销式解锁分离螺栓加工方便、装配容易，但其连接力受到剪切销强度的限制，只适用于连接力较小的部位，如火箭的回收舱容器与盖之间的连接。典型的剪切销式解锁分离螺栓的连接载荷为 1 000 kg。

剪切销式解锁分离螺栓的设计如下：

（1）连接力计算

设剪切销式解锁螺栓主要依靠直径为 d 的剪切销承受轴向连接力，销子材料经过调质处理后的拉伸强度为 σ_b，剪切销与内外筒的孔配合公差等级为 H8/f7，连接力为

$$F = 2 \times \frac{\pi d^2}{4} \times 0.6 \times \sigma_b \tag{4-12}$$

（2）启动压力计算

启动压力与内筒的活动面积有关，设内筒直径为 d_1，则启动压力为

$$P_0 = \frac{4F}{\pi d_1^2} \tag{4-13}$$

（3）最大推力计算

设装药的火药力为 f(J/kg)，装填密度为 ρ(kg/L)，余容为 a(L/kg)，则最大压力 P_m、最大推力 F_m 及安全裕度 n 分别为

$$P_m = \frac{f\rho}{1 - a\rho} \tag{4-14}$$

$$F_m = P_m \frac{\pi d_1^2}{4} \tag{4-15}$$

$$n = \frac{P_m}{P_0} \tag{4-16}$$

（4）外筒强度计算

为保证作用过程中不漏气，要求外筒无塑性变形，即外筒强度必须大于内压。设材料的弹性极限为σ_e，外筒直径为D，内筒直径为d，按最大变形理论计算，则外筒强度为

$$P_\omega = \frac{3}{2}\sigma_e \frac{\left(\frac{D}{2}\right)^2 - \left(\frac{d}{2}\right)^2}{2\left(\frac{D}{2}\right)^2 + \left(\frac{d}{2}\right)^2} \tag{4-17}$$

3. 滚珠式解锁分离螺栓

滚珠式解锁分离螺栓结构如图4-8所示。它由螺栓头、活塞、剪切销、连接体、滚珠以及动力源组成。其分离面是其内筒和外筒的套接面，分离前两者是靠若干个滚珠来限制其相对位移。在外筒内表面的某个截面上，开一圈环形的正梯形槽，梯形槽的2个斜边相互垂直，梯形槽的宽度和深度能容纳半个滚珠；在内筒相应的截面上，沿周向均匀开若干个直径与滚珠外径相同的径向圆孔，在每个圆孔内各安装一粒滚珠，这些小滚珠限制着内外筒的相对运动，内筒内设有一活塞，以防滚珠从圆孔内掉出。内筒与活塞用剪切销固定。当药室发火产生的压力剪断剪切销，并把活塞推向前去时，滚珠失去活塞的依托而滑出来，内外筒之间失去机械联系而分离，达到解锁的目的。

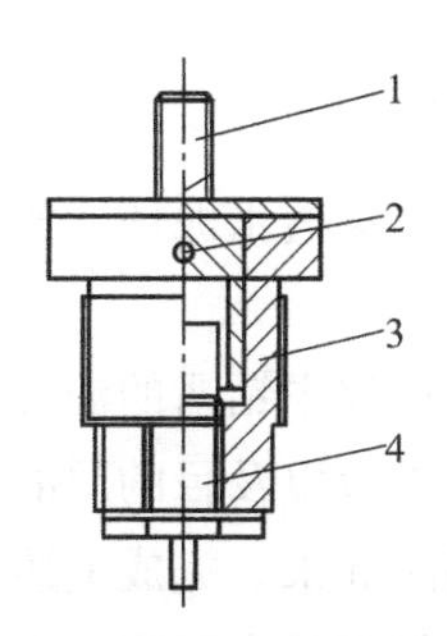

图4-7　剪切销式解锁分离螺栓结构

1—内筒；2—剪切销；3—外筒；4—起爆器

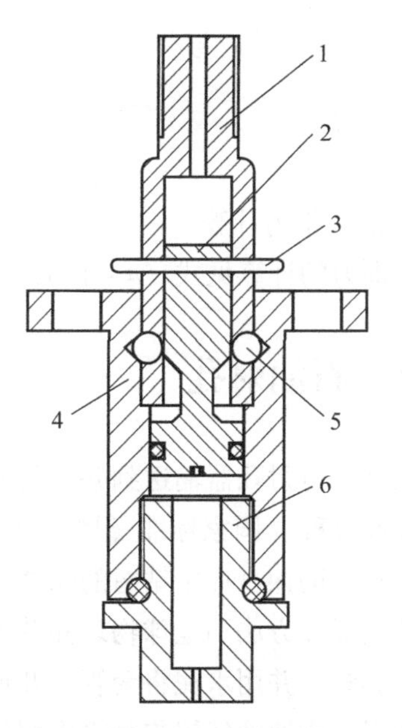

图4-8　滚珠式解锁分离螺栓结构

1—螺栓头；2—活塞；3—剪切销；4—外筒；5—钢球；6—底座

由图 4－8 可见，该结构螺栓头上部有螺纹，与被分离物体相连接，而螺栓头下部空心，可作为内筒。外筒通过螺纹与基座连接。与剪切销式解锁分离螺栓相比，滚珠式解锁分离螺栓比较复杂，装配难度大，但连接力大，且只要很小的力就能推开活塞，解锁时的分离力远低于连接力，只有连接力的 10%～20%。所以，其分离干扰小，用途广泛，常用于卫星的仪器舱与再入舱连接，为仪器舱回收提供必要的条件。

滚珠式解锁分离螺栓的设计如下：

（1）连接力计算

当受到轴向力时，解锁螺栓的最弱处是螺栓头。典型的螺栓头上有滚珠孔 m 个，每个直径为 d_0，内径为 d_1（与活塞直径相同），外径为 D。螺栓头的材料经热处理后的拉伸强度为 σ_b，则连接力为

$$F=\sigma_b\left[\frac{\pi}{4}(D^2-d_1^2)-m\frac{d_0(D-d_1)}{2}\right] \tag{4-18}$$

（2）启动压力计算

启动压力受两部分力的影响。要使活塞运动，让滚珠滚入空腔，达到解锁的目的，就必须克服剪切销锁紧和滚珠对活塞的摩擦力。设剪切销的直径为 d，拉伸强度为 σ'_b，则剪切销锁紧力为：

$$F_1=2\times\frac{\pi d^2}{4}\times 0.7\times\sigma'_b \tag{4-19}$$

滚珠对活塞的摩擦力 F_2 由连接力 F 与火药产生的最大压力 P_m 对螺栓头端面上的推力 F'组成，设摩擦系数为 μ'，则滚珠对活塞的摩擦力 F_2、启动压力 P_0、推动活塞的最小力 F_0 分别为

$$F_2=(F+F')\mu' \tag{4-20}$$

$$P_0=\frac{4(F_1+F_2)}{\pi {d_1}^2} \tag{4-21}$$

$$F_0=F_1+F_2 \tag{4-22}$$

（3）最大推力计算

最大推力的计算见式（4－15）。

4.2 石油射孔

射孔是指将射孔器输送到井下目的层，并引爆射孔器，穿透水泥环，使目的层至套管内连通的作业过程（国家标准《民用爆破器材术语》）。

对于石油勘探过程中钻凿的探井、资料井和油田开采过程中钻凿的油气井、水井，在利用各种地质裸井方法和地球物理测井方法取得地质的物理参数以及目的层的位置后，要向裸井内下入套管，并用水泥将套管与井壁之间的环形空间封闭起来。完成上述工序后，应重新打开目的层，沟通油气层与套管内腔的通道，使石油和天然气最大限度地被开采出来，这时就需要用到爆炸射孔技术。金属射流对地层的作用如图 4－9 所示。

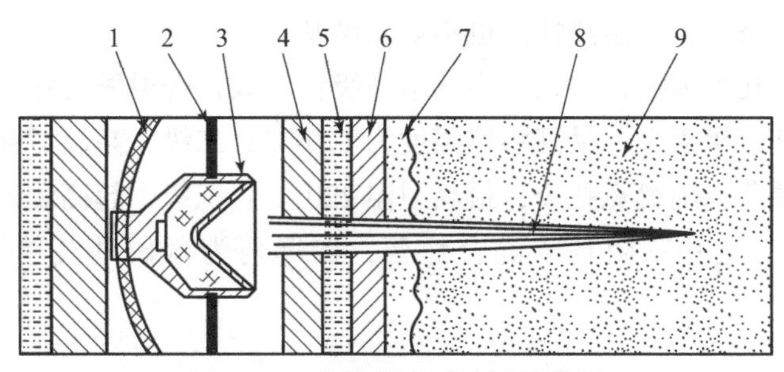

图 4－9　金属射流对地层的作用

1—导爆索；2—炮架；3—石油射孔弹；4—枪身；5—井液；6—套管；7—水泥；8—孔道；9—地层

射孔技术不仅在新油（气）田完井作业中发挥着重要作用，而且在对老油（气）田的进一步开发利用过程中也是不可或缺的。大部分老油（气）田在进入高含水后期开发阶段，所需开发的地层条件越来越差，地下情况也越来越复杂，这对射孔技术提出的要求也变得更高。相比于新油（气）田，老油（气）田要求在准确射开油气层的基础上，进一步提高射孔完井效率。

射孔器是一种用来发射射孔弹的耐高温和高压的爆破装置。例如，国内常用的 57－103 型射孔器，由电缆帽、枪身主体、发火机构及配重等组成。数个射孔弹按不同方向和高低位置同时装在枪身的筒架上，并与其射孔窗对正。使用时，用起吊装置把射孔器吊入井中油层需要射孔的部位，然后再从地面通过特种导爆索引爆射孔弹。射孔设备主要由射孔器和射孔弹组成，如图 4－10 所示。

（a）

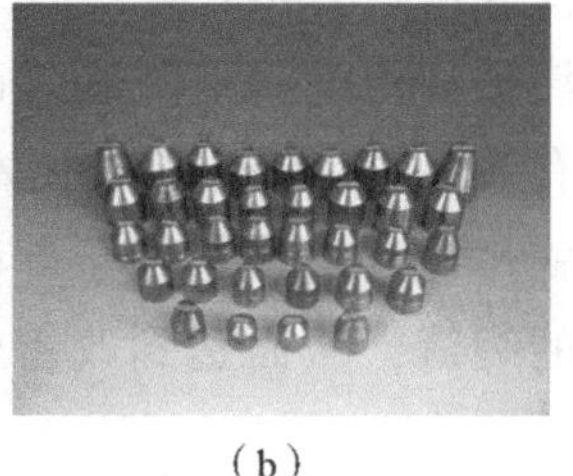

（b）

图 4－10　射孔设备

（a）射孔器；（b）射孔弹

射孔弹实质上是一种针对油（气）田岩土的聚能装药弹，其结构如图 4－11 所示。我国的油气层大多在 1 000 ~ 4 000 m 的油气井深处，少数超深井可达 6 000 ~ 8 000 m。因此，油气井射孔弹所装的炸药应为高威力、耐热、耐压炸药。常用的有三氨基三硝基苯、六硝基芪和奥克托今。浅井（3 000 m 以下）内所用的射孔弹由于温度不太高，也可用钝化黑索金炸药。三氨基三硝基苯是世界公认的钝感、耐热、使用性能最好的低易损性耐热炸药。六硝基芪是一种非常重要的性能优良的耐热炸药，在 275 ℃下可保持 2 h，在 240 ℃下可保持 48 h，并且仍具有良好的爆炸性能。此外，奥克托今也是性能良好的耐热炸药，可用于油气井导爆索和射孔弹装

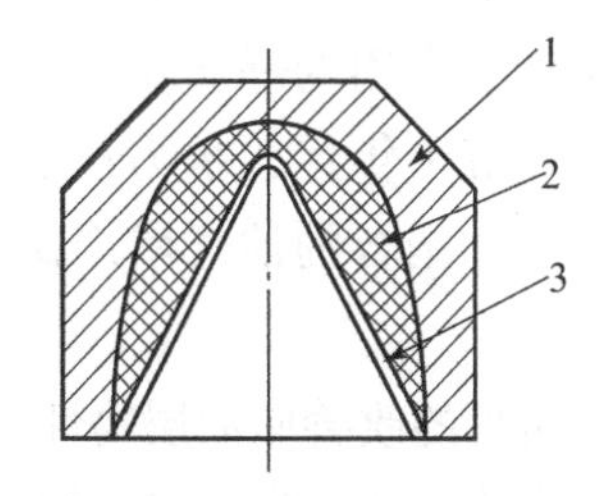

图 4－11　聚能射孔弹结构图

1—弹体；2—炸药；3—药型罩

药，不过奥克托今价格较贵，耐热性能也不如六硝基芪。

以美国生产的射孔弹为例，大致分为三个等级：一级，普通射孔弹，主装药为黑索金混合炸药，传爆药为钝感黑索金，最高耐热温度为170 ℃；二级，高温射孔弹，主装药为奥克托今混合炸药，传爆药为纯奥克托今，最高耐温220 ℃；三级，超高温射孔弹，主装药为六硝基芪混合炸药或三氨基三硝基苯混合炸药，传爆药为六硝基芪单质炸药，最高耐温250 ℃。

4.3　油井爆炸压裂

随着国民经济的高速发展，石油作为最重要的能源和化工原料，消费量逐年增加，对外依赖性日益增加，供需矛盾日益突出，这就需要进一步加大国内油藏资源的开发力度。

随着我国易采油藏储量逐渐衰竭，低渗透油田储量在已探明储量中的比例不断增加。截至2008年年底，我国低渗透油田的探明地质储量已达到141 $\times 10^8$ t，约占已探明地质储量的49.2%，在近几年新探明的油气储量中，低渗透储量比重达到70%。此外，低渗透油田分布十分广泛，几乎所有陆上油区（如大庆、吉林、辽河、新疆、胜利、中原等）都有相当数量的油田属于低渗透油田。低渗透油田已经成为稳定我国陆上石油工业发展的重要资源。如何提高低渗透油田的采收率，是我国石油行业亟待解决的问题。

低渗透油田的特点是储层渗透能力差，自然生产能力低，需要进行油藏改造才能维持正常生产。针对低渗透油田的特点，通过改善低渗透储层的物性来提高其采收率是开发低渗透油田的一种有效手段。爆炸压裂技术便是经常使用的一种改善储油层物性的方法。爆炸压裂，简言之就是通过引爆布置于井眼内的炸药，利用炸药爆炸产生的巨大能量在井眼周围制造大量的裂缝，从而达到改善低渗透储层物性，提高油气采收率的一种油田开发技术。

1858年，美国人C. Dreak首创性地提出了改造油层从而使油井增产的概念；1860年，H. H. Dennis第一次成功地使用步松火药改造了油层；1864年11月，E. L. Roberts申请了第一个油井爆炸增产的专利。此后80多年的时间里，人们利用多种爆炸压裂技术来使油井增产，常用的爆炸器材有步枪火药爆炸器、黑火药爆炸器以及硝化甘油爆炸器等。20世纪四五十年代，水力压裂兴起，爆炸压裂技术逐渐被取代，尽管如此，利用爆炸与水力压裂相结合的油气增产研究并没有中断，涌现了许多以爆炸压裂技术为基础的石油增产技术。

常见的改善储油层物性的单种爆炸技术主要有以下几类：井内爆炸技术、核爆炸采油技术、高能气体压裂技术、爆炸松动技术以及层内爆炸增产技术。

4.3.1　井内爆炸技术

井内爆炸包括固态、液态和气态炸药在井筒内的爆轰和爆燃，目的是在井筒的周围产生很多条裂缝，既可以降低甚至清除在钻井过程中对地层所造成的表皮损害，又可以使天然裂缝体系与井筒连通。

在19世纪60年代到20世纪50年代，井内爆炸法被广泛应用，带来了很大的经济效益。20世纪四五十年代，水力压裂兴起，逐渐取代了古老的爆炸法。其主要原因是井内爆炸造成的压缩应力波使井周岩石发生不可恢复的塑性变形，爆炸初期形成的大量裂缝或因残余应力场的作用而重新闭合，或被爆炸残余物堵塞，有时反而使岩层渗透率下降，只有在某些情况下才可能提高产量。另外，井内爆炸易损毁井筒，且硝化甘油类药剂过于敏感，这也是古老的井内爆炸法被取代的原因。我国在20世纪50—70年代多次试验井内爆炸法，未获成功，由于人身及井身安全等原因停止试验。要将井内爆炸法再次应用于油气田开采，就必须解决爆炸增产效果不稳定和井筒损害、施工安全等问题。

4.3.2　核爆炸采油技术

美国和苏联在20世纪六七十年代进行过用核装置激励油气层的地下试验，未获商业化应用；我国在20世纪八九十年代也曾进行过核爆炸采油的规划和现场试验设计，由于多方面原因也未付诸实施。

井筒核爆炸会造成并沟通各种空洞，从而增加井筒周围岩石渗透率。美国和苏联的试验结果显示，用核爆炸来提高采收率是可行的。美国在1967年12月施爆的Gasbuggy项目的核装置TNT当量为3×10^4 t，产生的爆穴半径约为27 m，由岩石崩落而形成的筒状囱道高约100 m，强大的压缩激波使囱道周围大范围岩石产生复杂的裂缝网路。核爆炸虽然能量巨大，但是极易产生核泄漏危害作业人员的安全，正是由于这种弊端，核爆炸法存在着很大的争议，核爆炸采油技术也未被应用到实际生产中。

4.3.3　高能气体压裂技术

高能气体压裂又称可控脉冲压裂，是20世纪70年代兴起、80年代迅速发展起来的一种增产、增注技术。它利用火药或火箭推进剂快速燃烧，产生大量高温、高压气体，在机械热、化学和振动脉冲等综合作用下，在井壁附近产生不受地应力约束的多条径向垂直裂缝裂纹，改善导流能力、增加沟通天然裂缝的机会，从而达到增产、增注的目的。高能气体压裂技术的效果如图4－12所示。

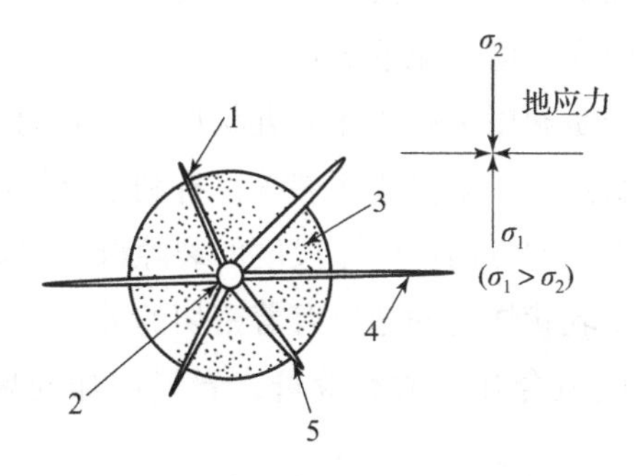

图4－12　高能气体压裂技术的效果

1—天然裂缝；2—井筒；3—污染带；4—应力控制缝；5—径向缝

高能气体压裂的基本概念是药剂的爆燃，可以控制压力峰值和压力的上升速度。能否产生多条裂缝，与井内压力上升速度直接相关，若压力上升时间短于1 ms，沿井筒将产生多条对称裂缝；短于0.1 μs，则井壁周围发生粉碎性破碎，或产生密实圈。高能气体压裂形成的裂缝局限于近井地带，沿井筒方向长2～3 m（最长6 m），垂直井筒方向长5～10 m，缝宽一般为0.4～0.8 mm。高能气体压裂只有同其他技术结合，才能在低渗透油田的增产中发挥其应有的技术。高能气体压裂是脉冲加载，一般来说脆性岩石的效果比较好；工艺关键是选择与储层地质状况匹配的推进剂，既达到推进剂燃烧产生多条裂缝的目的，又不造成其他不利影响。

4.3.4 爆炸松动技术

爆炸松动技术是通过炸药的爆炸波在地层中的叠加，在油层内造成产生“压涨”的条件。因为炸药的能量比较大，从而可以使地层的渗透率得以显著提高。该技术的基本原理依据岩石的“压涨”现象。“压涨”可使油气层中岩石的孔隙度、渗透率增加，对提高油气产量具有极为重要的工程价值。研究发现，当岩石的最小压应力与最大压应力之比在0.15～0.30范围时，就会发生“压涨”现象。

乌克兰科学院物理研究所对爆炸松动技术的研究较多，并在俄罗斯和乌克兰的油田进行过多次现场实验，一般增产1～2倍，有效期在1年以上。对砂岩的处理半径可达10 m，对灰岩的处理半径可达6～8 m，渗透率可提高10倍以上。1998年5月和1998年11月，西安石油大学在陕北油矿对两口油井进行了现场实验，其中一口油井增产幅度超过3倍，另一口井的增产幅度超过10倍。

4.3.5 层内爆炸增产技术

层内爆炸增产技术的基础是水力压裂技术，并借鉴了诸如高能气体压裂等诸多技术的成功经验。其基本思路是：在水力压裂产生两条主裂缝的基础上，把易流动的乳状炸药注入主裂缝中，并采取不损毁井筒的技术措施点燃乳状炸药，炸药爆燃产生的高温高压气体作用于主裂缝，在垂直于主裂缝壁面的方向产生大量的中小裂缝群，大大提高了储层另一个方向的导流能力，从而达到提高采收率、增产原油的目的。

层内爆炸增产技术的关键是利用了爆燃作为乳状炸药释放能量的一种形式。爆燃时压力上升速度适中且幅值大于岩石强度，易生成多裂缝，有利于储层的改造。在层内爆炸载荷的作用下，将在垂直于水力压裂缝的方向产生小尺度的裂隙群。裂隙群的范围与贯通程度与储层岩石性质、地应力水平以及乳状炸药的选取有着密切的关系。针对不同的现场条件，通过选择合适的乳状炸药可以形成适合开采的裂缝群。岩缝内炸药爆燃推进示意图如图4－13所示。

层内爆炸技术被广泛应用于美国和加拿大的石油增产作业中，如表4－1所示。

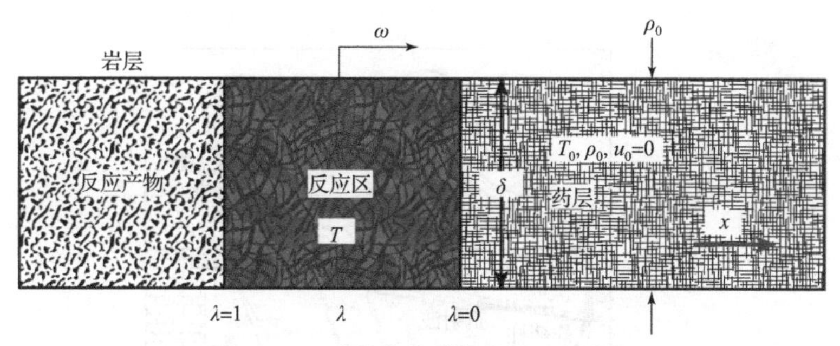

图4-13　岩缝内炸药爆燃推进示意图

x—药层长度；δ—药层厚度（裂缝宽度）；T—爆燃流体温度；T_0—爆燃药初始温度（岩层初始温度）；ρ_0—爆燃药初始密度；p_0—岩层对爆燃药的初始压力；u_0—爆燃药初始质点速度；ω—反应阵面恒定推进速度；λ—爆燃流体的化学反应速率

表4-1　美国和加拿大油田应用层内爆炸的结果

工作地区	油层岩性	深度/m	增产系数	矿产类型
路易斯安那州盘阿连得（美）	白垩	300	2.2	油
阿尔伯达省浪路布斯太克（加）	海绿石	1 800	3.5	气
斯品赛尔福巴（加）	砂岩	640	7.0	油
阿尔伯达省加加里（加）	砂岩	300	6.0	气
俄亥俄州龙干（美）	致密砂岩	600	9.4	气
堪萨斯州拉伊斯克（美）	石灰岩，白云岩	1 200	1.5	油
俄亥俄州龙干（美）	砂岩	800	1.5～5.0	气
新墨西哥州龙考布斯（美）	石灰岩	1 200	3.0～14.0	气

4.4　爆炸震源

在地球物理勘探中，从20世纪20年代开始，人们就用地震勘探法寻找石油、煤炭及探测地下结构。发展至今，地震勘探已经成为油气勘探的最主要手段。爆炸震源是一种典型且理想的地震信号的激发源。地震勘探时利用炸药爆炸产生地震波，在地下空间传播，遇到波阻抗界面时，一部分能量反射回来，形成反射波，通过对反射波的信号收集和处理得出勘探结果，如图4-14所示。

当用炸药爆炸能源作为人工震源进行地震爆破时，人工激发的地震波将以近球面的形式在地壳中扩散和传播，其路径、震动强度和波形将随着介质的性质和界面几何形态的不同而变化。通过对波形变化进行检测，提取出有意义的信息，推断出从震源到检测点的地质构造、岩石性质和是否含有矿藏，从而达到查明地质构造和普查探矿的目的。炸药爆炸激发的地震波具有良好的脉冲形状和较高的地震波能量。在陆上地震勘探中，多数情况下炸药是在充满水的浅井中爆炸，以激发地震波；在无法钻井或钻井困难的地区多采用坑中爆炸；在江河湖海勘探时采用水中爆炸。

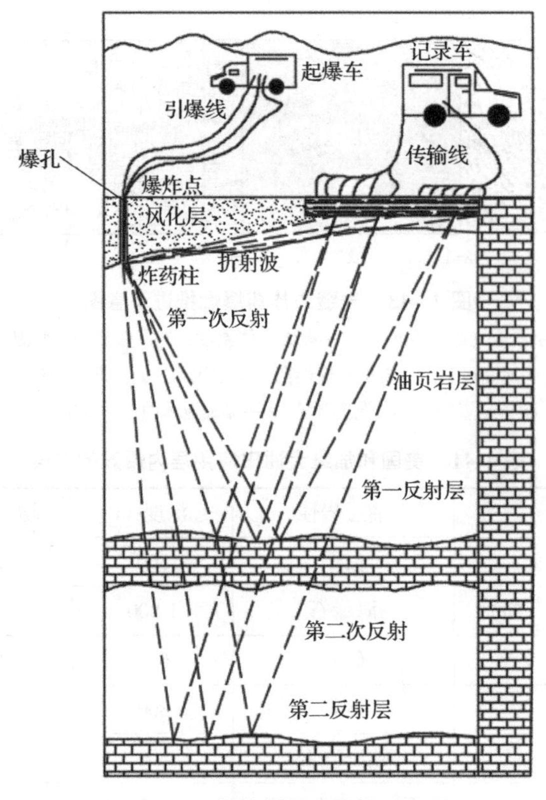

图 4-14　爆炸震源法勘探示意图

4.4.1　炸药岩土内爆炸的机理

炸药是一种化合物的混合物，被引爆后化学能迅速释放，即产生爆轰。在十分短的时间内产生非常高的压力和温度，形成冲击波，瞬间作用于周围岩石，并使周围的岩石熔化流动，压碎和破裂，变形。炸药在岩石或土壤中的爆轰形成的不同区带示意图如图 4-15 所示。

当药包在地下较深的介质中爆炸时，大体形成粉碎带、破坏带和有破坏作用的震动带这三个区带，在震动带之外是弹性震动区。地震勘探只对它产生的弹性波感兴趣，关心所产生的弹性波的波形、能量、频率成分及其与炸药物理性质、数量、周围介质物理性质的关系。

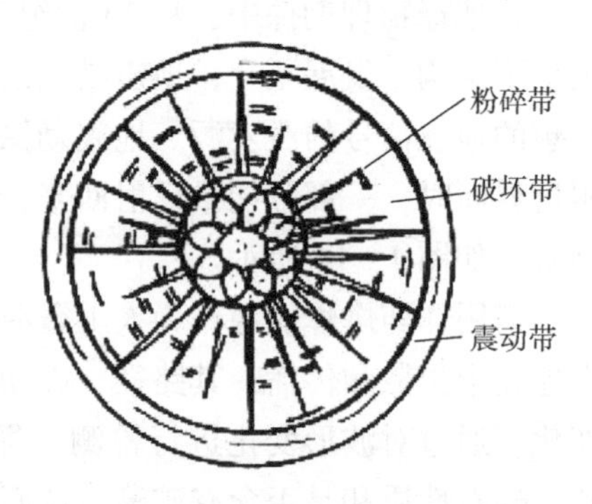

图 4-15　炸药在岩石或土壤中的爆轰形成的不同区带示意图

炸药是产生震源的直接能量来源，其性质直接影响着所产生的地震脉冲的强度和形状。地震脉冲主要受以下几方面控制：装药量、爆速以及炸药密度。实际应用中，常用的爆炸震源炸药主要有硝铵药柱和 TNT 药柱。

4.4.2 地震信号的质量

判断爆炸产生的信号是否理想，即是否具有高质量（高信噪比、宽频率范围、稳定的子波）的地震信号，主要考察以下几方面：具有足够高的能量，在传播较远后仍然可以检测到；持续时间短，可以分辨离得很近的两个界面；可重复性，每次激发后的波形及其频谱差别很小；产生的噪声不影响发射波的检测。

经验公式表明，地震脉冲的强度或幅值 A 与炸药量 Q 有如下关系：

$$A = Q^{k_1} \tag{4-23}$$

k_1 是个可变系数，当炸药量较小时，k_1 可取 1 ~ 1.5；当装药量较大时，k_1 可取 0.2 ~ 0.5。这主要是因为装药量较小时，对岩石的破坏作用很小，爆炸的大部分能量转为地震波；而装药量大时，一部分能量损耗于破坏周围的岩石，分配于地震波的能量比例减小。震动振幅与炸药量的关系随不同地震的地质条件而异，实际工作中要经试验求得。

脉冲的持续时间 t 与装药量 Q 之间存在如下关系：

$$t = Q^{\frac{1}{3}} \tag{4-24}$$

地震脉冲的周期或主频与装药量之间的关系：

$$T = \frac{1}{f} = Q^{k_2} \tag{4-25}$$

k_2 是常数（$k_2 > 0$），式（4－25）表明装药量与地震脉冲的周期成正比，与主频成反比。

另一个影响地震信号质量的关键因素是炸药与岩石的耦合。炸药和周围介质有两种耦合关系，即几何耦合和阻抗耦合。

几何耦合是指药包与周围介质的接触程度，药包与井壁完全接触叫耦合，不完全接触叫不耦合。不耦合或耦合不好会使炸药在井中爆炸时冲击波能量受到很大损失，在岩体中由它激发的爆炸应力波的强度也会降低。在实际应用中，药包与井壁之间存在一定空隙，应在井中注水或灌满岩浆，以改善耦合关系。

阻抗耦合是指炸药波阻抗与介质波阻抗之比，即

$$R = \frac{\rho_1 v_1}{\rho_2 v_2} \tag{4-26}$$

式中，ρ_1、v_1 为炸药的密度和起爆速度；ρ_2、v_2 为介质的密度和介质中的波速。R 值越接近于1，表示所激发的地震能量越强。

4.5 海上救生

爆炸技术已被广泛地应用于海上救生作业当中，爆炸技术在海上救生作业中主要有两方面应用：救生信号弹和浮索发射筒。

4.5.1 救生信号弹

信号弹是利用发光信号剂或发烟剂的燃烧产生有色光或烟团来传递信号或指示目标的一

种特殊弹种，具有不受人工干扰、使用简便、能经常保持备用状态、利于观察、使用广泛等特点。救生信号弹是其中一种，用于帮助落水人员向外界求救，通过发光或产生烟雾来发出信号，暴露自己的位置，有利于搜救人员的搜救。

救生信号弹是民用船只海上救生的必要设备。船用信号弹有很多种形式，以适合不同的用途，但均必须与船舶安全有关。目前，有两种烟火信号弹：闪光信号弹和烟雾信号弹。它们是用来引起注意和标明位置的，其他形式信号弹是做抛射绳用的。烟火信号弹具有相当大的能量，特别是用火箭做运载工具的信号弹。如果使用不当或不小心，烟火信号弹会产生危险。国际上公认遇险信号弹的颜色为红色和橙色两种。红色闪光信号弹在白天和夜间都可使用，橙色烟雾信号弹仅在白天使用。

红色闪光信号弹有火箭发射式和手持发射式两种。

（1）火箭发射式信号弹。信号弹配备 1 个降落伞，以降低信号弹下降的速度，增加其他船只或岸上观察者看到信号弹的机会。根据规定，火箭应发射到至少 300 m 高度，在到达或接近最高点时释放出带有光源的降落伞。火焰闪光时间不少于 40 s，下降速度不大于 5 m/s。在无风条件下，能在自 300 m 下降至 100 m 的过程中看到闪光。在正常情况下，火箭是垂直发射的，但是在某些情况下，就不能垂直发射。例如，遇到低云天气时，垂直发射会使火焰在云中燃烧，使大部分时间的闪光难以被人发觉。在低云天气时，火箭最好以 45°角发射，在整个燃烧时间内就都能看到闪光。另外，在有风的情况下，火箭要以一定的角度发射。

（2）手持发射式信号弹。根据规定，手持红色闪光信号弹必须燃烧均匀，其平均发光强度不小于 15 000 cd，燃烧时间不少于 60 s。这是一种短距离的遇险信号弹，用于引起前来救助人员的注意并标明位置。使用时，必须两手握信号弹，手臂水平伸出船或幸存艇下风舷外，垂直发射。如果在气胀式救生筏上发射，操作者特别注意尽量使燃烧的火焰与本筏保持一定的距离。

橙色烟雾信号弹有抛向舷外的漂浮式和手持式两种。

（1）漂浮式烟雾信号弹。这种信号弹漂浮在水面上能均匀发出高能见度的色彩烟雾，时间不少于 3 min。在发射时，不会燃烧、爆炸，在整个发烟过程中不会发出闪光。橙色烟雾信号弹在直升机前来救援时特别有用，因为它不但能使幸存艇或遇险的船更容易被发现，而且能为直升机驾驶人员指明风力和风向。

（2）手持式烟雾信号弹。与某些闪光信号弹一样，适用于游艇人员和不包括在 IMO（国际海事组织）规定范围内的小艇的人员使用。

我国生产定型的 I 型 11 m 救生信号发射系统，由信号枪、单星体发光信号弹等组成，具有体积小、质量轻、操作简便、可视距离远等特点，主要供航空航海和野外作业人员联络、求救时使用。

该信号弹由弹壳、星光体、抛射药等组成，其中铝质的弹壳既是包装筒也是发射管，信号弹为单星光体式，有红、绿、黄不同颜色，壳体外表面涂有与星光体相同颜色的保护漆，利于昼间识别，在壳体下部有识别槽，用于夜间手摸识别。当发射信号弹时，底火被撞燃，抛射药产生高温、高压燃气，并点燃星光体的引燃药，推星光体顺弹壳内壁向前；当星光体冲出压盖，飞离弹壳 20 ~ 30 m 后，信号剂开始边燃烧边飞行发光，发出求救信号。

4.5.2　浮索发射筒

当对落水人员进行捞救，救生船或救生机要接近落水人员时，救生员会拿出浮索发射筒，对准落水人员发射救生浮索，帮助落水人员脱离险境。或待救人员于救生浮台上求救，救生船发现并接近救生浮台，救生船上的救生员拿出浮索发射筒，对准救生浮台发射浮索，浮索准确无误地射向救生浮台，浮台待救人员接过浮索紧紧套住浮台后，救生船上的牵引机开始牵拉救生浮台，如图 4 – 16 所示。

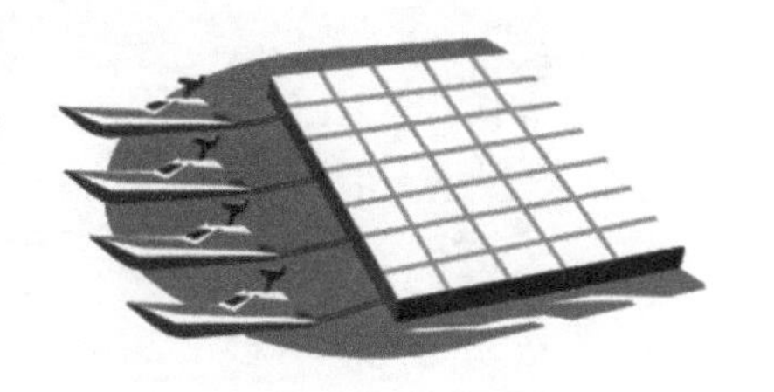

图 4 – 16　浮索发射连接救生浮台

海军某新型浮索发射筒，应用火箭推进原理，利用新工艺将火箭、救生索与发光漂浮体等新型材料有机结合，实现了远距离将救生浮索便捷、准确地抛射到待救人员附近，解决了在高海况条件下，救援船无法靠近待救人员实施援救的难题。同时，利用对浮索掺入发光漂浮体在夜晚发光的特性，帮助提示待救人员发现目标。

4.6　人工降雨

4.6.1　人工降雨原理

水在国民经济生活中发挥着不可替代的重要作用。在一些地区，受地形以及气候条件的影响，经常会出现水资源匮乏的现象，严重影响国民经济建设。在这种情况下，人们发明了人工降雨。

人工降雨，是根据不同云层的物理特性，选择合适的时机，用飞机、火箭向云中播撒干冰、碘化银、盐粉等催化剂，使云层降水或增加降水量，以解除或缓解农田干旱、增加水库灌溉水量或供水能力，或增加发电水量等。云是由水汽凝结而成的，一般来说，云中的水蒸气胶性状态比较稳定，不易产生降水。人工降雨就是通过一定手段在云层厚度比较大的中低云系中播撒催化剂，从而改变和破坏这种胶性稳定状态，以达到降雨的目的。人工降雨示意图如图 4 – 17 所示。

目前，催化剂的布撒方式主要有飞机布撒以及高炮或火箭布撒，尤其是高炮或火箭布撒方式，在我国的人工增雨作业中发挥着极其重要的作用。

从催化剂撒播方式来看，火箭采用的是沿火箭飞行弹道连续撒播人工晶核，并向周边迅速扩散的撒播方式，其影响路径长、覆盖面积大、作业高度高，对大型天气过程有显著效果，适用于大范围的人工增雨作业。而高炮布撒则采用了将含有催化剂的炮弹推进冰雹云冰雹生长区或上升气流区爆炸，利用撒播在云中的催化剂快速反应，它采用的是爆炸法与催化法相结合的多点催化方式，对局部对流性天气有明显效果，适用于小范围地人工影响天气。

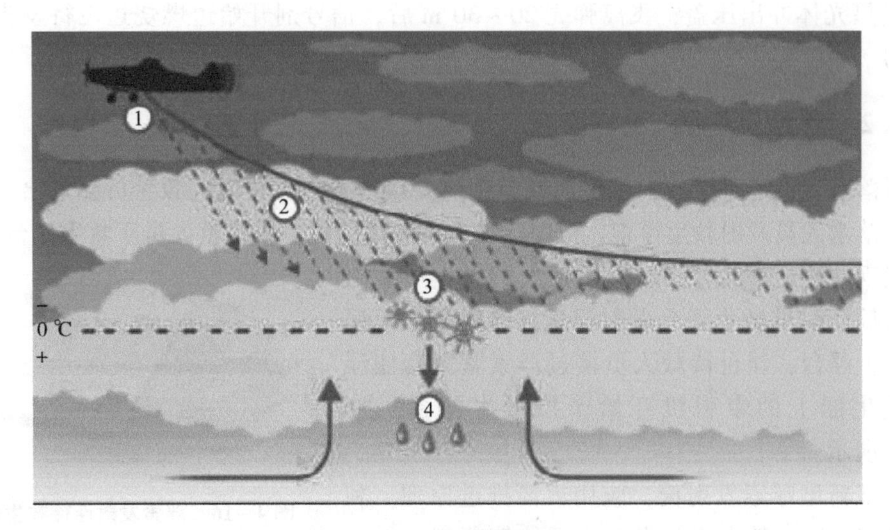

图 4－17　人工降雨示意图

随着社会经济的快速发展，我国的人工降雨作业已经进入一个新的发展阶段，高炮和火箭抗旱减灾正逐步走向全年不间断作业。有资料显示，全国有 30 个省区市 1 932 个县（市、区以及团场等县级单位）开展高炮、火箭增雨防雹作业。有作业点 16 125 个，其中高炮作业点 9 320 个，火箭作业点 6 805 个，作业人员 29 835 名；高炮数量已达到 7 223 门，火箭 5 210 具，年发射炮弹 15 万发，发射火箭弹 4 万发，人均作业规模已居世界首位。

4.6.2　降雨火箭设计

以 JBR－56－1 降雨火箭为例，JBR－56－1 降雨火箭是在“支农－1”火箭的基础上加以提高和完善的，其射高为 7 630 m，有效载重 321.5 g，推进剂用量 1.114 kg，使用温度范围 0～55 ℃，该火箭具有薄壳玻璃钢壳体、复合药的点火和自毁箭尾设计等特点。

1. 技术指标及弹道特性

鉴于我国气象条件，雹云顶层高度在 8～12 km，其中心高度在 4～6 km 范围。因仅在雹云中心位置播撒催化剂才能收到最佳效果，故要求火箭弹的爆炸点高度在 5 km 以上。由于消雹降雨作业的效果还取决于催化剂的数量和弹头炸药的爆炸威力，所以，要求弹头内有效载重物不少于 250 g。

采用复合推进剂的“支农－1”火箭，其比冲值为 165 s，最大飞行速度为 765.9 m/s，飞行高度是小火箭中较高的一种。计算垂直射高为 5 664 m，实际炸点高度为 4 000 余米，有效载重为 250 g，全弹重为 3.5 kg，载重为 1.6 kg。根据理论计算弹道，垂直发射高度刚好符合设计指标要求。但因理论弹道计算是在零攻角、火箭运动保持在射击平面内的假设条件下所得出的结果，而实际情况下还有许多种因素影响。例如：

（1）由于工艺条件限制，存在着火箭推力偏心，使弹道低伸。

（2）火箭飞行中攻角不等于零，或攻角变化。

（3）工艺原因使发动机总冲存在公差，即推力的数值存在着公差，引起弹道顶点散布。

（4）聚氯乙烯硬塑管做发动机壳体，当发动机工作后受热弯曲变形对弹道的影响。

（5）引信延期时间决定了实际飞行高度，而炸点高度的散布取决于引信时间的精度。

（6）火箭结构部件重心与弹轴线处于不同轴位置所引起的重心偏航等。使“支农－1”火箭的实际飞行高度有较大损失。

雹云目标移动速度可达每小时数十千米，冰雹形成过程的时间一般仅10余分钟，因此，要求射角在60°～80°的范围都能击中5 km以上的雹心，以期获得较长时间的“战机”和较大的作业控制面积，取得良好的作业效果。此外，催化冷云时成冰核率受环境温度的影响极大，消雹作业高度越高，环境温度越低，催化效果越好。

根据火箭垂直发射的弹道特性，被动飞行末段速度下降，火箭容易受风力干扰，故使用弹道的被动末段作业可靠性差，不宜将爆炸点位置安排在弹道顶点或降弧段，应当处于弹道升弧的直线段末，使爆炸瞬时火箭尚有200～250 m/s的速度，具有一定的抗干扰能力，以保持稳定飞行。因此，弹道高度应比炸点高得多。

综上所述，火箭垂直发射高度应设计为7～8 km。

2. 设计方案

火箭的飞行高度决定于主动段末的瞬时速度V_{max}的值。不计空气阻力作用，最大速度的公式表示为

$$V_{max} = I_S \cdot g \cdot \ln\left(\frac{q_0}{q_k}\right) - gt_k \tag{4-27}$$

或

$$V_{max} = I_S \cdot g \cdot \ln\left(\frac{1}{u_k}\right) - gt_k \tag{4-28}$$

式中，I_S为燃料的比冲值；g为重力加速度；q_0为火箭的起飞重量；q_k为火箭的载重；t_k为发动机熄火时间；u_k为火箭的结构质量比。

V_{max}值随着u_k值的减小而迅速增大。可见壳体太重是影响飞行高度的主要原因，降低q_k值或稍减u_k值就能显著增加飞行高度。

设计时可采用玻璃钢薄壳，发动机壳体的壁厚与重量将显著减少，故射高可提高。玻璃钢壳体试验结果表明，可承受100 kg/cm^{2}的气压；强度极限$\sigma_B = 1\ 051$ kg/cm^2；比强度值$\frac{\sigma}{\gamma} = 583$；最小壁厚为0.128 cm；发动机薄壳重量为252.56 g。由此计算火箭载重为1.038 kg，起飞重量为2.9 kg，结构质量比为0.358。这样，最大飞行速度V_{max}值将为约1 300 m/s。因而射高可达9 000 m以上。这样的高度不仅满足设计要求，还有可能缩减总冲，减少燃料消耗来实现设计的经济指标。

4.7 爆炸灭火

4.7.1 爆炸灭火原理

森林火灾，特别是大面积的森林火灾，被认为是世界性的重大自然灾害之一。它具有发生面广、突发性强、扑救困难等特点。一旦发生森林火灾，将会造成人畜重大伤亡及巨大财产损失，并使生态环境受到破坏。近几十年来，由于世界范围的人口膨胀，工业化进程加

快，以及全球变暖的影响，森林火灾发生的频率越来越高，破坏性也越来越强。目前，防御和控制森林火灾越来越受到各国的重视，各国政府采取了大量的预防措施和消防手段，千方百计避免森林火灾的发生和减少造成的损失。世界各国已经研制出大量的森林消防设备，种类繁多，功能各异，在森林消防中发挥了积极的作用，森林灭火弹就是其中之一，它采用的是爆炸灭火的方法来扑灭森林大火。

爆炸灭火原理是通过炸药爆炸产生的冲击波以及高压气流来扑灭大火，或通过引爆装有灭火剂的炮弹将灭火剂释放，以此来压灭火头，控制火势发展。爆炸灭火方法在应对大面积森林火灾时的作用尤其明显。

4.7.2 灭火弹的特点及分类

灭火弹的结构与常规炮弹形似，不同的是灭火弹的壳体内部装的是灭火剂，而非常规弹药所装的是炸药。图 4－18 所示为典型灭火弹结构示意图。

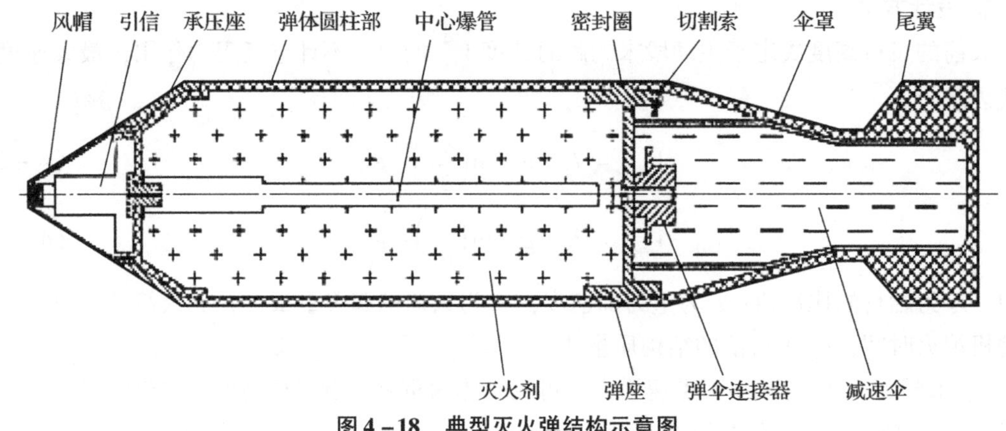

图 4－18 典型灭火弹结构示意图

虽然结构与常规弹药类似，但是灭火弹与常规弹药不同，有自己一系列独特的特点，其技术指标主要包括以下几点：

1. 灭火弹的灭火能力

灭火弹进入火场后利用爆炸将灭火剂抛撒到周围，使灭火剂与可燃物充分接触，从而达到灭火的效果。灭火能力与灭火剂的灭火效率、灭火剂撒布形状和灭火剂的浓度有直接的关系。为了提高灭火弹的灭火能力，应尽量增大灭火弹的圆柱部长度来增大装药量，选择可靠、高效的灭火剂。

2. 灭火弹的射程与散布精度

散布精度即在同样的射击条件下，弹丸在作用点的散布程度。影响灭火弹的射程和散布精度的因素除发射误差、生产误差和引信对目标的测量误差等外，对于弹丸本身结构而言，主要影响因素有弹形、弹重及质量偏心等。因此，应设计合理的弹体结构，使弹丸具有良好的飞行稳定性，尽量避免质量偏心。

3. 弹道性能

灭火弹的弹道性能要求有远射性和高射性，即根据火场条件要求灭火弹达到最优的抛撒高度。弹道性能主要取决于弹丸初速及弹道系数。弹丸初速决定于空气压缩炮的能力和弹丸重量。弹道系数与弹丸结构联系密切。弹丸的外形合理，飞行稳定性好，弹丸单位横断面积上的重量大，都将使弹道系数小，使弹丸在弹道上的速度衰减小，这是有利的。因此，最佳的弹道性能应综合考虑初速与稳定性之间的关系。

4. 发射安全性

发射安全性主要指避免灭火弹早炸现象。

灭火弹按投放方式可以分为手投式灭火弹、机载式灭火弹和炮射式灭火弹。

（1）手投式灭火弹。手投式灭火弹的投掷方法类似手榴弹，通过拉环保险栓起爆，也有通过超导热敏线起爆的。在火灾现场，森林消防人员把灭火弹投掷到火场，使灭火弹以爆破的方式将灭火剂瞬间冲击到火焰表面，可以在短时间内使火灾得到有效控制。该类灭火弹一般采用干粉灭火剂，弹体外壳由塑料或硬纸壳制成，生产工艺简单，操作方便，成本低，灭火机动性好。但由于采用手拉保险栓的引爆装置，因而存在引线裸露在外、易受潮、拉断引线的情况。同时，抛射距离近，需消防人员近距离接触火场，危险系数大。由于尺寸和重量的限制，这种灭火弹的灭火能力有限，只适用于小范围灭火以及初起火灾，对已经形成蔓延趋势的大火来说，这种类型灭火弹就不再适用了。

（2）机载式灭火弹。机载式灭火弹通过固定翼飞机或直升机将其携带到火场上空后，将其空投到火灾现场以实现灭火。这类灭火弹外形类似航空炸弹，与一般小型手投式灭火弹相比，灭火威力更大，覆盖面更广，启动方式主要有热超导启动、撞击启动、红外启动等。由于飞机机动性强、速度快，尤其能在偏远林区发挥作用，与地面扑火相比，具有受地形、地物限制较少的优点，是今后灭火设备研究的重点方向。但在气候恶劣的条件下不宜采用机载式灭火弹。同时，机载式灭火弹还受到航空业水平的限制。由于我国的航空灭火技术与世界先进水平比，还有很大差距，各地区发展也不平衡，不能满足森林防火事业发展的需求。另外我国载重量较大的飞机少，现有能进行航空灭火的飞机数量也很少，全国航空护林防火的林地面积占全国总面积的比例很小。所以机载式灭火弹在我国森林消防过程中的作用还未充分发挥。

（3）炮射式灭火弹。炮射式灭火弹是一种新型的森林消防装备，它可以利用原有的军工产品为载体发射灭火弹，因此按其发射装置又可分为迫击炮灭火弹、火箭炮灭火弹和空气炮灭火弹。由于森林火灾发生的地方多为山区，交通不方便，一些地方消防人员根本无法进入。若采取飞机高空灭火，由于森林大火产生的浓烟和强烈的空气对流的影响，灭火飞机只能在很高的高度进行灭火，因此灭火效率非常低。而这种炮射式灭火弹则可以在消防人员远离火场的条件下实现远距离精确灭火，能大大降低地形的影响。此外，这类灭火弹还可以在军用装备的基础上进行研制，可以继承军用装备精度高、反应迅速、远程打击的特点，并能够缩短研制周期，这些对于森林消防来说具有非常大的意义。

我国自1962年开始研制灭火弹，取得了一定的成果，并且在历年森林火灾的扑救中一直担负着重要的角色。据不完全统计，1987年扑救大兴安岭火灾，共消耗森林灭火弹16万余发。在最近国内几次较大规模的火灾扑救工作中，森林灭火弹的用量均在万发以上。目前，国内各级林业部门灭火弹保有量在2 000万发以上，年均需求量在300万发左右。

森林灭火弹的研究已在国内外引起普遍重视，灭火弹作为森林灭火的一种有效工具也开始被人们所承认。目前灭火弹的发展趋势是：从单一的手投式灭火弹研制转向灭火弹系列化的弹、炮、箭产品；从单一使用普通干粉灭火剂转向使用多用途的混合、高效的灭火剂。同时，将现有的军工技术运用于新型消防装备，能有效地、远距离对付大面积的火灾，从理论技术到工程实践都是可行的。森林消防装备正向着发射准确、可控、快速、灭火效能高、安全可靠、成本低廉、使用方便的多用途、综合性方向发展。

4.7.3 灭火剂爆轰扩散简介

森林灭火弹是通过爆炸作用将灭火剂快速、均匀地抛撒到火场，使灭火剂与森林可燃物充分接触，从而达到灭火效果。灭火剂抛撒的形状和灭火剂的浓度与灭火效果有直接的关系，但是火药爆轰过程非常复杂，加上弹体破裂的不确定性使得灭火剂的抛撒面积、形状、浓度都极难控制。影响抛撒效果的主要因素为以下几条：

（1）壳体材料强度及结构。容器上下两面的强度高于侧面时，有利于形成扁圆柱形云雾。同时，在壳体侧面加工应力槽，可以使壳体均匀解体，以利于形成均匀分布的云雾，提高灭火效率。在不考虑弹药发射时壳体强度的前提下，战斗部结构宜选用带有应力槽的钢质薄壳圆柱结构。

（2）比药量。比药量是指抛撒装药质量与被抛撒介质的质量之比，它在一定的范围（$<5\%$）内，与云雾半径成正比。灭火弹爆炸后云雾的最大半径可通过式（4-29）来确定：

$$R=\sqrt{\frac{m}{Q\cdot\pi\cdot h}} \tag{4-29}$$

式中，R 为爆炸后的云雾半径，m；h 为云雾高度，m；m 为灭火剂的装填量，kg；Q 为灭火剂的用量，kg/m^3。

（3）长径比。战斗部的长径比在一定范围内（1.35～5）对云雾的最终尺寸参数影响不大，但大的长径比有利于形成扁平状云雾，而且有利于改善弹药的外形，减小弹药的飞行阻力。因此，战斗部宜选用较大的长径比。

（4）爆轰角。一般火源高度 $H_{火源}$ 较小，通常不大于 1.5 m。以地表面为 XOY 面，弹体轴线为 Z 轴，建立灭火剂动态抛撒示意图，如图 4-19 所示。

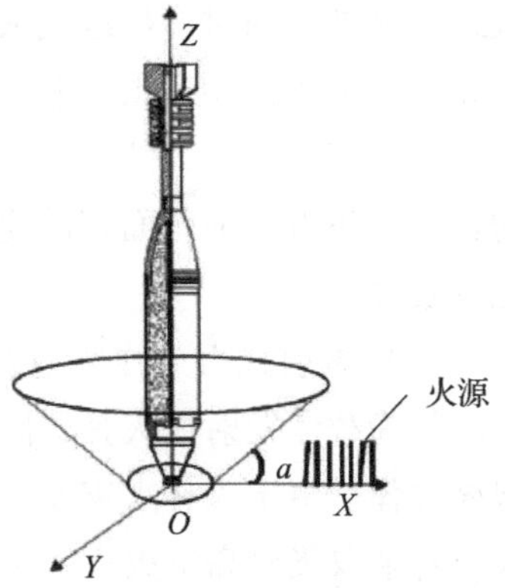

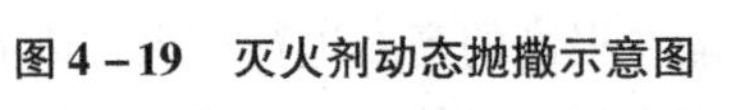

图 4-19　灭火剂动态抛撒示意图

判断灭火剂能否作用到火焰根部的表达式为

$$H=R\tan\alpha \tag{4-30}$$

式中，H 为该点处灭火剂飞离地面的高度；R 为火场中某点到炸点的距离。

当 $H>H_{火源}$ 时，灭火剂不能有效作用到火焰根部；当 $H\leqslant H_{火源}$ 时，灭火剂能够有效作用到火焰根部。

从式（4-30）可知

$$R\leqslant H_{火源}/\tan\alpha \tag{4-31}$$

以 R 为半径的区域为灭火剂作用到火焰根部的有效范围。所以，当爆轰角 α 越大时，R 越小，即灭火面积越小，灭火弹效能越差。

4.7.4　爆炸灭火的应用优势

爆炸灭火可用于森林消防灭火。森林火灾一般出现在深山野林，便于利用飞机投掷炸药或利用火炮发射抛掷炸药实施消防灭火，弥补常规灭火器材在山林地区不便于机动运输的缺陷。爆炸灭火的优势主要有以下几点：

（1）解决大面积森林火灾，迅速控制火势。利用炸药爆炸扑灭林火的方法适用于土壤黏重、土层深厚的原始林区。其方法有两种：第一种是将硝铵炸药或 TNT 装入爆破筒，把爆破筒安装在事前钻好的土孔中，按爆破力大小，每穴相距 1 ~ 3 m，各爆破筒排列成一条线，用电池引爆，一次可开辟长宽各 100 m 的生土带。第二种是将炸药盛装于细塑料管中，接连导火线，做成爆破索，每根长 30 m，缠绕于圆筒上，便于携带。使用时，将每根爆破索展开平放贴近地面，几根接连起来，可达数百米，用电池引爆。

（2）解决悬崖上高压水枪喷射不到、灭火机具上不去的问题。人员全部撤离后，向室内投掷爆炸物，只要控制好爆炸物的威力，不造成由爆炸引起的新的火情，爆炸就会像用嘴吹灭火苗一样轻松地将火扑灭。这时消防队员再迅速进入屋中扑灭余火，这会节省大量时间，不给火势蔓延的机会。

（3）节省财力、物力、人力，减少开支。这种技术日益成熟，成为一个成熟、高效的灭火技术，为人类造福。目前市场上能找到的森林灭火弹有几十种之多，灭火弹对环境无毒性污染，爆炸时对人体、树木、建筑物及其他物品不会造成伤害，只对火源起灭火作用，其还有使用轻便、不附带设备、灭火迅速、能在较短时间内将火源消灭，而当火源燃着弹体时能自动引爆灭火、及时控制火源迅速扩展、有利于争取更多时间、减少损失的特点。

（4）手投式灭火弹得到大量使用。手投式超细干粉灭火弹有貌似手榴弹形状的，也有像大罐头瓶样式的；有带拉环和保险顶的（拉发式），还有只需掏出超导热敏线的（引燃式）。弹体外壳由纸制成。发生火情时，灭火人员握住弹体，撕破保险纸封，勾住拉环，用力投向火场，灭火弹在延时 7 s 后在着火位置炸开（拉发式），或握住弹体，撕破保险纸封，掏出超导热敏线，直接投入火场，超导热敏线在火场受热速燃并爆炸；释放出超细干粉灭火剂，可在短时间内使突发初起火灾得到有效控制。特别适应森林火灾的扑救；对避免消防人员接近大火，减少扑救人员的伤亡效果显著。现在灭火弹的发展趋势是小型化、高效化、安全化、简单化。

4.7.5　爆炸灭火的成功案例

2009 年 1 月 20 日下午 4 时 30 分，陕西临潼骊山景区一山头突起大火，继而引燃两道山梁。通往火点的全是土路，非常狭窄，消防车无法进入，主要靠人力扑救。临潼警方紧急调集了 40 余名警力，附近数十名村民还带着铁锨等农具步行到火点扑救。下午 4 时许，扑救人员兵分几路，用手中的铁锨、扫把等农具奋力阻断火势蔓延，有些人赤手抓起土块投掷灭火。但因火线过长，加之山风不止，扑救人员根本无法靠近。随后，当地消防人员运来灭火弹，一连投放 8 枚后，才将火势控制，下午 5 时许，起火山头以及被引燃的两道山梁的山火终被扑灭。

4.8　爆炸破冰

在我国北方地区，河流封冻和冰河解冻时，冰冻和开裂的冰块将随水下流形成流冰。它们常常会损坏下游的水工建筑物（如桥墩），或产生冰凌壅塞，阻断水流，使上游水位迅速抬高，造成水灾。平静的河流和水库结冰，也会破坏堤坝。为了消除这些隐患，人们经常用水下爆破法或用投弹爆炸技术破冰排凌，这是一种频繁使用且较为有效的方法。

4.8.1　冰介质的基本性能

冰的种类不少，地面上常见的冰可大体分为三类：第一类是水成冰，冬天封盖大地的冰，包括河冰、湖冰、海冰以及地下冰统统都是由水直接冻成的，所以称之为水成冰；第二类是在大气中降下堆积的雪，也可叫沉积冰；第三类是由积雪经过变质作用而成的冰川冰。

可以把冰看成一种特殊的岩石。地球上的矿物组合成各种岩石，因而成层的冰也可叫作冰岩。这是一种极纯的、晶体的、单矿物的、处于地球表层的、很不稳定和经常发生变质作用的岩石。一般岩石通常总是坚硬的固体，而冰这种岩石从固态转化为液态却十分容易。对于爆炸技术，所关注和研究的是水成冰，而且主要是河冰。

物体在受力情况下，可做三种变形，即弹性变形、塑性变形和脆性变形（断裂）。就冰来说，由于它容易实现晶体的内部滑动，是有利于表现出塑性变形的。但是，当外力突然增高或当加载速度很快时，很容易超过冰的破裂强度，产生脆性变形。只有在缓慢加载荷并且长期受力时，冰才能表现出塑性变形的特点。爆炸破冰，加载时间很短，且加载速度极快，冰表现出明显的脆性变形，可视为脆性材料。与爆炸破冰有关的力学性能主要是冰的抗压强度和抗拉强度。冰的抗压强度和抗拉强度与冰温有密切关系，随冰温变化很大。据有关资料介绍，冰的抗压强度在3.5~4.5 MPa之间，且随冰温的下降而增大。冰的抗压强度是抗拉强度值的3~6倍，而一般岩体的抗压强度为抗拉强度的10~20倍，有的达50倍，这是冰介质与岩体力学性能的一个很大区别。尽管冰的抗压强度较岩石低，但抗拉强度却相对较高，因而，炸药用药量却不一定少。由于抗压强度低，爆炸时更容易产生粉碎性破坏而消耗大量能量，降低破冰效果。

4.8.2　药包的爆炸作用机理

当装药的最小抵抗线小于临界抵抗线，爆炸作用只限冰介质内部，不受冰体自由面的影响，把这种作用称为药包在冰介质爆炸的内部作用。单个球形药包爆炸的内部作用，可在爆源周围形成压碎区、裂隙区和震动区，如图4-20所示。

由于炸药爆轰过程的高温、高压和高速的化学反应，以及爆炸对冰介质作用时在物理力学性质产生的各向异性等因素影响，冰介质在炸药爆炸作用下的破碎过程是一个极其复杂的过程。一般认为，冰介质的爆炸破坏主要是由炸药爆轰反应产生的爆轰波激起的爆炸应力波和爆生气体产物膨胀做功两方面的综合作用引起的。爆炸破坏过程虽然极其短暂，只在几毫秒甚至几十微秒的时间内就完成了，但这个过程的实质还是炸药能量释放、传递、分配和做功的过程。

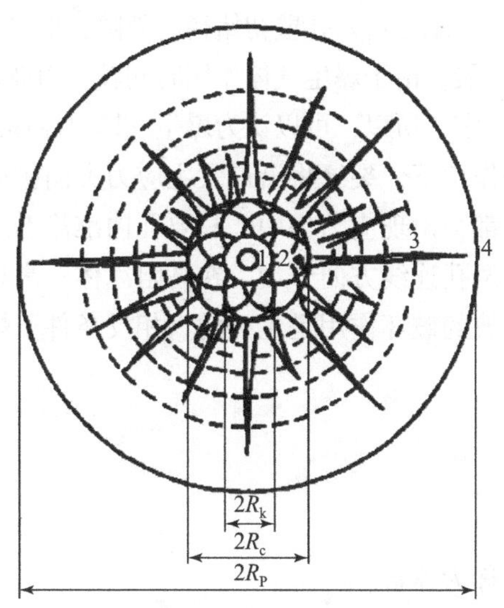

图 4 -20　球形装药在冰体内部爆炸示意图

1—扩大空腔；2—压碎区；3—裂隙区；4—震动区；

R_k—空腔半径；R_c—压碎区半径；R_p—裂隙区半径

当冰体内的炸药爆炸时，引起的瞬时压力可高达数千兆帕到数万兆帕，这种巨大的压力作用于炮孔冰壁上，激起波阵面压力很高的脉冲压力，即冲击波。最靠近装药的冰介质在冲击波作用下产生很高的径向和切向压应力，其值远远大于冰介质的动态抗压强度。装药空间冰壁受到强烈压缩和融化而形成一个空腔，周围冰介质产生粉碎性破坏，形成压碎区。在压碎区内，冲击波的传播速度大于冰介质的声速，其作用范围小，但消耗能量很大。

随着冲击波的向前传播做功，其能力急剧消耗，冲击波衰减为压缩应力波，对孔壁的径向方向产生压应力和压缩变形，而切线方向产生拉应力（环向应力）和拉伸变形。当拉伸应变超过破坏应变时，就会在径向产生裂纹。对于裂纹不发育的冻硬致密的冰体，其最初形成的裂隙是由应力波造成的，随后爆生气体进入裂缝并在准静压作用下，使裂缝进一步扩展。根据冰介质性质及装药结构的不同，爆生气体和应力波两种作用并不是等同的，而是有主有辅，但又互相配合相互影响。应力波传播速度等于冰介质的声速。

此外，在压缩波卸载时，即当径向压应力降到零值以后，紧跟着径向方向会出现拉应力。若其值超过冰介质的抗拉强度，在已经形成的径向裂隙间将产生环向裂隙，其范围较径向裂隙小。这样，在压碎区以外就形成了由拉伸破坏所产生的径向裂隙和环状裂隙组成的破裂区，称之为裂隙区。

裂隙区的半径大小主要取决于冰介质的抗拉强度，冰的抗拉强度越大，裂隙区的范围就越小。而裂隙区范围的大小对炮孔布置的参数影响是显而易见的，尤其是对炮孔的间距和最小抵抗线确定有很大影响。在裂隙区以外的冰体中，由于应力波已大大减弱以致不足以引起冰介质的破坏，而只能造成冰介质的弹性震动，到弹性震动波的能量完全被冰介质吸收为止。该作用区范围比前两个大得多，称为震动区。

由于冰体受到初始爆炸所激起的应力状态或动态应力场很快消失，后期在准静压作用下形成新的准静态应力场。当高压爆生气体作用于炮孔壁上，在应力波形成切向拉应力而产生径向裂缝的同时，孔内爆生气体因膨胀会挤入孔壁初始径向裂隙，形成“气刃”效应，使长短不一的初始裂缝得到不同程度的扩展。由于爆生气体作用时间较应力波动态作用时间长得多，并在一定时间内，其压力值相对稳定，所以，可以认为爆生气体对冰体的作用是一个准静态过程。

在强大的准静态应力场作用下，裂缝将沿最大主应力方向扩展。无论成排爆炸是否同时起爆，在相邻两孔连心线上都会出现应力集中，只要孔内准静态压力作用持续时间长，且达到一定的量值，裂缝仍能沿两孔连线方向开裂。在高阻冰体、高猛炸药、耦合装药或装药不耦合系数较小条件下，应力波的破坏作用是主要的。相反条件下爆生气体准静态的破坏作用则是主要的。

4.8.3 冰的爆破

1. 冰的危害

由冰引起的一切危害通称为冰害。

对于河冰来说，冰的危害主要有以下两种：

一种是由于处于运动状态的流冰所产生的压力，对下游的水工建筑物、桥梁等造成损坏，如河流结冰时的水内冰、河流解冻时的冰凌。而且水内冰和冰凌往往会阻断水流，甚至形成冰坝，抬高水位形成水患。

另一种是由把河面封住的盖面冰因膨胀而产生的静压力造成的危害。水体膨胀对于河岸和水工建筑物产生的静压力是十分强大的，往往能将冰体接触的堤坝、桥墩等物体破坏，甚至倾覆。

2. 爆炸破冰方法

无论是流冰，还是盖面冰，采用爆炸法破冰都是一种行之有效的破冰方法。常用的方法有以下两种。

(1) 裸露药包法。它是直接把药包投掷到冰面上的爆破方法，一般应在水工建筑物上游3 km处进行。其爆破参数可参考表4－2这种接触爆破破碎冰层的方法，用药量越大形成的空气冲击波越大、爆破噪声越大。

表4－2 裸露药包法破碎流冰的参数

流冰厚度/m	0.3	0.4	0.5	0.6	0.7	0.8	0.9	1.0
药包重量/kg	1.2	1.6	2.0	2.4	3.3	3.7	4.5	5.0
药包间距/m	7	9	12	15	17	19	22	23

(2) 冰下爆炸法。当流冰面积较大且受阻滞留时，可在冰上布置冰下爆破药包，进行冰下爆破。冰下爆破的施工工艺是在冰上用冰穿、铁铤、钢钎穿孔，或用小包炸药连续爆破开挖出吊放炸药的冰洞。放在冰层下面进行破冰的药包，需做好防水处理，并系在绳索或木杆上，通过冰洞放入冰层下一定深度进行爆破。这种在冰上打孔凿洞作业费时、费力，而且具有较大的危险性。

实践证明，药包放在冰下1.25 m深处效果最好，爆破参数可参考表4－3；如果冰下水深不足 2.5 m，药包放在水深一半的地方，爆破参数按表 4－4 进行调整。

表 4－3　药包置于冰下 1.25 m 深处的爆破参数

冰的厚度/m	爆破冰孔的宽度/m	装药量/kg	装药间距/m
0.4 以下	5	1	4
0.4 以下	6	2	5
0.4 以下	8	3	8
0.4～0.6	8	4	8
0.6～1.0	8～10	5	8

表 4－4　冰下水深不足 2.5 m 时药包置于水深一半处的爆破参数

水深/m	不同药量的孔间距/m		
	3 kg	4 kg	5 kg
2.0	5	7	8
1.5	4	6	8
1.0	4	5	6
0.5	3	4	5

3. 构筑冰路

为流放破碎的冰块，一般在河流开冻之前 10 天内，在水中建筑物的上下游两侧开挖一条冰槽，作为流冰通道。冰路的宽度为河床宽度的 1/4～1/3，长度不小于河宽的 3 倍。其中，被保护建筑物下游冰槽的长度为河宽的 1 倍，上游为 2 倍。爆破自下游向上游逐次进行。在建筑物附近的 0.5 m 以内的冰层，只许用人工方法破碎。冰下爆破经常遇到桥墩的安全问题。爆破点距桥墩的安全距离可参考表 4－5。

表 4－5　冰下爆破点距离桥墩的安全距离

药包质量/kg	0.3	0.5	1.0	3	5	10	15	20	25
安全距离/m	6	8	10	15	18	22	25	28	30

4.8.4　爆炸破冰实例

1. 工程背景

黄河某段开河期间进行爆炸破冰综合试验。黄河凌汛灾害易发，容易形成冰塞及冰坝，一旦形成冰塞或冰坝，危害面积广，将造成严重的生命及财产损失。

2. 选取破冰方案

对于黄河冰凌的爆破方法，通常有以下几种：

（1）为保护水工建筑物，在桥墩、堤坝等周围冰层上，进行人工裸露爆破，阻止冰层膨胀压力形成的损害。

（2）出动民兵，人工往冰凌上面抛掷炸药包进行爆破破碎。

（3）出现卡冰结坝时，空军飞机投弹轰炸冰坝，这是目前凌坝爆破的主要手段。

（4）使用追击炮破冰，这种方法由于普通炮弹药量小、弹皮厚，破冰范围不大。

采用飞机投弹破冰方法，在黄河防凌抢险中发挥了积极作用，但航空炸弹的弹片不仅严重威胁周边环境及附近水利电力设施安全，若用重磅炸弹所产生的强大爆炸力还会严重损坏河床，改变河道，引起岸堤滑坡。空中投弹破冰排凌，只能在卡冰结坝后进行，而不能在凌坝形成初期施爆，常常受到风向等气候条件和地面地形条件的限制。这样一旦抢险不及时，就很容易在短时间内造成水灾；而且飞机投弹方法成本相当高。

综合比较分析上述破冰的方法，又根据以往炸药爆破冰凌的经验，有以下总结：①在凌坝形成阶段着手进行施爆，让凌坝处充足的水流冲走破碎的冰块；②用群药包同时起爆要比等量的单个炸药包起爆更有效；③药包设在水下起爆要比冰面起爆的破冰效果更为明显。从长远、安全和经济实用的观点出发，确定采用冰下药包爆炸破冰的方法。

3. 药包施工工艺

采用直径分别为 140 mm 和 180 mm 的 2#岩石乳化炸药药卷，在现场加工成不同尺寸、不同重量的集中药包。药包分别为 8 kg、10 kg、12 kg，采用冰下水中爆炸破冰方法。先使用内燃螺旋钻机或小型钻机平台在冰上预先钻孔（直径 200 ~ 250 mm），然后将集中药包按照设计放入冰下不同入水深度并将绳索置于洞口，最后采用导爆索引爆，如图 4 – 21 所示。

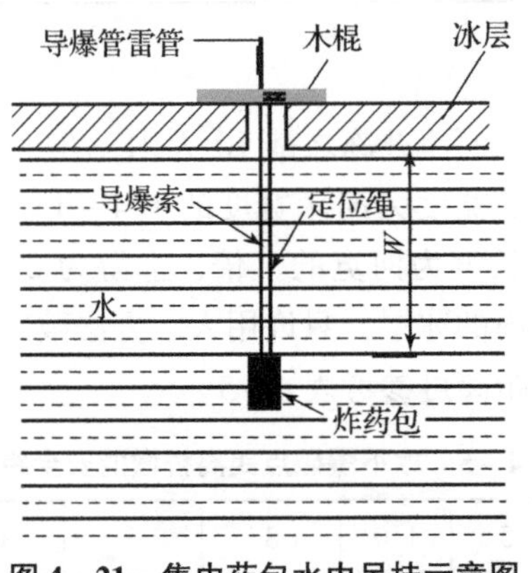

图 4 – 21　集中药包水中吊挂示意图

爆炸破冰在冰上和水中作业，必须采用防水起爆器材，孔内、孔间采用导爆索，排间采用导爆管雷管。

4. 爆炸破冰参数计算公式

冰下药包爆炸破冰参数较多，计算复杂，本书只对药量、破冰体积、孔距与排距的参数设计做简要介绍。

（1）最佳入水深度处破冰体积与药量的关系。破冰体积为最大值时的入水深度为最佳入水深度。根据经验公式，当相关系数 $\gamma = 0.92$ 时，得到药包在最佳入水深度处爆炸破冰体积与药量的关系：

$$V = 23.7Q^{0.34} \tag{4-32}$$

式中，V 为破冰体积，m^3；Q 为炸药药量，2#岩石乳化炸药，kg。

（2）大面积破冰孔距、排距为

$$a = b = 2r_p \tag{4-33}$$

式中，a 为孔距，m；b 为排距，m；r_p 为冰破裂漏斗半径，m。

5. 爆炸破冰注意事项

对于冰下爆破，由于环境比陆地要复杂得多，因此施工的工艺相应也比较复杂。首先必须使用抗冻的防水爆破器材，采用乳化炸药，使用导爆索起爆，它们在 -20 ℃以下仍然可以保证爆破效果。其次装药方法必须考虑到水的浮力和药包悬挂等问题。另外，药包的安置方法与在水中的定位方法也需要考虑。

参考文献

[1] 王传克．卫星用无污染爆炸螺栓 [J]．中国空间科学技术，1992，5：49 -53，65.

[2] 孙勇．某型无污染爆炸螺栓的研制 [D]．南京理工大学．2008.

[3] 王凯民，温玉全．军用火工品设计技术 [M]．北京：国防工业出版社，2006.

[4] 张恒志．火炸药应用技术 [M]．北京：北京理工大学出版社，2010.

[5] 张国顺．民用爆炸物品及安全 [M]．北京：国防工业出版社，2007.

[6] 杨军，陈鹏万，胡刚．现代爆破技术 [M]．北京：北京理工大学出版社，2005.

[7] 何樵登．地震勘探原理和方法 [M]．北京：地质出版社，1986.

[8] 佟铮，马万珍，曹玉生．爆破与爆炸技术 [M]．北京：中国人民公安大学出版社，2002.

[9] 袁绍国，张飞，姬志勇，等．控制爆破理论与实践 [M]．天津：天津大学出版社，2007.

[10] 林英松，蒋金宝，孙丰成，等．爆炸技术与低渗透油气藏增产 [J]．钻采工艺，2007，30 (5)：48 -52.

[11] 丁雁生，陈力，谢燮，等．低渗透油气田“层内爆炸”增产技术研究 [J]．石油勘探与开发，2001，28 (2)：90 -96，106.

[12] 李德聪，陈力，林英松，等．低渗透油田层内爆炸增产技术研究进展 [J]．中国工程科学，2010，12 (9)：52 -56.

[13] 李传乐，王安仕，李文魁．国外油气井“层内爆炸”增产技术概述及分析 [J]．石油钻采工艺，2001，23 (5)：77 -78.

[14] 胡文军．完井与修井中的爆炸技术 [J]．新疆石油学院学报，2000，12 (2)：48 -51.

[15] 吕芳会．野外地震勘探中的震源分析 [J]．内江科技，2010 (2)：94 -95.

[16] 安进华．森林消防炮专用灭火弹结构及动力学研究 [D]．哈尔滨：哈尔滨工程大学机电工程学院，2009.

[17] 何勇，季波，乌兰图雅，等．船用烟火信号光强测试技术研究［J］．应用光学，2008，29（2）：267－270.
[18] 张明方，张富贵，梁向前，等．集中药包爆破破冰的试验研究［J］．工程爆破，2015（5）：43－46.
[19] 刘耀鹏，王克印，陈吉潮，等．超口径森林灭火弹技术研究与展望［J］．信息技术，2012（6）：149－152.
[20] 陈雪礼，王克印，龚华雄．一种森林灭火弹的终点效应分析［J］．消防科学与技术，2010（8）：689－691.
[21] 大卫．船用烟火信号弹［J］．航海科技动态，1995（11）：21，27－28.
[22] 殷怀堂，杨学海，江森，等．冰凌下水中延长药包爆破破冰的试验研究［J］．工程爆破，2010（3）：12－15，27.

第5章 爆炸技术在加工中的应用

5.1 爆炸加工发展概况

爆炸加工技术是以炸药为能源，利用炸药爆炸产生的瞬时高温高压对可塑性金属、陶瓷、粉末等材料进行改性、优化、形状设计、合成等的加工技术。爆炸加工技术包括爆炸焊接、爆炸成形、爆炸切割、爆炸压实、爆炸硬化、爆炸强化、爆炸合成等内容。

金属爆炸加工按接触性质分为两种方式：一种为非接触爆炸。炸药爆炸产生的能量是通过介质传递给工件，此时在工件中产生的压力一般不会使材料产生永久性相变。另一种为接触爆炸。此时炸药爆炸的能量直接传入工件，在金属中产生瞬时高密度应力波，这种应力波会改变材料的机械性能和冶金性能，使部分材料产生永久性相变。接触与非接触爆炸对比如表5－1所示。

表5－1　接触与非接触爆炸对比

对比内容 / 爆炸加工性质	工作压力	加载时间	金属流动速度
非接触爆炸	最低仅几个 MPa	毫秒/ms	小于数千 m/s
接触爆炸	几千 MPa	微秒/μs	大于数千 m/s
对比结论	两者相差1 000倍	两者相差1 000倍	相差10～100倍

利用炸药对金属进行加工已有百余年历史，但近50年才发展成为一种生产手段。这种生产手段注重的不只是炸药释放的总能量，而是它的功率。在许多场合，利用炸药对金属进行加工已成为唯一可行的方法。自爆炸加工技术问世以来，就得到了材料开发和应用领域的人们的高度重视和不断的探索研究。也正因为爆炸加工的高温、高压和瞬时特点，以及目前科学研究手段的局限性，对爆炸加工技术的认识还存在着很多未知的领域。

目前，包括我国在内的世界上为数不多的几个国家已经利用爆炸加工技术（尤其是爆炸焊接技术）进行产品的开发和生产，并且大量地应用于石油、化工、冶金、机械、电子、电力、汽车、轻工、宇航、核工业、造船等各工业领域，尤其是在压力容器行业的应用最为广泛，爆炸加工占复合板总量的70%以上。但由于受到炸药的性能、批次、种类和金属原材料成分、热处理状态、加工状态等的影响，爆炸加工产品的质量稳定性仍然存在着很大的不确定性。因此，对爆炸加工的研究目前仍然是科学技术界的热点问题。

能够预言，随着生产的发展和科学技术的进步，爆炸加工的新工艺和新技术将会不断涌现。其成果不仅将广泛地应用到化工、机械、矿业、建筑、造船、原子能和其他工业中去，而且将大量地用来加工人造卫星构件、空间运载工具、载人通信卫星、空间实验室，以及在空间探索和宇宙航行中人类可能制造的任何装置。今后爆炸加工的发展，正如它以往的发展一样，仍将取决于使用者和设计人员的想象力及创造性。爆炸加工为炸药的和平利用开辟了一条新的和广阔的道路，为金属材料的成形加工和综合利用展示了无限光明的前景。

5.2 金属爆炸焊接

由炸药爆炸的结果而产生的焊接现象，是在第一次世界大战时，炮弹碎片在撞击中偶然地、但强固地焊接在金属构件上而被首先发现的。1957 年，菲利甫丘克（K. V. Philipchuk）在铝坯料向 U 形截面的钢模爆炸成形和冲击的过程中，偶然地发现铝和钢的焊接现象，他将这种现象正式地称为“爆炸焊接”。

爆炸焊接经过几十年的研究、应用和发展，已成为金属爆炸加工领域中使用炸药最多、产量最大、应用最广、迄今前景最好和最活跃的一个分支。爆炸焊接法不仅生产了数以千万吨计的各种金属复合材料，满足了航天、化工、机械制造等各行各业的需要，而且独立地发展成一门崭新的种类繁多的金属加工新工艺和新技术。爆炸复合不锈钢和铝铜爆炸焊块如图 5 - 1 和图 5 - 2 所示。

图 5 - 1　爆炸复合不锈钢

图 5 - 2　铝铜爆炸焊块

能够预言，随着生产的发展和科学技术的进步，利用炸药这个巨大和廉价的能源来进行金属间的焊接，生产各种金属复合材料，以及对它们进行各种深加工，以制造各种用途的产品的新工艺和新技术将会不断涌现。这些成果将被应用到比其他爆炸加工产品更加广阔的领域，并且成为常规金属加工工艺和技术（压力加工、铸造、焊接、热处理、机械加工和其他制造复合材料的方法等）的重要和不可或缺的补充。

5.2.1 爆炸焊接的特点及应用

爆炸焊接这门新工艺与新技术之所以能够独立存在，并且在不长的时间内获得迅速的发展和较为广泛的应用，主要原因在于它具有许多特点和优点。

1. 爆炸焊接的特点

1）理论基础上的特点

金属爆炸焊接是介于金属物理学、爆炸物理学和焊接工艺学之间的一门边缘学科。这三门学科和其他有关学科的基本理论必然会为它的研究与发展提供必要的理论基础，使其成为有源之水和有本之木。可以预言，已有学科的基本理论在爆炸焊接中的广泛应用，新的研究课题的不断解决，必将为爆炸焊接的理论研究、实践应用和发展展现出广阔的前景。所有这些成果，不仅会为爆炸焊接理论的建立提供丰富的资料，而且会为爆炸物理学、金属材料科学和焊接科学增添新的篇章。

2）能源上的特点

任何金属的焊接，都需要某种形式的能源。例如，机械能、电能、热能、光能和化学能等。这些能源在金属焊接的时候，都会发生一定形式的转换。然而，这些焊接工艺中能量转换的次数相对来说是不多的，其转换的过程和金属间焊接的过程也比较长。就时间而言，以分和秒计。相对应地，爆炸焊接的能源是炸药的化学能。这种化学能在爆炸焊接的过程中，在炸药－爆炸－金属系统内将发生多种和多次能量的传递、吸收、转换和分配，最后形成金属之间的焊接接头。这种能量转换的过程十分复杂，却始终依次和有条不紊地进行。要特别指出的是，爆炸焊接能量转换的过程，像爆炸焊接过程一样十分短暂，在时间上以微秒计。

3）工艺上的特点

常规焊接的过程都需要一定的设备、工艺和技术，然而，爆炸焊接的操作和过程却非常简单。它不需要昂贵的设备和复杂的工艺，也不一定要求十分熟练的技术。实际上，只要有炸药、金属材料和一块开阔地（爆炸场），以及为数不多的辅助设备和工具，在稍有技术训练和实践经验的人员的操作下，不仅能够很快地进行爆炸焊接试验和生产，而且这种试验和生产的规模及范围，可以随工作人员的增加和机械化程度的提高以及市场的扩大而迅速扩大。目前在我国已做了大量基础工作和有一定科技储备的情况下，爆炸焊接是一种能够迅速上马、快速应用、投资少和见效快的新工艺及新技术。

4）焊接上的特点

用爆炸焊接法已经焊接了数百对物理和化学性能相同、相近及相差悬殊的金属组合。复合板的最大面积达 300 m^2。板与板、板与管、管与管板、管与棒以及异形件都可以爆炸焊接。形状复杂的双金属蜗轮叶片、数十层及数百层箔材爆炸焊接成功了，金属与玻璃、塑料和陶瓷也能爆炸焊接在一起。总之，用常规焊接方法能够制成的产品，爆炸焊接法原则上可以制成；用常规焊接方法不能或难以制成的产品，爆炸焊接法原则上也可以制成。

对于爆炸焊接来说，无论是金属组合的数量、类型和焊接性方面，还是焊接的面积和速度方面，抑或是在操作的简便、成本的低廉方面，以及产品的性能和广泛应用方面，其都是其他焊接方法比不上的。原则上说来，爆炸焊接能简单、迅速而有效地为大面积、高质量和多种形状的相同金属，特别是不同金属的焊接，提供一个不可替代的方法和工艺。

5）焊接过渡区上的特点

爆炸焊接双金属和多金属的接合区是基体金属之间的成分、组织和性能的过渡区，在一般情况下，它具有金属的塑性变形、熔化和扩散，以及波形的明显特征。在爆炸焊接过程中，由于高的加热和冷却速度以及接合区金属的塑性变形（加工硬化），接合区金属的硬度一般比基体金属高。成分分析结果表明，在该区中存在着液态和固态下基体金属原子之间的相互扩散。这一切表明，在接合区中发生了如此众多的成分、组织和性能的变化。具有此特性的接合区（过渡区），从理论上说来，就是爆炸焊接的热影响区。爆炸焊接的过渡区通常很窄，但它却是强固地联结基体金属的纽带。

6）性能上的特点

爆炸焊接的接合区在微观上融合了压力焊（塑性变形）、熔化焊（熔化）和扩散焊（扩散）的特性，这就为不同基体金属原子之间的结合提供了更多和更好的条件。正因为如此，不仅同种金属，而且异种金属都可以爆炸焊接。它们的结合强度通常不低于基材中的较弱者的抗拉强度。也正因为如此，爆炸复合材料，如钛－钢和不锈钢－钢等，经受得住后续的校平、转筒、切割、焊接、轧制、冲压、旋压、锻压、挤压、拉拔和热处理，以及爆炸成形等常规及非常规的压力加工和机械加工，而不会分层和开裂。

爆炸复合材料在使用过程中，当一边出现裂纹和裂纹发展的时候，该裂纹将在界面上被阻止。这样就能够延缓材料断裂的过程，延长其使用寿命。

爆炸载荷作用后，基体金属会有一定程度的硬化和强化。然而它们的一些特殊的物理和化学性能，如耐蚀材料的耐蚀性能、导电材料的导电性能、双金属的热力学性能等，通常不变。这就是说保持了它们原有的使用性能。因此，爆炸复合材料对于提升基体材料相应特殊的物理、力学和化学性能提供了最佳的适用条件，并展示出充分发挥利用材料性能的广阔前景。

2. 爆炸焊接的应用与局限

爆炸焊接和爆炸复合材料的应用范畴可概括为两个主要方面。

第一，爆炸焊接作为一种金属焊接的新工艺和新技术，是迄今已知的焊接工艺和技术所无法比拟的。其实，只要金属材料具有一定的塑性和冲击韧性，它们就能在常温下任意组合地爆炸焊接起来。即使塑性和冲击韧性低的材料，利用热爆方法也能将它们焊接起来。对于金属材料的焊接来说，各种新能源的利用，将促进焊接技术的发展。炸药这个巨大能源的利用，使爆炸焊接成为这个领域中新开辟的一种焊接新技术。

第二，爆炸焊接是金属复合材料生产的新工艺和新技术，这是它最大的用途。特别是爆炸焊接和各种压力加工、机械加工工艺联合起来之后，将使其他复合材料的生产方法和工艺黯然失色。无论在品种、规格、产量、质量、市场、成本或效益上，爆炸焊接都具有明显的优势。实践证明，爆炸复合材料领域是材料科学体系的丰富和扩展，爆炸复合材料是新的发展方向和前沿之一，还是一支实现材料可持续发展的重要方面军。

目前，爆炸焊接以及爆炸加工领域的其他新工艺和新技术，在发展过程中还存在多个方面的问题，这些问题已成为其进一步发展的障碍。

第一，人们对使用炸药感到担心。炸药的危险性和破坏性人所共知。正由于此，在将炸药由军用转为民用的时候，人们往往难以转变观点，有的还谈虎色变。

第二，这种工艺的实施多在野外进行，难免受气候和天气的影响。

第三，难以实现自动化，在机械化程度不高的今天，体力劳动的强度还是比较大的。其难以应用到有突变截面的材料的焊接，大厚度覆层的焊接也较难。

第四，对于复合板的爆炸焊接来说，面积不能无限大；覆层的厚度不能太厚，基层的厚度不能太薄；对于强度高和塑性低的材料，焊接强度较低；冲击韧性低的材料在常温下爆炸容易脆裂。

第五，这门学科的理论基础还存在严重的不足。特别是在爆炸载荷下金属材料在高压、高速、高温和瞬时的塑性变形过程中的性态还研究得不够，接合区的微观组织和性能也研究得不充分，等等。因而，爆炸焊接的机理还未彻底揭露。

然而，这些问题不仅会被逐步解决，而且与上述优点比较起来毕竟是次要的。爆炸焊接如此众多的特点和优点，既是它独立存在的原因，又是它获得广泛应用和迅速发展的动力。相信随着实践经验的不断丰富、理论研究的逐步深入和应用领域的迅速扩大，爆炸焊接的特点将会越来越多并越来越充分地显现出来。随着时间的推移，应用科学和技术科学百花园中的这朵新花，将会绽开得更加绚丽多彩。

5.2.2　爆炸焊接的基本原理与规律

平板爆炸焊接平行布置是工程中最常见的爆炸焊接形式。放置在上面的金属板称为覆板或飞板，下面的称为基板。在覆板上敷设一定厚度的炸药；为防止炸药爆炸时产物的高温烧伤覆板板面，通常在覆板上涂装防护层。基板与覆板间用支撑物保持相等宽度间隙，工程上称之为架高或炸高；间隙的作用是提供加速距离，以使覆板在爆炸驱动下达到一定可焊程度。

当炸药在一端被引爆后，炸药中的爆轰波以爆速 D 沿覆板板面传播。爆轰波传播过后，波后的高压爆轰气体剧烈膨胀，压力驱动覆板快速弯折加速向下运动，直到与基板发生倾斜碰撞。倾斜碰撞的结果会在基板与覆板之间产生一股金属射流，射流可以带走板材结合接触部分的氧化物与污物，起到焊接“自清理”作用。在碰撞点附近的极高压力与变形量以及高速变形产生积累的热量共同作用，使基板与覆板之间完成冶金结合，形成爆炸焊接。

1. 爆炸焊接中波纹的形成

爆炸焊接的典型特点是金属接合区的波浪形剖面，如图5－3所示。在爆炸焊接的特殊条件下，已焊接材料的分界面是接触间断面，把抛掷板件的动能转化为塑性变形功的最有利形式之一，就是波纹形成的过程。它反映了残余变形较严格的周期性和规律性。

波纹形成的条件如下。

（1）板件碰撞应发生于亚声速状态，即接触点速度 V_k 应当低于相互碰撞板件材料中的声速。

（2）接触点邻近区域中的压力应显著高于相互碰撞板件材料的强度，这个条件可用如下不等式做解析表达：

$$p_k = \frac{\rho_1 + \rho_2}{2}\frac{V_k^2}{2} \geqslant 10\frac{H_1 + H_2}{2} \tag{5-1}$$

式中，H_1 和 H_2 分别为相互碰撞两个板件的硬度。

图 5-3　爆炸焊接中的波浪形剖面

(3) 碰撞角 γ 应大于某个最小值 $\gamma_{min}=6°\sim7°$。

2. 爆炸焊接中射流的形成

爆炸焊接中碰撞的方式类似于形成平面射流的平板斜碰撞，但在进行爆炸焊接的相关参数 V_k、γ 范围内，一般不会形成稳定的射流。在接触点前方并不形成密实的聚能射流，而是形成离散粒子的气团，虽然其生成机制与密实射流相同。离散射流的初始厚度大约相当于金属板表面微不平度的高差，因此在爆炸焊接的典型碰撞状况下没有理由预期会形成密实的聚能射流。

3. 爆炸焊接中接合的形成

爆炸焊接接合的必要条件主要包括以下三个方面：待焊接表面的自清理、爆炸焊接参数区域的下界条件以及爆炸焊接参数区域的上界条件。

1）待焊接表面的自清理

爆炸焊接中存在自清理过程，其原因是离散的聚能气流的形成。在发生强烈塑性变形的同时，待接合板件表面层发生活化，这也是形成牢固接合所必需的。图5－4所示为接合区中离散聚能射流的流动示意图。

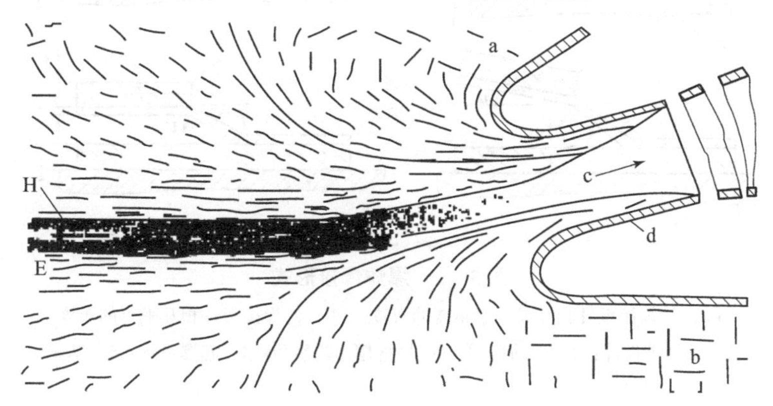

图5－4 接合区中离散聚能射流的流动示意图

H—细晶粒结构层；E—拉长晶粒结构层；a—被抛掷板件；
b—不动板件；c—离散聚能流；d—氧化物和吸附气体组成的表面

2）爆炸焊接参数区域的下界条件

目前计算下界的经验公式中应用最广泛和最有根据的是

$$\gamma = \sqrt{\frac{HV}{\rho V_k^2}} \tag{5-2}$$

式中，HV 为材料的维氏硬度。具有不同硬度的两种金属材料进行焊接时，要采用较软金属的硬度值；两种性质相差很大的材料焊接时，应采用两种材料硬度的平均值。

3）爆炸焊接参数区域的上界条件

斜碰撞板件的速度增大时，接合区中塑性应变强度上升，释热功率增强，可能使板件表面层熔化，然后通过热传导，热量向金属板内传输，导致熔化区的凝固。卸载过程与这些热物理过程同时发生，随着接触点远去，高压缩应力区转变为拉伸应力区。如果在所考察点处这个转变发生在熔化物凝固之前，焊接接合将受到破坏。因此，爆炸焊接区的上界可由如下条件规定：

$$t_1 \geqslant t_2 \tag{5-3}$$

式中，t_1 为所考察点处压缩应力的存在时间；t_2 为熔化金属的凝固时间。

5.2.3 爆炸焊接的基本形式与参数

爆炸焊接采用两种基本的工艺形式：待焊接板件相互形成一定角度 α 的布置，以及焊接件相互平行的布置，如图5－5所示。

炸药层爆轰时在膨胀爆炸产物的高压力作用下，被抛掷板件各个段落相继获得量级为数百米每秒的速度 V_0，相对于其原始位置发生转动，并与相夹一定碰撞角度 γ 的不动板件碰撞。碰撞过程中两者的接触点沿不动件表面以速度 V_k 移动。由于高速碰撞接触区内产生高

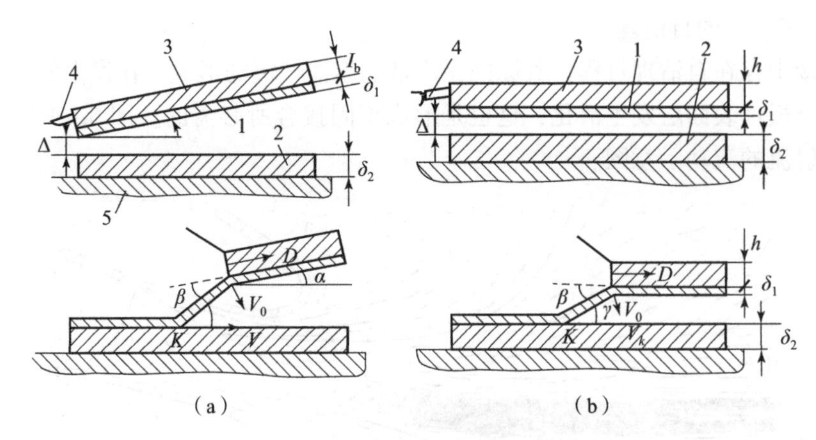

图 5－5　爆炸焊接形式

(a) 待焊接板件相互成一定角度的布置；(b) 待焊接板件相互平行的布置

1—被抛掷板件；2—不动板件；3—抛掷用炸药装药；4—起爆系统；5—基座

压，对待接合表面能进行及时清理，提高其活性并形成接合。爆炸焊接得到的两板接合界面具有典型的波纹形状，然而迎面碰撞的接合不会形成波纹。

1. 爆炸焊接过程的运动学参数

爆炸焊接过程的运动学参数主要包括板件抛掷速度 V_0、抛掷板件单元的转动角 β、碰撞角 γ、接触点运动速度 V_k。

以下为这些参数的计算方式：

在板件初始相互平行布置的情况下：$V_k = D$，$\gamma = \beta$

在板件之间有一定夹角的布置情况下：$V_k = D\sin\beta/\sin\gamma$，$\gamma = \alpha + \beta$

板件抛掷速度 V_0：

$$V_0 = 1.2D\frac{\sqrt{1+\frac{32}{37}r}-1}{\sqrt{1+\frac{32}{37}r}+1} \tag{5－4}$$

抛掷板件单元的转动角 β：

$$\beta = \left(\sqrt{\frac{k+1}{k-1}}-1\right)\frac{\pi r}{2(r+2.71+0.184/y)} \tag{5－5}$$

以上各式中，D 为爆轰速度；r 为载荷系数；k 为与装药有关的常数。

2. 爆炸焊接过程的动力学参数

1) 碰撞压力 p

(1) 正面碰撞近似。

如果已知材料的冲击绝热线为冲击波速度与粒子速度之间的线性关系式，则未知的碰撞压力可以由 (p, u) 平面上两条冲击绝热线的相交点确定。板件界面处粒子速度 u 则由下面二次代数方程式的解确定：

$$\rho_1(V_0-u)[a_1+b_1(V_0-u)] = \rho_2 u(a_2+b_2 u) \tag{5－6}$$

式中，a_1、a_2 和 b_1、b_2 为相碰撞两个板件材料的冲击绝热系数。引入记号：

$$A = \frac{\rho_2}{\rho_1}b_2 - b_1, B = \frac{\rho_2}{\rho_1}a_2 + a_1 + 2b_2V_0, c = a_1V_0 + b_1V_0^2 \tag{5-7}$$

则可得出

$$u = \frac{B - \sqrt{B^2 - 4AC}}{2A}, p = \rho_1(V_0 - u)[a_1 + b_1(V_0 - u)] = \rho_2 u(a_2 + b_2 u) \tag{5-8}$$

（2）流体动力学计算模型。

在与接触点相固结的坐标系中，板件碰撞的过程等价于两股射流的定常碰撞。两股理想不可压缩流体对称碰撞时，按流体动力学近似计算的滞止点处最大压力，可由如下伯努利公式确定：

$$p_{\max} = \frac{\rho_1 V_k^2}{2} \tag{5-9}$$

引用文献中计算得到的碰撞面上压力分布的参数形式的关系式：

$$p = p_{\max}\left[1 - \left(\frac{(\eta - t)^{\frac{1}{2}} - \cot\frac{\gamma}{2}(\eta + t)^{\frac{1}{2}}}{(\eta - t)^{\frac{1}{2}} + \cot\frac{\gamma}{2}(\eta + t)^{\frac{1}{2}}}\right)^2\right], \eta = \exp\left(\frac{\pi}{2\sin\gamma}\right)$$

$$x = \frac{\delta_1}{\pi}\left[\sin^2\frac{\gamma}{2}\ln(\eta + t) - \cos^2\frac{\gamma}{2}\ln(\eta - t) + \sin\gamma\arcsin\frac{t}{\eta}\right] \tag{5-10}$$

式中，t 为参数；x 为碰撞面上从接触点 K 起算的位置坐标。

2）接合区内压缩应力的作用时间

亚声速斜碰撞情形中，离接触点一定距离处工件中拉伸应力将替代高压缩应力。接合区中拉伸应力出现的时间 t_1 可以由式（5－11）确定：

$$t_1 = \left(0.5 + 0.66\frac{\rho_1 V_k^2}{G}\right)\frac{\delta_1}{V_k} \tag{5-11}$$

式中，G 为板件材料的剪切模量。实际计算中往往假设

$$t_1 = \frac{\delta_1}{V_k} \tag{5-12}$$

通过变更装药高度和焊接间隙值来变动 V_k，从而可以控制时间 t_1。

3）接合区的温度

爆炸焊接时金属接合的过程伴随着接合区内温度的急剧升高，金属的加热主要起因于其在接触区内的塑性变形。对板件加热具有决定性作用的因素是：动态压缩中金属的绝热加热，由于板件之间空气快速压缩以及板与板之间的摩擦对金属的预加热。接合区内温度的实验测量结果表明，爆炸焊接中发生加热的金属表面层厚度为 10～70 μm，加热温度达到 700～1 450 ℃。

5.2.4　大板爆炸焊接

1. 板长度的影响

随着板长度的增加，双金属板接合强度逐渐下降，直至离起爆点距离大于一定值处出现连续的分层化现象。大多数学者把这种现象归结为板件之间间隙中空气的影响。由于冲击波

压缩，间隙中空气的温度和压力急剧升高。

2. 板厚度的影响

当被抛掷板的厚度超过 10 mm 时，板件周边部位会形成未焊透形式的缺陷，出现这些未焊透点的原因是抛掷装药爆轰产物侧向飞散，导致碰撞过程不是定常的。

5.3 爆炸切割

按装药结构和利用能量形式的不同，金属爆炸切割工艺主要有聚能切割、接触式炸药切割和应力波切割，聚能切割是如今的主要应用方向。聚能切割技术最初于 20 世纪 60 年代首先用于军事和宇航，以后又逐渐推广用于工程技术领域。在解体拆除钢架桥梁、快速挖坑、抢险和海滩救助中切割电缆和锚链、打捞沉船疏通航道、拆除海上钻井平台和射孔采油、贵重石材开采等方面有着广泛的应用。

5.3.1 金属爆炸切割

对金属结构物的爆破，用常规爆破方法，用药量大，装药设置难度大，而且危害效应大，难以达到理想的爆破效果。采用聚能切割爆破，具有炸药消耗少、装药设置简便、爆破效果理想、危害效应小的优点，因此聚能切割技术已经成为金属结构物爆破的不二选择。对于金属结构物的线型聚能切割爆破，主要是利用线型聚能切割器切割金属型材构件。

聚能切割器是利用聚能装药原理制成的一种带有金属药型罩的线性装药。当聚能药包爆轰时，爆轰波到达金属罩壁面的初始压力高达数万兆帕，远远大于金属材料的强度。金属罩在运动过程中所产生的塑性变形功转化为热能，使罩的温度上升，进一步降低材料的强度，以致药型罩被压垮，爆炸产物在推动罩壁向对称轴线运动的过程中将能量传递给金属罩，由于金属的可压缩性小，能量极大部分表现为动能形式，形成速度与动能比爆轰气体更高的金属射流。形成的金属粒子射流沿聚能槽法线方向做高速运动，流速可达 5 000 m/s 以上，在对称面上发生闭合高速碰撞，形成高速的连续薄层状射流（通称“聚能刀”），对目标进行切割。此时目标表面压力可达数百万大气压，如果厚度适当，射流造成目标材料侧向位移，会使目标一分为二。

金属型材构件常选用钢板、槽钢、角钢、工字钢、钢管等，聚能切割器有柔性切割索、组合式切割器，或采用 TNT 直列装药爆炸切割。聚能切割器可以根据爆破线的形状设置成 I 形、L 形、T 形、U 形、H 形、O 形等。按照爆破各部位的形状，将切割器设置在炸断线的各个部位，用铁丝、绳索、胶布及小木块等辅助器材对切割器进行固定。

聚能切割器起爆体必须可靠起爆聚能切割器的装药。试验中起爆点的设置有三种方式：第一种设置在装药的端部药型罩顶角内侧；第二种设置在装药的端部顶角外侧；第三种设置在聚能切割器中央外侧位置。起爆体用 8 号雷管直接引爆。TNT 直列装药的起爆点设置在中间位置。如图 5-6、图 5-7 所示。

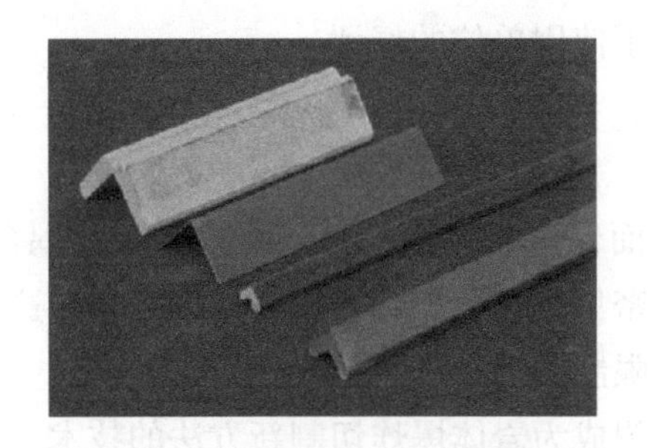
图5－6　聚能切割器的类型

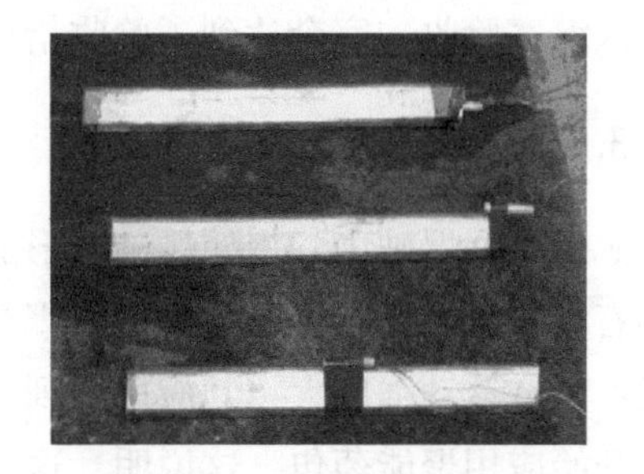
图5－7　起爆点位置设置

聚能切割装药与外部药包爆破钢结构物相比，装药量仅为外部药包的几十分之一至几分之一；聚能切割装药根据炸断线的要求，可以方便地加工成所要求的形状，且能够实现理想的切割断面和理想的切口方向；对于不同型钢的切割爆破，需要按照切割线上的最大厚度选择切割器；在型材的每个面都要设置起爆点，起爆点位置对切割效果的影响较大，起爆点应当选择在切割器顶部外侧。聚能切割靶板效果如图5－8所示。

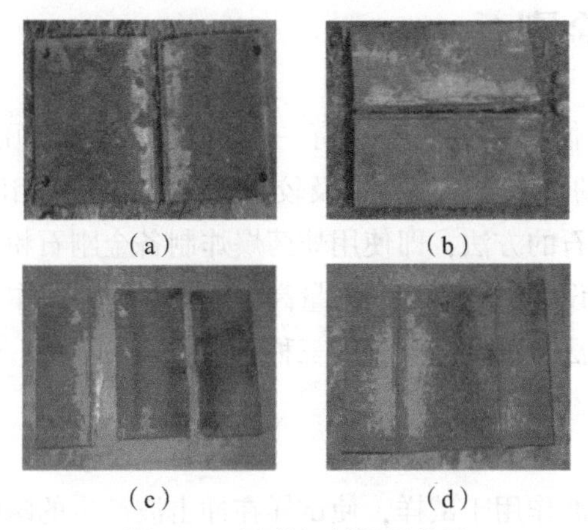

图5－8　聚能切割靶板效果

金属爆炸切割常用在飞机救生领域。飞机驾驶舱顶部为金属结构而不是传统的座舱盖结构，在弹射救生过程中，采用聚能切割技术，切割金属结构形成“座舱盖”并抛放以清理弹射通道，已在B－1B、B－2飞机上采用。在弹射前首先清理弹射通道是弹射救生系统设计的基本原则。由于对隐身性能的要求和轰炸机本身的结构特点，先进的轰炸机驾驶舱顶部一般采用金属结构，而不是透明的玻璃舱盖。B－1B、B－2等飞机舱盖与机身结构采用固定连接，弹射通道的清理则采用了聚能切割技术。应急弹射时，首先在金属舱顶结构的后部切割一个小的舱口盖来进行座舱减压，然后在连接螺栓的内侧进行聚能切割，形成“座舱盖”，最后利用递减燃烧的火箭来抛放“座舱盖”。

随着我国石油工业的迅速发展，石油的钻、采技术正从陆地向浅海、深海领域发展，由于钻井平台钻井后遗留在海上的套管埋入海底以下1 000～4 000 m，露出水面2～6 m，有的则刚露出水面或埋入海水中，这些钢管给海上航行带来严重的隐患，为此也必须采用水下爆炸切割予以清除。因此，金属爆炸切割还可应用于石油开采领域。如在地面模拟实验取得成功的基础上，对胜利油田浅海公司在渤海湾所打的8口井进行了海上水下爆炸切割，经过潜水员潜入海底验收，完全达到了验收指标，得到了使用单位的好评。

5.3.2 岩体爆炸切割

在矿山预裂爆破中，为使爆破后形成的断裂面保持岩石的完整，大多采用不耦合装药。在一些石材开采矿山，同样也采用不耦合装药和密集炮孔预裂爆破法来切割石材。这些方法由于成本高、劳动强度大，其应用受到了很大的限制。近年来国内科技工作者在研究岩体切割时也开始应用聚能药包，这说明，这是一项有望成为岩体爆炸切割新方法的技术。由聚能装药爆炸切割岩体的预裂爆破原理分析可知，炮孔壁上开裂缝的形成是爆炸所产生的气体准静态压力作用于孔壁，由于相邻炮孔的存在而造成孔间连线方向上的拉应力集中，从而导致炮孔壁的开裂。然而采用聚能装药切割不仅在多孔爆破时形成定向断裂面，而且在单孔聚能装药切割时也同样形成定向断裂面。炮孔壁的定向开裂是聚能罩形成的金属射流切割孔壁的结果。采用聚能药包爆炸切割来实现精确控制断裂面的方法是可行的。

5.4 爆炸合成金刚石

提到合成金刚石，人们首先会想到已有一段历史的石墨高压相变合成金刚石的方法(包括静压法和用冲击波的动态加压法）以及较为普遍的化学气相沉积（CVD）法。在这之后出现了第三种合成金刚石的方法，即使用炸药爆炸制备金刚石粉的方法。爆炸法合成金刚石不需要大吨位压力机械设备，投资少，产量高，方法简便，成本低。根据爆炸作用及相变原理，可以进一步将爆炸法合成金刚石分为三种方法：冲击波法、爆轰波法、爆轰产物法。

5.4.1 冲击波法

冲击波法是指将冲击波作用于试样，使试样在冲击波产生的瞬间高温高压下相变为金刚石。试样包括石墨、灰口铸铁及其他碳材料。利用冲击波爆炸合成金刚石的装置有两种：一种是平面飞片法，即利用飞片积储能量，然后高速拍打石墨试样获取高温和高压，如图5-9（a）所示；另一种是收缩爆炸法，则是利用收缩爆轰波，使大量能量集中于收缩中心区，造成很大的超压和高温，来提供石墨相变所需要的条件，如图5-9（b）所示。目前采用的爆炸装置中多为收缩爆炸法，可主要通过三种方法实现：如柱面收缩的炸药透镜法、对数螺旋面法、金属箔瞬时爆炸引爆法等。为了提高能量利用效率，可以将平面飞片法与收缩爆炸法结合起来，如图5-9（c）所示，从两个角度利用爆炸的能量，同样药量下，金刚石产量大致可以提高一倍。

5.4.2 爆轰波法

爆轰波法是指将可相变的石墨与高能炸药直接混合，起爆后利用炸药爆轰产生的高温高压直接作用于石墨，爆轰波过后产物飞散而快速冷却得到金刚石。这种方法中，作用于石墨的不是冲击波，而是带有化学反应的爆轰波。爆轰波法与冲击波法比较相似，这两种条件下石墨向金刚石转变都是非扩散直接相变。

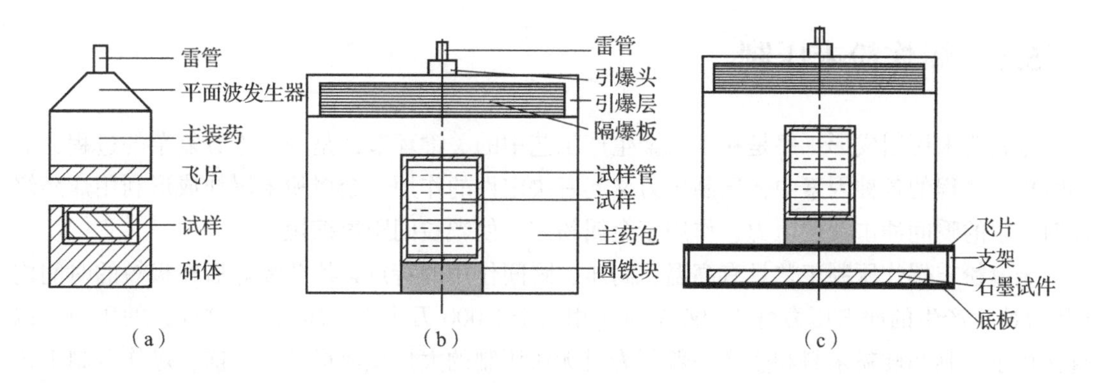

图 5 –9　冲击波爆炸合成金刚石的装置简图

5.4.3　爆轰产物法

利用炸药爆轰的方法合成纳米金刚石被誉为金刚石合成技术的第三次飞跃。爆轰合成超微金刚石（ultrafine diamond，UFD）与冲击波法和爆轰波法不同，它是利用负氧平衡炸药爆轰后，炸药中过剩的没有被氧化的碳原子在爆轰产生的高温高压下重新排列、聚集、晶化而成纳米金刚石的技术，所以又称为爆轰产物法。爆轰过程的瞬时性决定了 UFD 的纳米小尺寸。

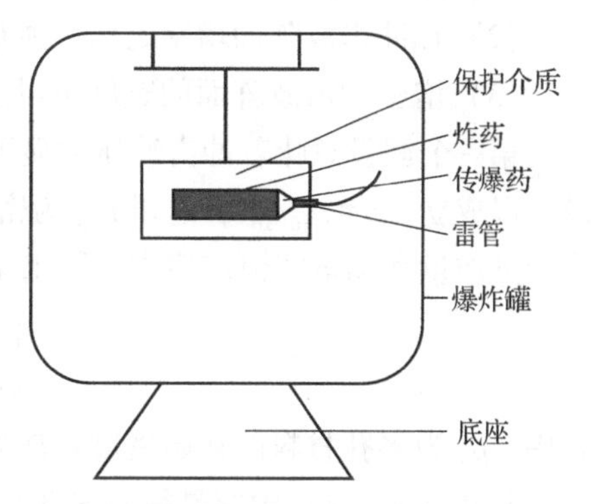

图 5 –10　爆炸合成装置示意图

UFD 的制备过程较为简单，图 5 – 10 所示为爆炸合成装置示意图。在合成金刚石的过程中，TNT 之类的负氧平衡炸药主要提供碳源。按化学反应式计算，当使用 TNT/RDX（50%/50%）混合炸药时，游离碳的生成量最多为 14%。爆炸在密闭的容器中进行，容器中要填充惰性介质以保护生成的金刚石，试验结果表明惰性介质也会导致 UFD 生成率的变化，不同装药条件、不同保护条件下 UFD 的生成率如表 5 – 2 所示。

表 5 –2　不同装药条件、不同保护条件下 UFD 的生成率

炸药配方 / 合成工艺	TNT	RDX	TNT/RDX (70/30)	TNT/RDX (50/50)	TNT/RDX (50/50)	NQ/RDX (50/50)	NM/RDX (40/60)
装药形式	注装	压装	注装	注装	压装	注装	注装
保护介质	N_2	N_2	N_2	水	N_2	水	水
UFD/%	2.8	1.1	7.5	9.1	3.5	0.4	0.3

5.5 爆炸粉末压制

金属粉末压制成形工序是粉末冶金生产工艺中的关键环节，是一个十分复杂的过程，而影响压制过程的各种因素中，压制压力又起着决定性的作用。金属粉末爆炸成形利用炸药爆炸时产生的瞬间冲击波的压力，作用于金属粉末，使颗粒间距离缩短。

金属粉末爆炸压制工艺具有高温、高压、瞬间作用的特点，炸药爆炸后在极短的时间内（几微秒）产生的冲击压力可达106 MPa（相当于1 000万个大气压力），这样大的压力可以直接用于压制超硬粉末料和生产一般压力机无法压制的大型预成形件。目前，爆炸压制工艺已成功用于金属碳化物、金刚石等合成制备。

5.5.1 粉末冲击压缩模型

在多孔材料冲击压缩的简单模型中，其基本假设如下：

（1）作用很轻微的（可忽略的）载荷之后，多孔材料即发生增密。

（2）在冲击波阵面增密之后，所形成的密实材料成为不可压缩材料。

（3）增密冲击波阵面的宽度可以忽略不计。

第一个假设意味着冲击波压力显著超过被增实材料的强度。对于较弱冲击波，第二个假设可以成立，$p \ll \rho_{s0} c_{s0}^2$，这里 ρ_{s0} 为密实物质密度，c_{s0} 为密实材料中声速。最后，用冲击波阵面处质量和动量守恒定律方程写出第三个假设，即

$$\begin{cases} \rho_0 D = \rho_{S0}(D - u) \\ p = \rho_0 D u \end{cases} \tag{5-13}$$

式中，ρ_0 为多孔材料的初始密度；D 为冲击波速度；u 为多孔材料质点速度。

从式（5－13）中容易得到多孔材料的冲击绝热线，其形式是 $D = D(u)$，$p = p(u)$：

$$D = \frac{u}{m}, p = \frac{\rho_0 u^2}{m} \tag{5-14}$$

式中，m 为孔隙度，并且 $m = 1 - (\rho_0 / \rho_{s0})$。

5.5.2 粉末颗粒结合机制

对粉末材料爆炸压实之后得到的样品进行微结构分析，可以看出存在如下几种颗粒结合的机制。

1. 爆炸焊接

焊接的必要条件是相夹一定角度的两个金属表面的相互碰撞，爆炸压实时在大量接触点之间产生类似条件，高速碰撞下焊接区具有波纹形状。

2. 摩擦焊接

高压力和粒子间的相对移动导致摩擦表面加热，使得颗粒间形成焊接。在显微照片上，颗粒间这种结合的特点是具有光滑的分界面。

3. 爆炸液相烧结

冲击波加热引起颗粒表面层熔化，接着发生快速冷却。由于颗粒间的这种结合是通过颗

粒熔化而实现的，所以称这种过程为爆炸液相烧结。造成液相烧结进行条件的爆炸装置参数的优化选择，具有很大意义，因为爆炸液相烧结制造的、由包覆晶化熔融物的强化晶粒组成的高硬度材料，具有重要的发展前景。

金属粉末爆炸压制工艺因其具有高温、高压、瞬间作用的特点，既可用于压制超硬粉末料、大型预成形件，又可用于合成金属间化合物、超细金刚石以及超导、磁性等新型工业材料，为新型材料的开发与制备开辟了广阔的发展前景。

5.6　爆炸喷涂

5.6.1　爆炸喷涂概况及优点

目前，爆炸喷涂已成功地应用于很多材料，如金属及合金、玻璃、陶瓷等，可以喷涂的涂层材料十分广泛，包括各种金属合金、金属间化合物、陶瓷、金属陶瓷等。与其他喷涂工艺相比，爆炸喷涂工艺具有涂层与基体的结合强度高、成分相同时爆炸喷涂所得的涂层硬度高、涂层的气孔率低、涂层的光洁度高、工件温度低等优点。受工艺条件、成本的限制，目前爆炸喷涂工艺主要应用于航空航天领域，解决关键部件的耐磨等问题。

5.6.2　爆炸喷涂原理

爆炸喷涂的设备工作原理如图5-11所示，O_2 和 C_2H_2 经过阀门系统送到混合室内，混合成一定的气体物，然后从混合室进入枪管中。同时，将一定量的粉末雾化后送入枪体，电火花点燃混合物，产生爆轰波。每次爆轰后，混合室和枪管内送入 N_2，消除枪管中的燃烧产物，防止回火。研究结果表明，要获得好的喷涂效果，燃烧气体中 O_2 和 C_2H_2 的比例非常重要。

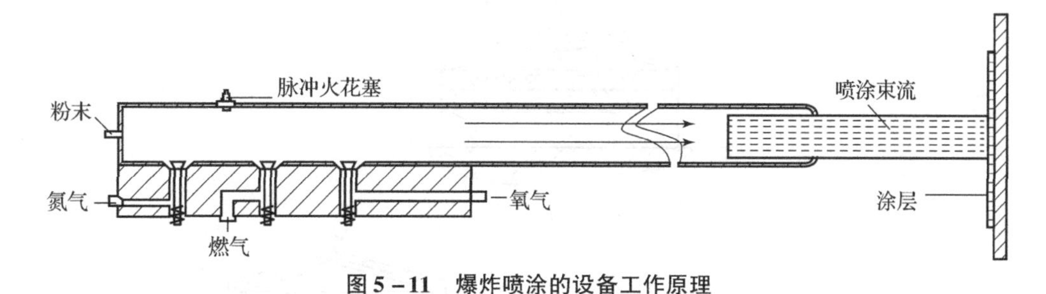

图5-11　爆炸喷涂的设备工作原理

5.6.3　喷涂工艺提高与改进

爆炸是一种快速的能量释放过程，爆炸波可分为爆燃波和爆轰波。前者速率是亚声速，后者速率是超声速，爆轰波具有更大的冲击压力、速率和爆炸温度。因此，为获得好的喷涂效果，爆炸喷涂产生的爆炸波应是爆轰波。

（1）爆轰波的特性决定了爆炸喷涂设备枪体的长度在1 m左右。要缩短枪体的长度，需要寻找新的燃烧气体，缩短从爆燃到爆轰的距离；或者改变获得爆轰波的方式，点火后直接达到爆轰波，但这种爆轰波理论目前还没有建立起来，应用到爆炸喷涂设备上还有许多工作要做。

（2）爆轰波的速率与燃烧气体混合物的密度、纯度有很大的关系，目前用 N_2 送粉，即使很少量的 N_2 都会降低爆轰波的速率，影响喷涂质量，因此在使用高纯度的爆炸气体的同时，应改进送粉系统，减少或消除 N_2 的影响。

（3）计算机技术的发展有可能使爆炸喷涂的控制系统实现自动化，提高涂层质量。

5.7 爆炸强化

金属爆炸复合材料的爆炸强化是指爆炸焊接后其强度指标相对于原始强度指标的提高。材料的爆炸硬化通常导致相应的爆炸强化。爆炸复合材料的爆炸强化包含两个方面的内容：一是爆炸焊接后基体金属各自抗拉强度的提高；二是爆炸焊接后复合材料总体抗拉强度相对于组成它的基体金属的抗拉强度的提高。

5.7.1 爆炸强化实现方法

工业规模的爆炸强化一般采用与待强化部件紧密接触的薄层塑性（或弹性）炸药，发生滑移爆轰形成冲击波实现，如图 5－12（a）所示。这种炸药的密度为 1.5～1.6 g/cm³，爆轰速度为 7～8 km/s，钢材中冲击波压力可达到 15～20 GPa。

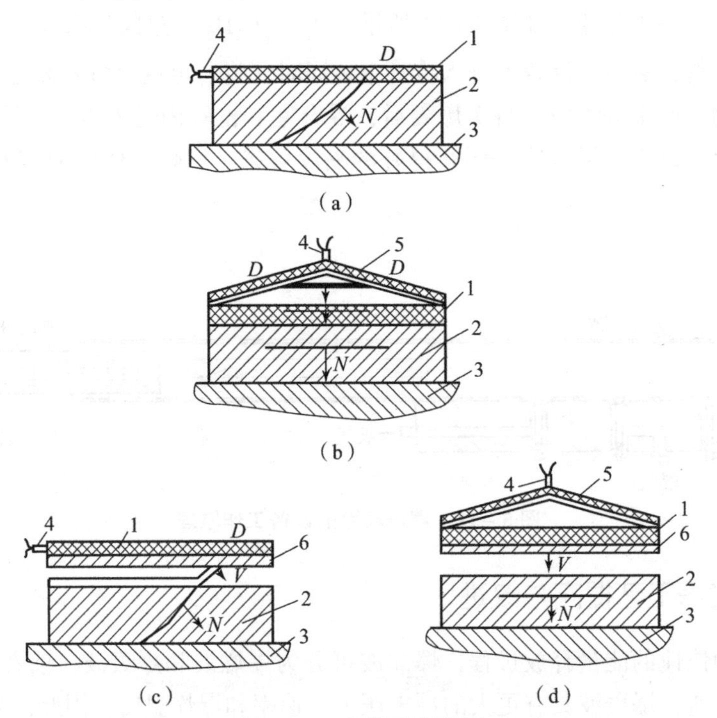

图 5－12 爆炸强化简图

（a）由炸药层滑移爆轰形成的斜冲击波实现金属强化；（b）由爆轰波入射受载部件形成的正冲击波实现强化；（c）平板斜撞击实现强化；（d）平板正撞击实现强化

1—炸药装药；2—待强化的零部件；3—基座；4—起爆系统；5—爆轰波发生器；6—平板撞击器

图5-12（b）中采用了更复杂的入射爆轰波加载系统，可以提高压力。当爆轰波从分界面处正反射时，钢材中冲击波压力可达到35~40 GPa。若要提高加载压力，必须使用更猛烈的炸药，或者实现爆轰波在待强化零部件表面上非规则反射状态下的加载。

图5-12（c）、（d）所示为利用爆炸驱动的金属板对待强化部件撞击加载，可以达到很高的压力范围，若钢板撞击器速度为1 500 m/s，被撞击的钢制零部件中冲击波压力约为30 GPa，碰撞速度为2 000 m/s时压力达到44 GPa。

5.7.2　爆炸强化机制

爆炸加载导致非常细小的子晶粒形成（图5-13）。由于晶界面占有的体积份额较大，平板撞击之下具有亚微结构材料（颗粒尺度0.1~1 μm）的强度能够得到提高。金属材料强度参数与冲击波作用强度的关系，有学者指出可以通过以下内容表述。

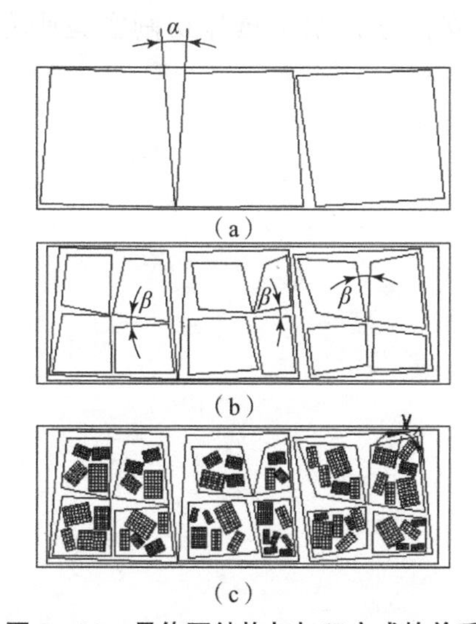

图5-13　晶体亚结构与加工方式的关系

（a）原始晶体；（b）拟静态晶体；（c）爆炸强化后的情况

作为能够最大限度地反映缺陷性质的材料强度性质的尺寸特征量，我们选用材料的理论强度，其量级为$0.1G$，G是剪切模量。材料硬度增量ΔHV与加载压力p之间有如下关系式：

$$\Delta HV = 0.43 HV_0 \sqrt{\frac{p}{0.1G}} \tag{5-15}$$

式中，HV_0为材料的原始硬度，$\Delta HV = HV - HV_0$是爆炸加载后材料硬度的增量。式（5-15）表明，随着加载压力升高，硬度的相对增长越来越慢。当$(p/0.1G) > 7$之后变得很不明显。

金属复合材料的爆炸强化在一定的范围内有利于强度设计和材料的合理利用，但超出这个范围，严重的爆炸强化将降低复合材料的使用安全性。

消除爆炸强化常用的方法是高温热处理，但在许多情况下因其可能导致基体金属强度大为降低，或使复层耐蚀性降低而不宜采用。所以一些情况下需使用低温热循环处理和小药量多次爆炸复合等其他方法进行强化消除。

参考文献

[1] 唐建新，张爱斌．爆炸喷涂工艺原理分析 [J]. 材料保护，2000，33 (9)：33－34.
[2] 高志国，杨涤心，魏世忠，等．金属粉末爆炸压制工艺 [J]. 粉末冶金工业，2005，15 (6)：46－50.
[3] 郑远谋．爆炸焊接和金属复合材料及其工程应用 [J]. 钢铁，2001，25 (12)：10.
[4] 韩小敏，王少刚，黄燕．金属爆炸焊的研究现状及发展趋势 [J]. 电焊机，2016，46 (4)：112－117.
[5] 许磊，张春华，张松，等．爆炸喷涂研究的现状及趋势 [J]. 金属热处理，2004，29 (2)：21－25.
[6] 张双计，吴廷汉，张治安，等．水下爆炸切割实验研究 [J]. 火炸药学报，1999，22 (3)：65－67.

第6章

爆炸技术在拆除控制中的应用

以爆破方式拆除建（构）筑物的控制爆破技术，称为拆除控制爆破。在人口稠密的城市居民区或繁华街道以及各种设备密集的厂矿区内，采用控制爆破技术拆除废弃的楼房、烟囱、水塔等高大建筑物及地震后的高大危险建筑物，是一种最有效的、安全的施工方法。与人工拆除或机械拆除相比，它不仅能拆除某些用人工或机械难以拆除的高大建筑物，而且能获得效率高、速度快、费用省和安全可靠的显著效果。

图6－1为本书作者参与的工艺美术大楼爆破拆除作业前后对比图片。

图6－1　本书作者参与的工艺美术大楼爆破拆除作业前后对比图

拆除控制爆破要求根据工程要求和爆破点周围环境，结合爆破对象的材质、结构等具体条件，综合确定拆除爆破方案；通过精心设计和施工，严格控制炸药量及其爆炸作用范围、建筑物的倒塌运动过程和方向以及介质的碎裂程度；采取有效防护技术措施，既要达到预期的爆破效果，同时又将爆破的影响范围和危害作用控制在允许的限度内。

拆除控制爆破的特点有以下几个：

（1）爆破对象和材质多种多样。从爆破对象看，爆破拆除的建筑物的种类十分繁多，如楼房、烟囱、水塔、大型框架、厂房、机车库、蓄水池等；从材质看，其作用的材料种类也十分丰富，有各种强度的混凝土、钢筋混凝土、料石、砖砌体、钢结构和岩石等。这些因素造成拆除爆破参数的变化很大。

（2）爆破设计及起爆技术比常规爆破复杂。采用控制爆破拆除建筑物时，要求根据爆破对象的材质、结构尺寸、环境等，精心设计爆破方案和各种爆破参数，往往一次起爆炮孔数量多，有时需要一次起爆成千上万个药包，每个药包的药量虽然不大，但爆破网路复杂；拆除高层建筑物时，为了控制倒塌方向和坍塌范围，必须结合建筑物失稳的力学和运动学特点，精心设计起爆顺序和间隔时差等。

（3）爆破工点周围环境复杂，安全要求高。拆除爆破的工点大都位于城区、厂矿和居民区，人口密集，环境复杂，爆破作业有时甚至在厂房和车间内、在机械设备附近进行，必须确保周围人员和建筑设施安全。

20 世纪 70 年代以来，拆除爆破技术在国内外得到日益广泛的应用，国内成立了数百家研究机构和专业爆破公司，大型拆除爆破经常见诸媒体。在国外，拆除爆破技术发展很快，应用更为广泛。拆除爆破已经成为一项不可或缺的重要技术。

6.1 拆除控制爆破基本原理

关于拆除控制爆破基本原理的研究，现有的认识尚难准确解释拆除爆破中所发生的各种力学现象，这主要是因为拆除爆破比一般工程爆破所处的周围环境更为复杂，要求条件更为苛刻，主控目标更为多变，这就给理论研究带来了更大的困难。根据长期的爆破实践和理论分析，拆除控制爆破的基本原理可归纳为以下几点。

6.1.1 最小抵抗线原理

由于从药包中心到自由面的距离沿最小抵抗线方向最小，因此，爆破受介质的阻力也最小；此外，又由于沿最小抵抗线方向冲击波（或应力波）波动的距离最短，所以在此方向上波的能量损失也最小，因而在自由面处最小抵抗线出口点的介质首先突起。故将爆破时介质破坏和抛掷的主导方向是最小抵抗线方向这一原理，称为最小抵抗线原理。如图 6－2 所示。

最小抵抗线方向不仅决定着介质的抛掷方向，而且对爆破飞石、震动以及介质的破碎程度等也有一定的影响。此外，最小抵抗线的大小，还决定装药量的多少和布药间距的大小，并对炮眼深度和装药结构等有一定的影响。

最小抵抗线的方向与大小可根据炮眼的方向、深度、布药的位置与起爆顺序，在特定的爆破对象条件下来确定。但是，此时的最小抵抗线的方向和大小是否是最优的，还要从具体的爆破对象出发，权衡其安全程度、破碎效果、施工方便与经济效益等方面因素加以综合考虑并予以选择。

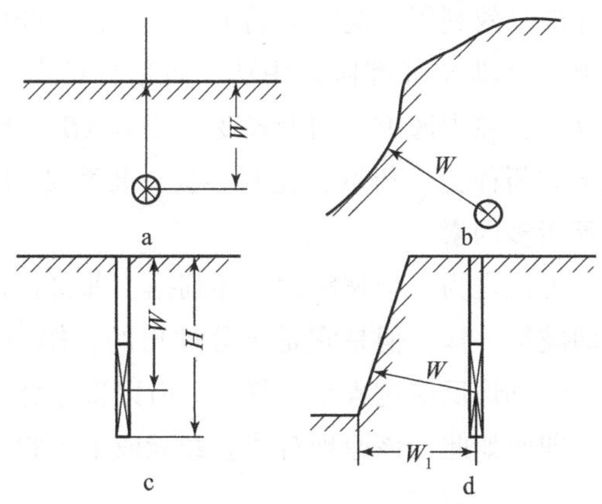

图 6－2　最小抵抗线原理

a—平地集中药包；b—山坡地形；c—平地炮孔药包；d—台阶深孔爆破

6.1.2　分散装药原理

将欲要拆除的某一建（构）筑物爆破所需的总装药量，分散地装入许多个炮眼中，形成多点分散的布药形式，采取分段延时起爆，使炸药能量释放的时间错开，从而达到减少爆破危害、控制破坏范围和提高爆破效果的目的，这就是分散装药原理（也叫微分原理）。

“多打眼、少装药”是拆除控制爆破中微分原理的形象而通俗的说法。布药形式基本上有两种：一种是集中布药，即将所需药量装在一个炮孔中或集中堆放；另一种是分散布药，即将所需药量分别装入许多炮孔内，并分段延时起爆。这两种布药形式均可达到一定的爆破效果和拆除目的。但是，两者所引起的后果却截然不同。前者将会引起较强烈的震动、空气冲击波、噪声和飞石等爆破危害，这是拆除控制爆破尤其是城市拆除爆破所不允许的；后者既可满足爆破效果的要求，又能在某种程度上控制爆破危害。

例如，某钢铁厂的一台烧结机需爆破拆除，仅离正在运转的另一台烧结机 2 m，离运输皮带 0. 2～0. 5 m，将 12 kg 炸药分散装在 140 多个炮孔中，在周围设备正常运转的情况下安全施爆。瑞典哥德堡市中心一条繁华的大街上有一幢大楼，为拆除这栋大楼，将 200 kg 炸药分散装入 800 多个炮孔中，用 18 段毫秒雷管起爆，爆后大楼原地坍塌，周围建筑物安然无恙，交通也未中断。我国北京天安门广场两侧，总建筑面积达 1. 2 万 m^2 的 3 座钢筋混凝土大楼拆除爆破时，将 439 kg 的总药量分散地装入 8 999 个炮孔中，平均每孔装药量仅为 48. 8 g，有效地控制了爆破危害，收到了预期的爆破效果。

6.1.3　等能原理

根据爆破的对象、条件和要求，优选各种爆破参数，如孔径、孔深、孔距、排距和炸药单耗等，同时选用合适的炸药品种、合理的装药结构和起爆方式，以期使每个炮孔所装的炸药在其爆炸时所释放出的能量与破碎该孔周围介质所需的最低能量相等。也就是说，在这种情况下介质只产生一定的裂缝，或就地破碎松动，极限程度为就近抛掷，而无多余的能量造成爆破危害，这就是等能原理。

假设介质破坏所需要的总能量为 A，为破坏它由外界提供的能量为 B。若能量在做功过程中没有任何损失而全部被有效利用，此时应满足$A = B$，则介质便被破坏。但是在爆破过程中，炸药所释放出的能量并非全部都做有用功，而是有相当一部分转化为无用功，如声、光、热和震动以及部分从裂隙中逸出，则上式变为$A = KB$，其中K为一个小于1的炸药有效利用系数，它取决于炸药种类、药量、孔网参数、装药结构、堵塞状况、起爆方式、介质强度与介质破碎面积等诸多因素。

该原理符合能量准则，可视之为一个材料的破坏判据，即材料在某时某处一旦达到允许权限强度，它就在该处立即破坏一样。但是它是十分理想的，作为主要破坏判据的装药量，其影响因素很多，又由于炸药爆炸反应过程十分复杂，所以迄今为止，关于药量的计算还没有建立起一套完整的公式。即便如此，该原理对建立经验或半经验的装药量公式仍有一定的指导意义。

6.1.4　失稳原理

在认真分析和研究建（构）筑物的受力状态、荷载分布和实际承载能力的基础上，利用控制爆破将承重结构的某些关键部位爆松，使之失去承载能力，同时破坏结构的刚度，则建（构）筑物在整体失去稳定性的情况下，并在其自重作用下原地坍塌或定向倾倒，这一原理称为失稳原理。

例如，当采用控制爆破拆除楼房时，根据上述失稳原理，应使其形成相当数量的铰支和倾覆力矩。铰支是结构的承重构件某一部位受到爆破作用破坏时，失去其支撑能力所形成的。对于素混凝土立柱来讲，一般只需对立柱的某一部位进行爆破，使之失去承载能力，立柱在自重作用下下移，造成偏心失稳，便可形成铰支。对于钢筋混凝土立柱来说，则需要对立柱某一部位的混凝土进行爆破，使钢筋露出，钢筋在结构自重作用下失稳或发生塑性变形，失去承载能力，则可形成铰支。

6.1.5　剪切破碎原理

对于现浇楼板或大体量楼房的拆除爆破，应充分利用延时起爆技术，设计和布置一些承重立柱先炸，利用爆破的“时间差”解除局部支撑点，从而改变结构原有的受力状态，使楼板和梁受弯矩与剪切力的多重作用，并在这种反复弯剪的状态下破坏而自然解体，这一原理称为“剪切破碎原理”。国外大体量楼房由于环境限制而无法采用定向拆除爆破时，多采用此原理，看似原地倒塌，实为在各层面适当部位爆除部分承重立柱，使重力作用下的主梁、圈梁和楼板弯曲变形，直至剪切破坏而层层解体，最终导致整栋大楼的完全解体。

6.1.6　缓冲原理

拆除控制爆破如能选择适宜的炸药品种和合理的装药结构，便可降低爆轰波峰值压力对介质的冲击作用，并可延长炮孔内压力的作用时间，从而使爆破能量得到合理的分配与利用，这一原理称为缓冲原理。

爆破理论研究资料表明，常用的硝铵类炸药在固体介质中爆炸时，爆轰波阵面上的压力可达几万兆帕。该高压首先使紧靠药包的介质受到强烈压缩，特别是在3～7倍药包半径的范围内，由于爆轰波压力极大地超过了介质的动态抗压强度，该范围内的介质极度粉碎而形成粉碎区。虽然该区范围不大，但却消耗了大部分爆破能量，而且粉碎区内的微细颗粒在气体压力作用下又易将已经开裂的缝隙填充堵死，这样就阻碍了爆炸气体进入裂缝，从而减弱了爆轰气体的尖劈效应，缩小介质的破坏范围和破碎程度，并且会造成爆轰气体的积聚，给飞石、空气冲击波、噪声等危害提供能量。由此可见，粉碎区的出现，既影响了爆破效果，又不利于安全。所以在拆除控制爆破中，应充分利用缓冲原理，以缩小或避免粉碎区的出现。

大量实践证明，如采用与介质阻抗相匹配的炸药、不耦合装药、分段装药、条形药包等装药结构形式，可达到上述目的。

6.2　楼房拆除控制爆破

常见的楼房结构主要有砖混结构、大板结构、框架结构和剪力墙结构等。砖混结构通常是由立柱、砖墙来承担上部重量，屋盖和楼板常由钢筋混凝土制成；现代大多数楼房建筑结构设计采用钢筋混凝土框架结构，由立柱和圈梁来承重，梁和柱之间刚性连接。在高层楼房建筑中多采用框架剪力墙结构，由钢筋混凝土制成的梁、柱、板和墙共同承重，梁、柱和墙也是刚性连接。由于建筑物的结构不同，在爆破设计和施工方法上也有所不同。

楼房拆除爆破是第二次世界大战后为使遭受破坏的城市快速恢复而兴起的一门技术，在欧美已有60多年的历史，在我国成为一种行业已走过了30多年的历程，它解决了许多建筑物拆除工程中的难题。随着我国近年经济建设规模的迅速发展与城市化进程的加速，旧城改造与城市新规划的实施已将拆除控制爆破的目标从20世纪90年代时十几米高的框架结构厂房车间以及清一色的六七层砖混旧居民楼迅速扩展至今日十几层以上的坚固钢筋混凝土高层建筑。高层大型楼房建筑物的爆破拆除，是在楼房建筑物的适当部位钻孔并装填炸药。起爆后破坏建筑物关键支撑构件（柱、梁、墙），使之失去承载能力，形成爆破缺口，从而使整个建筑物在重力作用下失稳、倾倒、塌落，落地撞击解体破碎。高层建筑物拆除爆破方式主要有以下几种：

（1）结构冲击破坏解体方式。这种方式利用重力锤初始冲击动能对结构进行破坏，按照施力方式的不同，可以分为手工拆除方法和机械重力锤冲击拆除方法两种类型。该方式因费力、费时，并且施工时无法保证安全，已被其他方法所取代。

（2）结构切割分解、吊装解体方式。这种方式是一种完全机械化拆除高层建筑的技术。根据建筑结构自身的特点，利用切割技术将梁、柱和板整体成块切割分解、吊装达到拆除的目的。该方式在日本得到了广泛的应用和研究。

（3）结构致裂、分离拆除方式。该方式主要应用于基础、地下结构、桩基和环境条件苛刻的建筑物的控制拆除。它主要是利用静态破裂剂或机械切割将混凝土或钢筋混凝土分离、破碎。

（4）V形切割槽爆破拆除方式。这种方式是在建/构筑物底部钻孔、装药、起爆形成一个V形切割槽，使建筑物依靠自重而失稳、倒塌、分解。

6.2.1 楼房爆破拆除方案选择

为确保楼房控制爆破拆除工程安全顺利地进行，爆破前，必须对楼房的结构和受力情况进行仔细认真的分析，摸清其结构类型及其全部承重构件的部位与分布，探明材质情况和施工质量；了解爆破点周围的环境和场地情况，从而根据实际情况和拆除要求，确定出安全的、合理的、切实可行的控制爆破拆除方案。根据不同的具体情况，楼房爆破拆除方案通常有下列五种。

1. 定向倒塌

当爆破点四周有一个方向的场地较为开阔，允许楼房一次爆破“定向倒塌”时，任何类型楼房的拆除均可采取这种方案。这种拆除方案的优点是，钻爆工作量小，拆除效率高。爆破时，除事先破坏底层阻碍倒塌的隔断墙外，只需爆破最底层的内承重墙、柱和倒塌方向及其左右两侧三个方向的外承重墙、柱，即可在重力转矩 M 作用下达到“定向倒塌”的目的。如图 6－3 所示，图中阴影部分为爆破部位；此时，第四个方向的外承重墙、柱，对整个楼房按预定方向倒塌起着支撑作用，并随楼房的定向倾倒，一般坍塌于相反方向。这种拆除方案除要求楼房倒塌方向必须具备较为开阔的场地外，其倾倒方向场地的水平距离不宜小于 2/3～3/4 楼房的高度。一般刚度好的楼房，其倒塌距离大一些；刚度差的楼房，倒塌距离小一些。

2. 单向折叠倒塌

当爆破点四周均无较为开阔的场地或四周任一方向场地的水平距离均小于 2/3～3/4 楼房的高度时，为控制楼房的倒塌范围，任何类型砖结构楼房的拆除均可考虑采取“单向折叠倒塌”爆破拆除方案。这种爆破拆除方式，系自上而下对楼房每层的承重结构大部分加以破坏，如图 6－4 所示的阴影部分，其破坏方法类似“定向倒塌”方式，但必须利用延时起爆技术，自上而下顺序起爆，迫使每层结构在重力转矩 M_1、M_2、M_3 和 M_4 的作用下，均朝一个方向连续折叠倒塌。这种爆破拆除方案的主要优点是，倒塌范围相对小一些，楼房坍塌破坏得较为充分；其主要缺点是，钻爆工作量较大，而且倒塌一侧场地的水平距离要求接近或等于 2/3 楼房的高度。

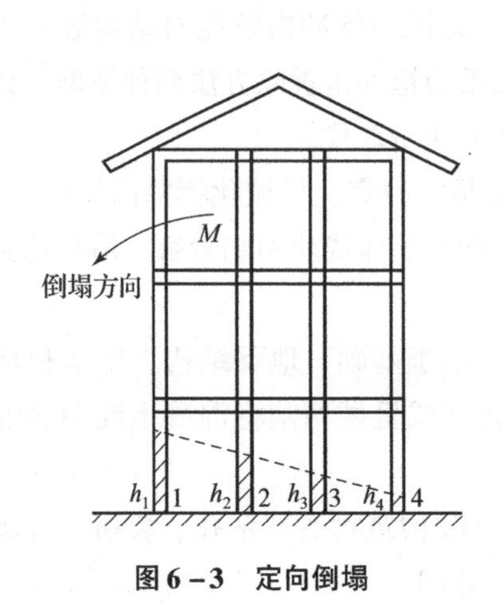

图 6－3　定向倒塌

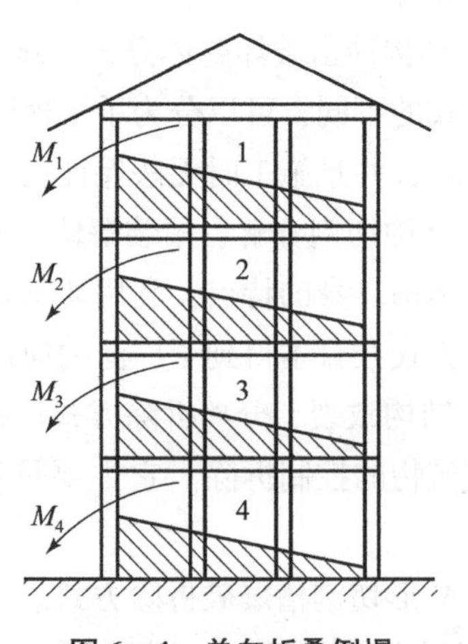

图 6－4　单向折叠倒塌

3. 双向交替折叠倒塌

若楼房四周任一方向地面水平距离均小于2/3楼房高度，为控制楼房倒塌范围，任何类型楼房的拆除都可采用“双向交替折叠倒塌”爆破方案。这种爆破拆除方式类似“单向折叠倒塌”，其不同之处是，自上而下顺序起爆时，上下层结构一左一右地交替定向连续双向折叠倒塌，如图6－4所示的阴影部分即为交替顺序爆破部位。此种爆破拆除方案与“单向折叠倒塌”爆破拆除方案相比，其优越性是倒塌范围又相对小一些，但倒塌两侧场地的水平距离不宜小于1/2楼房的高度。

采用“单向折叠倒塌”或“双向交替折叠倒塌”爆破拆除方案时，在分别满足相应要求的倒塌水平距离的前提下，亦可自上而下每间隔一层楼房结构顺序爆破，这样可使钻爆工作量减少50%。例如在图6－5或图6－6中，仅需对第1层和第3层的承重结构进行爆破即可。图6－6所示为简化后的“双向交替折叠倒塌”爆破拆除方案。

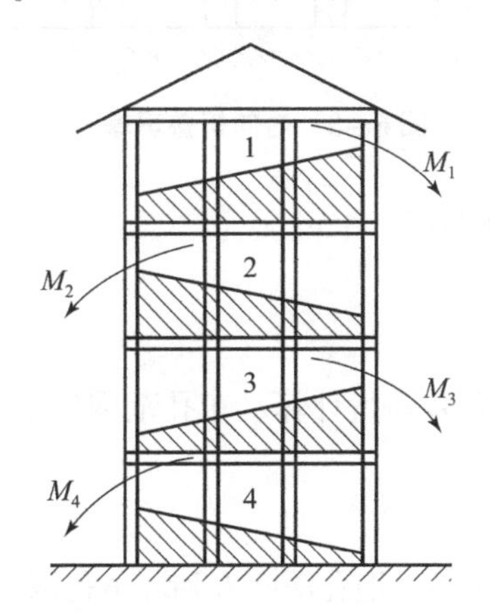

图6－5　双向交替折叠倒塌

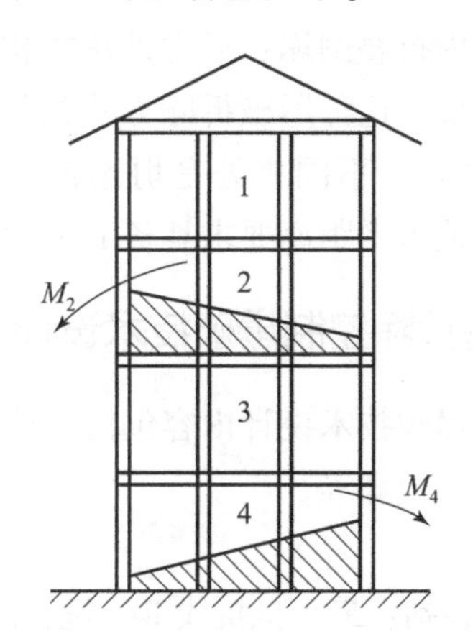

图6－6　简化后的“双向交替折叠倒塌”爆破拆除方案

4. 原地坍塌

若楼房四周场地的水平距离均小于1/2楼房的高度，而砖结构楼房的每层楼板又为预制楼板，这种类型结构楼房的拆除便可采用“原地坍塌”爆破方案。

如图6－7所示，爆破时，除事先将最底层阻碍楼房坍塌的隔断墙进行必要破坏外，只需将最底层的承重墙和柱子予以充分破坏至足够高度，则整个楼房便可在自重作用下达到“原地坍塌”的目的。这种坍塌破坏方式的钻爆工作量小、拆除效率高，其四周场地的水平距离有1/3～1/2楼房的高度即可。采用上述这种“原地坍塌”爆破拆除方式有一定的局限性，通常适用于爆破拆除砌筑预制楼板的砖结构楼房，即楼房整体结构刚度较低的楼房；对于钢混结构或框架结构等整体性较好的楼房，采用“原地坍塌”爆破拆除方式，往往达不到楼房整体坍塌的目的，当底层的内外承重墙及柱子炸毁后，出现上部楼房结构整体垂直下坐而不坍塌的现象，仅仅上层楼板和墙体产生一些裂纹或裂缝而已。所以对这种结构的建筑物，必须同时对建筑物各层的承重墙、梁、柱等进行必

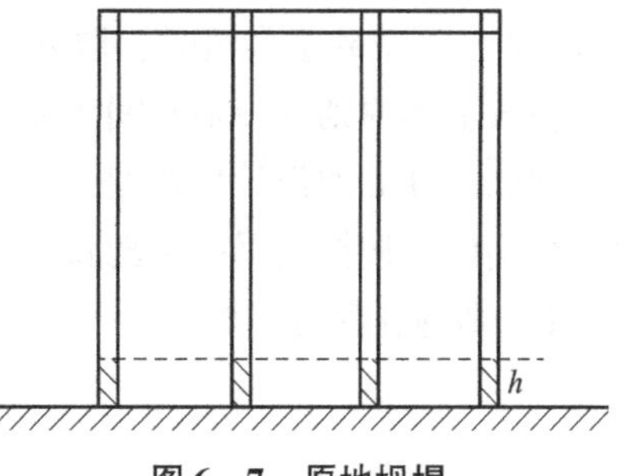

图6－7　原地坍塌

要的破坏才能达到较好的效果，故工程量较大。对于这种类型楼房的爆破，可根据其周围的场地条件，从前三种坍塌破坏方案中选择或采用“内向折叠坍塌”爆破拆除方案。

5. 内向折叠坍塌

“内向折叠坍塌”爆破拆除方案类似“原地坍塌”，其区别主要是自上而下对楼房的每层内承重构件，如墙、柱和梁等予以充分破坏，从而在重力作用下形成内向重力转矩，如图 6－8 所示，图中阴影部分为爆破部分。在一对重力转矩作用下，上部构件和外承重墙、柱向内折叠坍塌，但必须采用延时起爆技术，自上而下顺序起爆，方可形成楼房结构层层连续向内折叠坍塌的破坏方式。若外承重墙较厚或其中有钢筋混凝土承重立柱，亦应在顺序起爆过程中予以爆破一定高度，使之疏松后形成一个铰，从而确保其顺利向内折叠倒塌；通常外承重构件应在内承重构件爆破后起爆。这种爆破拆除方式的优越性类似“双向交替折叠倒塌”，不同之处是坍塌范围相对小一些，楼房四周的场地水平距离要求具备 1/3 ~ 1/2 楼房的高度即可。

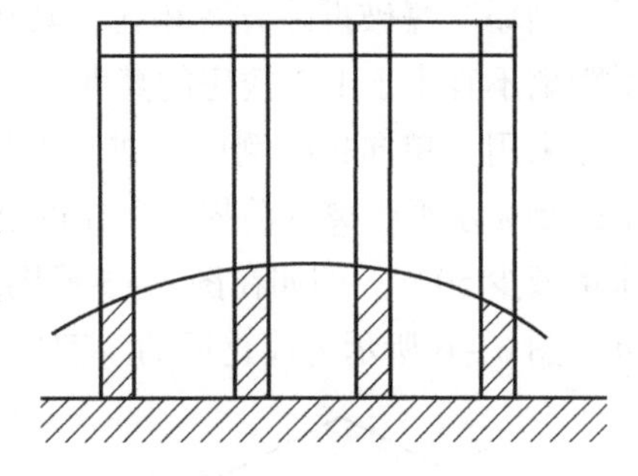

图 6－8　内向折叠坍塌

6.2.2　楼房拆除控制爆破技术设计

楼房拆除控制爆破技术设计内容包括爆破参数设计、单孔装药量计算、布孔范围确定及炮孔布置、爆破安全检算等。

1. 爆破参数设计

爆破参数一般包括：最小抵抗线 W、炮孔间距 a、炮孔排距 b、炮孔深度 L 和墙角孔深 L。

最小抵抗线 W 通常取砖墙厚度 δ 的一半，即 $W=\frac{1}{2}\delta$。

承重砖墙控制爆破时，常常采用水平钻孔。炮孔间距 a 一般视墙体厚度或 W 值的大小及砖墙的强度而定。对于墙厚 630 mm 或 750 mm，且为水泥砂浆砌筑时，可取 $a=1.2W$，石灰砂浆砌筑时，取 $a=1.5W$；对于墙厚 370 mm 或 500 mm，且为水泥砂浆砌筑时，可取 $a=1.5W$，石灰砂浆砌筑时，取 $a=(1.8\sim2.0)W$。

在按上述原则选择炮孔间距 a 的前提下，炮孔排距 $b=(0.8\sim0.9)a$。

炮孔深度 L 的设计原则是，应使药包的中心恰好位于墙体的中心线上。这样设计的孔深，可确保在按控制爆破装药将墙体炸塌的同时，使飞石受到有效控制。因此，若已知墙体厚度 δ，则炮孔深度 L 为

$$L=\frac{1}{2}(\delta+L') \tag{6-1}$$

式中，δ 为墙体厚度，cm；L'为药包长度，cm，可根据单孔装药量 Q_1、装药密度 Δ 和炮孔半径 r 按 $L'=Q_1/(\pi r^2\Delta)$ 计算。

在砖墙控制爆破中，当采用的炮孔直径不小于 40 mm 时，集中装药的药包长度 L'往往等于或小于 5 cm。当小于 5 cm 时，则 L'值可按 5 cm 计，5 cm 即为 8#电雷管的长度。

墙角的炮孔深度 L 应慎重确定，如果确定不当，不仅墙角结构难以炸塌，而且易于产生

飞石。若墙角两侧墙的厚度 δ 相等，则墙角孔深 L 可按式（6－2）确定：

$$L = (0.35 \sim 0.37)C \qquad (6-2)$$

式中，C 为墙角内外角顶的水平连线长度，cm，$C = \delta/\sin 45°$。

2. 单孔装药量计算

浆砌砖墙控制爆破时，其单孔装药量可按公式 $Q_1 = KabH$ 计算，但式中的 H 应代换为墙体的厚度 δ，即 $Q_1 = Kab\delta$。单位用药量系数 K 值可根据 W 值的大小、材质情况及临空面个数，从表6－1中选取或通过试爆确定。

表6－1　单位用药量系数 K 值参考表

建筑物名称及材质		W/cm	K		
			一个临空面	两个临空面	多个临空面
混凝土圬工强度较低		35～50	150～180	120～150	100～120
混凝土圬工强度较高		35～50	180～220	150～180	120～150
混凝土桥墩及桥台		40～60	250～300	200～250	150～200
混凝土公路路面		45～50	300～360		
混凝土桥墩及台帽		35～40	440～500	360～440	
混凝土铁路桥板、梁		30～40		480～550	400～480
浆砌片石或料石		50～70	400～500	300～400	
钻孔桩桩头		50			250～280
		40			300～340
		30			530～580
浆砌砖墙	厚约37 cm	18.5	1 200～1 400	1 000～1 200	
	厚约50 cm	25	950～1 100	800～950	
	厚约63 cm	31.5	700～800	600～700	
	厚约75 cm	37.5	500～600	400～500	
混凝土大块二次破碎	$b*a*H=0.08\sim0.15\ m^3$				180～250
	$b*a*H=0.16\sim0.4\ m^3$				120～150
	$b*a*H>0.4\ m^3$				80～100

注：1. 浆砌砖墙的 K 值是指水平炮孔上部有重压的情况，若无压力时，应乘以0.8。

2. 表中 K 值系使用2#岩石硝铵炸药时的数据，当用其他炸药时 K 值应乘以炸药换算系数 e。

爆破砖墙时，墙角的夹制作用较大，因此墙角炮孔的装药量应适当加大，可按正常炮孔计算的药量 Q_1 的1.2倍计算，即角孔的装药量等于 $1.2Q_1$。

3. 布孔范围确定及炮孔布置

布孔范围，通常取决于所选择的控制爆破坍塌破坏方式。当采用“原地坍塌”破坏方式时则需将楼房底层四周的外承重墙炸开一个相同高度的水平爆破缺口，这种爆破缺口的高度 h 不宜小于墙体厚度 δ 的两倍，即 $h \geqslant 2\delta$。内承重墙的爆破高度可与外承重墙相同或略高一些。采用“内向折叠坍塌”破坏方式时，则主要是将每层楼房的内承重墙和与其垂直的内外承重墙炸开一定高度的水平爆破缺口，缺口的高度 h，自下层至上层可从1.5倍墙的厚度 δ 递增至3.5倍，即 $h=(1.5\sim3.5)\delta$。这种水平爆破缺口，通常就是“原地坍塌”和“内向折叠坍塌”爆破时的布孔范围。

近似梯形的爆破缺口也是常用的另一种爆破缺口，如图6－9所示，图中的近似梯形，系三侧外承重墙的爆破缺口展开后的形状，L 为爆破缺口的展开长度，h 为高度，b 为炮孔排距。这种布孔范围的爆破缺口，一般适用于楼房“定向倒塌”“单向折叠倒塌”或“双向交替折叠倒塌”的破坏方式。对于前一种破坏方式，爆破缺口高度 h 不宜小于2倍承重墙的厚度 δ，即 $h \geqslant 2\delta$；对于后两种破坏方式，缺口高度 h，自楼房下层至上层可从1.5倍承重墙的厚度 δ 递增至3.5倍，即 $h=(1.5\sim3.5)\delta$。

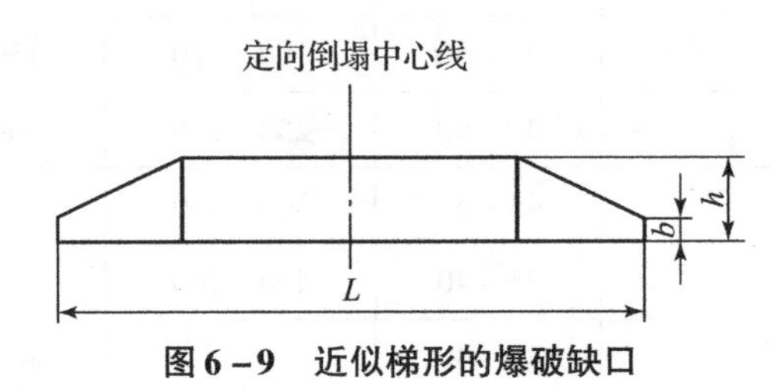

图6－9　近似梯形的爆破缺口

无论采用哪一种坍塌破坏方式，若楼房为砖石与钢筋混凝土混合结构，则爆破缺口的高度均应以钢筋混凝土承重立柱的破坏高度为基准来确定。

理论分析和实践经验表明，为确保钢筋混凝土框架结构爆破时顺利坍塌或倾倒，钢筋混凝土承重立柱的爆破破坏高度 H 宜按式（6－3）计算：

$$H=K(B+H_{min}) \tag{6-3}$$

式中，B 为立柱截面的边长；H_{min} 为承重立柱底部最小爆破破坏高度；K 为经验系数，$K=1.5\sim2.0$。

立柱形成铰链部位破坏高度可按式（6－4）计算：

$$H'=(1.0\sim1.5)B \tag{6-4}$$

布孔范围确定后，便可根据所选择的炮孔间距 a 和排距 b 进行布孔，一般大多采用梅花形交错布孔方式；凡是要求按预定方向倒塌的爆破，必须在爆破缺口倒塌中心线的两侧对称均衡地布置炮孔；爆破缺口最下一排炮孔距地面或室内地板不宜小于0.5 m，最小也不得小于最小抵抗线 W，该值确定为0.5 m的目的包括以下两点：一是减小最下一排炮孔爆破时的夹制作用，二是便于钻孔施工操作。一般房屋墙角的结构较为坚固，为确保将其炸塌，根据爆破缺口的高度，在墙角必须布置相应数量的炮孔；采用水平炮孔时，其方向应与内外墙角连线的方向保持一致，如图6－10所示。

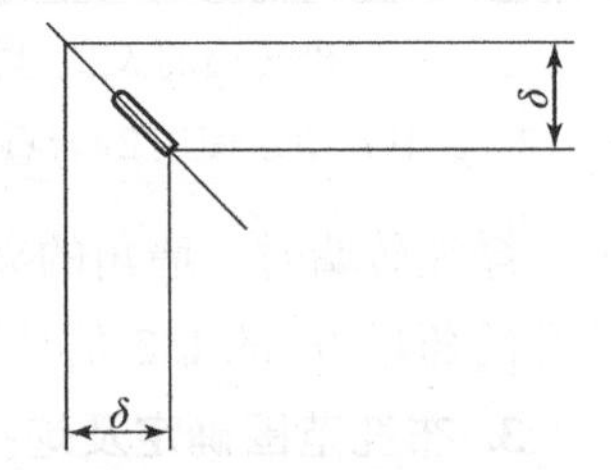

图6－10　角孔平面布置

在进行“单向”“双向交替”和“内向”折叠倒塌爆破时，通常有一侧或两侧外承重墙不予爆破，但当外承重墙较厚或较坚固时，为使墙体顺利折叠倒塌，亦可考虑对其进行爆破；通常只需在外承重墙内侧布置一定数量的炮孔，炸开一个缺口后即可达到预定的目的。炮孔布置如图6－11所示，一般布置三排炮孔，梅花形交错排列，炮孔间距 $a=\delta$，排距 $b=0.55\delta$。上下排炮孔深度 $L_2=\frac{3}{7}\delta$；中间一排炮孔深度 $L_1=\frac{4}{7}\delta$。单孔装药量可按式（6－5）计算：

$$Q_1 = KWaH \tag{6-5}$$

式中，H 应以 L_1 和 L_2 取代之，单位用药量系数 K 值按减弱松动爆破要求确定即可。

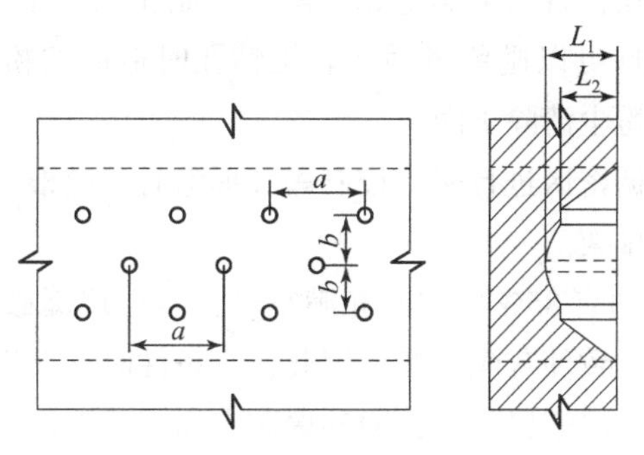

图6－11　墙体定向倒塌炮孔布置

4. 爆破安全检算

一般拆除楼房的控制爆破，大都在工业民用建筑密集的地区进行，为确保周围建筑物和设施的安全，主要需进行爆破震动安全检算，严格控制一次允许起爆的药量。

6.2.3　楼房拆除控制爆破施工和安全防护

楼房控制爆破施工和安全防护的工艺、方法、技术要求，与一般的控制爆破基本相同。现就楼房拆除爆破的一些问题具体简述如下：

（1）爆破时，为使楼房顺利坍塌，作为准备工作事先宜将门窗拆除，特别是爆破低矮楼房时更要注意这一问题；此外，对阻碍或延缓坍塌的隔断墙亦应事先进行必要的破坏，其破坏高度可与承重墙的爆破高度相一致，一般半砖厚的隔墙可用人工破坏，一砖厚以上的隔墙可用爆破法破坏。

（2）对楼梯的承重构件，如梁、柱或墙，只要在楼房爆破前用爆破法将这类承重构件的材料强度和刚度稍加破坏即可，以保证楼房爆破时顺利坍塌。

（3）采用炮孔法爆破时，炮孔直径不宜小于38～40 mm，以利提高装药集中度和相对增加堵塞长度。

（4）在城市控制爆破工程中，楼房的拆除爆破一般采用浅孔爆破法，因此最好在室内墙壁上进行钻孔，有利于控制可能出现的冲炮造成的危害；若墙体有两个临空面，只要按设计要求钻孔和装药，并使药包中心位于墙体中心线上，就可将墙体炸塌，又不会出现飞石；对于那种在室外墙壁上钻孔，并使药包的最小抵抗线指向房屋内部的爆破方法是不可取的。因为采用这种方法爆破时，欲将墙体内外两侧同时炸塌，势必加大单位耗药量和总的爆破用药量。

(5) 若拆除的楼房有地下室，宜将地下室的承重构件，如墙、柱及顶板的主梁等予以彻底炸毁，爆破可与楼房爆破同时进行或超前或滞后进行，主要取决于爆破拆除方案。无论采用哪一种方案，有计划地炸毁地下室承重构件后，均有利于缩小楼房的坍塌范围，使上层结构的部分坍落物充填于地下室空间。

(6) 一般地下室承重墙的爆破部分只有一个临空面，炮孔深度可取 $L=(2/3)\delta$；墙体为水泥砂浆砌筑时，炮孔间距可取 $a=(0.8\sim1.0)L$；石灰砂浆砌筑时，可取 $a=(1.0\sim1.2)L$；梅花形交错布孔时，炮孔排距取 $b=0.85a$。

(7) 在砖墙上进行钻孔，宜用金属电钻，配以特制钻头，不仅操作省力、轻便、灵活、不需笨重的风动设备，而且可以避免风动凿岩机钻孔时造成的粉尘污染。用电钻钻好的炮孔，必须用掏勺将孔内的粉尘清除干净。

(8) 在闹市区或居民稠密区进行楼房控制爆破拆除时，应根据爆破点周围具体情况考虑设置必要方向的围栏防护排架。

(9) 通常一栋楼房内约有 85% 的空间充满空气，当楼房爆破坍塌时，空气便受到急剧压缩并形成压缩喷射气流，致使灰尘飞扬。因此，有条件时，在楼房坍塌过程中应进行喷水消尘。无条件喷水时则应发出安民告示，通知爆破点周围或下风向一定范围内的居民临时关闭门窗。

(10) 楼房爆破坍塌后，有时存在一些不稳定因素，如个别或部分梁、板等构件仍未完全塌落，因此必须等待坍塌稳定后，一般在爆破后 1 h 左右，经爆破负责人许可方可进入现场检查和处理。未检查和处理前，需安排警戒人员看守，因为坍塌不完全现象的发生往往是出现瞎炮所导致的后果。

6.2.4 砖结构楼房的拆除控制爆破实例

1. 概况

在某市区内有一座地震后的危险楼房，其东侧 7 m 处是一个临时修建的大型木结构商店；西侧为空旷场地，12 m 处有大片居民临时抗震房屋；南侧为人行便道，在 2.8 m 处有一束架空电话线路，是该市与全国各省市联系的重要通信线路，人行便道外为 20 m 宽的街道，街道以南为大片居民临时抗震房屋；北侧为空旷场地，22 m 处有大片居民临时房屋。由于楼房周围的环境复杂，为确保附近通信线路、临时房屋和居民人身的安全，并满足快速拆除的要求，因此决定采用控制爆破法拆除。

该危险楼房为 6 层单身职工宿舍楼，高 17.7 m，平面呈长方形，东西向长 48.8 m，南北向宽 11.8 m，总建筑面积为 3 400 多 m^2。楼房为砖结构，内、外承重墙分别厚 38 cm 和 50 cm，内隔断墙厚 25 cm，楼板、过梁和楼梯均为钢筋混凝土预制构件组成。根据该楼房周围的环境、场地情况和楼房结构、破损情况，以及对拆除与安全的要求，确定采用控制爆破定向炸塌方案。为确保楼房南侧 2.8 m 处电信线路的安全，爆破时，必须使楼房朝北坍塌，为此，应将一层的全部内承重墙和东、西、北三侧外承重墙炸开一定高度的爆破缺口，从而使楼房重心失稳，在重力倾覆力矩的作用和南侧外承重墙的支撑下向北坍塌。

2. 爆破技术设计

（1）爆破参数。对于两面临空墙体的爆破，最小抵抗线取 $W=(1/2)\delta$。外承重墙厚50 cm，取 $W=25$ cm；内承重墙厚38 cm，取 $W=19$ cm。承重墙均由水泥砂浆与红砖砌筑，由于墙体已出现裂纹等破损，取炮孔间距 $a=1.6W$，即对于38 cm和50 cm厚的砖墙，炮孔间距 a 分别为30 cm和40 cm；布孔方式采用梅花形，故炮孔排距 b 均按0.85倍炮孔间距取值，即 b 分别为26 cm和34 cm。

墙体有两个临空面时，炮孔深度 L 可按式（6－1）确定，墙角孔深 L 应按式（6－2）来确定。墙厚50 cm时，墙体上的炮孔深度 $L=27.5$ cm，墙角孔深 $L=26$ cm；墙厚38 cm时，炮孔深度 $L=21.5$ cm，墙角孔深 $L=20$ cm。

（2）药量计算。单孔装药量 q 可按公式 $q=Kab\delta$ 计算，K 值可从表6－1中初步选取。由于楼房的墙体在地震后出现裂纹等破损，通过药量计算和试爆后的药量调整，对于厚50 cm和38 cm两侧临空的承重墙，单位用药量系数 K 值分别确定为700 g/m^3 和950 g/m^3。将有关爆破参数代入上述药量计算式重新计算后，分别得出单孔装药量 $q\approx48$ g和 $q\approx28$ g；由于邻近门、窗的炮孔有3个临空面，其单孔装药量应按正常装药量的80%计算，则分别得出 $q\approx38$ g和 $q\approx22$ g；对于墙角的炮孔，其装药量应适当增加，可按正常装药量的1.15倍计算，则分别得出 $q\approx55$ g和 $q\approx32$ g。

（3）布孔范围及炮孔布置。在该楼房的定向坍塌爆破中，作为承重墙布孔范围的爆破缺口采用了长方形，其长度等于承重墙的内侧长度，为使楼房坍塌时上部结构彻底碎裂，取爆破缺口的高度 h 大于2倍承重墙的厚度 δ，即 $h>2\delta$。对于厚50 cm和38 cm的承重墙均布置了四排炮孔，故其爆破缺口高度分别为 $h=3\times34=102$ cm和 $h=3\times26=78$ cm。

在确保预期爆破效果的前提下，为尽可能减少钻孔工作量，在承重墙上布置炮孔时，宜将炮孔布置在门、窗之间的墙体上。本次爆破的炮孔平面布置如下：在外承重墙上，最下一排炮孔距地面58 cm，第二、三、四排炮孔在窗与窗之间的墙体上；在内承重墙上，最下一排炮孔距地面亦为58 cm，四排炮孔均布置在门与门之间的墙体上。根据以上确定的孔网参数及布孔范围，结果在东、西、北三侧外承重墙共布置炮孔490个，其中墙角炮孔8个、三个临空面的炮孔88个、两个临空面的炮孔394个；内承重墙上共布置炮孔682个，其中墙角炮孔12个、3个临空面的炮孔102个、两个临空面的炮孔568个。在内外承重墙上总共布置炮孔1 172个，共需钻孔281个；外承重墙爆破共需装药22.7 kg，内承重墙爆破共需装药18.5 kg，总共需用硝铵炸药41.2 kg、电雷管1 172发。

（4）爆破安全检算。本例主要进行爆破震动安全检算。检算结果表明，一次起爆41.2 kg炸药时，对于距楼房7 m处的商店建筑物是安全的，爆破震动引起的地层质点振动速度仅为1.54 cm/s；实爆后的观察也表明，该建筑物未出现任何破损。

（5）起爆网路。根据设计要求，一次起爆的药包数量较多，共1 172个，为简化电力起爆网路的设计与计算，采用了GM－2000型高能脉冲起爆器作为一次起爆的电源。此外，为确保电爆网路中的全部电雷管准爆，还采取了以下五项具体措施：

①选用近期出厂同一批生产的质量好的瞬发电雷管。

②每条串联支路中电雷管之间的阻值差，控制在不超过0.1 Ω；各串联支路之间的阻值

差，控制不超过1.0 Ω，否则，用附加电阻进行平衡。

③在堵孔和连接电爆网路时，须认真仔细操作，防止导线绝缘破损产生漏电，并用爆破专用仪表检查有无漏电现象，一旦发现漏电现象，及时予以消除。

④对起爆器的起爆能力进行检验。

⑤对实际采用的电爆网路进行了模拟试验，以检验其准爆的可靠性。

通过采取以上措施，结果在实施爆破时，完全达到了安全准爆的预期效果。

3. 爆破施工与安全防护

在爆破时，为确保楼房顺利坍塌，事先将25 cm厚的隔断墙逐一打开缺口，缺口高度为50 cm左右。

为保证钻孔工作人员在危险楼房中的施工安全，采用了配以Φ40 mm特制钻头的金属电钻进行钻孔作业，以降低钻孔时的振动，并防止了粉尘污染。对于钻好的炮孔逐一进行检查和验收。

爆破楼房时，为防止个别碎块飞扬造成危害，在该楼房东侧7 m处商店的橱窗上挂以荆笆作为防护，在西侧5 m和南侧2.8 m处搭设了高2.5 m的荆笆围墙作为防护。

4. 爆破效果

爆破后，该危险楼房在3 s左右全部坍塌，朝北定向塌落比较明显，周围的临时房屋建筑及南侧2.8 m处的架空电信线路安然无恙，达到了快速安全拆除的预期效果。少量爆破碎块飞扬约在10 m以内，楼房坍塌堆积高度约6 m，南北堆积宽度为22 m，西东堆积范围达60 m。该次爆破从爆破设计、施工到防护总共使用45个工日，较之人工拆除提高工效20余倍，而且安全可靠，迅速消除了危险楼房的隐患。

6.3 高耸建（构）筑物拆除控制爆破

高耸建（构）筑物一般是指烟囱、水塔、跳伞塔和电视塔等高宽比大而壁薄的建（构）筑物，其特点是重心高、支撑面积小。烟囱按材质分为砖结构和钢筋混凝土结构两种，其形状主要为圆筒形，横截面积自下而上呈收缩状，内部砌有一定高度的耐火砖内衬，内衬与烟囱的内壁之间保持一定的隔热间隙（5~8 cm）。水塔是高耸的塔状建筑物，塔身有砖结构和钢筋混凝土结构两种，顶部为钢筋混凝土水罐。在高耸建筑物底部进行凿眼爆破，可以使烟囱和水塔等建（构）筑物失去稳定性而倒塌解体。

6.3.1 高耸建（构）筑物爆破拆除方案选择

无论采用何种方法拆除烟囱或水塔等高耸建（构）筑物，都必须了解其类型与结构。一般工业民用烟囱的类型主要为圆筒式，也有正方筒式的，其横截面自下而上呈收缩状，即烟囱的横截面自下而上为变截面。按材质区分有砖结构和钢筋混凝土结构两种，通常在其内部自下而上还砌有一定高度的耐火砖内衬，内衬与烟囱内壁之间保持一定空隙。水塔属于一种高耸的塔状构筑物，按其支承类型区分主要有桁架式支承和圆筒式支承两种。顶端的水罐主要采用钢筋混凝土结构，桁架式支承也大多采用钢筋混凝土结构，而圆筒式支承有砖结构和钢筋混凝土结构两种。

本节所介绍的水塔爆破均系指圆筒式支承的水塔，而这种水塔的爆破与烟囱爆破的方法基本相同，故将两者合并予以介绍。烟囱、水塔等高耸建（构）筑物的爆破拆除，最常用的爆破方案有三种：定向倒塌、折叠倒塌和原地坍塌。

1. 定向倒塌

目前高耸建（构）筑物的爆破拆除主要采用的方法是定向倒塌。定向倒塌的设计原理主要是在烟囱、水塔倾倒一侧的底部，沿其支承筒壁炸开一个大于周长 1/2 的爆破缺口，从而破坏其结构的稳定性，导致整个结构失稳和重心产生位移，在本身自重作用下形成倾覆力矩，迫使烟囱或水塔按预定方向倒塌，并使其倒塌在预定范围之内，如图 6－12（a）所示。选用此方案时，对于倒塌场地的要求是：要求其倒塌方向必须具备一定宽度的狭长场地，其水平长度自烟囱或水塔的中心算起不得小于其高度的 1.0～1.2 倍，垂直于倒塌中心线的横向宽度，不得小于烟囱或水塔爆破部位外径的 2.0～3.0 倍。对于钢筋混凝土烟囱、水塔或刚度好的砖砌烟囱、水塔，其倒塌的水平距离要求大一些；对于刚度差的砖砌烟囱、水塔，其倒塌的水平距离要求相对小一些，约等于 0.5～0.8 倍烟囱或水塔的高度，此时其倒塌的横向宽度则应大一些，可达爆破部位外径的 2.8～3.0 倍。为防止倒塌过程中发生偏转，最好有一个预留的扇形区域。

根据对大量烟囱、水塔定向倒塌爆破结果的分析，倒塌的水平距离，主要与烟囱、水塔本身的高度、结构、刚度、风化破损程度，以及设计爆破缺口的形状、高度，爆破缺口长度与周长比值的大小等多种因素有关。例如，在以定向倒塌方式爆破烟囱的大量实践中，对于数座同为水泥砂浆砖砌烟囱，且采用的设计爆破缺口形状和参数也基本相同的条件下，结构坚固、刚度好的烟囱，其倒塌的水平距离均为烟囱高度的 1.0～1.1 倍；而刚度差的烟囱，其倒塌的水平距离大多为烟囱高度的 0.5～0.7 倍。对场地的要求，还与建（构）筑物本身的结构、刚度、风化破损程度以及爆破缺口的部位和形状、几何参数等多种因素有关。对于刚度差的砖砌烟囱、水塔，其倒塌方向的水平距离可以稍短，而横向宽度应稍大些。

2. 折叠倒塌

在倒塌场地任意方向的长度都不能满足整体定向倒塌的情况下，可采用折叠倒塌缩小倒塌范围，如图 6－12（b）所示。根据可供倒塌场地的环境条件，除了在底部布置一个爆破缺口以外，还需在烟囱或水塔中上部的适当部位布置一个或一个以上的爆破缺口，起爆顺序是先上后下，时间间隔 2.5 s 以上，使烟囱或水塔从上部开始，逐段向相同或相反方向折叠。影响折叠倒塌的因素较多，如缺口的形状、尺寸和位置以及上、下缺口之间的延期时间等。方案必须经过专家评估。

3. 原地坍塌

烟囱或水塔原地坍塌拆除方式要求其四周必须具备一定的场地，以容纳爆破坍塌后的堆积物。实践表明，爆堆范围的直径约等于烟囱或水塔高度的 1/3。因此，若从烟囱或水塔的中心向外算起，其周围场地的半径或地面水平距离不得小于烟囱或水塔高度的 1/6。可将筒壁底部沿周长炸开一个具有足够高度的缺口，依靠建（构）筑物自重，冲击地面实现解体破碎。该方案实施难度更大，稍有失误便会造成向任意方向倒塌，发生安全事故。

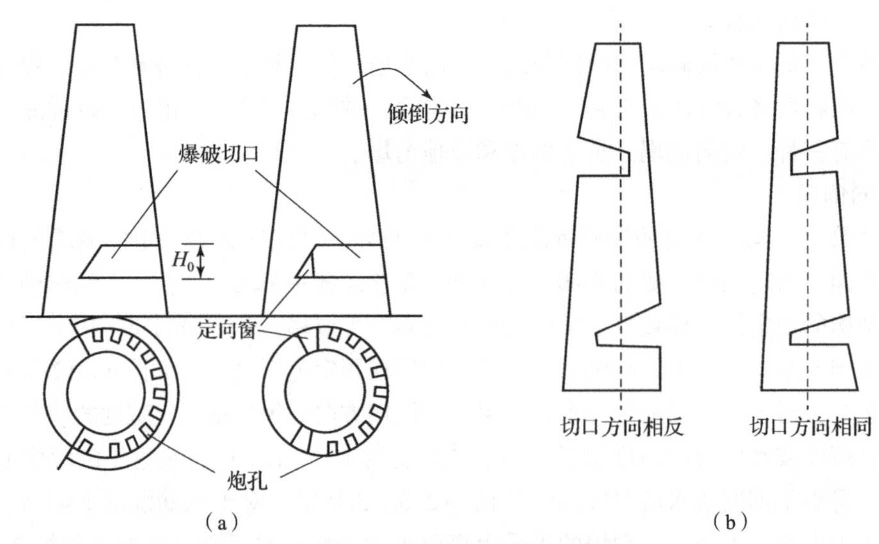

图 6-12　烟囱爆破拆除示意图

(a) 定向倾倒的切口、炮孔布置；(b) 单向和双向折叠倒塌示意图

“原地坍塌”的设计原理主要是在烟囱、水塔底部，沿其支承筒壁整个炸开一个足够高度的爆破缺口，从而借助其本身自重的作用和重心下移过程中产生的重力加速度，导致烟囱、水塔“原地坍塌”破坏。一般实现烟囱、水塔“原地坍塌”破坏方式的技术难度比较高，在筒壁全周长爆破缺口形成后，有时坍塌非常顺利，但有时在其垂直坍塌过程中会出现预料不到的任意方向的倒塌。

实践经验表明，欲准确无误地实现烟囱、水塔“原地坍塌”破坏方式，还需辅以其他必要的技术措施。例如，可在烟囱、水塔顶端同一高度至少拴固 3 根相邻夹角为 120° 的钢丝绳。在爆破前，钢丝绳分别由锚固于地面的 3 台转速相同的电动卷扬机拉紧，在圆周形爆破缺口形成的瞬间，利用同步闸刀装置立即开动 3 台卷扬机，随着烟囱或水塔向下坍塌，卷扬机组不断地收紧 3 根钢丝绳，直至其全部坍塌为止。

一般来说，烟囱、水塔等高耸建（构）筑物拆除爆破应根据场地条件来决定采用何种爆破拆除方式，但必须明确指出“原地坍塌”破坏方式，仅仅适用于刚度低的砖砌烟囱或砖结构支承的水塔的控制爆破拆除工程，而钢筋混凝土结构的烟囱或钢筋混凝土结构的圆筒式支承水塔的控制爆破拆除，只能采用“定向倒塌”破坏方式。

根据以上有关烟囱、水塔拆除爆破问题的讨论，在制订高耸建（构）筑物控制爆破拆除方案时，首先必须到现场进行实地勘察与测量，要仔细了解高耸建（构）筑物周围的环境与场地情况，包括空中、地面、地下建筑物和设施与爆破点的相对位置和距离；同时还应了解高耸建（构）筑物的结构与几何尺寸，从而确认其是否具备爆破拆除方式所要求的必要条件。如果不具备这种条件，则应排除爆破拆除的可能性；如果具备这种条件，则应根据具体情况初步确定高耸建（构）筑物的控制爆破拆除方案。为使最终制订的爆破方案经济合理、安全可靠和切实可行，则应进一步收集高耸建（构）筑物的原始设计和竣工资料，并与实物认真核对，查明其构造、材质、刚度、筒壁厚度、施工质量和完好程度或风化、破损情况，要准确地测量其实际高度，并把以上的实际资料详细注明在核对的图纸上。在此基础上，制订出最终的控制爆破拆除方案。

6.3.2　高耸建（构）筑物拆除控制爆破技术设计

烟囱和水塔等高耸建（构）筑物拆除控制爆破技术设计内容包括爆破缺口设计、爆破参数设计、单孔装药量计算和爆破安全检算等。

1. 爆破缺口设计

高耸建（构）筑物拆除爆破的技术关键是爆破缺口设计。爆破缺口是在高耸建（构）筑物的底部用爆破方法炸出的、具有一定长度和高度的缺口，以倾倒中心线为中心左右对称，位于倾倒方向一侧，起创造失稳条件、控制倾倒方向的作用。有些高度较高、风化腐蚀较严重、刚度较差的砖结构，可能在倒塌过程中上部发生折断。采用折叠倒塌时，上部切口的位置要根据倒塌现场的条件，经过精确计算、专家评估后才确定。

（1）爆破缺口形状。爆破缺口形状的选择直接影响高耸建（构）筑物倒塌定向的准确性。常见爆破缺口的类型如图 6－13 所示。矩形爆破缺口设计简单，原地坍塌时多采用。斜形爆破缺口定向准确，有利于烟囱、水塔等高耸建（构）筑物按预定方向顺利倒塌，其倾角宜取 35°～45°；其水平段的长度一般取缺口全长 L 的 0.36～0.4 倍；倾斜段的水平长度取 L 的 0.30～0.32 倍。但采用斜形爆破缺口时，在倾倒过程中易出现“后坐”现象。梯形和倒梯形切口中间的长方形是钻孔爆破部位，两侧三角形部分可兼做定向窗，既有利于保证倾倒定向准确，也有利于防止倾倒过程中出现前冲、后坐和偏转现象，实际工程中应用较多。梯形底角常取 30°～40°。前冲是指建筑物在倾倒过程中沿设计倒塌方向向前窜动一段距离。前冲可能使建筑物超出预计倒塌范围，造成安全事故。后坐是指结构底部沿设计倾倒方向的反侧发生外折或滑移挫动。后坐可造成建筑物在向前倾倒的过程中出现筒体下沉，将预先留作支撑的部分朝后方（与倒向相反的方向）推倒，还可能造成建筑物偏离设计方向甚至是反方向倾倒，造成严重的安全事故。在工程爆破中防止高耸建（构）筑物过早下沉和后坐十分重要。偏转是指建筑物偏离原来设计的倒塌方向，同样可能造成安全事故，尤其在薄壁、细高的钢筋轮结构烟囱的爆破拆除中，如缺口设计不合理，容易出现上述现象。

为了提高倾倒方向的准确性，有时还需采取辅助定向措施。对于钢筋混凝土烟囱，通常要在爆破切口两边设置定向窗，如图 6－14 所示。定向窗底角一般取 25°～35°；为了减缓倾倒速度，可使 $\beta<\alpha$（如 $\beta=22°\sim30°$，$\alpha=30°\sim40°$）。底角过大，不利于筒体平稳倾倒，易出现偏转、前冲或折断。为了减少爆破钻孔和保证烟囱顺利倒塌，有时在爆破切口内先开凿一个或多个预切口。预切口的开凿要保证对称且不影响爆破前烟囱的稳定性，必要时应进行结构稳定性计算。

（2）爆破缺口长度。爆破缺口长度对倒塌距离和方向均有直接影响。爆破缺口过长，保留筒壁起支撑作用的部分太少，爆破后发生后坐，也可能在倾倒过程中发生偏转，影响倒塌的准确性，甚至造成严重的安全事故；爆破缺口长度太短，可能会出现“爆而不倒”的危险情况。

一般情况下，爆破缺口长度应满足式（6－6）：

$$S/4\leqslant L\leqslant 3S/4 \quad 或 \quad \pi D/2\leqslant L\leqslant 3\pi D/4 \tag{6-6}$$

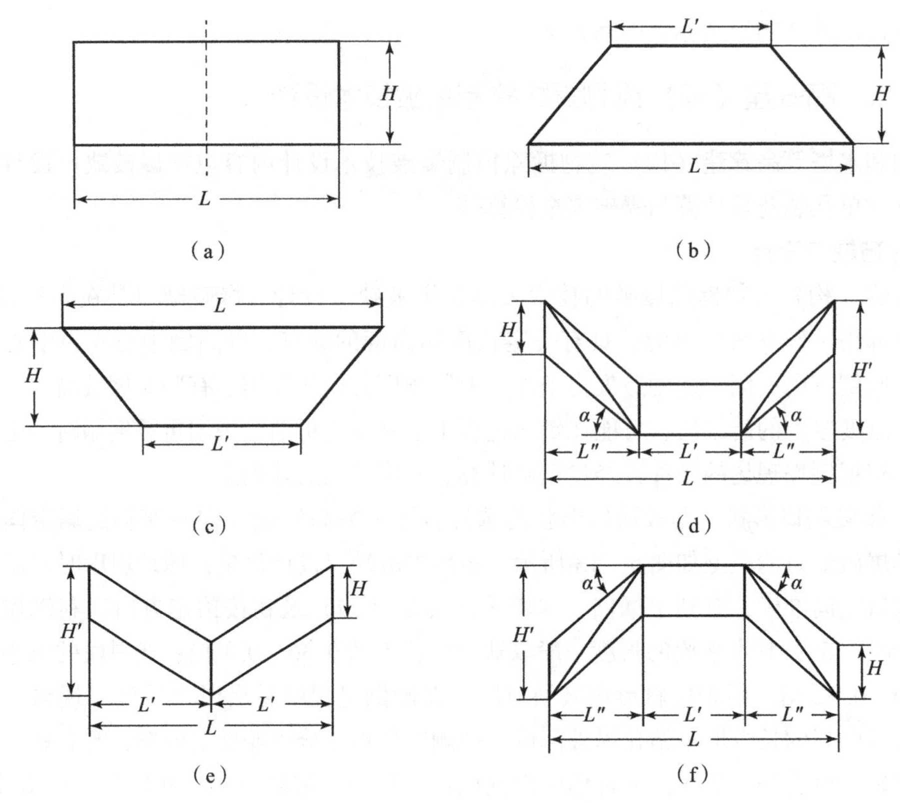

(a) (b) (c) (d) (e) (f)

图 6-13 常见爆破缺口的类型

(a) 矩形；(b) 正梯形；(c) 倒梯形；(d) 斜形；(e) 倒八字形；(f) 倒斜形

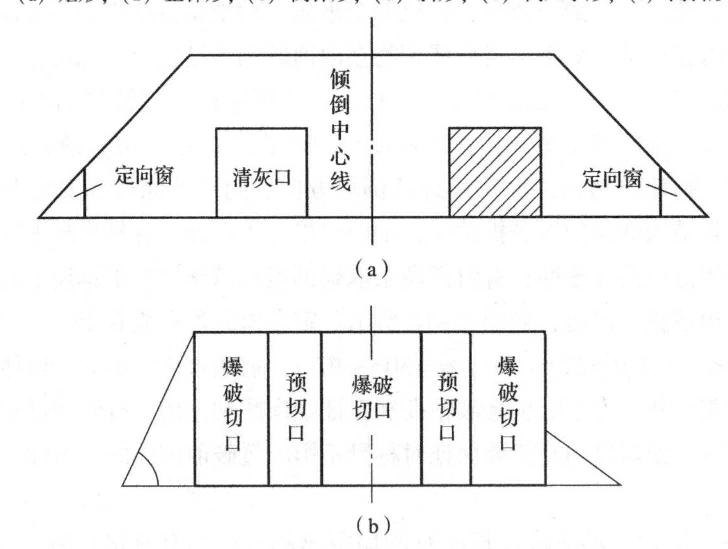

(a) (b)

图 6-14 组合型爆破切口和定向窗示意图

(a) 采取定向窗方式的辅助定向措施；(b) 爆破切口与预切口组合方式

式中，S 为烟囱或水塔爆破缺口部位的外周长；D 为爆破缺口部位的外直径。

爆破缺口长度的确定，与材质、结构尺寸、腐蚀风化程度以及布筋密集程度、缺口形状、倒塌场地条件等多种因素有关。对于结构物较高、风化较严重、强度较小的砖结构，

L可取较小值；对直径大而壁厚、强度大的砖结构和钢筋混凝土结构（尤其配筋密的），L取较大值。取值时，以能够准确、顺利倾倒为原则，其对应的圆心角为200°~240°。

对于烟囱的爆破拆除，如采用梯形缺口，则底边长度L可参照式（6-7）、式（6-8）选取：

砖烟囱：
$$L/S=(0.55\sim0.58) \tag{6-7}$$

钢筋混凝土烟囱：
$$L/S=(0.59\sim0.66) \tag{6-8}$$

根据高耸建（构）筑物定向倾倒时的力学分析，由于力矩作用在其倒塌过程中必然会有后座分力，为减小后坐力，可以采取以下方法：缺口位置尽量靠近地面；缺口长度尽量短；可在保留筒壁的背面补强补厚，以冲抵后座分力。

(3) 爆破缺口高度。爆破缺口高度是保证倒塌方向的重要技术参数。缺口高度过小，烟囱、水塔会“倾而不倒”，或在倾倒过程中出现偏转；爆破缺口高度过大，不仅会增加钻孔工作量，对高度较高的烟囱或顶部较重的水塔还可能造成倾倒速度过快，形成前冲。倒塌过程中切口合拢时，烟囱重心要偏出支撑面。

金骥良等根据与建筑物整体倾倒同样的分析过程，推导得出烟囱、水塔整体定向倾倒爆破切口高度的计算公式为

$$\frac{H_c}{2}-\frac{\sqrt{H_c^2-D^2(1+\cos\theta)}}{2}\leqslant h\leqslant\frac{H_c}{2}\text{或简化式}\ h\geqslant\frac{D^2(1+\cos\theta)}{4H_c} \tag{6-9}$$

式中，h为爆破缺口高度，m；H_c为建（构）筑物重心高度，m；D为爆破缺口部位建（构）筑物截面外直径，m；θ为爆破缺口部位建（构）筑物支撑截面的半圆心角，rad。

工程实践中，通常对于砖结构烟囱和水塔，可取$h=(2.3\sim3.0)\delta$；对于强度高、刚度好、比较坚固的烟囱，切口高度取较大值；对于钢筋混凝土结构，可取$h=(3.0\sim5.0)\delta$，薄壁、较高、配筋密集者取较大值；否则，取较小值也要符合失稳要求。一般地，即使为砖结构烟囱，其爆破缺口的高度也不宜小于爆破部位壁厚δ的1.5倍。

切口高度过高，倾倒速度过快，容易前冲；开口过长容易后坐。设计时要综合考虑，尽量避免出现前冲、后坐、偏转等现象。

(4) 定向窗。定向窗的主要作用是将筒体保留部分与爆破缺口部分隔开，使切口爆破时不会影响保留部分，保证爆破后切口的大小和形状，从而保证正确的倒塌方向和倾倒速度，实现顺利倒塌。开定向窗是在缺口爆破之前、钻孔之后进行的预处理，也可采用人工剔凿。定向窗内的混凝土碎块要清除干净，钢筋要割断，墙体要开透。要保证定向窗切边整齐、位置准确，两侧定向窗与倒塌中心线对称。定向窗的形状可为方形、矩形、拱形、三角形。烟囱的烟道口或出渣口的方向、位置恰当，也可作为定向窗。为了尽量减少预拆除工作，定向窗的尺寸设计应尽量小；三角形定向窗的高度一般为$(0.6\sim1.0)h$，底边长度为$(2.0\sim3.0)\delta$。两侧定向窗破坏状态要尽量对称，否则将严重影响按设计方向倒塌。

对于一些老化严重的建（构）筑物，开定向窗有可能引发险情，不宜开定向窗。如果不设定向窗，在爆破部位的切口两端边缘应各设一列定向空孔作为界限孔，孔距为0.2 m，孔深为壁厚，将爆破部分和保留部分隔开。

2. 爆破参数设计

(1) 炮孔布置。在爆破缺口范围内布置炮孔。炮孔应垂直于建（构）筑物表面，指向

中心。一般采用矩形或梅花形布孔。炮孔应从倒塌中心线向两侧均匀对称布置。由于烟囱内部有煤灰等脏物，除特殊需要外，一般都由外部向内实施钻孔。底排炮孔距地面不小于0.5 m，如图6－15（a）所示。如果爆破部位有钢筋并位于筒壁外侧，可从内部向外钻孔，并使装药中心偏向外侧。要保证钻孔精度和深度，装药前要对所钻炮孔逐一检查验收。

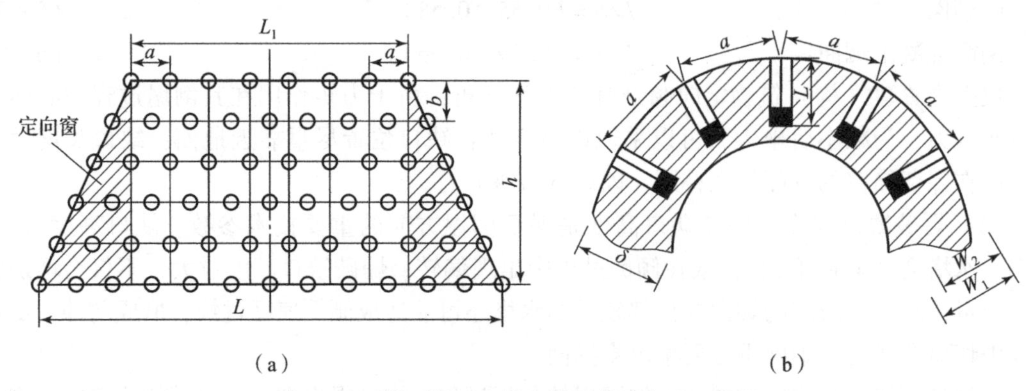

图6－15　梯形切口布孔和拱形截面布孔示意图

（a）梯形切口参数示意图；（b）拱形截面布孔示意图

（2）炮孔深度 L。理论分析和实践表明，圆筒式烟囱及水塔支承的爆破缺口部分，应视为类似一个拱形的构筑物，如图6－15（b）所示的阴影部分，若以药包中心的连接线为分界线，则药包爆炸时产生的应力波将使拱形构筑物的内侧受压、外侧受拉。而砖砌体或混凝土的抗拉强度远远小于其抗压强度，因此确定炮孔深度 L 必须慎重。若孔深 L 稍浅，则爆破时形不成爆破缺口，不仅烟囱或水塔不能倒塌，而且产生飞石，呈扇形扩散飞扬；若孔深 L 超深，则爆破时亦形不成爆破缺口，烟囱或水塔仍然不能倒塌，甚至成为危险建筑物，给下一步拆除工作造成困难。因此应选择合适的炮孔深度 L。

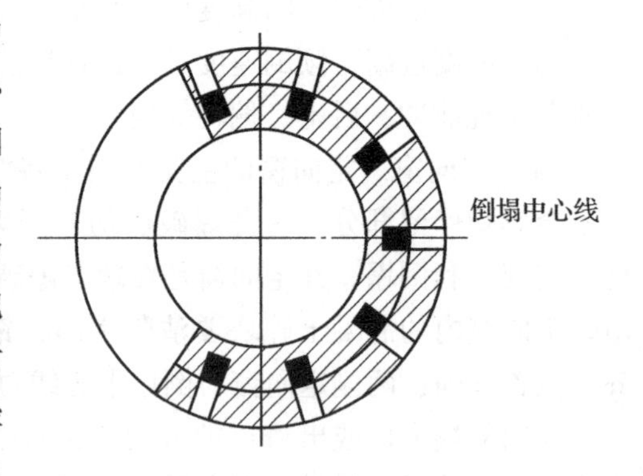

图6－16　爆破缺口断面炮孔布置

影响炮孔深度 L 的因素除烟囱或水塔支承的壁厚 δ 外，还有材质、爆破缺口部位直径的大小及烟囱、水塔的构造等。如图6－16所示，烟囱、水塔的拆除爆破，通常采用布置水平炮孔的浅孔爆破法。当在筒壁外侧钻水平炮孔（孔径为38～42 mm）时，针对不同具体情况，合理的炮孔深度应取 $L=(0.67\sim0.7)\delta$。若砖砌烟囱无耐火砖内衬，或有耐火砖内衬但其爆破部位的外径大于3 m以及水塔支承为砖砌体，宜取 $L=(0.67\sim0.68)\delta$；若砖砌烟囱有耐火砖内衬或虽无耐火砖内衬，但其爆破部位的外径小于3 m以及水塔支承为钢筋混凝土结构，宜取 $L=(0.69\sim0.70)\delta$。对于旧式圆筒形砖结构支承的水塔，内径达5 m或5 m以上时，亦可在筒壁内侧钻水平炮，其合理的炮孔深度宜取 $L=(0.56\sim0.58)\delta$。

（3）炮孔间距 a 和排距 b。炮孔间距 a 的确定主要与炮孔深度 L 有关，应使 $a<L$，要确保炮孔装药后的堵塞长度 L_1 大于或等于炮孔间距 a，以防止产生冲炮。此外，炮孔间距

还与构筑物的材质及风化程度等因素有关。对于砖结构烟囱或水塔支承，炮孔间距宜取 $a=(0.8\sim0.9)L$；若爆破部位的砖砌体完好，取 $a=(0.8\sim0.85)L$，有风化腐蚀现象时，取 $a=(0.85\sim0.9)L$。对于钢筋混凝土烟囱或水塔支承，炮孔间距取 $a=(0.85\sim0.95)L$；若爆破部位的材质完好，取 $a=(0.85\sim0.9)L$，有风化腐蚀现象时，取 $a=(0.9\sim0.95)L$。

若上下排炮孔采用梅花形交错布孔方式，可取炮孔排距 $b=0.85a$。

在烟囱爆破部位，若耐火砖内衬厚度为 24 cm，为确保烟囱按预定方向顺利倒塌，在爆破烟囱的同时，耐火砖内衬亦应用爆破法予以破坏，一般破坏内衬周长的 1/2 即可。

对于薄壁建筑，取孔距大于孔深，有利于节约钻孔费用。

3. 单孔装药量计算

单孔装药量可按体积公式 $Q=qab\delta$ 计算。炸药单耗 q 与高耸建（构）筑物的材质、风化腐蚀程度、结构尺寸等有关。为了保证快速形成爆破切口，实现准确的定向倾倒，一般按抛掷爆破药量考虑，比楼房建筑的炸药单耗大。对具体结构的 q 值，应该进行现场试爆确定。筒壁爆破部位完好时取大值，有较严重的风化腐蚀现象时取小值。高耸建（构）筑物筒壁爆破的孔网参数和单位用药量如表 6－2 所示。

表 6－2　高耸建（构）筑物筒壁爆破的孔网参数和单位用药量（由外部钻孔）

结构性质	筒壁厚度/cm	孔距 a/cm	排距 b/cm	孔深 l/cm	单位耗药量 $W/(g\cdot m^{-3})$
砖结构	37	30～35	25～30	25～26	1 000～1 240
	50	40～45	35～40	34～35	750～800
	62	50－55	45～50	42～44	550～570
	75	60～65	55～60	50～53	405～425
钢筋砼结构	20	15～20	20	13～14	3 000～3 500
	25	20～25	20～25	17～18	2 500～3 000
	30	25～30	20～25	20～21	2 000～2 500
	35	30～35	25～30	24～25	1 700～2 200
	40	40～45	35～40	27～28	1 500～1 800
	50	45～50	40～45	34～35	1 000～1 300

若砖结构烟囱或水塔中间间隔砖包含环形钢筋，公式中的砖结构 q 值需增加 15%～25%；使用 $\phi8\sim10$ 钢筋比使用中 $\phi6$ 钢筋时增加药量多些。底层炮孔便于防护，为快速形成爆破切口，可增加 10%～20% 的药量。

4. 爆破安全检算

实践表明，若设计得当，烟囱、水塔等高耸建（构）筑物爆破时的爆破震动和飞石均能受到有效控制，不致对周围建筑物造成危害。例如爆破 50 m 高的烟囱时，其总用药量也仅为8 kg左右（耐火砖内衬厚12 cm时），所以爆破震动是微弱的，一般可不进行爆破震动安全检算，如有特殊情况需要检算，可按本书有关章节介绍的方法进行。砖结构烟囱或水塔支承定向倒塌时，如果技术设计合理，通常在其倾倒过程中，随着倾斜角度的增加，在后坐的同时断裂成数段，自下而上逐段连续地接触地面，因此撞击地面时的震动也是微弱的。以"定向倒塌"方式爆破钢筋混凝土结构的烟囱或水塔支承时，一般在爆破缺口形成后，其倒塌是整体性的，虽然爆破时产生的震动轻微，但其整体倒塌撞击地面时产生的震动却往往大于爆破震动，而频率则低于爆破振动频率。

此外，应该特别注意两个问题：一是在一定条件下必须准确地控制其倒塌时的方向，有时偏离预定方向几度，就有可能危及邻近建筑物或重要设施的安全，因此，钻爆前，对倒塌方向的中心线需用经纬仪反复认真地测量校核，并定位于烟囱或水塔的爆破部位；二是对倒塌距离与堆积范围，应根据具体条件和技术设计进行检算。

6.3.3 高耸建（构）筑物拆除控制爆破施工和安全防护

对烟囱、水塔等高耸建（构）筑物进行拆除控制爆破时，必须精心设计与施工，除严格执行控制爆破施工与安全的一般规定和技术要求外，还应特别注意下列问题：

（1）在周围环境复杂的情况下，对定向倒塌的方向和中心线需用经纬仪认真地测量与校核，要准确地将倒塌中心线定位于烟囱或水塔支承的爆破部位上。

（2）炮孔布置，应严格按照设计图纸的要求定位烟囱或水塔等构筑物的爆破缺口部位；采用的炮孔直径不宜小于38～40 mm。

（3）钻孔时，钻杆应指向烟囱或水塔支承筒壁的圆心，不得上下左右偏斜，从而确保炮孔方向既指向圆心又垂直于构筑物的表面；还应严格按照设计要求，确保炮孔深度；对于钻好的炮孔，要用掏勺清除孔内的粉尘，并逐个检查验收，对于孔深不符合要求的炮孔，应采取补救措施。

（4）在风化破损甚至有时掉块的砖结构烟囱或水塔底部钻爆施工时，为确保钻爆操作人员的安全，应架设棚架，棚架上覆盖以2～3层荆笆，以防掉块伤人；钻爆操作结束后或临爆前，棚架即可拆除。此外，在这类破损构筑物底部钻孔时，宜采用配以特制钻头的金属电钻。

（5）必须杜绝产生瞎炮，确保准爆与爆破安全，否则，有可能对人民的生命和财产造成威胁或重大损失。实践中采用双套串联电爆网路是一项确保准爆与爆破安全的重要技术措施。只要严格执行连接网路操作的技术要求和检验规定，就完全可以杜绝瞎炮的产生。

（6）当采用"定向倒塌"方式爆破时，若烟囱爆破部位的筒壁与耐火砖内衬之间的空隙中积存煤粉粉尘，则应将该部位的煤粉予以清除，否则，爆破烟囱时有时会引起煤粉爆炸，以致烟囱的倾倒方向发生改变，砸毁邻近的建筑物；爆破水塔时，为确保其倾倒方向和降低水罐撞击地面时的震动，应事先排除罐内的存水，并切断阻碍其定向倒塌的水管管道。

（7）爆破时，为防止个别碎块飞溅，通常在爆破缺口部位，以悬挂方式覆盖两层草袋或一层草袋、一层轮带胶帘作为覆盖防护。

(8) 若烟囱或水塔倒塌方向的场地为混凝土等硬路面，烟囱或水塔倒塌时撞击地面会产生震动和形成大量碎块飞溅，这种碎块的飞溅距离一般均超过爆破时的飞石距离，故应在倒塌方向的硬路面上铺一定厚度的土壤，必要时，可在土壤上覆盖一层草帘。

(9) 进行定向倒塌爆破时，应于爆破前 1 ~ 2 天确切地掌握天气预报，主要是风向和风力。当风向与倒塌方向一致时，对爆破无影响，若风向不一致而且风力又达 3 级以上时，这类高大建筑物在定向倒塌过程中可能发生偏转。因此，当周围环境不允许其发生偏转时则应推迟爆破日期。

(10) 采用“定向倒塌”方式爆破时，邻近烟囱或水塔的房屋内的人员及贵重物品应暂时转移至安全处，以防发生意外；围观人员严格限制在安全距离外。

6.3.4　烟囱的拆除控制爆破实例

1. 工程概况

某市一胶鞋厂内烟囱高约 45 m，在距地面 2 m 高处，外周长 12.35 m，壁厚 0.55 m，内衬厚 0.24 m，外壁与内衬之间有 5 cm 的空隙。在距地面 14 m 高处，外周长 9.6 m，壁厚 0.45 m，内衬 0.11 m。烟囱为砖砌结构，正东有烟道，烟囱周围环境如图 6 – 17 所示。烟囱北 3.5 m 处是围墙，8 m 处是高压线，西 22 m 处是水塔，南 30 m 及东南 5 m 处是生产车间，东 15 m 处是水池，30 m 处是在建楼房，环境比较复杂。

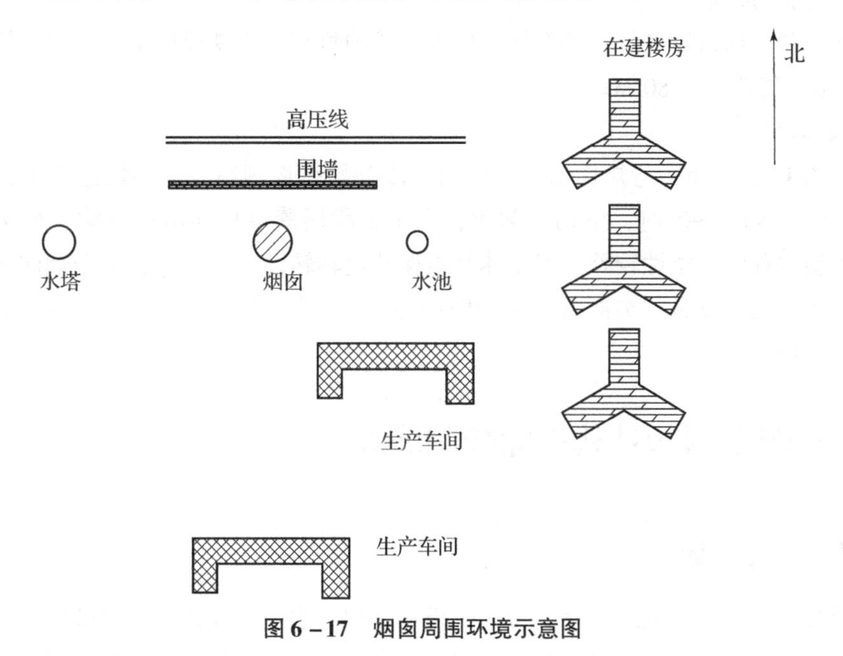

图 6 – 17　烟囱周围环境示意图

2. 方案选择

根据爆区环境，决定采用单向折叠定向倒塌方案。上切口定在基底以上 14 m 处。下切口为避开烟道，定在基底 2 m 处。

1) 爆破技术设计

上切口距地面 14 m，切口高 1.2 m、长 6.4 m，为周长的 2/3。在切口两端设定向窗为长方形，宽 0.4 m，高 1.2 m。在切口中间设定位窗，宽 0.4 m，高 0.8 m，用风镐打穿。

开定向窗和定位窗后烟囱强度校核：设烟囱从 14 m 以上厚度均为 56 cm，切口部位保留部分的截面积为 5.38 m^2，截面上载荷为 262 kPa，小于砖的抗压强度 3 MPa，能保证安全。

需要爆破的切口由两部分组成，每部分长 2.6 m，高 1.2 m，布置 4 排炮孔，孔距 $a=400$ mm，排距 $b=400$ mm，最外边炮孔离侧向自由边界 310 m，孔深 $L=350$ mm，单孔装药 50 g，单位炸药消耗量 $q=530$ g/m^3。

下切口为倒梯形水平切口。切口高 1.65 m、长 8.23 m，为切口外周长的 2/3，定向窗为长方形，宽 0.4 m，高 1.1 m，用风镐打穿。

开定向窗后烟囱强度校核：设烟囱从 2 m 以上厚度均为 80 cm，切口以上部分重 764.7 t，切口部位保留部分截面积 9.88 m^2，截面上载荷为 774 kPa，小于砖的抗压强度 3 MPa。

切口爆破部分长 7.43 m，高 1.65 m。布置四排孔，孔距 $a=550$ mm，排距 $b=550$ mm，最外边炮孔离侧向自由边孔 450 mm，孔深 $L=510$ mm，上两排单孔装药量 100 g，下两排单孔装药量为 150 g，炸药单耗 $q=590$ g/m^3。

2）起爆方式及延时时间

采用半秒非电延时雷管，上切口用 2 段，下切口用 6 段，上下延时间隔为 2 s。

3）安全防护措施

在上切口和下切口爆破部位外面挂一层带草袋的竹笆，用铁丝捆牢，并使竹笆与墙体有 20 cm 的间隙，警戒范围 80 m。

4）爆破效果

起爆后约 1 s，在重力弯矩作用下，烟囱上段开始缓慢倾斜，在倒塌过程中，上段部分保持完整并倾斜 80°～90°时，下切口起爆，由于上段塌落过程冲击的影响，烟囱下段迅速倾斜，在倾斜过程中完整性较差，但整体基本保持定轴转动。落地后，整个烟囱解体为可清理的碎块。爆破后经测量，头部落在距烟囱中心 36 m 处，前冲较小。后坐 3.5 m，周围建筑设施没有任何损坏。

6.4 基础和薄板结构拆除控制爆破

6.4.1 钻孔爆破

钢筋混凝土薄板结构如地下室、桥面、板状基础、水池、油罐等的爆破拆除都要求钢筋与混凝土分离，以便清渣，取出钢筋。施工中，水池、油罐等薄壁容器多采用水压爆破，但其基础底板仍需采用钻孔爆破方法拆除，桥面、路面、地坪、条形基础等薄板结构的拆除，钻孔爆破方法仍是主要的手段。

实际施工中遇到的钢筋混凝土薄板有以下几个特点：①布筋密，通常是双层布筋；②厚度薄，一般在 20～40 cm 左右；③要求钻孔精度高；④易产生飞石。结合具体工程情况，采用加大单孔药量、减小钻孔密度的施工方法，采用下式确定单孔药量：$Q=qab\delta$。式中：Q

为单孔药量，kg；q 为炸药单耗，取 1.2～1.4 kg/m^3；a 为炮孔间距，m；b 为炮孔排距，m；δ 为被拆除的钢筋混凝土薄板厚度，m。

施工实例：

1. 钢筋混凝土桥面的爆破拆除

待爆路面属于典型的薄板结构。这类结构物典型的特点有面积大、厚度小以及介质种类多、强度不均匀。常见的厚度一般只有 20～40 cm，少数可达到 40～50 cm，厚度超过 50 cm 的可以把它当作大型块体来处理。

拆除旧桥位于闹市区交通要道上，400 m 处为新建大桥、西北侧 10 m 为市政府办公楼，西侧 3 m 上空有供电线路，7 m 处桥下为自来水管道，6 m 处为与桥平行的通信电缆，北侧桥头 15 m 处为生产厂房，南侧桥头两边分别是公交停车场和办公楼，100 m 处是加油站。桥面钢筋硅板厚 35 cm，中间 10 cm 处有 3 cm 左右的油毛毡与沥青垫层，桥下水流较急。爆破时必须保证周围建筑物的安全，为满足防汛要求，只能自上而下进行爆破。

炮孔呈梅花形布置，爆破参数为：最小抵抗线 0.17 m，孔深 0.18 m，孔距 0.5 m，排距 0.35 m，单孔药量 0.75 kg。施工中严格控制钻孔精度，装药结束用黄泥堵塞。采用毫秒电雷管分三段（1、3、5）起爆。由于施工过程中发现因油毛毡和沥青垫层的影响，前段爆破易造成后段表层硅铅垫层脱开，造成留底，故改为同段爆破，避免了留底。防护用一层草袋、一层砂袋，未发现任何飞石。爆破后观察效果良好，硅与钢筋基本分离，大部分碎块掉入河里，桥上钢筋保留完好。

在桥面此类薄板爆破中，应注意以下几点：

（1）薄板爆破时，宜用倾斜炮孔，最佳角度在 45°～60°之间，一定要注意堵塞和炮孔深度。堵塞不好，极易形成冲天炮；严格控制炮眼深度，装药前每孔检测深度，如过深，底部要充填炮泥，否则爆破就会作用于路面下方的土层，达不到破碎薄板路面的要求。

（2）采用有效的起爆网路和起爆方式。由于薄板爆破炮眼密集，一次爆破炮孔较多，极易形成漏爆，必须精心施工，督促施工人员严格按要求连线，防止漏连。

（3）控制飞石是薄板结构爆破安全防范的重中之重，一方面设计施工时应严格控制药量及飞离方向，另一方面应加强警戒与覆盖。

（4）实践中发现，在爆破参数的选取上，按经验公式定量计算与实际操作有一些出入。在炮眼排间距与药量的最佳配置上，应根据现场实际，待试爆后加以调整选定。

2. 地下室爆破拆除

该地下室建于 20 世纪 50 年代，东 3 m 为居民住宅，北 2.5 m 为单身职工宿舍，西 18 m 是居民区，南 60 m 为民房。钢筋混凝土厚 25 cm。爆破参数为：最小抵抗线 0.12 m，孔深 0.13 m，孔距 0.4 m，排距 0.3 m，单孔药量 0.04 kg。爆后钢筋与混凝土分开，便于清渣。由于采用一层竹帘、一层胶管帘、一层砂袋防护，对周围建筑物未造成任何损害，达到了预期效果。

3. 基础钢筋硅底板的爆破拆除

基础钢筋硅底板厚 35 cm，爆破参数为：最小抵抗线 0.18 m，孔距 0.5 m，排距 0.35 m，单孔药量 0.075 kg。防护采用一层草袋、二层胶管帘、一层砂袋，未产生任何飞石，爆破效果良好，达到了钢筋与硅基本分离、易于清渣的目的。

6.4.2 水桶爆破

中国科技大学周听清等根据炸药接触爆炸时结构发生层裂效应和爆炸气体对结构的作用原理，利用水作为背压介质（或覆盖介质），提出了薄板钢筋混凝土结构的“水桶爆破”（图 6－18）方法，并通过实际爆破进行了验证。

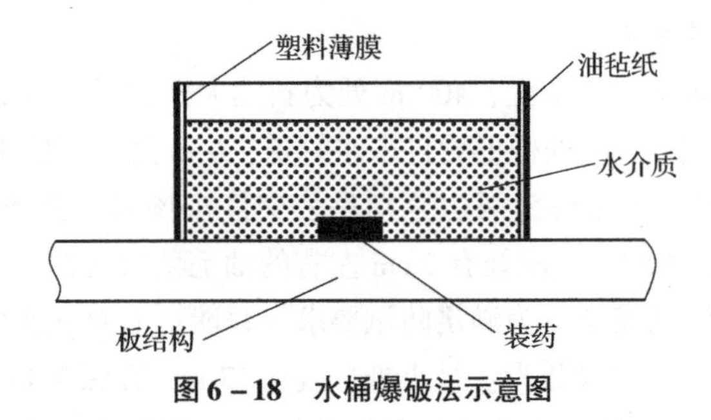

图 6－18　水桶爆破法示意图

1. 薄板结构的接触装药破碎原理

当装药在结构表面上爆炸后，由于爆轰波的作用，在结构物中传递着较强的压缩应力波，当应力波遇到底部自由面时发生反射波，若反射波与入射波叠加后的拉伸波的强度大于结构的强度极限，在结构物中即发生层裂的破坏效应，在结构物的表面出现凹陷，并且从自由面向内有一层层碎片产生，最后形成“漏斗坑”（图 6－19）。

2. 接触装药时的药量公式

一般情况下，对于球装药的药量公式可表示为

$$W = Abh^3 \tag{6-10}$$

式中，A 为材料系数，kg · m^3，通常对于钢筋混凝土取 5.0 kg · m^3；b 为覆盖系数，无覆盖介质时取为 9.0；h 为板的厚度，m。

3. 有覆盖时接触装药的药量

当薄板结构在接触装药时，所需的炸药量很大，空气冲击波及伴随的噪声也相当强烈，因此将对城市造成一定危害。当装药的上面有覆盖介质层时，药量相应减少，空气冲击波和爆破噪声也随着覆盖介质层厚度的增加而逐步降低。有覆盖时装药结构如图 6－20 所示。

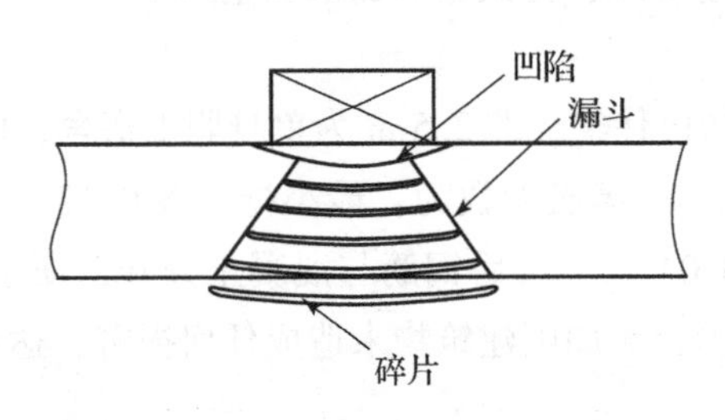

图 6－19　爆炸后结构物所产生的层裂效应

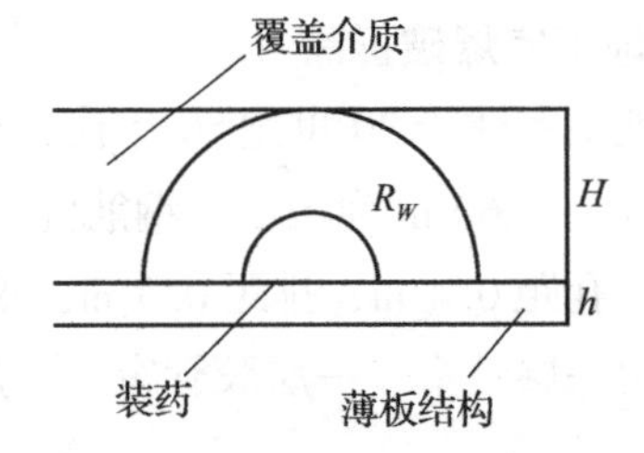

图 6－20　有覆盖时装药结构

有覆盖介质层与无覆盖介质层相比，结构所受到的冲量相差较大。Q 称为冲量放大倍数，相应地当有覆盖介质层时药量应当缩小 Q 倍，这样药量公式便改写为

$$W = ABh^3/Q \tag{6-11}$$

其中

$$Q = \frac{I_P}{I_W} = \sqrt{\frac{M_P + M_W}{M_W}} \tag{6-12}$$

式中，I_P 为介质的冲量；I_W 为爆炸气体产生的冲量。对于半球装药：

$$M_W = \frac{2\pi\rho_W {R_W}^3}{3} \tag{6-13}$$

$$M_P = \frac{2\pi\rho_P (H^3 - {R_W}^3)}{3} \tag{6-14}$$

式中，M_W、ρ_W、R_W 分别为装药的质量、密度和半径；M_P、ρ_P、R_P 分别为覆盖介质的质量、密度和半径。

6.5　桥梁的拆除控制爆破

桥梁的形式很多，根据其受力情况通常分为梁桥、拱桥、钢架桥、悬索桥、组合体系桥等。桥梁结构在桥梁工程的长期运营使用中难免会出现各种质量问题，更有甚者会严重影响桥梁的正常使用，或当桥梁在使用过程中遭受到突发事件的严重破坏时，均需对其进行拆除重建。

在桥梁拆除工程中，爆破是较常使用的一种方式。其可以较为迅速地实现桥梁的拆除，但在爆破过程中仍存在一定的风险。在进行桥梁爆破方案设计时，应全面考虑根据其结构的受力情况结合环境条件确定拆除爆破实施方案，并结合桥梁结构与用料选择施工工艺，以控制好爆破的各种参数，将危险系数降到最小，从而顺利地完成桥梁的爆破拆除工作。

6.5.1　拱桥的爆破拆除

1. 爆破方案

对于拱桥而言，通常情况下只需将桥梁的桥墩炸毁，即可实现整个桥梁的失稳坍塌解体，但爆破的难度在于无法在施工过程将桥下水流截断，从而增加了爆破的难度。另外，该桥梁桥面采用沥青混凝土，且桥面的整体性较好，在爆破施工中如果不能实现充分的解体，将会加大二次爆破的工程量。再者，因需在水中进行施工，这也加大了施工的难度。

综上所述，根据拱形桥面的受力情况和失稳原理，可以将爆破点设置在每孔桥的拱顶。从而使得拱顶炸毁后，每孔桥就转化为两个悬臂梁，在爆破作用和桥面自重作用的影响下，加速桥体的解体。为避免爆破完成后出现大体积的部分，同时考虑钻孔工作面的限制，爆破时在桥墩上合理布置一定数量的垂直孔，并在每个桥墩上面两侧的拱脚连接部位也布置一定数量的炮孔，从而将拱脚的稳定性去除，也提高了桥面下落的冲击高度，在方便进行施工的同时确保桥梁爆破拆除的效果。

为了取得良好的爆破效果，应对桥梁的局部进行预拆除。在爆破之前，大桥中应进行预拆除的部位包括两端桥台与路面的连接部分、拱顶桥面板上方沥青混凝土、拱片间的横系梁及砌拱部分，同时还应将桥孔跨中顶部顺桥向的裸露钢筋切断，这样才能确保爆破施工达到理想的效果。

在对桥梁进行爆破拆除时，先应选择爆点，本工程的爆点选取在主孔圈的拱顶、拱脚及桥墩处。爆破施工采用延时爆破的方式，根据相应的顺序，依次对桥梁的拱顶、拱脚以及桥墩等处进行爆破，从而确保整个桥梁能够实现整体塌落，并与河床相撞完成彻底的破碎。

2. 爆炸参数设计

1）拱片的爆破参数

顶部装药：在该桥梁中，第二跨拱顶部位的厚度达到2 m，拱片主要是由桥面板和砌块所组成，采用的材料为无钢筋混凝土。经过分析，在拱片顶部按照梅花桩进行布孔，孔的间距控制在0.7 m，排距则控制在0.6 m；孔的深度控制在1.5 m，每个孔内的装药量为600 g。

第二跨拱片顶部炮孔装药的具体参数如图6－21所示。在桥面板的各个预拆除部位、拱顶两侧顺着桥梁的方向布置4个垂直孔，孔的间距控制在20 cm，孔深控制在45 cm，每个孔内的装药量为70 g，其中孔底20 g、中间50 g。拱顶炮孔装药的具体参数如图6－22所示。

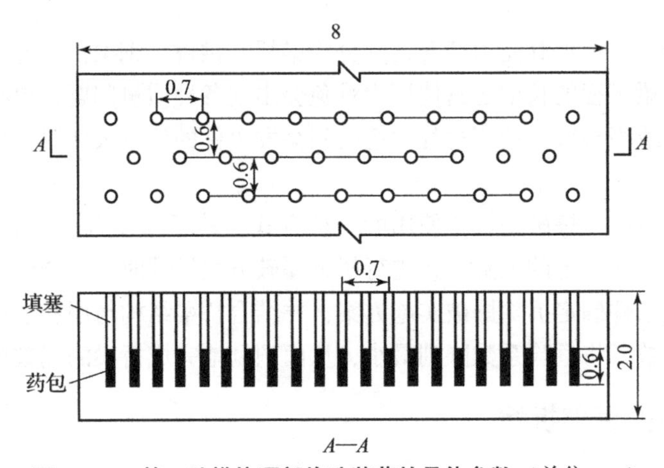

图6－21　第二跨拱片顶部炮孔装药的具体参数（单位：m）

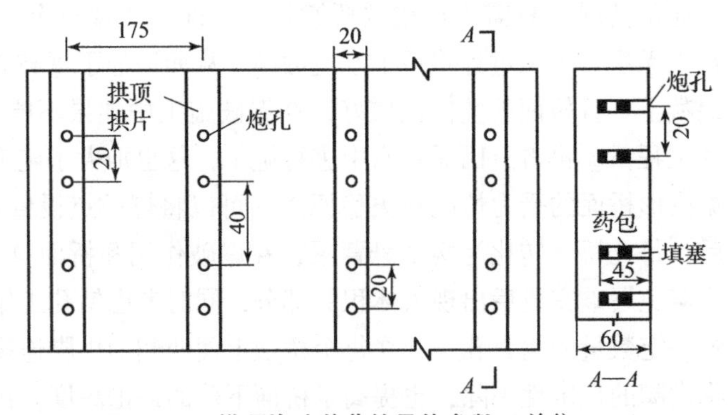

图6－22　拱顶炮孔装药的具体参数（单位：cm）

拱脚的装药：在主拱片的拱脚处进行装药时，应按照从下而上的顺序进行钻孔，孔的间距控制在30 cm，孔深控制在65 cm，数量为6个；当在炮孔内进行装药时，在两边的2道拱肋的装药方式为：孔底20 g；中间4道拱肋的装药方式为：孔底20 g，中间80 g；在拱肋两边距离拱肋中心15 cm的位置处也需进行钻孔，即顺直桥梁的方向设置5个炮孔，孔深控制在 35 cm，其装药方式为：孔底 60 g。

2）桥墩的爆破参数

采用机械预拆除的方式将两端桥台与路面之间的连接解除。在该桥梁中，1#～3#以及 10#～11#桥墩的顶面与桥面之间是连接固定在一起的，其中 1#、10#以及 11#的桥墩需要将其完全拆除，而 2#和 3#的桥墩不需要完全拆除，只需将上面 4.5 m 高度的砌石墩拆除即可。预拆除完成后，即可对桥墩进行爆破。当进行桥墩钻孔时，应采用潜孔钻机从桥面沿着桥墩中心线的方向进行，炮孔为单排垂直孔，其直径控制在 76 mm，孔深控制在 4.5 m，每个孔内的装药量为 15 kg，引爆方式采用双发导爆管雷管引爆。

采用手风钻结合潜孔钻将剩余的 4#～9#的桥墩进行钻孔爆破。4#～9#没有与桥面连接在一起，而在其顶面存在 1.2 m 的混凝土墩，下部则为浆砌石。当进行 4#～9#桥墩的钻孔时，采用手风钻结合潜孔钻进行钻孔爆破，炮孔一共布置 3 排，为垂直炮孔，中间一排炮孔的直径控制在 76 mm，而两侧炮孔的直径则控制在 40 mm。本工程所采用的雷管为国产Ⅱ系列 15 段毫秒导爆管雷管，炸药选用 $\phi32$ 及 $\phi60$ 的乳化炸药。

3. 起爆网路和起爆方式

本工程进行爆破拆除所采用的爆破网路为复式交叉网路。在直径为 40 mm 的炮孔内设置一个导爆管雷管，而在直径为 76 mm 的炮孔内则设置两个导爆管雷管。传爆雷管采用双发导爆管雷管，每两发传爆雷管上所连接的导爆管的数量应控制在 10 根以内。

该桥梁进行爆破的起爆点设置在桥西北端的第 3 个桥孔顶部，起爆沿着该孔向桥两端进行，依次将桥梁的各个拱脚、桥墩以及桥面板爆破。在桥面板炮孔内设置的导爆管雷管选用 MS7 段，在桥面的炮孔内进行传爆所选用的导爆管雷管为 MS5 段，其长度为 20 m；由桥下的孔内进行传爆所选用的导爆管雷管为 1 段，其长度为 5 m；在拱脚的炮孔内设置的导爆管雷管选用 MS7 段和 MS9 段；在桥墩的炮孔内设置的导爆管雷管选用 MS8 段。本工程采用的爆破网路连接方式可以有效地确保传爆的安全性和准确性。

6.5.2　梁桥的爆破拆除

典型的钢筋混凝土梁式桥结构如图 6－23 所示，桥梁上部结构为：桥面系、主要承重结构、支座；桥梁下部结构为：桥墩、桥台和基础。

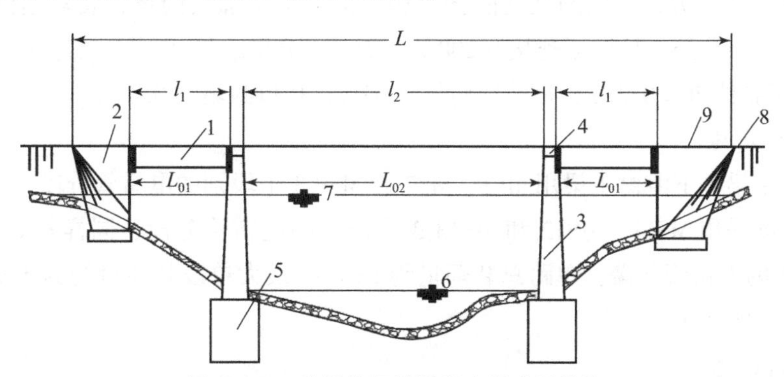

图 6－23　典型的钢筋混凝土梁式桥结构

1—上部结构；2—桥台；3—桥墩；4—支座；
5—基础；6—低水位；7—设计水位；8—锥体填方；9—桥面

1. 爆破方案

由于高空爆破作业不易实施，因此该公路桥控制爆破拆除的设想是首先将桥面主体承载结构破坏，使其自然塌落到河床上，然后再利用机械或人工进行二次破碎解体。考虑到后续二次破碎工作的方便，爆破应满足以下几点要求：一是桥梁必须塌落，最好是平铺落于河床，而不是倾斜靠在桥墩上，以期利用桥体自身重量撞击河床而使桥面板破碎，且桥梁的摆放位置应便于下一步施工作业。二是主、次梁必须完全破碎，在保证安全的前提条件下减少二次工作量。三是不产生较大的飞石和振动，无不良爆破后果，对临近建筑不产生不利影响。根据该桥梁自身特点，在爆破拆除时首先在受力构件——主、次梁中装药，破坏承载结构而使其自然塌落，并采取切割次梁外边缘桥面板混凝土的预先处理措施。如图 6－24 所示。

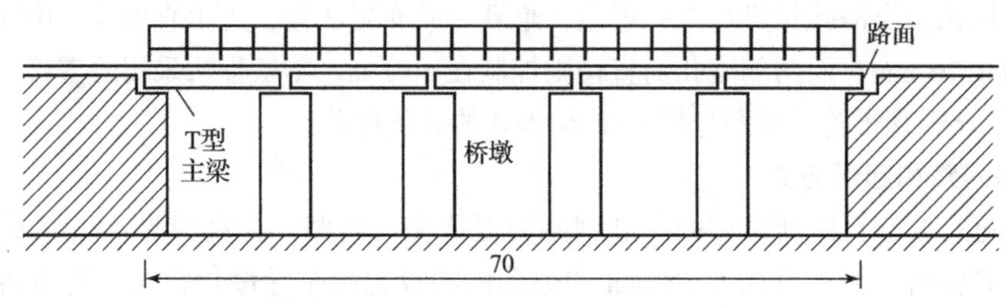

图 6－24　某钢筋混凝土公路桥侧视图（单位：m）

2. 装药量设计

1）炮孔布置

公路桥主梁上沿梁中轴线布置单排垂直炮孔，炮孔间距为 0.5 m，主梁炮孔深度为 1.4 m，孔径为 42 mm。共布置有 48 个主梁炮孔，次梁上炮孔间距 0.5 m，孔深为 0.5 m，上部装药后填塞高度均为 0.4 m。

2）药量计算

对主梁钻眼炮孔，其最小抵抗线为 0.3 m，孔距 $n=0.5$ m，孔深 $Z=1.4$ m，q 取 800 kg/m^3，计算单孔装药量为 367 g，分 3 层间隔装药、导爆索连接、单雷管起爆（150 g + 150 g + 67 g）。在桥梁每跨两端端部各 1 m 宽度的地方，根据其配筋加密的状况，同时考虑两端桥墩接近处易于实施有效的被动防护措施，适当地增加装药量，装药达到单孔 450 g，端部炮孔同样分层装药，导爆索连接（200 g + 150 g + 100 g）。次梁孔距为 $n=0.5$ m，孔深 0.5 m，最小抵抗线 $W=0.2$ m，每孔装药量为 67 g，孔口封堵约 0.4 m。

3）装药及联网

每跨 2 根主梁，下游侧主梁用 MS1、MS7 和 MS9 3 个段别的电雷管分段，每 8 个孔为一段，上游侧主梁采用 MS11、MS12 和 MS13 3 个段别的电雷管分段，同样每 8 个孔为一段，次梁采用 MS2 的电雷管起爆，单跨总装药量约 18 kg，最大单段装药量约为 5.9 kg。具体段位布置如图 6－25 所示。

4）预处理措施

预处理措施的目的是：避免由于桥面板整体的刚性，导致爆破后在其下落过程中与桥墩相刮擦，最终导致桥面板塌落后倾斜靠在桥墩上，对后续拆除工作造成困难，同时避免摩擦

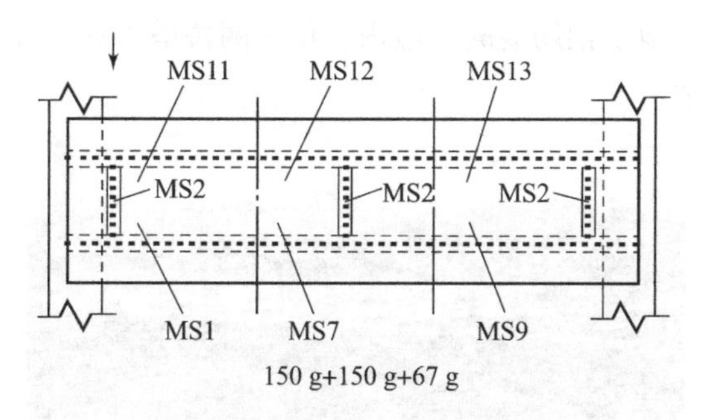

图 6－25　钢筋混凝土爆破段位分区图

导致落地动能不足，出现桥面板破碎程度较低的状况。考虑到双 T 型钢筋混凝土梁桥结构特性，以及梁跨上的 3 根小次梁位置，定于在两端部次梁靠外侧边缘切缝，由于切口处理不损伤桥梁的受力主梁，因而在整个施工过程中桥梁处于稳定状态。切口无须切断板面内的分布钢筋，只要求用风镐切开混凝土，留有 20 cm 宽的缝隙即可。在主梁爆破后，预想整个桥面板两端呈 V 形折起，桥面板以近似水平的状况自然塌落，两端刮擦较小，利用落地时的强大动能破碎桥面混凝土，以减少二次破碎工作量。

5）安全防护措施

由于爆破时桥梁周边环境复杂，须严格控制爆破次生灾害。在装药及起爆网路联网完毕后，在炮孔上设置多层被动防护设施，其中第一层为钢板覆盖层；第二层用橡胶管帘等柔性材料进行覆盖，形成硬—软相间的结构；第三层采用土毡布进行覆盖。

6.5.3　悬索桥的爆破拆除

悬索桥与斜拉桥的特点是依靠固定于索塔的斜拉索或主缆支承梁跨，梁类似于多跨弹性支承梁，梁内弯矩与桥梁的跨度基本无关，而与拉索或吊索的间距有关。由于索塔通常为高耸构筑物，拆除爆破时希望其能够有明确的定向效果，以利于爆后清捞。因此，拆除的要点是以定向爆破索塔为主，兼顾梁体的粉碎性爆破。斜拉桥与悬索桥的炸药单耗 Q 值如表 6－3 所示。本小节以实例对悬索吊桥拆除爆破工程进行分析讲解。

表 6－3　斜拉桥与悬索桥的炸药单耗 Q 值

部位	预应力挂梁	箱型梁	索塔	桥墩（水上部分）
材质	加密钢筋混凝土	加密钢筋混凝土	加密钢筋混凝土	混凝土
$Q/(g\cdot m^{-3})$	2 000～3 000	1 200～1 500	2 000～3 000	1 000～1 200
备注	浅孔爆破	浅孔或水压爆破	选用深孔爆破，可降 20% 炸药单耗	

京杭运河台儿庄区段的河床上有北、中、南 3 道过水河槽，吊桥位于南侧河槽上，吊桥上游处为三跨新公路大桥，下游处为正在构建的复线新船闸；吊桥东侧有生活饮水用大直径过河水管，南侧有简易板房院落与大型养殖场，其他方向空旷。该桥为悬索吊桥，两桥塔间距 93 m，桥面宽 4 m，上部结构桥面由箱型拱板组成，两侧各有钢质吊杆及护栏与主缆索相连；桥塔柱为 H 型结构，塔柱底端部为球滚动铰接基础，桥两侧各有 1 根细钢索组成的主

缆索，主缆索根端锚固于地下钢筋混凝土墩内，位于两桥塔中的主缆索因载荷负重具有下垂的弧度。如图 6－26 所示。

图 6－26　吊桥

1. 爆破方案

爆破拆除吊桥，使上部结构和桥塔全部垮塌。要确保吊桥东侧生活饮水用的大直径过河水管绝对安全；确保西南侧大型养殖场不因爆破受到影响；确保吊桥以北原桥保留部分桥跨和节制闸、船闸、板房不产生结构性破坏；确保周围施工人员、机械、车辆、设备安全。

根据吊桥结构特点及建设单位对爆破拆除的要求，提出了两种爆破拆除方案：①桥塔与主缆索同时爆破，桥塔用炮孔法爆破，主缆索用外部集团药包爆破；②桥塔与主缆索分步拆除，先用炮孔法爆破桥塔，使吊桥上部结构全部塌落，而后用气割切断主缆索。第①方案中，外部装药爆破主缆索的单个装药量，按经验公式：

$$C = 100d^2 \tag{6-15}$$

式中，C 为单个装药量（中级炸药），g；d 为钢索或圆钢直径，取 18 cm；代入计算单个装药量为 32.4 kg。

所用药量太大，爆破时将产生巨大的空气冲击波，不能保证周围目标的安全。经综合分析，决定采用第②方案，同时为防止桥塔柱向东倾倒砸坏水管，拟通过延时起爆使 H 型桥塔柱向西侧倾倒。

2. 参数设计

1）炮孔布置

南北走向的吊桥上有两个 H 型桥塔，共 4 根立柱。南、北桥塔东侧两根立柱向东钻孔，西侧 2 根立柱向西钻孔。在每根桥塔柱上沿地面以上 1 m 处交错布设 3 列炮孔，柱中心线布设 1 列，距中心线两侧各 0.28 m 处各布设 1 列。炮孔间距 0.6 m，切口高度 5.4 m，每列 9 个孔，孔径 38 mm，两侧孔深取 58 cm，中间列孔深取 60 cm，炮孔总数为 108 个。

2）装药量确定

爆破桥塔柱的单孔装药量按式（6－16）计算：

$$C = kv \cdot L \cdot H \cdot B/N \tag{6-16}$$

式中，C 为单孔装药量，g；kv 为炸药单耗，布筋较密的钢筋混凝土为 360～420 g/m^3，取 417 g/m^3；H 为切口高，取 5.4 m；L 为桥塔柱宽度，1.2 m；B 为桥塔柱厚度，1 m；N 为炮孔总数，共 3 列 27 个。经计算单孔装药量为 100 g。考虑桥塔为承重结构（上部结构 100 余吨），为保障充分破碎混凝土且炸断部分钢筋，将中间列炮孔的单孔药量增到 150 g。这样每个桥塔柱装药量为 3.15 kg，4 个桥塔柱总装药量 12.6 kg。

3）起爆网路

本次爆破因炮孔个数不多，采用了串联电起爆网路。选用毫秒延时 8#工程电雷管，西侧桥塔柱用 MS1 段，东侧桥塔柱用 MS5 段，采用军用电容器式起爆器起爆。

3. 安全防护措施

本拆除爆破产生的飞石将是影响安全的主要因素。为此，我们采取了以下安全措施：①对桥塔爆破位置均采用 2 层稻草帘和钢丝网遮挡防护；②对能够转移走的机械、车辆，安全距离为 150 m；③人员安全警戒距离为 200 m；④目标东侧运河北坡暴露的水管采用土层覆盖，厚约 2 m，南坡水管采用 4 层稻草帘和脚手架板或木板等就便材料覆盖遮挡防护；⑤爆破前派出警戒人员，并组织应急抢险作业队做好抢救准备。

参考文献

[1] 韦爱勇．工程爆破技术［M］．哈尔滨：哈尔滨工程大学出版社，2010.

[2] 爆破安全规程：GB 6722—2014［S］．北京：中国标准出版社，2014.

[3] 金骥良，顾毅成，史雅语．拆除爆破设计与施工［M］．北京：中国铁道出版社，2004.

[4] 张海波．建（构）筑物拆除爆破安全评价方法及应用研究［D］．南宁：广西大学，2007.

[5] 段宝福．拆除爆破安全技术的探讨与应用［J］．工程爆破，2007（1）：27，83－85.

[6] 言志信．结构拆除及爆破震动效应研究［D］．重庆：重庆大学，2002.

[7] 周听清，沈北武，奉孝忠．钢筋混凝土薄板结构的爆破方法［J］．爆破器材，2001，3：30－32.

第7章

爆炸技术在岩石爆破中的应用

将工程爆破用于土木工程作业始于17世纪，利用炸药爆破来破碎岩体，至今仍然是一种最有效和应用最广泛的手段。在炸药爆炸作用下，岩体是如何破碎的呢？多年来国内外众多学者对此进行了探索，提出了许多理论和学说。然而岩石不均质性和各向异性等自然因素，以及炸药爆炸本身的高速瞬时性，给人们揭示岩石的破碎规律带来了种种困难。随着爆破技术及其相关学科的发展，爆破理论的研究也有了长足的进步。特别是岩石动力学、岩体结构力学及数值模拟和动态测试技术的发展，为爆破理论的研究提供了科学、系统、有效的研究手段。但总体上看，爆破理论的发展仍滞后于爆破技术的要求，理论研究和生产实际仍有不小的差距，再加上爆破过程的瞬时性和岩体特征的模糊、不确定性，致使爆破理论众说纷纭。美国矿业局 W. L. Faurney 等人认为："岩石破碎的过程仍然没有阐明，在公开文献中尚有许多混乱和相互矛盾的论点……" 南非矿业研究会高级工程师 J. R. Brinkman（布里克曼）也谈道："岩石爆破破碎机理目前仍存在着相互矛盾的观点。"

但是科技工作者在长期的生产实践和科学实验中，总结了许多很有价值的经验，尤其是高速摄影技术和计算机模拟技术的出现，有力地促进了爆破破岩机理的研究。利用这一技术，借助爆破模拟试验，对爆破过程中在岩体内外发生应力、应变、破裂和飞散等现象的观察测定，并用计算机进行计算分析，进一步取得了岩石在爆炸作用下破碎机理的研究成果，提出了种种假说和经验公式。它们一般能反映某些客观规律，在生产上具有一定的指导意义和应用价值。

本章主要根据目前生产和科研中已经揭示出的一些规律，介绍岩石在炸药爆炸作用下发生破碎的原理，使我们对岩石破碎的本质有所理解，能正确地运用岩石破碎规律进行设计和施工，从而达到最佳爆破效果。

7.1 岩石爆破作用原理

炸药在岩体内爆炸时所释放的能量，是以冲击波和高温高压的爆生气体形式作用于岩体。根据布里克曼利用套管分离爆炸冲击波和爆生气体来分析研究爆炸能量的结论可知：冲击波能量占爆炸总能量的10%~20%，爆生气体膨胀能量占爆炸总能量的50%~60%，而其余20%~30%的爆炸能量损失掉而变成无用能量。在爆炸时所释放的能量作用于岩体的过程中，由于岩石是一种不均质和各向异性的介质，因此在这种介质中的爆破破碎过程是一个十分复杂的过程，要完全认识这样一个复杂过程是困难的。为了揭示爆破破碎过程的本质，结合目前的一些研究成果，下面就集中药包在无限介质和一个自由面条件下的岩石破碎过程做扼要的叙述。

7.1.1　爆破的内部作用

下面在炸药类型一定的前提下，对单个药包爆炸作用进行分析。

岩石内装药中心至自由面的垂直距离称为最小抵抗线，通常用 W 表示。对于一定的装药量来说，若最小抵抗线 W 超过某一临界值（称为临界抵抗线 W_e），可以认为药包处在无限介质中。此时当药包爆炸后在自由面上不会看到地表隆起的迹象。也就是说，爆破作用只发生在岩石内部，未能到达自由面。药包的这种作用，叫作爆破的内部作用。

炸药在岩石内爆炸后，引起岩体产生不同程度的变形和破坏。如果设想将经过爆破作用的岩体切开，便可看到如图 7－1 所示的剖面。根据炸药能量的大小、岩石可爆性和炸药在岩体内的相对位置，岩体的破坏作用可分近区、中区和远区三个主要部分，亦即压缩粉碎区、破裂区和震动区三个部分。

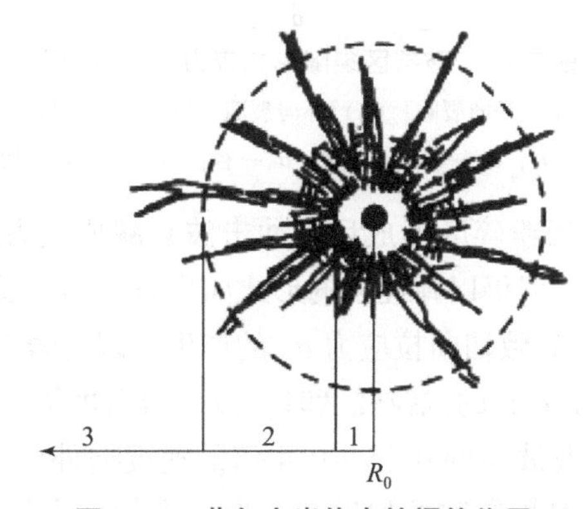

图 7－1　药包在岩体内的爆炸作用

R_0—药包半径；1—近区（压缩粉碎区），(2～7) R_0；2—中区（破裂区），(8～150) R_0；3—远区（震动区），(150～400) R_0

1. 压缩粉碎区的形成特征

爆破近区是指直接与药包接触、邻近的那部分岩体。当炸药爆炸后，产生两三千摄氏度的高温和几万兆帕的高压，形成每秒数千米速度的冲击波，伴之以高压气体在微秒量级的瞬时内作用在紧靠药包的岩壁上，致使近区的坚固岩石被击碎成为微小的粉粒（为 0.5～2 mm），把原来的药室扩大成空腔，称为粉碎区；如果所爆破的岩石为塑性岩石（如黏土质岩石、凝灰岩、绿泥岩等），则近区岩石被压缩成致密坚固的硬壳空腔，称为压缩区。

爆破近区的范围与岩石性质和炸药性能有关。例如，岩石密度越小，炸药威力越大，空腔半径就越大。通常压缩粉碎区半径为药包半径 R_0 的 2～7 倍，破坏范围虽然不大，但却消耗了大部分爆炸能。工程爆破中应该尽量减少压缩粉碎区的形成，从而提高炸药能量的有效利用。

2. 破裂区的形成特征

炸药在岩体中爆炸后，强烈的冲击波和高温、高压爆轰产物将炸药周围岩石破碎压缩成粉碎区（或压缩区）后，冲击波衰减为应力波。应力波虽然没有冲击波强烈，剩余爆轰产物的压力和温度也已降低，但是，它们仍然有很强大的能量，将爆破中区的岩石破坏，形成破裂区。

通常破裂区的范围比压缩粉碎区大得多，如压缩粉碎区半径一般为（2~7）R_0，而破裂区的半径则为（8~150）R_0，所以，破裂区是工程爆破中岩石破坏的主要部分。破裂区主要是受应力波的拉应力和爆轰产物的气楔作用形成的，如图7-2所示。由于应力作用的复杂性，破裂区中有径向裂隙、环向裂隙和剪切裂隙。

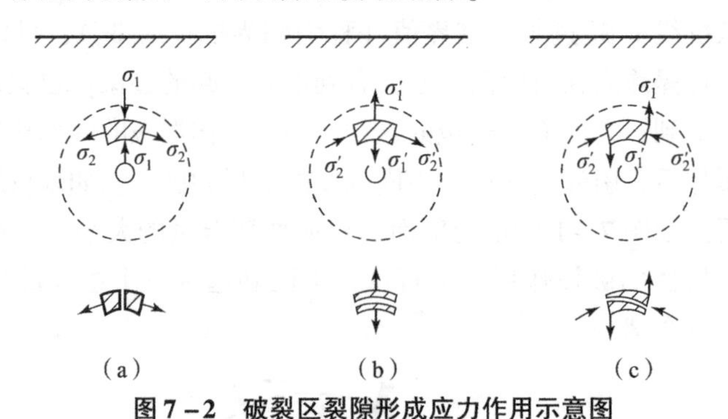

图7-2　破裂区裂隙形成应力作用示意图

（a）径向裂隙；（b）环向裂隙；（c）剪切裂隙

σ_1—径向压应力；σ_2—切向拉应力；σ_1'—径向拉应力；σ_2'—切向压应力

（1）径向裂隙的产生。当粉碎区形成后，冲击波衰减成应力波，其压力已低于岩石的抗压强度，不足以压坏岩石，但仍以弹性波的形式向岩石周围传播，相应地使岩石质点产生径向位移，其径向压应力 σ_1 导致切向拉应力 σ_2 的产生。因为岩石的抗拉强度仅为其抗压强度的1/10~1/50，当 σ_2 大于岩石的抗拉强度时，该处岩石即被拉断，构成与粉碎区贯通的径向裂隙，它以相当于应力波波速的0.15~0.4倍的速度向外延伸，如图7-2（a）所示。与此同时，爆破气体作用在爆炸空腔的岩壁上，形成准静应力场。在高压气体的膨胀、挤压、气楔作用下，径向裂隙继续扩展和延伸，并且在裂隙尖端处的气体压力下引起应力集中，加速裂隙的扩展，形成了靠近压缩粉碎区的内密外疏、开始宽末端细的径向裂隙网。

（2）环向裂隙和剪切裂隙的形成。在冲击波、应力波作用下，岩石受到强烈的压缩，积蓄了一部分弹性变形能。当粉碎区空腔形成、径向裂隙展开、压力迅速下降到一定程度时，原先在药包周围的岩石释放出在压缩过程中积蓄的弹性变形能，并转变为卸载波，形成与压应力波作用方向相反的径向拉应力 σ_1' 使岩石质点产生反向的径向运动。当此径向拉应力 σ_1' 大于岩石的抗拉强度时，该处岩石被拉断形成环向裂隙，如图7-2（b）所示。

在径向裂隙与环向裂隙形成的同时，由于径向应力与切向应力作用的共同结果，岩石受到剪切应力的作用，还可能形成剪切裂隙，如图7-2（c）所示。

（3）破裂区。应力作用首先形成了初始裂隙，接着爆轰气体的膨胀、挤压、气楔作用助长裂隙的延伸和扩展，只有当应力波与爆轰气体衰减到一定程度后才能停止裂隙扩展。这样，随着径向裂隙、环向裂隙和剪切裂隙的形成、扩展、贯通，纵横交错、内密外疏、内宽外细的裂隙网将岩体分割成大小不等的碎块。靠近压缩粉碎区处岩块细碎，远离压缩粉碎区处大块增多，或只出现延伸的径向裂隙。在应力和气楔的共同作用下，最终在（8~150）R_0 范围内构成了破裂区。

3. 震动区效应

爆破近区（压缩粉碎区）、中区（破裂区）以外的区域称为爆破远区。该区的应力波已大大衰减，渐趋于正弦波，部分非正弦波性质的小振幅振动，仍具有一定强度，足以使岩石产生轻微破坏。当应力波衰减到不能破坏岩石时，只能引起岩石质点做弹性振动，形成地震波。

爆破地震瞬间的高频振动可引起原有裂隙的扩展，严重时可能导致露天边坡滑坡、地下井巷的冒顶片帮以及地面或地下建筑物构筑物的破裂、损坏或倒塌等。地震波是构成爆破公害的危险因素。因此必须掌握爆破地震波危害的规律，采取降震措施，尽量避免和预防爆破地震的严重危害。

7.1.2　爆破的外部作用

在最小抵抗线的方向上，岩石与另一种介质（空气或水等）的接触面，称为自由面，也叫临空面。当最小抵抗线 W 小于临界抵抗线 W_e 时，炸药爆炸后除发生内部作用外，自由面附近也发生破坏。也就是说，爆破作用不仅发生在岩体内部，还可到达自由面附近，引起自由面附近岩石的破坏，形成鼓包、片落或漏斗。这种作用叫作爆破的外部作用。外部作用的表现形式主要有以下两种：

（1）霍布金逊效应导致岩体表面呈片状裂开，片落现象的产生主要同药包的几何形状、药包的大小和入射波的波长有关。

（2）由反射拉伸应力波引起径向裂隙的延伸，使原先存在于径向裂隙梢上的应力场得到增强，并使裂隙继续向前延伸。

1. 爆破试验

根据生产实践中的体会，可在实验室做以下试验：

（1）长杆试验。取一长杆状岩石试件，最简单的试验是采用岩石长杆模型进行的爆破试验。如图 7－3 所示，取一根加工成圆柱形或正方形断面（5 cm×5 cm 或 7 cm×7 cm）的长杆（长 1.0 m 左右），用雷管起爆端部药包后可见到以下现象：①近药端石杆被粉碎，稍

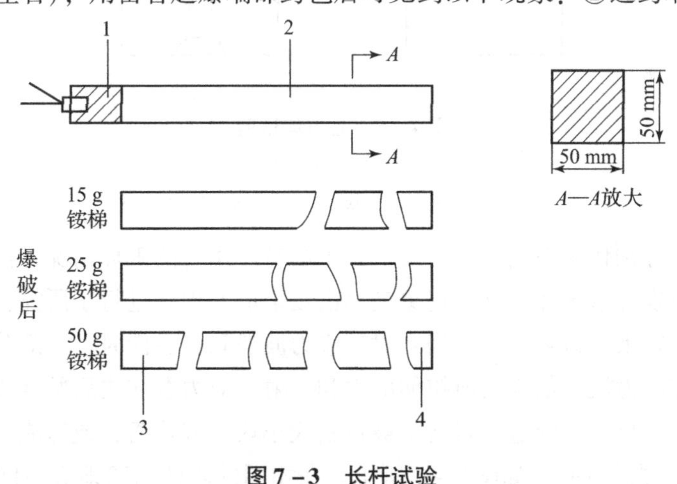

图 7－3　长杆试验

1—炸药；2—岩石长杆；3—粉碎区；4—片落区

远处有裂隙，分别形成粉碎区和裂隙区。②远药端石杆被破坏成块状形成片落区，越向药包端则碎块厚度越大。③在粉碎区、裂隙区与片落区之间，石杆无明显破坏而只有弹性变形，形成震动区。④炸药量不同，各区的范围也不同；当药量增大到一定程度后，粉碎、裂隙与片落3区扩大，震动区不复存在。

（2）水泥板试验。如图7-4所示，取一块具有一定厚度的水泥板。将一面平整为自由面 b，另一面加载，其上放一只雷管和几十克炸药。爆炸后加载端被冲击波和爆生气体粉碎飞散，而在自由面端则出现片落，片落石块抛出一定距离，这就是反射拉伸波拉断作用的结果。

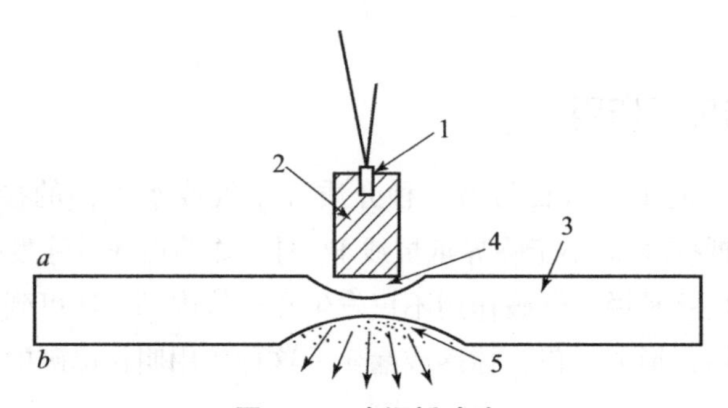

图7-4　水泥板试验

1—雷管；2—炸药；3—水泥板；4—粉碎区；5—片落区

a—加载面；b—自由面

（3）立方体试验。如图7-5所示，将8号雷管置于立方体岩块上一定数量的炸药内，起爆后，可见试件在另外的几个面上出现片落破坏。

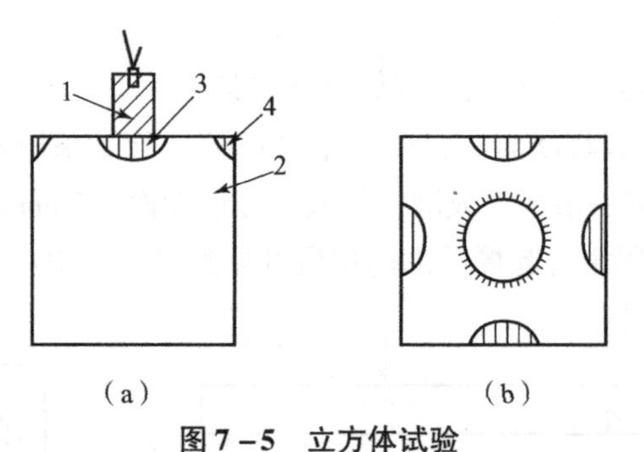

图7-5　立方体试验

（a）侧视；（b）俯视

1—炸药；2—立方体岩块；3—粉碎区；4—片落区

上述3个试验分别代表空间上一、二、三维爆破作用时的破坏情况，被爆岩体均会在与空气接触的一面出现片落破坏，这种现象最早由霍金逊发现并进行了研究，所以叫霍金逊现象。一般用应力反射来进行解释，即当入射压应力波遇到自由面时，一部分或全部反射为方向完全相反的拉伸应力波。如果反射拉伸应力和入射压应力叠加之后所合成的拉应力超过岩石的极限抗拉强度，自由面附近的岩石即被拉断成小块，或片落，或形成爆破漏斗。

（4）内部药包爆破试验。如图7-6所示，在相同的岩体内离地表不同深度分别设置药量相同的药包，起爆后效果各不相同。

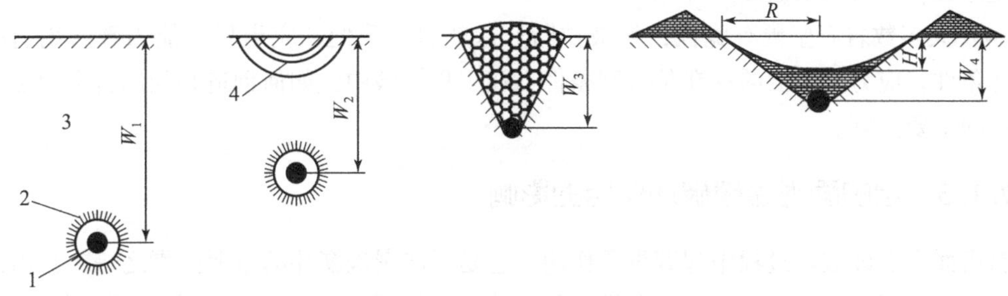

图7－6 内部药包爆破试验

1—粉碎区；2—裂隙区；3—震动区；4—片落区

上述4个试验均可看到，在一定条件下进行爆破，会在炸药周围形成粉碎区，在粉碎区外围一定距离会出现裂隙区，在远离炸药的一端会出现片落区，而在裂隙区和片落区之间不会破坏而只受到震动，形成震动区。

2. 爆破破岩原因分析

目前解释岩石爆破破碎机理认识较为统一的有三种理论：

（1）气体破坏论。该理论认为岩石主要是被爆炸生成气体的压力作用破坏的。爆破时产生的大量气体以极高的压力作用于炸药周围的岩石，使之产生压应力场，此应力场一方面造成径向岩石位移，另一方面还引起切向拉应力，所以岩体是在压、拉、剪等气体引起的复杂应力场中破坏和被抛掷的。这种理论完全忽视了冲击波的作用。

（2）应力波反射拉断破坏论。该理论认为当爆轰波传到岩壁时，在岩石内产生压应力波，此应力波是由冲击波能引起的。当应力波在岩内以放射状向外传播到自由面时，自由面上两种介质密度与波速有差异，造成应力波的折射与反射，此反射波是自由面向爆炸中心传播的，这就在自由面处造成拉应力。由于岩石的抗拉强度仅为抗压强度的1/10～1/50，故岩石是从自由面端（远炸药端）起被拉应力拉断的。这种理论单纯强调冲击波的作用，忽视了爆生气体压力的作用。

（3）共同作用破碎论。该理论认为岩石的破碎是冲击波和爆生气体综合作用的结果，是动作用和静作用兼而有之，只不过是作用的阶段和区域不同，近区以冲击波作用为主，远区以反射拉伸应力与气体膨胀共同作用。生产实践和试验研究证明，这种理论较客观、全面地反映了爆破破岩的原理，被学术界所公认。

综合上述试验和理论，可以归纳出下列几点重要结论：

（1）应力波来源于爆轰冲击波，它是破碎岩石的能源，但气体产物的静膨胀作用同样是十分重要的能源。

（2）坚硬岩石中，因其波阻抗值大［达$(10\sim25)\times10^5\text{g}/(\text{cm}^2\cdot\text{s})$］，冲击波作用明显，而软岩中波阻抗值低［为$(2\sim5)\times10^5\text{g}/(\text{cm}^2\cdot\text{s})$］，则气体膨胀作用明显，这一点在选择炸药爆速和确定装药结构时应加以考虑。

（3）粉碎区为高压作用结果，因岩石抗压强度大且处在三向受压状态，故粉碎区范围不大；裂隙区为应力波作用结果，其范围取决于岩性。片落区是应力波从自由面处反射的结果，此处岩石处于受拉应力状态，由于岩石的抗拉强度极低，故拉断区范围较大；震动区为弹性变形区，岩石未被破坏。

(4) 大多数岩石坚硬有脆性，易被拉断。这就启示我们，应当尽可能为破岩创造拉断的破坏条件。应力反射面的存在是有利条件，在工程爆破中，如何创造和利用自由面是爆破技术中的重要问题。

7.1.3 自由面对爆破破坏作用的影响

自由面在爆破破坏过程中起着重要作用，它是形成爆破漏斗的重要因素之一。自由面既可以形成片落漏斗，又可以促进径向裂隙的延伸，并且可以大大减少岩石的夹制性，有了自由面，爆破后岩石才能从自由面方向破碎、移动和抛掷。

1. 自由面数目的影响

自由面数越多，爆破破岩越容易，爆破效果也越好。当岩石性质、炸药情况相同时，随着自由面的增多，炸药单耗将明显降低，其近似关系如表 7-1 所示。

表 7-1 自由面数目与炸药单耗的关系

自由面个数	1	2	3	4	5	6
炸药单耗/($kg \cdot m^{-3}$)	1	0.7~0.8	0.5~0.6	0.4~0.5	0.3~0.4	0.2~0.3

2. 炮孔与自由面的夹角

炮孔与自由面之间的夹角关系如图 7-7 所示，当其他条件不变时，炮孔与自由面的夹角越小，爆破效果越好。

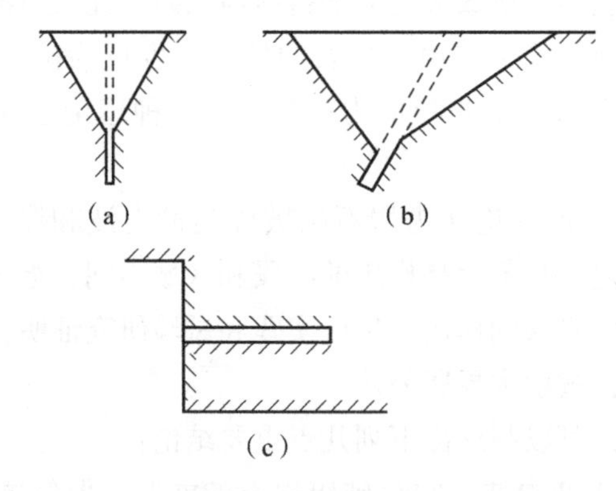

图 7-7 炮孔与自由面之间的夹角关系

(a) 垂直于自由面；(b) 与自由面成较小夹角；(c) 平行于自由面

3. 炮孔与自由面的相对位置

如图 7-8 所示，当其他条件不变时，炮孔位于自由面的上方时，爆破效果较好（但此时可能大块产出率较高）；炮孔位于自由面的下方时，爆破效果较差。

以上简单论述了自由面对爆破效果的影响，在实践中要注意灵活应用。

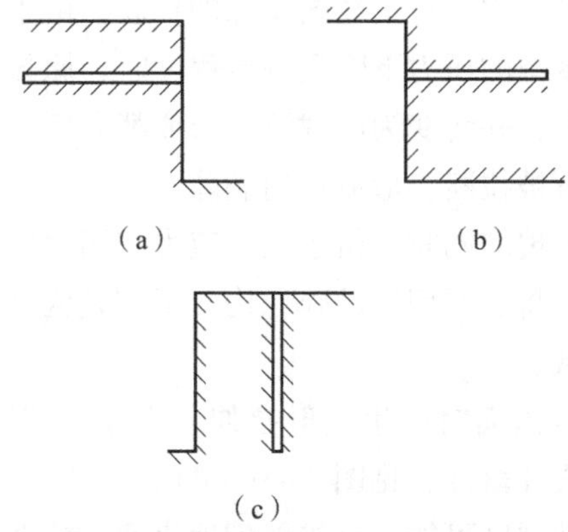

图7-8　炮孔与自由面之间的位置关系

(a) 位于自由面下方；(b) 位于自由面上方；(c) 位于自由面一侧

7.2　爆破漏斗及利文斯顿爆破漏斗理论

7.2.1　爆破漏斗

1. 爆破漏斗形成过程

在工程爆破中，往往是将炸药包埋置在一定深度的岩体内进行爆破。设一球形药包，埋置在平整地表面下一定深度的坚固均质的岩石中爆破。如果埋深相同、药量不同，或者药量相同、埋深不同，爆炸后则可能产生近区、中区、远区，或者片落区以及爆破漏斗。图7-9中 (a)~(f) 是药量和埋深一定情况下爆破漏斗形成的过程。爆破漏斗的形成是应力波和爆生气体共同作用的结果，其一般过程简述如下。在均质坚固的岩体内，当有足够的炸药能量，并与岩体可爆性相匹配时，在相应的最小抵抗线等爆破条件下，炸药爆炸产生两三千摄氏度以上的高温和几万兆帕的高压，形成每秒几千米速度的冲击波和应力场，见图7-9 (a)，作用在药包周围的岩壁上，使药包附近的岩石或被挤压，或被击碎成粉粒，形成了压缩粉碎区（近区），见图7-9 (b)。此后，冲击波衰减为压应力波，继续在岩体内自爆源向四周传播，使岩石质点产生径向位移，构成径向压应力和切向拉应力的应力场。由于岩石抗拉强度仅是抗压强度的1/50~1/10，当切向应力大于岩石的抗拉强度时，该处岩石被拉断，形成与粉碎区贯通的径向裂隙。

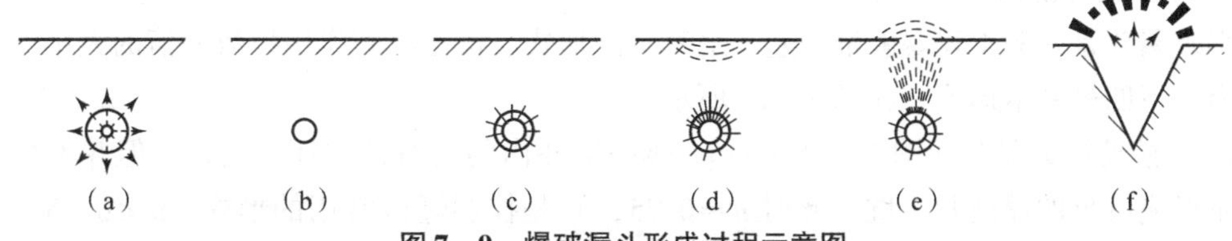

图7-9　爆破漏斗形成过程示意图

(a) 炸药爆炸形成的应力场；(b) 粉碎压缩区；(c) 破裂区（径向裂隙和环向裂隙）；
(d) 破裂区和片落区（自由面处）；(e) 地表隆起、位移；(f) 形成爆破漏斗

高压爆生气体膨胀的气楔作用助长了径向裂隙的扩展。由于能量的消耗，爆生气体继续膨胀，但压力迅速下降。当爆源的压力下降到一定程度时，原先在药包周围岩石被压缩过程中积蓄的弹性变形能释放出来，并转变为卸载波，形成朝向爆源的径向拉应力。当此拉应力大于岩石的抗拉强度时，岩石被拉断，形成环向裂隙。

在径向裂隙与环向裂隙出现的同时，由于径向应力和切向应力共同作用的结果，又形成剪切裂隙。纵横交错的裂隙，将岩石切割破碎，构成了破裂区（中区），见图7－9（c），这是岩石被爆破破坏的主要区域。

当应力波向外传播到达自由面时产生反射拉伸应力波。该拉应力大于岩石的抗拉强度时，地表面的岩石被拉断形成片落区，见图7－9（d）。

在径向裂隙的控制下，破裂区可能一直扩展到地表面，或者破裂区和片落区相连接形成连续性破坏，见图7－9（e）。

与此同时，大量的爆生气体继续膨胀，将最小抵抗线方向的岩石表面鼓起、破碎、抛掷，最终形成倒锥形的凹坑，见图7－9（f），此凹坑称为爆破漏斗。

2. 爆破漏斗的几何参数

设一球状药包在自由面条件下爆破形成爆破漏斗的几何尺寸如图7－10所示。其中爆破漏斗三要素是指最小抵抗线 W、爆破漏斗半径 r 和漏斗作用半径 R。最小抵抗线 W 表示药包埋置深度，是岩石爆破阻力最小的方向，也是爆破作用和岩块抛掷的主导方向，爆破时部分岩块被抛出漏斗外，形成爆堆；另一部分岩块抛出之后又回落到爆破漏斗内。

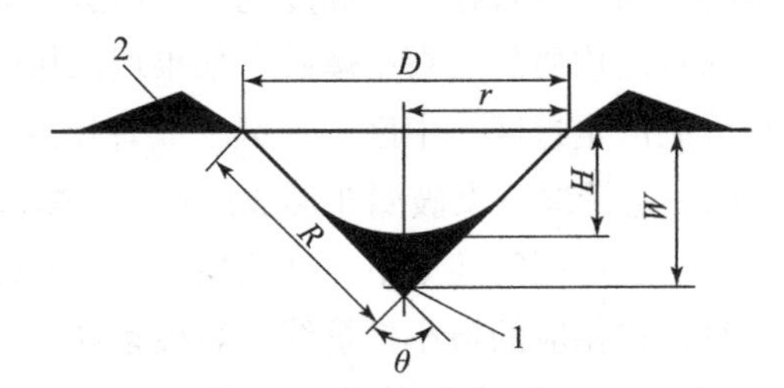

图7－10　爆破漏斗参数

r—爆破漏斗半径；W—最小抵抗线；R—漏斗作用半径；θ—漏斗展开角；
1—药包；2—爆堆；D—爆破漏斗直径；H—爆破漏斗可见深度

在工程爆破中，经常应用爆破作用指数 n，该指数是爆破漏斗半径 r 和最小抵抗线 W 的比值，即

$$n = r/W \tag{7-1}$$

3. 爆破漏斗的四种基本形式

爆破漏斗是一般工程爆破最普遍、最基本的形式。根据爆破作用指数 n 值的大小，爆破漏斗有如下四种基本形式，如图7－11所示。

（1）松动爆破漏斗［图7－11（a）］。爆破漏斗内的岩石被破坏、松动，但并不抛出坑外，不形成可见的爆破漏斗坑。此时 $n \approx 0.75$，它是控制爆破常用的形式。$n < 0.75$，不形成从药包中心到地表面的连续破坏，即不形成爆破漏斗。例如工程爆破中采用的扩孔（扩药壶）爆破形成的爆破漏斗就是松动爆破漏斗。

（2）减弱抛掷爆破漏斗［图7－11（b）］。$r < W$，即爆破作用指数 $n < 1$，但大于0.75，

即 $0.75 < n < 1$，称为减弱抛掷爆破漏斗（又称加强松动漏斗），它是井巷掘进常用的爆破漏斗形式。

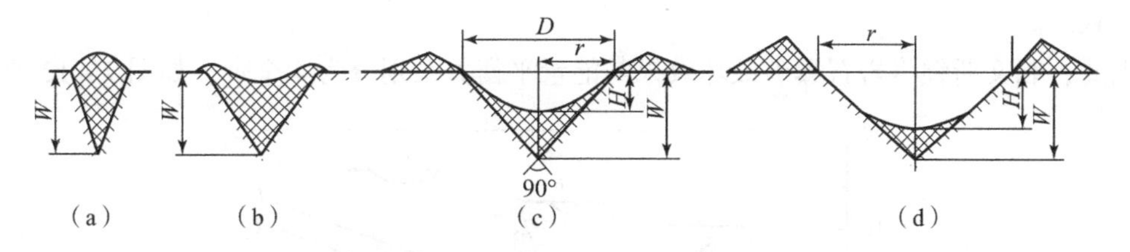

图 7－11　爆破漏斗的四种基本形式

（a）松动爆破漏斗；（b）减弱抛掷爆破漏斗；（c）标准抛掷爆破漏斗；（d）加强抛掷爆破漏斗

（3）标准抛掷爆破漏斗［图 7－11（c）］。$r = W$，即爆破作用指数 $n = 1$。此时漏斗展开角 $\theta = 90°$，形成标准抛掷爆破漏斗。在确定不同种类岩石的单位炸药消耗量时，或者确定和比较不同炸药的爆炸性能时，往往用标准抛掷爆破漏斗的体积作为检查的依据。

（4）加强抛掷爆破漏斗［图 7－11（d）］。$r > W$，即爆破作用指数 $n > 1$，漏斗展开角 $\theta > 90°$。当 $n > 3$ 时，爆破漏斗的有效破坏范围并不随炸药量的增加而明显增大，实际上，这时炸药的能量主要消耗在岩块的抛掷上。在工程爆破中加强抛掷爆破漏斗的作用指数为 $1 < n < 3$，根据爆破具体要求，一般情况下取 $n = 1.2 \sim 2.5$。这是露天抛掷大爆破或定向抛掷爆破常用的形式。

在工程爆破中，要根据爆破的目的选择爆破漏斗类型。如在筑坝、山坡公路的开挖爆破中，应采用加强抛掷爆破漏斗，以减少土石方的运输量；而在开挖沟渠的爆破中，则应采用松动爆破漏斗，以免对沟体周围破坏过大而增加工作量。

7.2.2　利文斯顿爆破漏斗理论

利文斯顿（C. W. Livingston）在各种岩石、不同炸药量、不同埋深的爆破漏斗试验的基础上，提出了以能量平衡为准则的岩石爆破破碎的爆破漏斗理论。他认为炸药在岩体内爆破时，传给岩石能量的多少和速度的快慢，取决于岩石的性质、炸药性能、药包重量、炸药的埋置深度、位置和起爆方法等因素。在岩石性质一定的条件下，爆破能量的多少取决于炸药量的多少、炸药能量释放的速度与炸药起爆的速度。假设有一定数量的炸药埋于地下某一深处爆炸，它所释放的绝大部分能量被岩石所吸收。当岩石所吸收的能量达到饱和状态时，岩体表面开始产生位移、隆起、破坏以至被抛掷出去。如果没有达到饱和状态，岩石只呈弹性变形，不被破坏。因此炸药量与炸药埋置深度可用如下经验公式表示：

$$L_e = E_b Q^{1/3} \tag{7-2}$$

式中，L_e 为炸药埋置临界深度，它表征岩石表面开始破坏的临界值，也是岩石只产生弹性变形而不被破坏的上限值，m；Q 为炸药量，kg；E_b 为岩石变形能系数。

利文斯顿从能量的观点出发，阐明了岩石变形能系数 E_b 的物理意义。他认为在一定炸药量条件下，岩石表面开始破裂时，岩石可能吸收的最大能量数值为 E_b。超过此能量，岩石表面将由弹性变形变为破裂。所以 E_b 的大小是衡量岩石爆破难易的一个指标。如果将该定量药包从地下深处逐渐移向地表（自由面），则接近地表爆炸时，传给岩石的能量比例相对减少，而传给空气的能量比例相对增加。

如果炸药包埋置深度不变，而改变炸药量，则爆破效果与上述能量释放和吸收的平衡关系是一致的。

据此，利文斯顿将岩石爆破破坏效果与能量平衡关系划分为4个带，如图7－12所示。

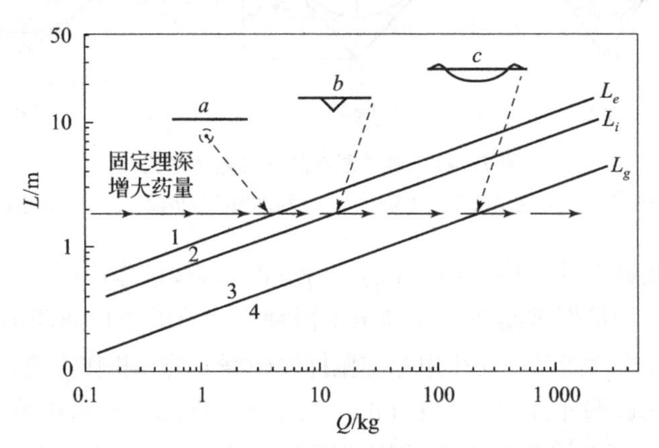

图7－12　不同药量、不同埋深爆破岩石变形破坏分布图

1—弹性变形带；2—冲击破裂带；3—破碎带；4—空爆带；*a*—片落开始；

b—冲击破裂带上限漏斗；*c*—破裂带上限漏斗；L_e—临界深度；L_i—最佳深度；L_g—过度深度

（1）弹性变形带。当岩石爆破条件一定时，炸药量很小，或者炸药埋置较深，爆破后地表岩石不受破坏，炸药的能量全部被岩石所吸收，岩石质点只产生弹性变形，爆后岩石又恢复到原状。此时炸药的埋深上限称为临界深度 L_e（临界抵抗线 W_e）。

（2）冲击破裂带。当岩石性质和炸药条件一定时，减少炸药埋深（$W<L_e$），炸药爆炸后，地表岩石破裂、隆起、破坏和抛掷，形成爆破漏斗。当爆破漏斗体积达到最大值时，炸药能量得到充分利用，此时炸药的埋深称为最佳深度 L_i（最佳抵抗线 W_i）。

（3）破碎带。当炸药埋深逐渐减小时（$W<L_i$），地表岩石更加破碎，漏斗体积减小，炸药爆炸时消耗于岩石破碎、抛掷和响声的能量增大。此时的炸药埋深称为过度深度 L_g。

（4）空爆带。当炸药埋深很浅时，药包附近的岩石粉碎，岩块抛掷更远。此时消耗于空气的能量远远超过消耗于岩石的能量，形成强烈的空气冲击波。

所以认为：

空爆带：$L_g \geqslant W \geqslant 0$。

破碎带：$L_i \geqslant W > L_g$。

冲击破碎带：$L_e \geqslant W > L_i$。

弹性变形带：$W > L_e$。

从以上对4个带的分析可见，根据生产爆破的要求和岩石具体特性，合理确定炸药埋深（最小抵抗线 W）和炸药量，对于工程爆破中获得适当的爆破漏斗类型，得到最优的爆落量和抛掷量，提高爆破效率，获得较好的经济效益，有着重大意义。对于实际工程，一般要求 $L_e \geqslant W \geqslant L_g$，并根据爆破类型和其他参数确定合理的 W 值。

7.3 地下工程爆破

地下深孔爆破一般应用于矿床地下开采，也可用于一次成井，是一种规模大、效率高的爆破方法。重点内容是炮孔布置形式的选择、爆破参数确定。深孔设计施工验收和深孔爆破设计是深孔爆破在地下矿山的具体应用，要理解这些内容，并能在地下矿床开采中结合采矿方法灵活应用，同时要掌握地下深孔爆破掘进天井的技术要点。

深孔爆破是相对于浅眼爆破的一种炮眼爆破方法，一般是指炮孔直径大于50 mm、孔深超过5 m的炮孔爆破方法。国内深孔爆破时，对于孔径50～75 mm、孔深5～15 m的炮孔，一般采用接杆凿岩机钻孔；对于孔径大于75 mm、孔深15 m以上的炮孔，一般采用潜孔钻机或牙轮钻机钻孔。每个炮孔装药量较大，多个炮孔一次起爆，爆破规模比较大。地下矿山广泛用深孔爆破来进行大规模采矿和天井掘进。

深孔爆破与浅眼爆破相比，具有以下优点：

（1）一次爆破量大，可大量采掘矿石或快速成井。

（2）炸药单耗低，爆破次数少，劳动生产率高。

（3）爆破工作集中便于管理，安全性好。

（4）工程速度快，有利于缩短工期；对于矿山而言，有利于地压管理和提高回采强度。

同时，深孔爆破也有一些缺点：

（1）需要专门的钻孔设备，并对钻孔工作面有一定的要求。

（2）对钻孔技术要求较高，容易超挖和欠挖。

（3）由于炸药相对集中、块度不均匀、大块率较高，二次破碎工作量大。

7.3.1 深孔排列和爆破参数

深孔排列形式和爆破参数确定是地下矿山回采设计工作中一项很重要的内容，也是爆破设计不能少的原始资料，选择得恰当与否将直接影响到回采的指标和爆破效果。选择的基本原则是根据矿体的轮廓、所使用的采矿方法、采场结构和采准切割布置等条件，将炸药均匀地分布在需要崩落范围的矿体内，使爆破后的矿石能完全崩落下来，尽量减少矿石的损失和贫化，而且矿石破碎要均匀，粉矿和大块少，崩矿效率高，回采成本低。

1. 深孔排列形式

根据炮孔之间的空间布置位置，深孔排列方式可分为平行孔、扇形孔和束状孔，束状孔用得较少。根据炮孔的方向，深孔排列方式又可分为上向孔、下向孔和水平孔。如图7－13、图7－14和图7－15所示。

扇形排列与平行排列相比较，其优点有以下几点：

（1）每凿完一排炮孔才移动一次凿岩设备，辅助时间相对较少，可提高凿岩效率。

（2）对不规则矿体布置深孔十分灵活。

（3）所需凿岩巷道少，准备时间短。

（4）装药和爆破作业集中，节省时间，在巷道中作业条件好，也较安全。

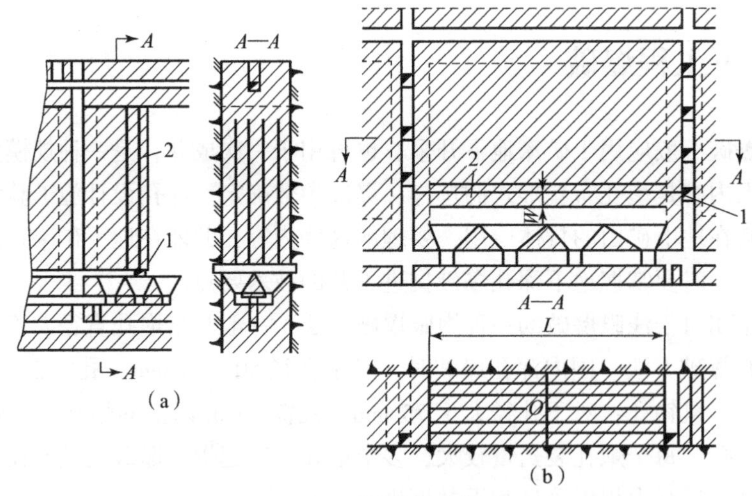

图 7 – 13　扇形深孔崩矿

(a) 上向平行深孔崩矿；(b) 水平平行深孔崩矿

1—凿岩巷道；2—深孔

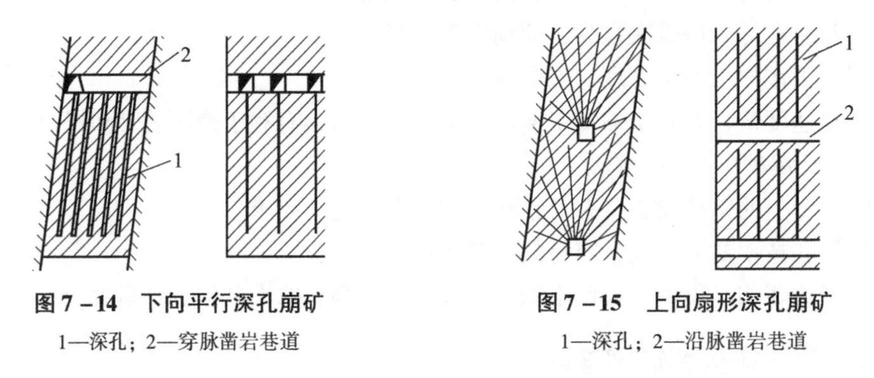

图 7 – 14　下向平行深孔崩矿

1—深孔；2—穿脉凿岩巷道

图 7 – 15　上向扇形深孔崩矿

1—深孔；2—沿脉凿岩巷道

其缺点有以下两点：

(1) 炸药在矿体内分布不均匀，孔口密，孔底稀，爆落的矿石块度不均匀。

(2) 每米炮孔崩矿量少。平行排列优缺点与扇形排列相反。从比较中可以看出，扇形排列的优点突出，特别是凿岩的井巷工作量少，凿岩辅助时间少，因而广泛应用于生产实际中。平行排列只在开采坚硬规则的厚大矿体时才采用，一般很少使用。

根据我国地下冶金矿山的实际，下面仅就扇形深孔中的水平扇形、垂直扇形和倾斜扇形排列分别进行介绍。

1) 水平扇形深孔排列

水平扇形深孔排列多为近似水平，一般应向上呈 3° ~ 5°倾角，以利于排除凿岩产生的岩浆或孔内积水。水平扇形孔的排列方式较多，其形式如表 7 – 2 所示。

具体的选择应用需结合矿体的赋存条件、采矿方法、采场结构、矿岩的稳固性和凿岩设备等具体情况来确定。水平扇形炮孔的作业地点可设在凿岩天井或凿岩硐室中。前者掘进工作量少，但作业条件相对较差，每次爆破后维护工作量大；后者则相反。接杆凿岩所需空间小，多采用凿岩天井；而潜孔凿岩所需的空间大，常用凿岩硐室。用凿岩硐室凿岩时，上下硐室要尽量错开布置，避免硐室之间由于垂直距离小而影响硐室稳定性，引发意外事故。

表7-2　水平扇形孔排列形式

编号	炮孔布置示意图（40 m×16 m标准矿块）	凿岩天井位置	炮孔数/个	总孔深/m	平均孔深/m	最大孔深/m	每米炮孔崩矿量/m^3	优缺点和应用条件
1	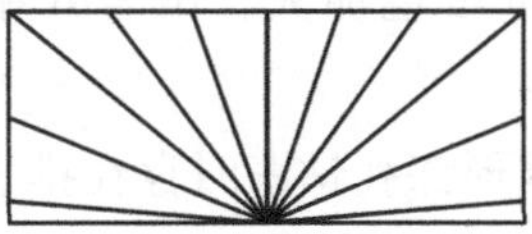	下盘中央	18	345	19.2	24.5	15.5	总炮孔深小（凿岩天井或凿岩硐室）掘进工程量小。可用接杆式凿岩或潜孔凿岩进行施工
2	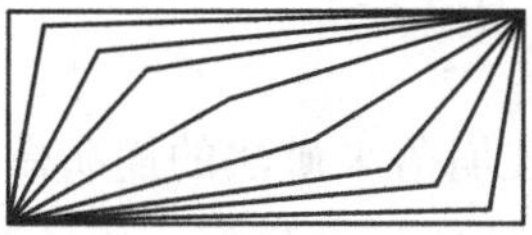	对角	20	362	18.1	22.5	14.9	控制边界整齐，不易丢矿，总炮孔深小。在深孔崩矿中应用较广
3	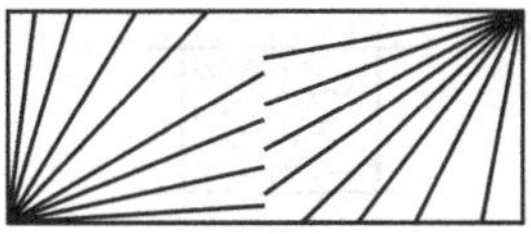	对角	18	342	19.0	38	15.7	控制边界尚好，但单孔太长，交错处临孔易炸透。使用于潜孔凿岩崩矿爆破
4	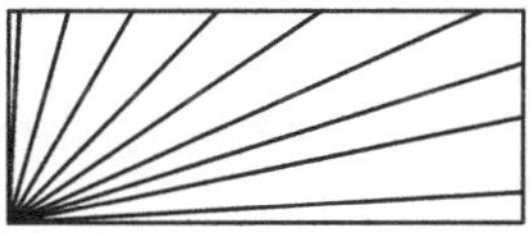	一角	13	348	26.8	41.5	15.5	掘进工程量小，凿岩设备移动次数少，但大块率较高，单孔长度过长。用于潜孔凿岩深孔爆破崩矿
5	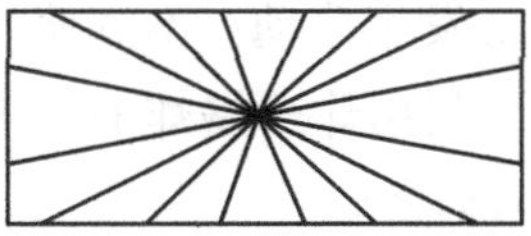	矿块中央	24	453	18.9	21.5	11.9	总炮孔深大，难控制边界，易丢矿。分次崩矿对天井维护困难。多用于矿体稳固时的接杆凿岩深孔爆破崩矿
6	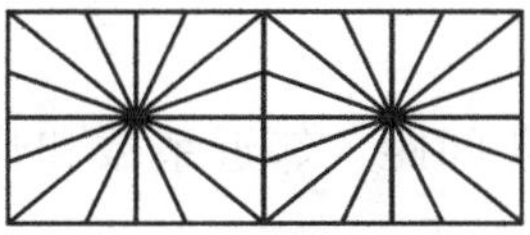	中央两侧	44	396	9.0	12.0	13.6	大块率低，凿岩工作面多，施工灵活性大，但难以控制边界。用于矿体稳固时的接杆凿岩深孔爆破崩矿

2）垂直扇形深孔排列

垂直扇形深孔排列的排面为垂直或近似垂直。按深孔的方向不同，垂直扇形又可分为上向扇形和下向扇形。垂直上向扇形与垂直下向扇形相比较，其优点是：适用于各种机械进行凿岩，而垂直下向扇形只能用潜孔钻或地质钻机凿岩；岩浆容易从孔口排出，凿岩效率高。其缺点是：钻具磨损大；排岩浆的过程中，水和岩浆易灌入电机（对潜孔而言），工人作业环境差；当炮孔钻凿到一定深度时，随孔深的增加，钻具的重量也加大，凿岩效率有所下降。

垂直下向扇形炮孔排列的优缺点正好相反。由于垂直下向扇形深孔钻凿时存在排岩浆比较困难等问题，它仅用于局部矿体和矿柱的回采。生产上广泛应用的是垂直上向扇形深孔，垂直上向扇形深孔的作业地点是在凿岩巷道中。当矿体较小时，一般将凿岩巷道掘在矿体与下盘围岩交界处；当矿体厚度较大时，一般将凿岩巷道布置于矿体中间。

3）倾斜扇形深孔排列

倾斜扇形深孔排列目前应用有限，国内有些矿山用于无底柱崩落采矿法的崩矿爆破中，如图 7－16（a）所示。用倾斜扇形深孔崩矿的目的是放矿时椭球体发育良好，避免覆盖岩石过早混入，从而减少贫化和损失。

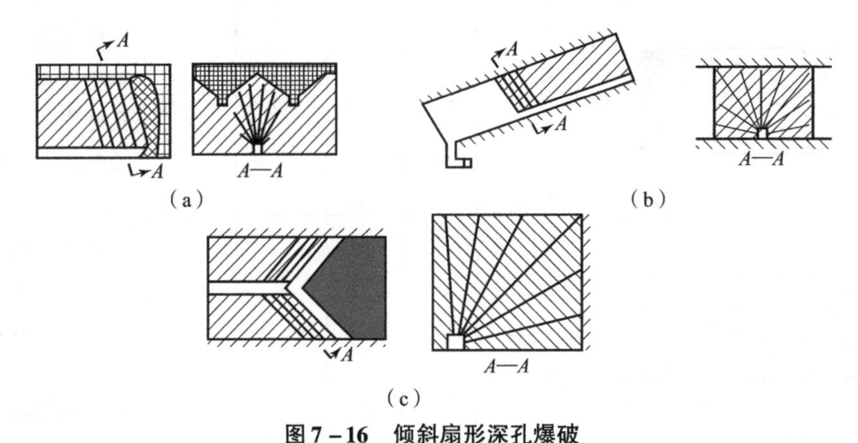

图 7－16　倾斜扇形深孔爆破

（a）无底柱分段崩落法倾斜扇形炮孔；（b）爆力运搬扇形炮孔；（c）侧向倾斜扇形炮孔

有的矿山矿体倾角 40°～45°，这种倾角矿体崩下的矿石容易发生滚动，不宜使用机械运搬，否则作业不安全。此时可使用倾斜的扇形深孔进行爆破，利用炸药爆炸的一部分能量，将矿石直接抛入受矿漏斗，如图 7－16（b）所示，实现爆力运搬。

国外一些矿山，采用侧向倾斜扇形深孔进行崩矿［图 7－16（c）］，可增大自由面，是垂直扇形深孔爆破自由面的 1.5～2.5 倍，爆破效果好，大块率可减少 3%～7%，特别是对边界复杂的矿体，可降低矿石的损失和贫化，被认为是扇形深孔排列中比较理想的排列方式。

2. 爆破参数的确定

深孔爆破参数包括炮孔直径、炮孔深度、最小抵抗线、孔间距、邻近系数和炸药单耗等。

1）炮孔直径

我国的冶金矿山，采用接杆凿岩时，孔径主要取决于钎杆连接套筒的直径和必需的装药体积，炮孔直径为50～75 mm，以55～65 mm较多；采用潜孔钻机凿岩时，因受冲击器直径的限制，炮孔直径较大，常用80～120 mm，以95～105 mm较多。

2）炮孔深度

炮孔深度对凿岩速度、采准工作量、爆破效果均有较大影响。一般来说，随着孔深的增加，凿岩速度会下降，凿岩机的台班效率也会随之下降。例如皋铜矿用BBC－120F凿岩机进行凿岩，据现场测定，当孔深在6 m以内时，台班效率为53 m/(台·班)；当孔深在20.8 m时，台班效率为32 m/(台·班)，同时深孔倾斜率增大，施工质量变差。

孔深过大会增加上向炮孔装药的困难，孔底距也随孔深的增大而增大，爆破破碎质量降低，甚至爆后产生护顶，矿石损失率增大。但是随着孔深的增大，崩矿范围加大，一定程度上可减少采准工作量。

合理的孔深主要取决于凿岩机的类型、采矿方法、采场结构尺寸等。通常，如果采矿方法和采场结构等条件已经确定，从凿岩机选型方面来考虑：用YG－80、YG－90和BBC－120F凿岩机时，孔深一般以10～15 m为宜，最大不超过18 m；若使用YQ－100潜孔钻机，孔深一般以10～20 m为最佳，最大不超过25～30 m。

3）最小抵抗线、孔间距、邻近系数和炸药单耗

在采场崩矿中，扇形孔的最小抵抗线就是排间距，而孔间距是指排内相邻炮孔之间的距离。对扇形炮孔，一般用孔底距和孔间距表示，如图7－17所示。孔底距常有两种表示方法：当相邻两炮孔的深度相差较大时，指较浅炮孔的孔底与较深炮孔间的垂直距离；当两相邻炮孔的深度相差不大或近似相等时用两孔底间的连线表示。孔间距是指孔间装药处的垂直距离。布置扇形深孔时，用孔底距控制排面上孔网的密度，孔间距在装药时用于控制装药量。由于每个炮孔的装药量多用装药系数来控制，所以，孔间距在生产上不常用。

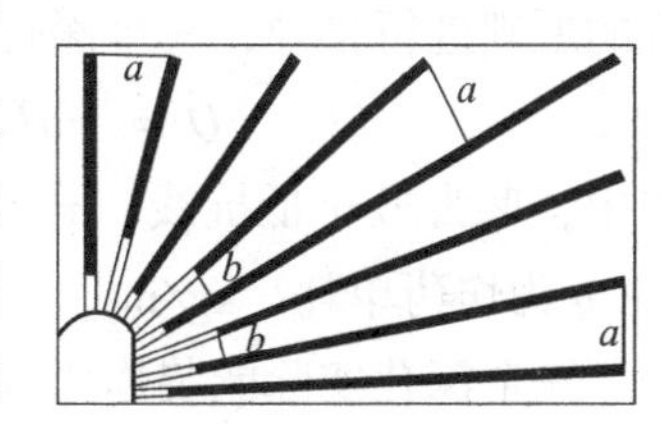

图7－17　扇形深孔的孔间距

a—孔底距；b—孔口距

炮孔的邻近系数又称炮孔密集系数，是孔底距与最小抵抗线的比值，即

$$m = \frac{a}{W} \tag{7-3}$$

式中，m为邻近系数；a为孔底距，m；W为最小抵抗线，m。

a、m、W这3个参数直接决定着深孔的孔网密度，其中，最小抵抗线反映了排与排之间的孔网密度，孔底距反映了排内深孔的孔网密度，而邻近系数则反映了它们之间的相互关系。a、m、W这3个参数选择是否正确，直接关系到矿石的破碎质量，影响着每米炮孔崩矿量、凿岩和出矿的劳动效率、二次破碎量、爆破材料消耗量、矿石的贫化损失以及其他技术经济指标。

如果最小抵抗线或孔间距过大，爆破一次单位耗药量虽然降低，每米炮孔崩矿量增大，但是由于孔网过稀，爆破质量变差，即大块增多，二次破碎耗药量增大，出矿效率降低，出矿时还会导致大块经常堵塞漏斗，若处理不当易引发安全事故。如果是崩落采矿法，深孔爆破后在围岩覆盖下进行放矿，大块堵塞放矿口会造成采场各漏斗不能均衡放矿，损失率和贫化率会增大。相反，若最小抵抗线或孔间距过小，即孔网过密，则凿岩工作量增加，每米炮

孔崩矿量降低，爆破一次炸药消耗量增大，成本也增高。若矿体没有节理裂隙，爆破后会造成矿石的过粉碎，增加粉矿的损失和品位降低。

如果最小抵抗线过大、孔间距过小，即排间孔网过稀、排内孔网过密，同时若矿体节理裂隙比较发育，则爆破破裂面首先沿排面发生，使爆破分层的矿石沿排面崩落下来，分层本身未能得到有效的破碎，反而增加大块的产生。若最小抵抗线过小，前排爆破时有可能将后排炮孔破坏或震掉起爆药包，这样也会产生过多的大块。可见，选择最小抵抗线、孔间距和邻近系数时，要根据矿石的性质全面考虑上述因素，使崩矿综合技术经济指标最佳。

(1) 邻近系数 m 值的确定。目前各冶金矿山根据各自的实际条件和经验来确定邻近系数。综合各矿的经验，大致是：平行炮孔的邻近系数 $m=0.8\sim1.1$，以 $0.9\sim1.1$ 较多；扇形炮孔的孔底距邻近系数为 $m=1.0\sim2.0$。有些矿山采用小抵抗线大孔底距，前后排炮孔错开布置，如图 7－18 所示，邻近系数取 $m=2.0\sim2.5$，取得了较好的效果。

(2) 最小抵抗线的确定。根据深孔排列形式的不同，最小抵抗线的确定方法有以下几种：

①平行排列炮孔时，最小抵抗线可根据一个炮孔能爆下一定体积矿石所需要的炸药量 Q 与该孔实际能装炸药量 Q' 相等的原则进行推导，一个深孔需要的炸药量（kg）为

$$Q = WaLq = W^2mLq \tag{7-4}$$

式中，W 为最小抵抗线，m；m 为炮孔邻近系数；L 为孔深，m；q 为炸药单耗，kg/m³。

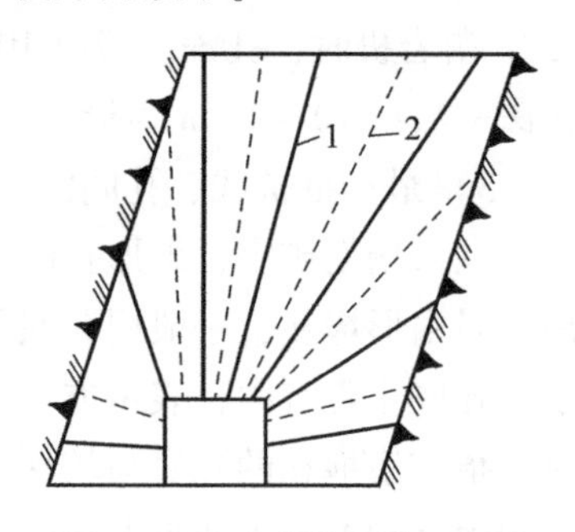

图 7－18　深孔排间错开布置

1—前排炮孔；2—后排炮孔

一个深孔实际能装炸药量（kg）为

$$Q' = \frac{1}{4}\pi d^2\Delta L\psi \tag{7-5}$$

式中，d 为炮孔直径，dm；Δ 为装药密度，kg/dm³；ψ 为炮孔装药系数，$\psi=0.7\sim0.8$。

显然，代入并移项得

$$W = d\sqrt{\frac{7.85\Delta\psi}{mq}} \tag{7-6}$$

②扇形排列炮孔时，最小抵抗线的确定，也可以利用式（7－6）计算，但应将式中的邻近系数和装药系数改为平均值。

③根据最小抵抗线和孔径值选取。由式（7－6）可知，当单位耗药量 q 和邻近系数 m 为一定值时，最小抵抗线 W 和孔径 d 成正比。实践证明 W 与 d 的比值，大致在下列范围：

坚硬的矿石　　$W=(20\sim23)d$　　(7－7)

中硬的矿石　　$W=(30\sim35)d$　　(7－8)

较软的矿石　　$W=(35\sim40)d$　　(7－9)

最小抵抗线可以从一些矿山的实际资料中参考选取。目前，矿山采用的最小抵抗线数值大致如表 7－3 所示。

表7-3　W与d的关系对应表

d/mm	W/m	d/mm	W/m
50~60	1.2~1.6	70~80	1.8~2.5
60~70	1.5~2.0	90~120	2.5~4.0

以上三种方法，后两种采用较多。也可采用相互比较来确定，但不论用哪种方法所确定的最小抵抗线都是初步的，需要在生产实践中不断地加以修正。

(3) 孔间距的确定。根据 $a=mW$ 计算确定。

(4) 单位耗药量。如果其他参数一定，单位耗药量的大小直接影响矿石的爆破质量。单位耗药量与大块产出率的关系如图7-19所示。

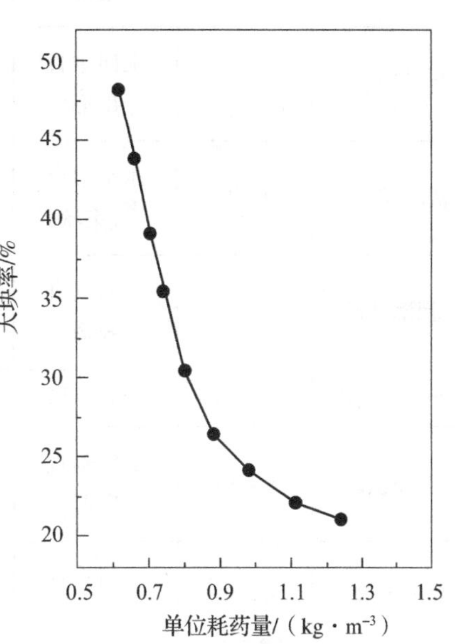

图7-19　单位耗药量与大块产出率的关系

实际资料表明，炸药单耗过小，虽然深孔的钻凿量减少，然而大块产出率增多，二次破碎炸药量增高，出矿劳动生产率降低；增大单位耗药量，虽能降低大块产出率，但是单位耗药量增大到一定值时，大块率的降低就不显著了，反而会出现崩下矿石在采场内的过分挤压，造成出矿困难，这是因为过多炸药能量消耗在矿石抛掷作用上了。

由上述可知，合理的单位炸药消耗量应使凿岩工作量少和崩落矿石的块度均匀，大块率低，损失贫化减少。表7-4所示为我国部分矿山地下深孔爆破参数。

表7-4　我国部分矿山地下深孔爆破参数

矿山名称	矿石坚固性系数f	炮孔排列形式	最小抵抗线/m	炮孔直径/mm	孔底距/m	孔深/m	一次炸药单耗/(kg·t^{-1})
松树脚锡矿	10~12	上向垂直扇形	1.3	50~54	1.3~1.5	<12	0.245
铜官山铜矿	2~8	上向垂直扇形	1.0~1.5	55~60	1.5~1.8	<7	0.25
河北铜矿	8~14	水平扇形	2.5	110	3.0	<30	0.44
胡家峪铜矿	8~10	上向垂直扇形	1.8~2.0	65~72	1.2~2.2	12~15	0.35~0.40

续表

矿山名称	矿石坚固性系数f	炮孔排列形式	最小抵抗线/m	炮孔直径/mm	孔底距/m	孔深/m	一次炸药单耗/(kg·t^{-1})
狮子山铜矿	12~14	上向垂直扇形	2.0~2.2	90~110	2.5	10~15	0.40~0.45
篦子沟铜矿	8~12	上向垂直扇形	1.8~2.0	65~72	1.8~2.0	<15	0.442
易门风山矿	6~8	水平扇形或束状	2.5~3.5	105~110	水平3~3.5 束状4~4.5	<30	0.45
程潮铁矿	3	上向垂直扇形	1.5~2.5	56	1.2~1.5	12	0.216
青城子铅矿	8~10	倾斜扇形	1.5	65~70	1.5~1.8	4~12	0.25
大庙铁矿	9~13	上向垂直扇形	1.5	57	1.0~1.6	<15	0.25
东川落雪矿	8~10	上向垂直扇形	1.4	51	(0.9~1.0)W	<10	0.44
东川因民矿	8~10	上向垂直扇形	1.8~2.0	90~110	2.0~2.5	<15	0.445
易门狮山分矿	4~6	水平扇形或束状	3.2~3.5	105	3.3~4.0	5~20	0.25
金铃铁矿	8~12	上向垂直扇形	1.5	60	2.0	8~10	0.16
红透山铜矿	8~10	水平扇形	1.4~1.6	50~60	1.6~2.2	6~8	0.18~0.20
华铜铜矿	8~10	上向垂直扇形	1.8~2.0	60~65	2.5~3.3	5~12	0.12~0.15
杨家杖子矿	10~12	上向垂直扇形	3.0~3.5	95~105	3.0~4.0	12~30	0.30~0.40

7.3.2 深孔设计、施工及验收

1. 深孔设计的要求

深孔设计是回采工艺中的重要环节，它直接影响崩矿床量、作业安全、回采成本、损失贫化和材料消耗等。合理的深孔设计应如下：

（1）炮孔能有效地控制矿体边界，尽可能使回采过程中矿石损失率、贫化率低。

（2）炮孔布置均匀，有合理的密度和深度，使爆下矿石的大块率低。

（3）炮孔的效率要高。

（4）材料消耗少。

（5）施工方便，作业安全。

2. 布孔设计的基础资料

（1）采场实测图。图中应标有凿岩巷道或硐室的相对位置、规格尺寸、补偿空间的大小和位置及矿体边界线，简单地质说明、原拟定爆破顺序和相邻采场情况。

（2）矿山现有的凿岩机具、型号及性能等。

3. 布孔设计的基本内容

国内矿山的具体做法不完全一致，但其基本要求是相同的。布孔设计一般应包括下列内容：

（1）凿岩参数的选择。

（2）根据所选定的凿岩参数，在采矿方法设计图上确定炮孔的排位和排数，并按炮孔的排位作出剖视图。

（3）在凿岩巷道或硐室的剖视图中，确定支机点和机高，并在平面图上推算出支机点的坐标。

（4）所确定的孔间距，在剖视图上作出各排炮孔（扇形排列炮孔时，机高点是一排炮孔的放射点），然后将各深孔编号，量出各孔深度和倾角，并标在图纸上。

上述各项内容，从生产实践角度出发，往往集中用卡片和图纸来表示，必要时可在设计图纸的右下角以简短的文字加以说明。

4. 布孔设计的方法和步骤

设计方法与步骤用下述实例说明，如图 7－20 所示。一有底柱分段凿岩阶段矿房采矿法的采场，切割槽布置于采场中央；用 YG－80 型凿岩机钻凿上向垂直扇形炮孔；分段巷道断面 2 m×2 m。爆破顺序是由中央切割槽向两侧顺序起爆。矿石坚硬稳固，可爆性差，$f=12$。试做采场炮孔设计。

（1）参数选择。这里根据实际情况，具体选择如下：

①炮孔直径：$D=65$ mm。

②最小抵抗线：$W=(23\sim30)d=1.5\sim2.0$ m，因矿石坚硬稳固，取 $W=1.5$ m。

③孔底距：在本采场采用上向垂直扇形炮孔，用孔底距表示炮孔的密集程度。因为炮孔的直径是 65 mm，在排面上将炮孔布置稀一些，但考虑到降低大块的产生，将前后排炮孔错开布置。取邻近系数 $m=1.35$，所以，孔底距 $a=mW=1.35\times1.5=2$ m。

④最小抵抗线：取 $W=1.5$，在分段巷道 2 480 、2 470 和 2 460 中，决定炮孔的排数和排位，并标在图上。

（2）按所定的排位，作出各排的剖视图。作出切割槽右侧的第一排位的剖视图，并标出有关分段凿岩巷道的相对位置，如图 7－21 所示。

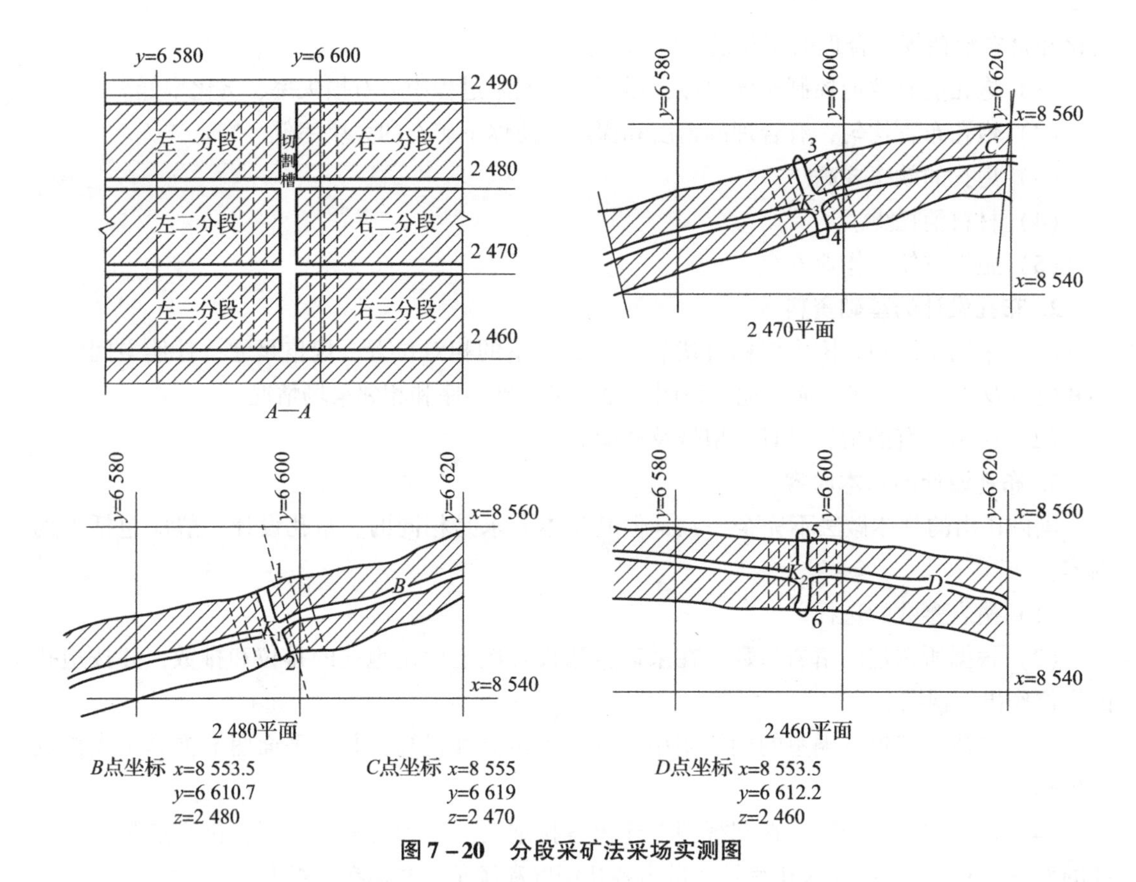

图 7－20　分段采矿法采场实测图

(3) 在剖视图上有关巷道中，确定支机点。为便于操作，机高取 1.2 m，支机点一般设在巷道的中心线上。

(4) 根据巷道中的测点，如 B、C、D 点的坐标，推算出各分段巷道中的支机点 K_1、K_2、K_3 的坐标，具体做法如图 7－22 所示。

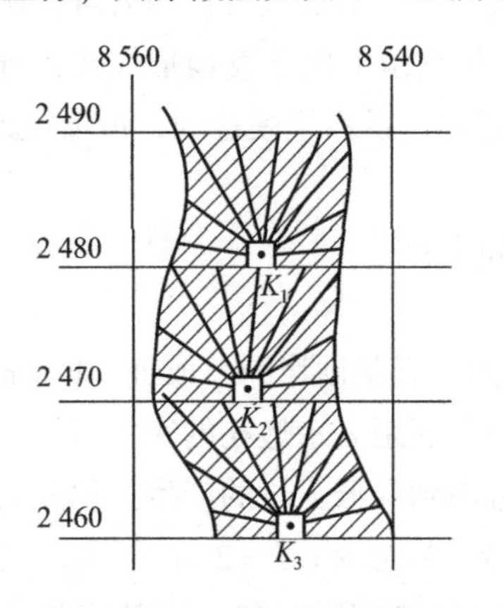

图 7－21　右侧第一排位剖视图的炮孔布置

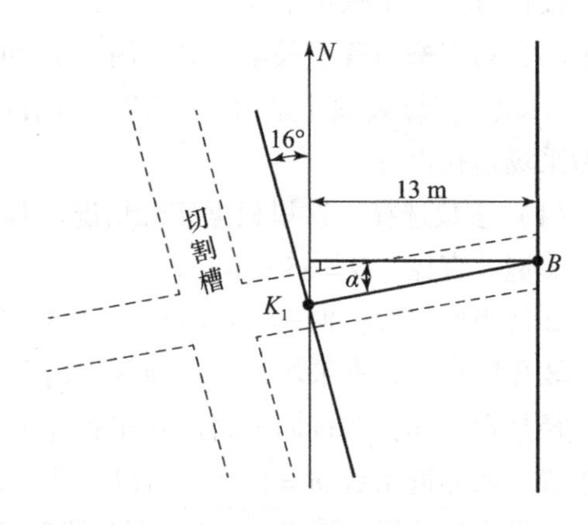

图 7－22　支机点坐标推算示意图

①连接 BK_1 线段。

②过 B 点作直角坐标，用量角器量得 BK_1 的象限角 $\alpha = 12°$；$BK_1 = 13$ m。

③推算得 K_1 点的坐标为

$x_{K_1} = x_B - \Delta x = x_B - 13\sin 12° = 8\,553.5 - 2.7 = 8\,550.8$

$y_{K_1} = y_B - \Delta y = y_B - 13\cos 12° = 6\,610.7 - 12.7 = 6\,598$

$z_{K_1} = 2\,480 + 1.2 = 2\,481.2$

同理，可求得所有支机点的坐标。为便于测量人员复核，计算结果列出坐标换算表，如表7－5所示。

表7－5　坐标换算表

点号	已知测点坐标			坐标增量			K点坐标		
	x	y	z	Δx	Δy	Δz	x	y	z
$B-K_1$	8 553.5	6 610.7	2 480	－2.7	－12.7	1.2	8 550.8	6 598	2 481.2
$C-K_2$	8 555.0	6 619	2 470						
$D-K_3$	8 553.5	6 612.2	2 460						

（5）计算扇形孔排面方位。如图7－23所示，炮孔排面线与正北方向的交角偏西16°，得扇形孔方向是NW16°，方位角是344°。

（6）绘制炮孔布置图。在剖视图上，以支机点为放射点，取$a=2$ m为孔底距，自左至右或自右至左画出排面上所有炮孔，如图7－23所示。

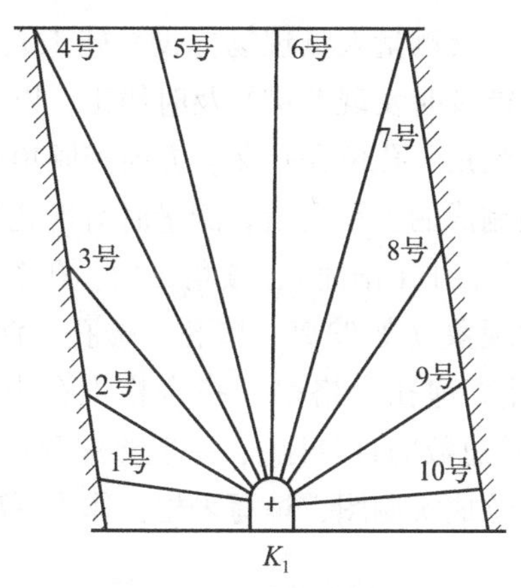

图7－23　炮孔布置图

布置炮孔时，先布置控制爆破规模和轮廓的炮孔，如1号、7号、4号、10号孔，然后根据孔底距，适当布置其余炮孔。上盘炮孔或较深的炮孔，孔底距可稍大些；下盘炮孔或较浅的炮孔，孔底距应小些；若炮孔底部有采空区、巷道或硐室，不能凿穿，应留0.8～1.2 m的距离。在可爆性差或围岩有矿化的矿体中，孔底应超出矿体轮廓线外0.4～0.6 m，以减少矿石的损失；为使凿岩过程中排粉通畅，边孔不能水平，应有一定的仰角（一般孔深在8 m以下时，仰角取3°～5°；孔深在8 m以上时，仰角取5°～7°）。

全排炮孔绘制完后，再根据其稀密程度和死角，对炮孔之间的距离加以调整，并适当增减孔数。最后，按顺序将炮孔编号，量出各孔的倾角和深度。

（7）编制炮孔设计卡片。内容包括分段（层）名称、排号、孔号、机高、方向角、方位角、倾角和孔深等，表7-6所示为第一分段右侧第一排炮孔的设计卡片。

表7-6 第一分段右侧第一排炮孔的设计卡片

分段	排号	孔号	机高	方向角	方位角/(°)	倾角/(°)	孔深/m
第一分段	右侧第一排	1号	2 480+1.2	N16°W	344	8	6.0
		2号	2 480+1.2	N16°W	344	25	6.5
		3号	2 480+1.2	N16°W	344	46	7.9
		4号	2 480+1.2	N16°W	344	79	11.5
		5号	2 480+1.2	N16°W	344	85	10.7
		6号	2 480+1.2	N16°W	344	104	10.5
		7号	2 480+1.2	N16°W	344	126	10.9
		8号	2 480+1.2	N16°W	344	138	9.4
		9号	2 480+1.2	N16°W	344	150	8.3
		10号	2 480+1.2	N16°W	344	175	6.2

5. 炮孔施工和验收

炮孔设计完成后开施工单，交测量人员现场标设。施工人员根据施工单进行炮孔施工。要求边施工、边验收，这样才能及时发现差错并及时纠正，以免造成不必要的麻烦。

验收内容包括炮孔方向、倾角、孔位和孔深。方向和倾角用深孔测角仪或罗盘测量，孔深用节长为1 m的木制或金属制成的折尺测量。测量时对炮孔的误差各个矿山不同，如某矿对垂直扇形深孔的施工误差允许±1°(排面)、倾角±1°、孔深±0.5 m。验收的结果要填入验收单，对于孔内出现的异常现象（如偏离、堵孔、透孔、深度不足等），均要标注清楚。根据这些标准和实测结果要计算炮孔合格率（指合格炮孔占总炮孔的百分比）和成孔率(指实际钻凿炮孔数占设计炮孔总数的百分比)，一般要求两者均应合格。

验收完毕后，要根据结果绘成实测图，填写表格，作为爆破设计、计算采出矿量和损失贫化等指标的依据和重要资料。

7.3.3 深孔爆破设计

1. 爆破设计的内容与要求

正确的设计是获得良好爆破效果的重要保证，它必须符合绝对安全、可靠而又经济的原则。设计与施工是进行深孔大爆破的两个方面，要想使深孔爆破达到预期的效果，必须做到精心设计、精心施工。正确的设计除来源于对事物客观规律的认识程度外，还取决于是否善于总结和吸取自己或旁人的经验及教训，是否能因地制宜地选择合理的方案。

目前，我国冶金矿山，对井下大爆破若干问题的看法，不仅缺乏统一的认识，而且设计方法、步骤甚至内容也不一致。有的矿山爆破规模不小，但做法极其简单，而有的矿山做得比较细致。但为了达到预期的爆破效果，无论简单或细致，都必须包括下列基本内容：爆破方案的选择、装药结构和药量计算、爆破网路的设计与计算、爆破安全、通风、爆破组织、大爆破技术措施、爆破前准备工作、深孔主要技术经济指标等。

2. 爆破设计的基础资料

基础资料是进行爆破设计的主要依据，它包括采场设计图、地质说明书、采场实测图、炮孔验收实测图，邻近采场及需要进行特殊保护的巷道、设施等相对位置图、矿山现用爆破器材型号、规格、品种、性能等资料。

上述资料由采矿、地质和测量人员提供。爆破设计人员除认真熟识这些资料外，尚需对现场进行调查研究，根据情况变化进行重新审核和修改。另外，爆破器材性能需进行实测试验。

3. 爆破方案的选择

爆破方案主要决定于采矿方法的采场结构、炮孔布置、采场位置及地质构造等。方案主要内容包括爆破规模、起爆方法（含网路）、起爆顺序和雷管段别的安排等。

1）爆破规模

爆破规模与爆破范围是密切相关的。一次爆破范围是一个采场，还是几个采场，或者是一个采场分几次爆破，这些直接影响着爆破规模的大小。但这部分内容在采场单体设计时都已初步确定，爆破工作者的任务则是根据变化了的情况进行修改和做详细的施工设计。

爆破规模对于每个矿山都有满足产量的合适范围，一般情况下不会随便改变。只有在增加产量、地质构造变化或需要控制地压等情况下，才扩大爆破规模或缩小爆破范围。在正常情况下，一般爆破范围以一个采场为一次爆破的较多。

2）起爆方法（含网路）

起爆方法的选择可根据本矿的条件及技术水平、工人的熟练程度具体确定。

在深孔爆破中，使用最广泛的是非电力起爆法（一般采用导爆管起爆与导爆索辅爆的复式起爆法）。20 世纪 80 年代初，冶金矿山均用电力起爆法。但导爆管非电力起爆法的推广使用，逐渐取代了电力起爆法，因为非电力起爆系统克服了电力起爆法怕杂散电流、静电感应的致命缺点。这种导爆管与导爆索的复式起爆法的起爆网路安全可靠、连接简便，但导爆索用量大，起爆前网路不能检测。

3）起爆顺序和雷管段别的安排

为了改善爆破效果，必须合理地选取起爆顺序，通常考虑以下几个方面的影响。

（1）回采工艺的影响。为了简化回采工艺和解决矿岩稳固性较差和暴露面过大等问题，许多矿山将切割爆破（扩切割槽与漏斗）与崩矿爆破同时进行。对于水平分层回采而言，可由下而上地按扩漏、拉底、开掘切割槽（水平或垂直的）和回采矿房的先后顺序进行爆破；也有些矿山采用先崩矿后扩漏斗的爆破顺序，以保护底柱、提高扩漏质量和避免矿石涌出，以及防止堵塞电耙道。

（2）自由面条件。由于爆破方向总是指向自由面，故自由面的位置和数目对起爆顺序有很大的影响。当采用垂直深孔崩矿，补偿空间为切割立槽或已爆碎的矿石时，起爆顺序应自切割立槽往后依次逐排爆破。当采用水平深孔崩矿，补偿空间为水平拉底层时，起爆顺序应自下而上逐层爆破。

(3) 布孔形式的影响。水平、垂直或倾斜布置的深孔，应取单排或数排为同段雷管，逐段爆破。束状深孔或交叉布置的深孔，则宜采取同段雷管起爆。

为了减少爆破冲击波的破坏作用，应适当增加起爆雷管的段数，降低每段的装药量，并力求分段的装药量均匀。

雷管段别的安排是由起爆顺序来决定的，先爆的深孔安排低段雷管，后爆的深孔安排高段雷管。为了起爆顺序的准确可靠，在生产中不用1段管，从2段管开始。例如，起爆顺序是1、2、3，安排雷管的段别是2段、3段、4段等。为保证不因雷管质量原因产生跳段，一般采用1段、3段、5段等形式。

4) 爆破网路的设计和计算

不论选用何种起爆法，其正确与否都对起爆的可靠性起决定性作用，必须进行精心设计和计算。值得一提的是，对于规模较大的爆破，一般要预先将网路在地面做模拟试验，符合设计要求才能用。

5) 装药和材料消耗

深孔装药都属柱状连续装药，装药系数一般为65%~85%。扇形深孔为避免孔口部分装药过密，相邻深孔的装药长度应当不相等。通常根据深孔的位置不同，用不同的装药系数来控制。起爆药包的个数及位置，不同矿山不尽相同，有些矿山一个深孔中装两个起爆药包，一个置于孔底，另一个靠近堵塞物。而大多数矿山每个深孔只装一个起爆药包，置于孔底，或者置于深孔装药的中部，并且再装一条导爆索。

装药可采用人工装药和机械装药两种方式。

(1) 人工装药。人工装药是用组合炮棍往深孔内装填药卷，装药结构属柱状连续不耦合装药。扇形深孔的装药量取决于深孔邻近系数、炮孔的位置和炮孔深度，然后根据每个深孔的装药系数，计算出该孔装药长度，再根据药卷长度决定每个深孔的装药卷个数（取整数），知道每个药卷的重量，就可计算出每个深孔内所装药卷总重量，进而求出全排扇形深孔的装药量。人工装药比较困难，特别是上向垂直扇形深孔装药。

(2) 机械装药。在井下和露天的中深孔与深孔爆破中，装药量较大，人工装药效率较低，可采用机械装药。该方法操作人员少、效率高、装药密度大、连续装药、可靠性好。这种方法主要用于地下的掘进和采矿的大规模爆破。

装药器工作原理如图7-24所示，以压气为动力，将粉状炸药经输药管吹入炮孔内。每小时可装药500 kg，生产能力较大，表7-7所示为几种装药器的型号与技术参数。

材料消耗包括总装药量、雷管数、导爆索或导线总米数，最后求出单位材料消耗量，应用表格统计并计算出来。

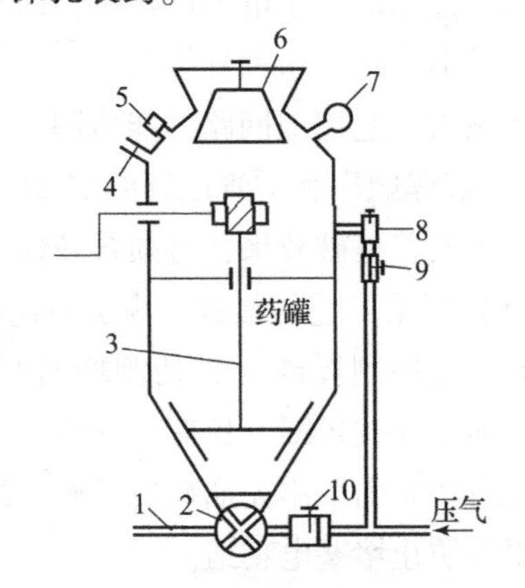

图7-24 装药器工作原理

1—输药管；2—排药管；3—搅拌器；4—放气阀；5—安全阀；6—料钟；7—压力表；8—调压阀；9—进气阀；10—吹气阀

表 7－7　几种装药器的型号与技术参数

种类		无搅拌装置		有搅拌装置	
型号		ATZ－150	FY－100	FZY－1	FZY－100
外形尺寸/mm	长	1 275	980	900	980
	宽	1 160	760	900	760
	高	1 540	1 280	1 150	1 280
装药器自重/kg		125	85	38	85
最大回转半径/m		1.5	<1.0	<1.0	<1.0
工作风压/kPa		245～390	245～390	390～440	245～390
输药管直径/mm		25～36	25～32	25	25～32
药罐容药量/kg		150	150	45	153
装药效率/(kg·h^{-1})		500	500	400	600

6）深孔爆破的通风和安全工作

深孔爆破后产生的炮烟（有毒有害气体），相当部分随空气冲击波的传播扩散到邻近各井巷和采场中，造成井下局部地段的空气污染而无法工作。故应从地表将大量的新鲜空气输送入爆区，把有毒有害的炮烟按一定的线路和方向排出地面，这就是井下深孔爆破的通风。一般通风时间需要连续几个作业班。通风后能否恢复作业，必须先由专业人员戴好防毒面具进行现场测定，空气中的有毒有害气体含量达到规定的标准后才能恢复工作。

由于一次爆炸的炸药量很大，地下深孔爆破会产生强烈的空气冲击波和地震波，空气冲击波和地震波震动会引起地下坑道、线路、管道、支护和设备的破坏或损伤，甚至危及地面建物和构筑物。因此，在深孔爆破设计时，必须估算其危害的范围。

深孔大爆破必须做好组织工作。在井下进行深孔大爆破时，由于时间要求短、工序多、任务重，每道工序的具体工作都要求严格、准确、可靠。但爆破工作面狭窄，同时从事作业的人员多，因此，必须有严密的组织，使工作有条不紊地进行，在规定的时间内保质保量地完成。

7.3.4　深孔爆破掘进天井

深孔分段爆破掘进天井的技术，适用于天井、溜井等垂直或倾斜坑道的掘进。这类井巷的掘进采用深孔分段爆破法，可改进作业条件、降低劳动强度、缩短工期和提高作业的安全性。

深孔分段爆破掘进天井的方法，是在上下部已掘好水平巷道的情况下，在天井顶部先开掘凿岩硐室，架设深孔钻机，按设计要求沿天井全高一次钻凿好全部深孔，然后把天井划分为若干个爆破段，由下而上逐段装药爆破。爆下的岩石借助重力下落，炮烟从上部水平巷道排出。凿岩、装药、连线、起爆等全部作业均在顶部水平巷道或硐室中进行。

根据爆破自由面的情况，可将深孔爆破掘进天井方法分为两种：一种是利用与装药深孔相平行的空孔（不装药）作为自由面，各掏槽孔顺序起爆，掏槽、扩槽形成天井；另一种则是利用爆破漏斗原理，采用球形药包装药，以底部为自由面，向下爆破形成倒置漏斗槽腔，多段微差爆破形成天井。

1. 以平行深孔为自由面的爆破方法

1）深孔布置

图 7－25 所示为方形天井和圆形天井的炮孔布置，装药孔与空孔沿天井全高互相平行。孔径视所选用的钻机规格而定，常用的是 45～120 mm。

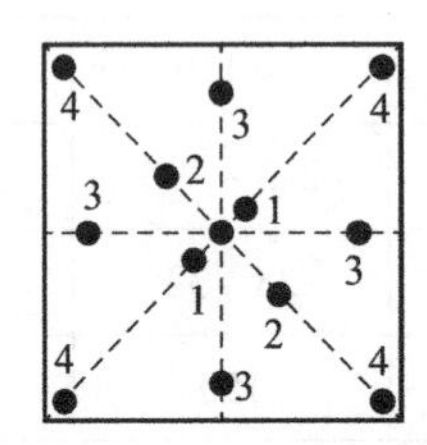

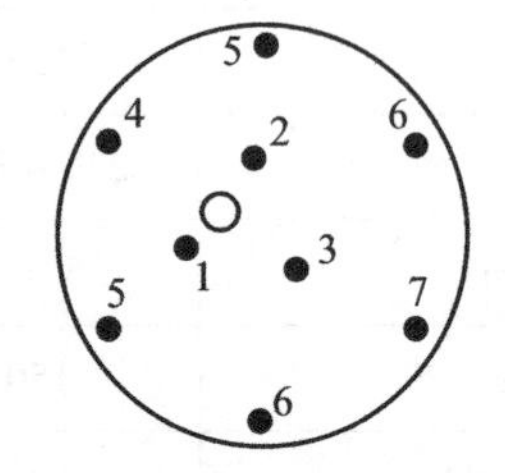

图 7－25　方形天井和圆形天井的炮孔布置

○—空孔（不装炸药）；●—装药孔；1、2、3、4、5、6、7—起爆顺序

作为自由面的空孔，以采用较大直径为宜。可采用普通钻孔，然后用扩孔钻头进行扩孔的方法，或使用两个普通直径的空孔代替大直径空孔的办法。这样做是保证 1 号掏槽孔爆破时有足够的裂隙角和碎胀空间，可以确保 1 号掏槽孔爆后岩石不挤死，有利于岩石破碎。1 号孔的充分破碎、膨胀和崩落是掏槽效果和爆破成功的关键。如果 1 号掏槽孔爆破时发生“挤死”现象，则后续炮孔的爆破条件最差，其爆破是无效的。为达到较好的掏槽效果，1 号掏槽孔与空孔的中心距离应该如图 7－26 所示求算。

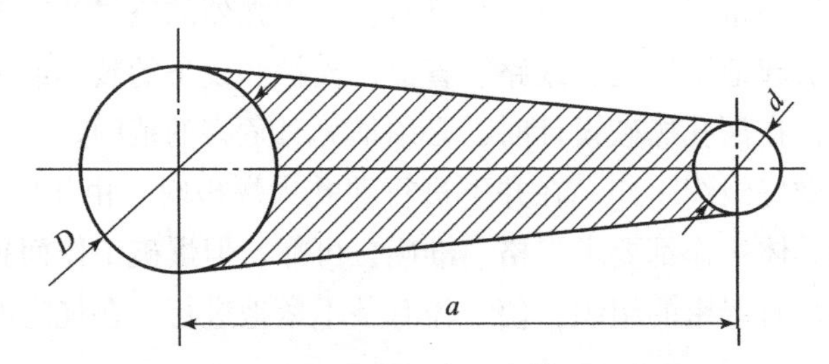

图 7－26　空孔直径与 1 号掏槽孔距离关系

d—1 号掏槽孔直径；D—空孔直径；a—孔距

设空孔直径为 D，1 号掏槽孔直径为 d，空孔与 1 号掏槽孔中心距离为 a，岩石碎胀系数为 K，由图 7－26 列出式（7－10）：

$$\left(\frac{D+d}{2}a-\frac{\pi D^2}{8}-\frac{\pi d^2}{8}\right)K=\frac{D+d}{2}a+\frac{\pi D^2}{8}+\frac{\pi d^2}{8} \tag{7-10}$$

当 D、d、K 等值均为定值时，则可按式（7－11）求得 a（mm）值：

$$a=\frac{\pi}{4}\times\frac{(D^2+d^2)(K+1)}{(D+d)(K-1)} \tag{7-11}$$

后响的掏槽孔因有前掏槽孔爆破出来的槽腔可供使用，故孔距可以逐渐增大。周边孔的布置只要照顾到天井的断面和形状即可。

2）装药结构

以平行空孔做自由面时，1 号掏槽孔的最小抵抗线（即 1 号掏槽孔与空孔的中心距离 a）不可过大。从理论上讲，以式（7－11）计算所得值为宜。实践证明，为了避免 1 号掏槽孔崩落时过大的横向冲击动压将破碎的岩石堵死在空孔中，应该正确选取 1 号掏槽孔的装药结构、装药密度和装药量。一般现场采用间隔分段装药，这样可以减少每米炮孔的装药量，并且使炸药在深孔中分布均匀。按最小抵抗线和自由面的大小，分段装药长度可取 160 mm、200 mm 或 480 mm，用长 200 mm 的竹筒相间，并在装药段全长敷设导爆索起爆，如图 7－27 所示。

周边孔的装药结构一般采用柱状连续装药，同样敷设导爆索起爆。深孔底部用木塞堵楔。图 7－28 所示为木楔形状。木塞堵楔方法是将木楔系一绳索，从深孔上部下放或从底部往上楔。深孔底部堵塞长度不超过最小抵抗线，上部装完炸药用炮泥堵塞，堵塞高度在 0.5 m以上。

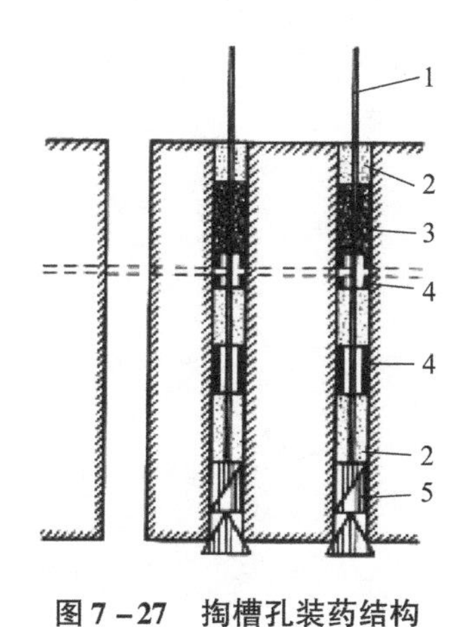

图 7－27　掏槽孔装药结构

1—导爆索；2—炮泥；3—药卷；4—竹筒；5—木楔

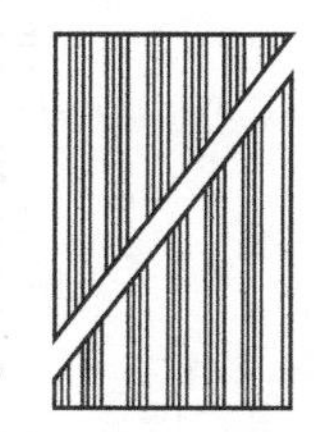

图 7－28　木楔形状

3）装药集中度

合理的装药集中度（又称线装药密度）取决于岩石性质、炸药性能、深孔直径、掏槽孔与空孔的中心距离等因素。我国某金属矿使用的数据为：掏槽孔直径为 90 mm，药卷直径为 90 mm；按孔距远近与空孔直径大小，用 2 号岩石硝铵炸药，每米炮孔的装药集中度分别为：1 号掏槽孔 1.65 kg/m，2 号掏槽孔 2.05 kg/m，3 号掏槽孔 2.67 kg/m；周边孔采用 3.6～3.7 kg/m。

4）一次爆破合理的分段高度

经验表明，一次爆破合理的分段高度与爆破条件有关。在天井断面为 4 m^2 左右的情况下，补偿比为 0.55～0.7、破碎角大于 30°的条件下，分段高可达 5～7 m；当补偿比小于 0.5 时，则分段高取 2～4 m 为宜。

2. 球形药包倒置漏斗爆破方案

平行空孔做自由面爆破方案，要求钻机有较高的钻孔精确度，并且要有足够的空孔作为补偿空间。如果钻孔的精确度不高，则可采用球形药包倒置漏斗爆破方案。

这一方案不需要空孔，而是让掏槽孔的装药朝底部自由面爆破，爆出一个倒置的漏斗形锥体，后续的掏槽孔和周边孔的装药依次以漏斗侧表面和扩大了的漏斗侧表面为自由面分别先后爆破，如图7-29所示。

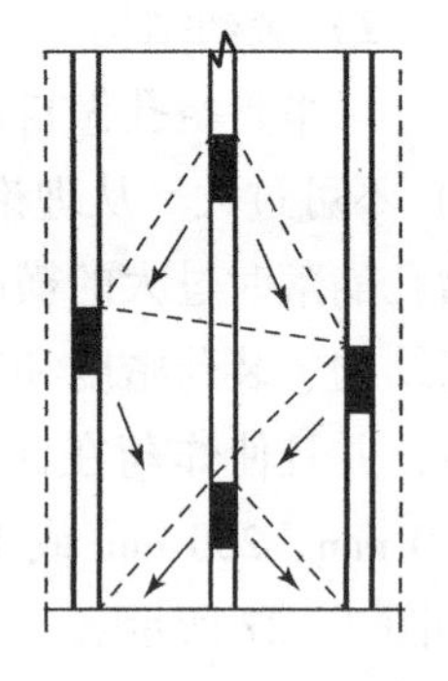

图7-29　球形药包倒置漏斗

所谓球形药包，对深孔装药而言，是指集中装药长度不大于装药直径的6倍（$L/R \leqslant 6$）的药包。

球形药包漏斗爆破法掘进天井，具有深孔数目少、对钻孔精确度要求不太高等优点，但它存在一次所爆的分段高度相对较低、装药困难等缺点。

图7-30所示为某矿山深孔掘进15 m天井时的爆破设计示意图。该方案综合了以平行深孔为自由面的深孔爆破成井和以球形药包倒置漏斗爆破成井两种方法。工效比普通法提高7倍［由0.12 m/(工·班)提高到0.95 m/(工·班)］，成本降低50%，节约时间70个工班，效果十分明显。

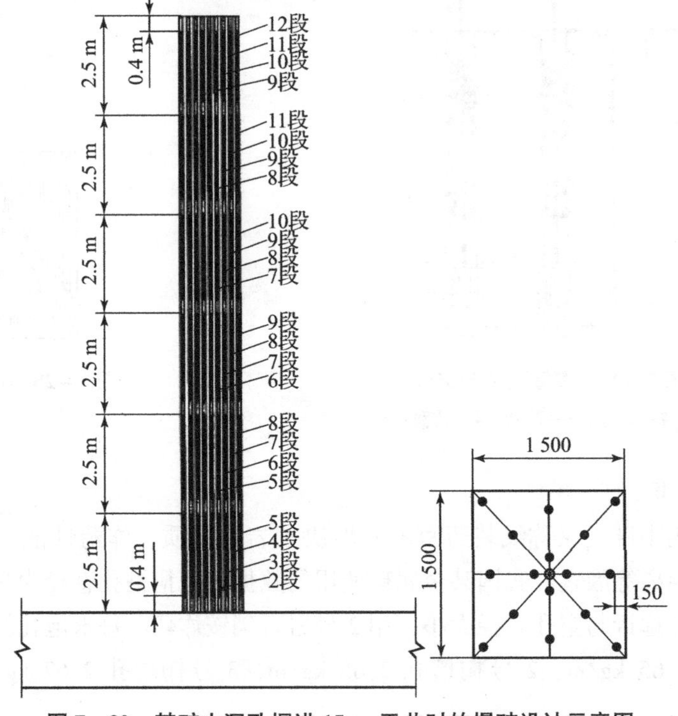

图7-30　某矿山深孔掘进15 m天井时的爆破设计示意图

7.4　露天工程爆破

露天深孔爆破一般应用于矿床露天开采，也可用于大规模的土石方剥离，是一种规模大、效率高的方法。核心内容是炮孔布置形式的选择、爆破参数的确定，微差爆破、挤压爆破和顶裂爆破在工程实际中应用广泛，而且常常是综合应用，以达到最佳的爆破效果。要注意各种方法的工艺特点，以期在实践中能灵活应用。

露天深孔爆破主要用于露天台阶的采剥、掘沟、开堑等工程。由于作业空间不受限制，可以采用大型穿孔、采装和运输设备，所以露天深孔爆破规模比较大，生产能力和效率较高。

本节主要论述露天深孔的布置方式、各种爆破参数的选取、各种装药结构以及爆破网路的布置形式等；并简要介绍露天深孔爆破中的微差爆破、挤压爆破、光面爆破和预裂爆破等技术的工艺特点。

7.4.1　露天深孔布置及爆破参数的确定

1. 露天深孔布置

露天矿山常用潜孔钻机和牙轮钻机进行穿孔。露天深孔布置方式有垂直深孔与倾斜深孔两种，如图 7－31 所示。

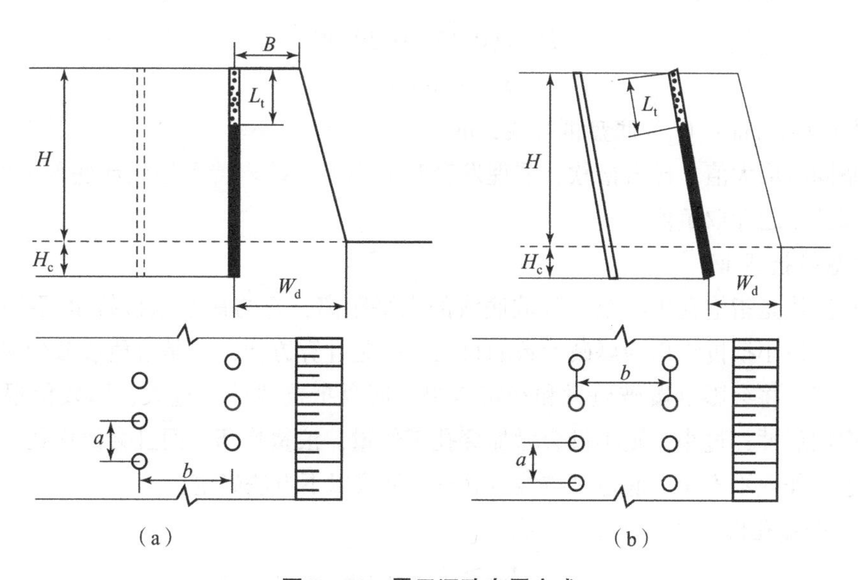

图 7－31　露天深孔布置方式

(a) 垂直深孔（交错布置）；(b) 倾斜深孔（平行布置）

H—台阶高度；H_c—超深；W_d—底盘抵抗线；

L_t—填塞长度；b—排距；B—安全距离；a—孔距

与垂直深孔相比，倾斜深孔有以下优点：

(1) 抵抗线较小且均匀，矿岩破碎质量好，不产生或少产生根底。

(2) 易于控制爆堆的高度，有利于提高采装效率。

(3) 易于保持台阶坡面角和坡面的平整，减少突悬部分和裂缝。

(4) 穿孔设备与台阶坡顶线之间的距离较大，设备与人员比较安全。

在生产中一般采用倾斜深孔。由于微差爆破技术的应用，为提高生产能力和经济效益，一般采用多排孔一次爆破，并采用交错布置的方式。

2. 参数的确定

1）炮孔直径

炮孔直径往往由所采用的穿孔设备的规格所决定。过去的穿孔设备的钻孔直径多为150～200 mm，现在露天深孔爆破一般趋向于大孔径，大型矿山一般采用250～310 mm或更大。孔径越大，装药直径相应也越大，这样有利于炸药稳定传爆，可充分利用炸药能量，从而提高延米爆破量。随着露天开采技术的发展和开采规模逐渐加大，深孔直径有逐渐增大的趋势。但深孔直径增大后，孔网参数也相应增大，装药相对集中，必然会增大爆破下来的矿岩块度。

2）孔深和超深

对于垂直孔，炮孔深度 $L=H+H_c$。台阶高度 H 在矿山设计确定之后是个定值，是指相邻的上下平台之间的垂直高度；超深 H_c 是指深孔超出台阶高度。超深的作用一是多装药，二是可以降低装药高度或降低药中心，以便克服台阶底部阻力，避免和减少根底。超深值 H_c（m）一般由经验确定。

$$H_c=(0.15\sim0.30)W_d \tag{7-12}$$

$$H_c=(10\sim15)d \tag{7-13}$$

式中，d 为孔径，mm；W_d 为底盘抵抗线，m。

矿岩坚固时取大值，矿岩松软、节理发育时取小值。矿岩特别松软或底部裂隙发育时，可不用超深甚至超深取负值。

3）底盘抵抗线 W_d

底盘抵抗线是指炮孔中心至台阶坡底线的水平距离，它与最小抵抗线 W 不同。用底盘抵抗线而不用最小抵抗线作为爆破参数的目的，一是计算方便，二是避免或减少根底。它选择得是否合理，将会影响爆破质量和经济效果。底盘抵抗线的值过大，则残留根底将会增多，也将增加后冲；过小，则不仅会增加穿孔工作量，浪费炸药，而且会使穿孔设备距台阶坡顶线过近，作业不安全。底盘抵抗线 W_d(m) 可按以下方法确定：

（1）根据穿孔机安全作业条件，得

$$W_d\geqslant H\cot\alpha+B \tag{7-14}$$

式中，H 为台阶高度，m；α 为台阶坡面角，(°)；B 为从炮孔中心至坡顶线的安全距离，$B\geqslant2.5$ m。

（2）按每个炮孔的装药条件计算，得

$$W_d=d\sqrt{\frac{7.85\Delta\psi}{mq}} \tag{7-15}$$

式中，d 为孔径，dm；Δ 为装药密度，g/cm^3；ψ 为装药系数；m 为炮孔密集系数；q 为炸药单耗，kg/m^3。

（3）按经验公式计算，得

$$W_d=(0.6\sim0.9)H \tag{7-16}$$

我国一些冶金矿山采用的底盘抵抗线如表7－8所示。在压碴爆破时，考虑到台阶坡面前留有岩石堆且钻机作业较为安全，底盘抵抗线可适当减小。

表7-8　我国一些冶金矿山采用的底盘抵抗线

爆破方式	炮孔直径/mm	底盘抵抗线/m	爆破方式	炮孔直径/mm
清渣爆破	200	6~10	压碴（挤压）爆破	200
	250	7~12		250
	310	11~13		310

4）孔距 a 与排距 b

孔距 a 是指同排的相邻两炮孔中心线间的距离；排距是指多排孔爆破时，相邻两排炮孔间的距离。两者确定得合理与否，会对爆破效果产生重要的影响。W 和 b 确定后，$a=mW$ 或 $a=mb$。很显然，孔距的大小与孔径有关。根据一些难爆矿岩的爆破经验，保证最优爆破效果的孔网面积（$a\times b$）是孔径面积（$\pi d^2/4$）的函数，两者之比值又是一个常数，其数值为1 300~1 350。在露天台阶深孔爆破中，炮孔密集系数 m 是一个很重要的参数。过去传统的看法，m 值应为0.8~1.4。然而近些年来，随着岩石爆破机理的不断完善和实践经验不断丰富，在孔网面积不变的情况下，适当减小底盘抵抗线或排距而增大孔距，可以改善爆破效果。在国内，m 值已增大到4~6或更大；在国外，m 值甚至提高到8以上。实践证明，$m\leqslant 0.6$ 时，爆破效果变差。

5）填塞长度 L_t

填塞长度关系到填塞工作量的大小、炸药能量利用率、爆破质量、空气冲击波和个别飞石的危害程度。工程实践中一般取

$$L_t=(16\sim 32)d \tag{7-17}$$

6）每个炮孔装药量 Q

每孔装药量 Q（kg）按每孔爆破矿岩的体积计算为

$$Q=qaHW_d \text{或} Q=qmHW_d^{\,2} \tag{7-18}$$

当台阶坡面角 $\alpha<55°$ 时，应将式（7-18）中的 W_d 换成 W，以免因装药量过大造成爆堆分散、炸药浪费、产生强烈空气冲击波及飞石过远等危害。

每孔装药量按其所能容纳的药量为

$$Q=L_B P=(L-L_t)P \tag{7-19}$$

式中，L_B 为炮孔装药长度，m；L_t 为炮孔填塞长度，m；P 为炮孔装药量，kg/m。

多排孔逐排爆破时，由于后排受夹制作用，在计算时，通常从第二排起，各排装药量应有所增加。

倾斜深孔每孔装药量为

$$Q=qWaL \tag{7-20}$$

式中，L 为倾斜深孔的长度，不包括超深。

7）单位炸药消耗量 q

正确地确定单位炸药消耗量非常重要。q 值的大小不仅影响爆破效果，而且直接关系到生产成本和作业安全。q 值的大小不仅取决于矿岩的可爆性，同时也取决于炸药的威力和爆破技术等因素。由于影响因素较多，至今尚未研究出简便而准确的确定方法。传统的单位炸

药消耗量的确定方法是试验加经验，缺点是无法全面考虑各方面的因素。表 7－9 所列 q 值可作为选择时的参考。

表 7－9　露天台阶深孔爆破的 q 值

岩石坚固系数 f	2～3	4	5～6	8	10	15	20
$q/(\mathrm{kg} \cdot \mathrm{m}^{-3})$	0.29	0.45	0.50	0.56	0.62～0.68	0.73	0.79

注：表中所列为 2 号岩石炸药。

3. 露天深孔爆破装药

进行露天深孔爆破所需炸药量大，一般均在几吨乃至几十吨，现场装药工作量相当大。自 20 世纪 80 年代以来，我国一些大型露天矿山（如本钢南芬露天矿、首钢水厂铁矿等）先后引进了混装炸药车，其中有美国埃列克公司生产的 SMS 型和 3T（即 TTT）型车。国内一些厂家与国外合资也生产了一些型号的混装炸药车。多年的生产实践表明，混装炸药车技术经济效果良好，促进了露天矿爆破工艺的改革，降低了装药的劳动强度，提高了露天矿机械化水平。特别是 3T 型车（载重 15 t），能在车上混制 3 种炸药，即粒状铵油炸药、重铵油炸药和乳化炸药。一个需装 400～500 kg 炸药的深孔，只需 1～1.5 min 即可装完。这种混装炸药车，对我国中小型露天矿尤其适用。使用混装炸药车主要有以下几个优点：

（1）生产工艺简单，现场使用方便，装药效率高。

（2）同一台混装炸药车可以生产几种类型的炸药，其密度又可以调节，以满足不同矿岩、不同爆破的要求。

（3）生产安全可靠，炸药性能稳定；不论是地面设施或在混装车内，炸药的各组分均分装在各自的料仓内，且均为非爆炸性材料，进入炮孔内才形成炸药。

（4）生产成本低。

（5）大区爆破可以预装药。

（6）由于可以在车上混制炸药，可以大大节省加工厂和库房的占地面积。

4. 露天矿高台阶爆破技术简介

由于深孔钻孔技术的发展和微差挤压爆破技术的应用，国外一些露天矿采用了高台阶挤压爆破的方法。高台阶爆破，就是将约等于目前使用的两个台阶高度（20～30 mm）并在一起作为一个台阶进行穿孔爆破工作，爆破后再分成两个台阶依次铲装。这种爆破方法效果好，充分实现了穿爆、采装、运输工序的平行作业，有利于提高设备的效率，能大幅度提高生产能力。当设备的穿孔能力达到要求时，应尽量采用这种方法。

7.4.2　多排孔微差爆破

多排孔微差爆破一般是指多排孔各排之间以毫秒级间隔时间起爆的爆破。与过去普遍使用的单排孔齐发爆破相比，多排孔微差爆破有以下优点：

（1）提高爆破质量，改善爆破效果，如大块率低、爆堆集中、根底减少、后冲减少。

（2）可扩大孔网参数，降低炸药单耗，提高每米炮孔崩矿量。

（3）一次爆破量大，故可减少爆破次数，提高装运工作效率。

（4）可降低地震效应，减少爆破对边坡和附近建筑物等的危害。

1. 微差间隔时间的确定

微差间隔时间 Δt 以毫秒（ms）为单位。Δt 值的大小与爆破方法、矿岩性质、孔网参数、起爆方式及爆破条件等因素有关。确定 Δt 值的大小是微差爆破技术的关键，国内外对此进行了许多试验研究工作。由于观点不同，提出了多种计算公式和方法。

根据我国鞍山本溪矿区的爆破经验，在采用排间微差爆破时，$\Delta t = 25 \sim 75$ ms 为宜。若矿岩坚固，采用松动爆破、孔间微差起爆且自由面暴露充分、孔网参数小时，取较小值；反之，取较大值。

2. 微差爆破的起爆方式及起爆顺序

爆区多排孔布置时，孔间多呈三角形、方形和矩形。布孔排列虽然比较简单，但利用不同的起爆顺序对这些炮孔进行组合，就可获得多种多样的起爆形式。

（1）排间顺序起爆（图 7－32）。这是最简单、应用最广泛的一种起爆形式，一般呈三角形布孔。在大区爆破时，由于同排（同段）药量过大，容易造成爆破地震危害。

（2）横向起爆（图 7－33）。这种起爆方式没有向外抛掷作用，多用于掘沟爆破和挤压爆破。

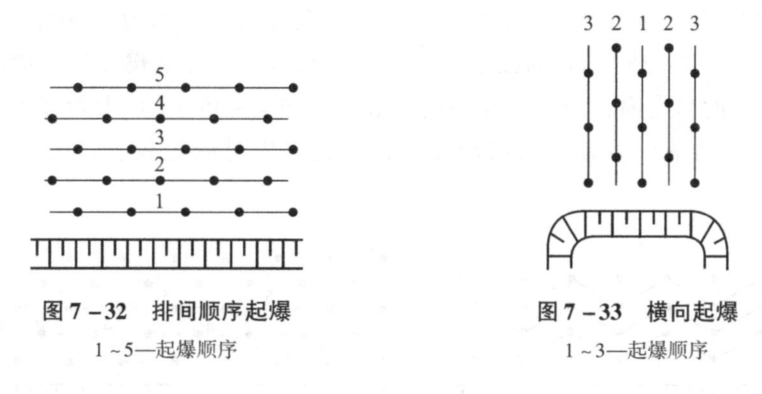

图 7－32　排间顺序起爆

1～5—起爆顺序

图 7－33　横向起爆

1～3—起爆顺序

（3）斜线起爆（图 7－34）。分段炮孔的连线与台阶坡顶线呈斜交的起爆方式称为斜线起爆。图 7－34（a）为对角线起爆，常在台阶有侧向自由面的条件下采用。利用这种起爆形式时，前段爆破能为后段爆破创造较宽的自由面，如图中的连线。图 7－34（b）为楔形或 V 形起爆方式，多用于掘沟工作面。图 7－34（c）为台阶工作面采用 V 形或梯形起爆方式。斜线起爆的优点有以下几点：

①可正方形、矩形布孔，便于穿孔、装药、填塞机械作业，斜线起爆还可加大炮孔的密集系数。

②由于分段多，每段药量少且分散，可降低爆破地震的破坏作用，后、侧冲小，可减轻对岩体的直接破坏。

③由于炮孔的密集系数加大，岩块在爆破过程中相互碰撞和挤压的作用大，有利于改善爆破效果，而且爆堆集中，可减少清道工作量，提高采装效率。

④起爆网路的变异形式较多，机动灵活，可按各种条件进行变化，能满足各种爆破的要求。

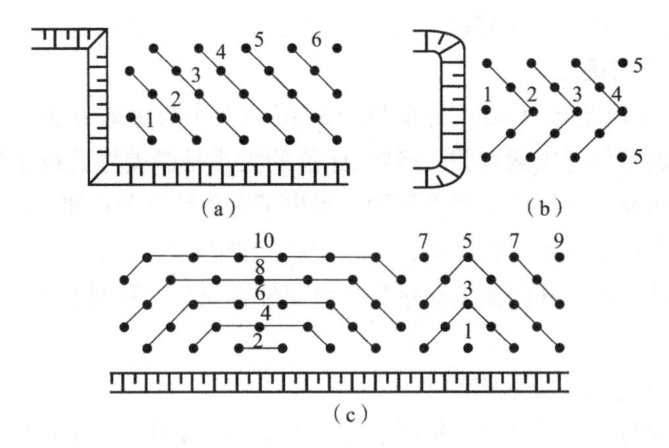

图 7-34　斜线起爆

1~10—起爆顺序

斜线起爆的缺点是：由于分段较多，后排孔爆破时的夹制性较大，崩落线不明显，影响爆破效果；分段网路施工及检查均较繁杂，容易出错；要求微差起爆器材段数较多，起爆材料的消耗量大。

(4) 孔间微差起爆。孔间微差起爆是指同一排孔按奇、偶数分组顺序起爆的方式，如图 7-35 所示。图 7-35 (a) 为波浪形方式，它与排间顺序起爆比较，前段爆破为后段爆破创造了较大的自由面，因而可改善爆破效果。图 7-35 (b) 为阶梯形方式，爆破过程中岩体不仅受到来自多方面的爆破作用，而且作用时间也较长，可大大提升爆破效果。

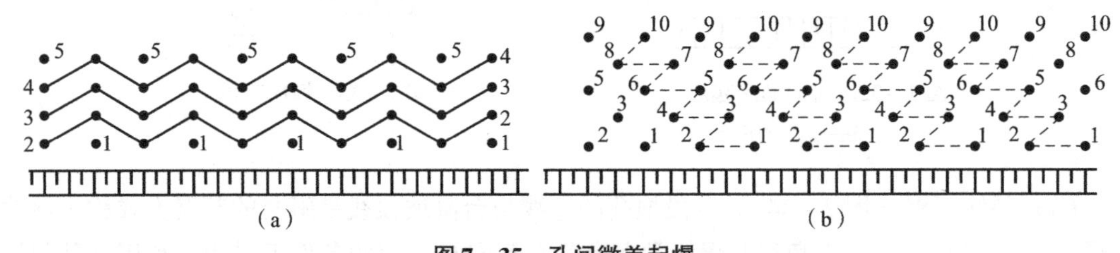

图 7-35　孔间微差起爆

(a) 波浪形；(b) 阶梯形

(5) 孔内微差起爆。随着爆破技术的发展，孔内微差爆破技术得到了广泛应用。孔内微差起爆，是指在同一炮孔内进行分段装药，并在各分段装药间实行微差间隔起爆的方法。图 7-36 所示为孔内微差起爆结构。实践证明，孔内微差起爆具有微差爆破和分段装药的双重优点。孔内微差的起爆网路可以采用非电导爆管网路、导爆索网路，也可以采用电爆网路。就我国当前的技术条件而言，孔内一般分为两段装药。就同一炮孔而言，起爆顺序有上部装药先爆和下部装药先爆两种，即有自上而下孔内微差起爆和自下而上孔内微差起爆两种方式。

对于相邻两排炮孔来说，孔内微差的起爆顺序有多种排列方式，它不仅在水平面内，而且在垂直面内也有起爆时间间隔，矿岩将受到多次爆破作用，从而可以大大提高爆破效果。采用普通导爆索自下而上孔内微差起爆时，上部装药必须用套管将导爆索与炸药隔开。为了

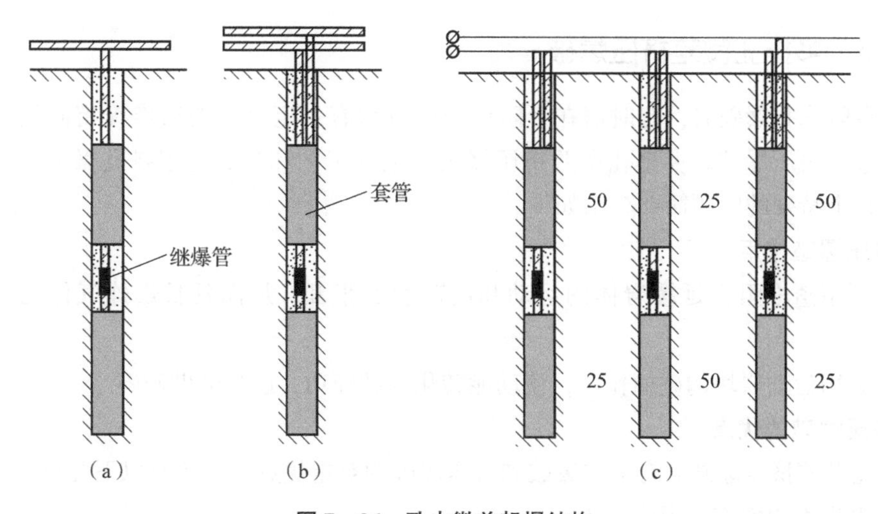

图 7－36　孔内微差起爆结构

(a) 导爆索孔内自上而下；(b) 导爆索孔内自下而上；(c) 电雷管孔内微差

25、50—微差间隔的毫秒数

施工方便，国外一般使用低能导爆索。这种导爆索药量小，仅为 0.4 g/m，它只能传播爆轰波，而不能引爆炸药。

3. 分段间隔装药

如上所述，分段间隔装药常常用于孔内微差爆破。为了使炸药不过分地集中于台阶下部，使台阶中部、上部都能在一定程度上受到炸药的直接作用，减少台阶上部大块产出率，台阶爆破也可采用分段间隔装药。

在台阶高度小于 15 m 的条件下，一般以分两段装药为宜，中间用空气（间隔）或填塞料隔开。分段过多，装药和起爆网路过于复杂。孔内下部一段装药量为装药总量的17%～35%，矿岩坚固时取大值。

国内外曾试验并推广在炮孔底部采用空气或水为间隔介质的间隔装药方法。

用空气为介质时又称空气垫层或空气柱爆破。采用炮孔底部空气间隔装药的目的是：降低爆炸起始压力峰值，以空气为介质，使冲量沿孔壁分布均匀，故炮孔底部破碎块度均匀；延长孔内爆轰压力作用时间。由于炮孔底部空气柱的存在，爆轰波以冲击波的形式向孔壁、孔底部入射，必然引起多次反射，加之紧跟着产生的爆炸气体向空气柱高速膨胀飞射，可延长炮孔底部压力作用时间和获得较大的爆破能量，从而加强对炮孔底部矿岩的破碎作用。

炮孔底部以水为介质间隔装药所利用的原理是：水具有各向均匀压缩，即均匀传递爆炸压力的特征。在爆炸初始阶段，充水腔壁和装药腔壁同样受到动载作用而且峰压下降缓慢；到了爆炸的后期，爆炸气体膨胀做功时，水中积蓄的能量随之释放，故可加强对矿岩的破碎作用。

另外，以空气或水为介质孔底间隔装药，可提高药柱重心，加强对台阶顶部矿岩的破碎。

不难看出，水间隔和空气间隔作用原理虽然不同，但都能提高爆炸能量的利用率。水间隔还具有破碎硬岩之功能。

7.4.3 多排孔微差挤压爆破

露天台阶深孔爆破时，有时需在台阶坡面前方留有一定厚度的碴堆（留碴层）作为挤压材料，进行挤压爆破。多排孔微差挤压爆破的主要工艺和参数与多排孔微差爆破基本相同。现将几个特殊的问题简要介绍如下。

1. 挤压爆破作用原理

（1）利用碴堆阻力延缓岩体的运动和内部裂缝张开，从而延长爆炸气体的静压作用时间。

（2）利用运动岩块的碰撞作用，使动能转化为破碎功，进行辅助破碎。

2. 挤压爆破的优点

多排孔微差挤压爆破兼有微差爆破和挤压爆破的双重优点，具体有以下几点：

（1）爆堆集中整齐，根底很少。

（2）块度较小，爆破质量好。

（3）个别飞石飞散距离小。

（4）能储存大量已爆矿岩，尤其对工作线较短露天矿更有意义。

3. 挤压爆破参数

1）留碴厚度

由于矿岩的具体条件不同，加之影响的因素较多，目前尚无一个公认的计算留碴厚度的公式。根据实践经验，在减少炸药单耗的前提下，留碴厚度为 2 ~4 m 即可；若同时为减少第一排孔的大块率，则应增大至 4 ~6 m；为全面提高技术经济效果，留碴厚度以 10 ~20 m 为宜。理论研究与实践表明，留碴厚度与松散系数、台阶高度、抵抗线、炸药单耗、矿岩坚固性以及波阻抗等因素有关。一般应在现场做实验以确定合理的留碴厚度。

2）一次爆破的排数

一次爆破的排数一般以不少于 3 排、不大于 7 排为宜。排数过多，势必增大炸药单耗，爆破效果变差。

3）第一排炮孔的抵抗线

第一排炮孔的抵抗线应适当减小，并相应增大超深值，以装入较多药量。实践证明，由于留碴的存在，第一排炮孔爆破效果的好坏很关键。

4）微差间隔时间

挤压爆破的微差间隔时间一般要比自由空间爆破（清渣爆破）的微差间隔时间增加 30% ~60% 。

5）各排孔药量递增系数的问题

由于前面留碴的存在，爆炸应力波入射后将有一部分能量被碴堆吸收而损耗，因此必然要增加药量加以弥补。有些矿山采用第一排以后各排炮孔依次递增药量的方法。如果一次爆破 4 ~6 排，则最后一排炮孔的药量将增加 30% ~50% 。药量偏高，必将影响爆破的技术经济效果。通常，第一排炮孔对比普通微差爆破可增加药量 10% ~20% ，起到将留碴向前推移，为后排炮孔创造新自由面的作用。中间各排可不必依次增加药量，最后一排可增加药量

10%~20%。因为最后一排炮孔爆破必须为下次爆破创造一个自由面，即最后一排炮孔的被爆矿岩必须与岩体脱离，至少应有一个贯穿裂隙面（槽缝），如图7-37所示。

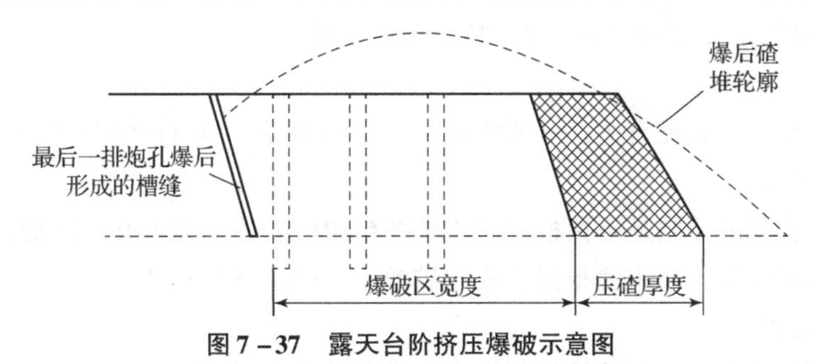

图7-37　露天台阶挤压爆破示意图

目前对微差挤压爆破的机理及其爆破参数的研究尚不充分，有待于进一步完善。从广义上讲，多排孔微差清渣爆破第一排以后的各排炮孔的爆破也是挤压爆破，只是挤压的程度不同而已。

7.4.4　预裂爆破、光面爆破与缓冲爆破

露天矿开采至最终境界时，爆破工作涉及保护边坡稳定的问题。预裂爆破就是沿设计开挖轮廓打一排小孔距的平行深孔，减少装药量，采用不耦合装药结构，在开挖区主爆炮孔爆破之前同时起爆，在这一排预裂孔间连线的方向上形成一条平整的预裂缝（宽度可达1~2 cm）。预裂缝形成后，再起爆主爆炮孔和缓冲炮孔，预裂缝能在一定范围内减轻开挖区主爆炮孔爆破时对边坡所产生的震动和破坏作用。预裂爆破也广泛地应用在水利电力、交通运输、旧建筑物基础拆除、船坞码头等工程之中。

1. 预裂爆破参数

1）炮孔直径

预裂爆破的炮孔直径大小对于孔壁处留下的预裂孔痕率有较大的影响，而孔痕率的多少是反映预裂爆破效果的一个重要指标。一般孔径越小，孔痕率就越高。故一些大中型露天矿用潜孔钻机凿预裂炮孔，孔径为110~150 mm。使用牙轮钻机时，孔径为250 mm。

2）不耦合系数

预裂爆破不耦合系数以2~5为宜。在允许的线装药密度的情况下，不耦合系数可随孔距的减小而适当增大。岩石抗压强度大时，应取较小的不耦合系数值。

3）线装药系数

线装药系数是指炮孔装药量与不包括填塞部分的炮孔长度之比，也叫线装药密度，单位是 g/m^3，采用合适的线装药系数可以控制爆炸能对岩体的破坏。该值可通过试验方法确定，也可用下列经验公式确定：

（1）保证不损坏孔壁（除相邻炮孔间邻连线方向外）的线装药系数为

$$\Delta = 2.75[\delta_y]^{0.53r^{0.38}} \tag{7-21}$$

式中，δ_y 为岩石极限抗压强度，MPa；r 为预裂孔半径，mm。

（2）保证形成贯通相邻炮孔裂缝的线装药系数为

$$\Delta = 0.36[\delta_y]^{0.63a^{0.67}} \tag{7-22}$$

式中，a 为孔间距；其他符号意义同前。

该式适用范围为：$\delta_y = 10 \sim 150$ MPa；$r = 40 \sim 70$ mm；$a = 40 \sim 130$ cm。若已知 δ_y 和 r，将式（7－21）计算的 Δ 值代入式（7－22）求出 a 值。

4）孔距

预裂爆破的孔距与孔径有关，一般为孔径的 10～14 倍，岩石坚固时取小值。

5）预裂孔孔深

确定预裂孔孔深的原则是不留根底和不破坏台阶底岩体的完整性。因此，要根据爆破工程的实际情况选取孔深，即主要根据孔底爆破效果来确定预裂孔孔深。

6）预裂孔排列

预裂孔凿面钻孔方向与台阶坡倾斜方向一致称为平行排列［图 7－38（a）］。采用这种排列平台要宽，以满足钻机钻孔的要求。有时由于受台宽的限制，需将预裂孔垂直布置［图 7－38（b）］。

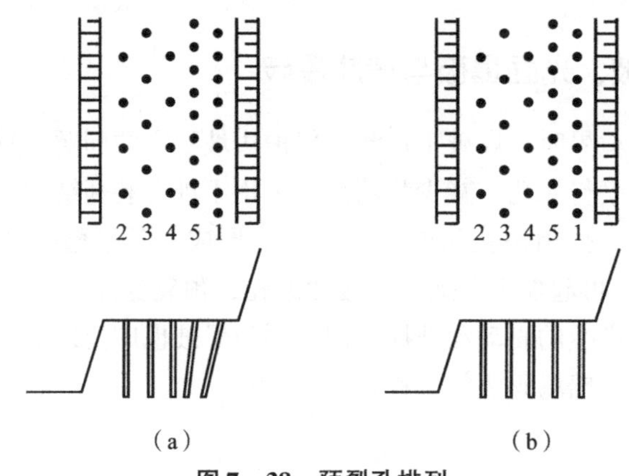

（a）　　（b）

图 7－38　预裂孔排列

（a）倾斜孔预裂；（b）垂直孔预裂

1—预裂孔；2～4—主爆炮孔；5—缓冲孔（1～5 亦表示起爆顺序）

7）装药结构

预裂爆破要求炸药在炮孔内均匀分布，故通常采用分段间隔不耦合装药。许多矿山的分段间隔不耦合装药采用导爆索捆绑的药卷组成药包串的办法，非常适用。由于炮孔底部夹制作用较大，易产生不满足要求的裂缝，因此可将孔底一段装药的密度加大，一般可增大 2～3 倍。

8）填塞长度

良好的孔口填塞是保持孔内高压爆炸气体所必需的。填塞过短而装药过高，有造成孔口炸成漏斗状的危险；过长的填塞会使装药重心过低，则难以使顶部形成完整的预裂缝。填塞长度与炮孔直径有关，通常可取炮孔直径的 12～20 倍。

9）预裂孔超前主爆炮孔起爆的间隔时间

为了确保降震作用，形成发育完整的预裂缝，必须将预裂孔超前主爆炮孔起爆，超前时间不能少于 100 ms。

2. 爆破效果及其评价

一般根据预裂缝的宽度、新壁面的平整程度、孔痕率以及减震效果等指标来衡量预裂爆破的效果。具体有以下几点：

（1）岩体在预裂面上形成贯通裂缝，其地表裂缝宽度不应小于 1 cm。

（2）预裂面保持平整，孔壁不平度小于 1.5 cm。

（3）孔痕率在硬岩中不少于 80%，在软岩中不少于 50%。

（4）减震效果应达到设计要求的百分率。

3. 光面爆破与缓冲爆破

光面爆破与预裂爆破比较相似，也是采用在轮廓线处多打眼、密集布孔、少装药（不耦合装药）、同时起爆的爆破方式，其目的是在开挖的轮廓线处形成光滑平整的壁面，以减少超挖和欠挖。

缓冲爆破与预裂爆破都称为减震爆破，两者不同的是，预裂爆破于主爆炮孔之前起爆，在主爆炮孔与被保护岩体之间预先炸出一条裂缝。缓冲爆破则与主爆炮孔同时起爆（两者之间也有微差间隔时间），以达到减震的目的。

表 7－10 所示为国内多排孔微差挤压爆破参数，表 7－11 所示为国内部分露天矿山预裂爆破参数。

表 7－10 国内多排孔微差挤压爆破参数

矿名	矿岩 f	孔径/mm	台阶高度/m	孔距/m	底盘抵抗线排距（前排/后排）/m	邻近系数（前排/后排）	超深/m	炸药单耗/(kg·m^{-3})	药量增加(前/后)/%	堵塞长度/m	布孔方式	起爆形式	间隔时间/ms
南芬铁矿	8～12	200	12	4/5.5	6～7/5.5	0.62/1.0	1.5	0.22	10～15	4～5			25～50
	8～12	250		4.5/7	6.5～8/6.5	0.62/1.07	1.5	0.205	10～15	5～6			
	8～12	310		5.5/8	7～9/7.5	0.67/1.07	1.5	0.255	10～15	6～7	三角形	楔形	
	16～20	200		3/5	4.5～5.5/4.5	0.6/1.11	3.0	0.29	10～15	4～5	矩形	斜线	
	16～20	250		4/5.5	5～6.5/5.5	0.7/1.0	3.0	0.31	10～15	5～6			
	16～20	310		5/6.5	6～7.5/6.5	0.74/1.0	3.0	0.365	10～15	6～7			
水厂铁矿	<8	250	12	8～9	6.5～6.5/同	1.36	1.5	(0.42)	20/20	5.5～7.5			50～75
	8～10			7～8	6～6.5/同	1.20	1.75	(0.52)	20/20		正方形	梯形	25～50
	10～12			6.5～7.5	5.5～5/同	1.22	2.2	(0.54)	20/20		三角形	排间	25～50
	12～14			6～6.5	5/同	1.19	2.5	(0.66)	20/20				25

7.4.5 露天深孔爆破效果的评价

露天深孔爆破的效果，应当从以下几个方面来加以评价：

（1）矿岩破碎后的块度应当适合于采装运机械设备工作的要求，要求大块率应低于 5%，以保证提高采装效率。

表 7-11 国内部分露天矿山预裂爆破参数

矿山名称	岩石类别	坚固性系数 f	钻孔直径/mm	炸药类型	线装药密度/ $(g \cdot m^{-3})$	钻孔间距/mm
南山铁矿	辉长闪长岩	8~12	150	铵油炸药	1 000~1 200	160~190
	粗面岩	4~8	150	铵油炸药	700~1 000	140~160
	风化闪长岩	2~4	150	铵油炸药	600~800	120~150
南芬铁矿	绿泥长岩	12~14	200	2 号岩石	2 320	250
	混合岩	10~12	200	2 号岩石	2 250	250
大孤山铁矿	千山花岗岩	12~16	250	铵油炸药	3 500	250
	磁铁矿	14~16	250	铵油炸药	3 500	250
	绿泥石	14~16	250	铵油炸药	3 500	250
	千枚岩	2~4	250	铵油炸药	2 400	250
甘井子石灰石矿	石灰石	6~8	240~250	铵油炸药	3 000	250~300
大冶铁矿	闪长岩	10~14	170	2 号岩石	1 385~1 615	170

(2) 爆下岩堆的高度和宽度应当适应采装机械的回转性能，使穿爆工作与采装工作协调，防止产生死角和降低效率。

(3) 台阶规整，不留根底和伞檐，铁路运输时不埋道，爆破后冲小。

(4) 人员、设备和建筑物的安全不受威胁。

(5) 节省炸药及其他材料，爆破成本低，延米炮孔崩岩量高。

为了达到良好的爆破效果，应正确选择爆破参数，选用合适的炸药和装药结构；正确确定起爆方法和起爆顺序，并加强施工管理。但在实际生产中，由于矿岩性质和赋存条件不同，以及受设备条件的限制和爆破设计与施工不周全等因素影响，仍有可能出现爆破后冲、根底、大块及伞檐、爆堆形状不合要求等现象。下面分别讨论这些不良爆破现象产生的原因及处理方法。

1. 爆破后冲现象

爆破后冲现象是指爆破后矿岩在向工作面后方的冲力作用下，产生矿岩向最小抵抗线相反的后方翻起并使后方未爆岩体产生裂隙的现象，如图 7-39 所示。在爆破施工中，后冲是常常遇到的现象，尤其在多排孔齐发爆破时更为多见。后翻的矿岩堆积在台阶上和由于后冲在未爆台阶上造成的裂隙，都会给下一次穿孔工作带来很大的困难。

产生爆破后冲的主要原因是：多排孔爆破时，前排孔底盘抵抗线过大，装药时充填高度过小或充填质量差，炸药单耗过大；一次爆破的排数过多等。

采取下列措施基本上可避免后冲的产生：

(1) 加强爆破前的清底（又叫拉底）工作，减少第一孔的根部阻力，使底盘抵抗线不超过台阶高度。

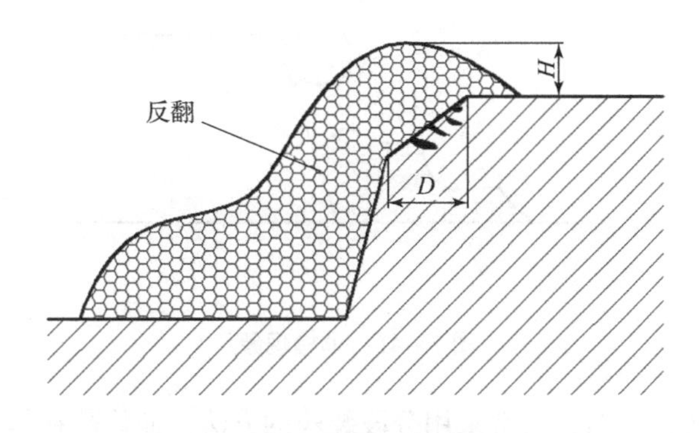

图 7－39　露天台阶爆破的后冲现象

H—后冲高度；*D*—后冲宽度

(2) 合理布孔，控制装药结构和后排孔装药高度，保证足够的填塞高度和良好的填塞质量。

(3) 采用微差爆破时，针对不同岩石，选择最优排间微差间隔时间。

(4) 采用倾斜深孔爆破。

2. 爆破根底现象

如图 7－40 所示，根底的产生，不仅使工作面凸凹不平，而且处理根底时会增大炸药消耗量，增加工人的劳动强度。

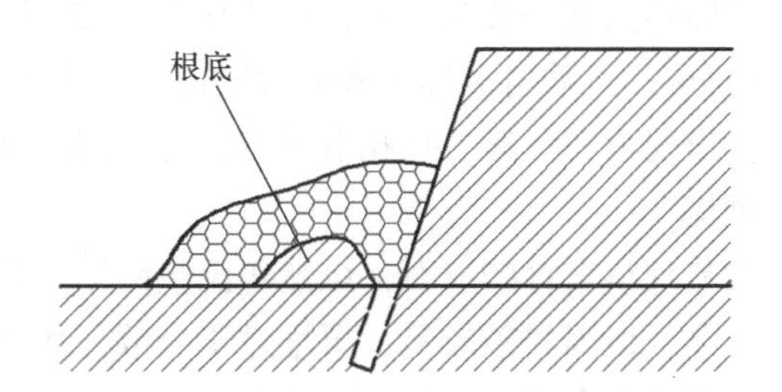

图 7－40　露天台阶爆破的根底现象

产生根底的主要原因是：底盘抵抗线过大，超深不足，台阶坡面角太小（如仅为 50°～60°以下），工作线沿岩层倾斜方向推进等。

为了克服爆后留根底的不良现象，主要可采取以下措施：

(1) 适当增加钻孔的超深值或深孔底部装入威力较高的炸药。

(2) 控制台阶坡面角，使其保持 60°～75°。若边坡角小于 50°～55°，台阶底部可用浅眼法或药壶法进行拉根底处理，以加大坡面角，减小前排孔底盘抵抗线。

3. 爆破大块及伞檐

大块的增加，使大块率比例增大，二次破碎的用药量增大；也增大了二次破碎的工作量，降低了装运效率。产生大块的主要原因是，由于炸药在岩体内分布不均匀，炸药集中在台阶底部，爆破后往往使台阶上部矿岩破碎不良，块度较大。尤其是当炮孔穿过不同岩层而上部岩层较坚硬时，更易出现大块或伞檐现象，如图 7－41 所示。

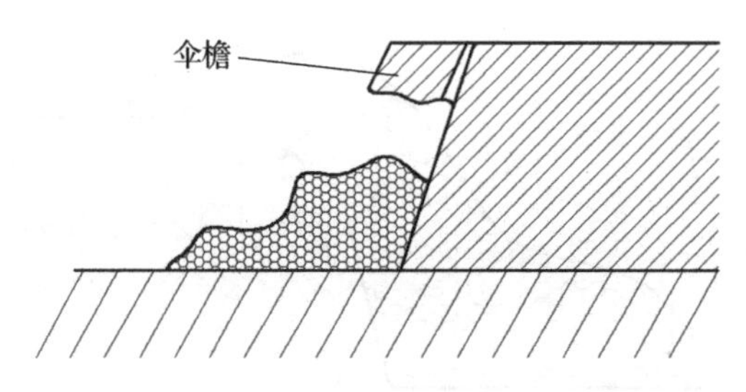

图 7-41　伞檐现象

为了减少大块和防止伞檐，通常采用分段装药的方法，使炸药在炮孔内分布较均匀，充分利用每一分段炸药的能量占这种分段装药的方法，施工、操作都比较复杂，需要分段计算炸药量和充填量。根据台阶高度和岩层赋存情况的不同，通常分为两段或三段装药，每分段的装药中心应位于该分段最小抵抗线水平上。最上部分段的装药不能距孔口太近，以保证有足够的堵塞长度。各分段之间可用砂、碎石等充填，或采用空气间隔装药。各分段均应装有起爆药包，并尽量采用微差间隔起爆。

4. 爆堆形状

爆堆形状是很重要的一个爆破效果指标。在露天深孔爆破时，爆堆高度和宽度对于人员、设备和建筑的安全有重要影响，而且，良好的爆堆形状能有效提高采装运设备的效率。爆堆尺寸和形状主要取决于爆破参数、台阶高度、矿岩性质以及起爆方法等因素。

单排孔齐发爆破的正常爆堆高度一般为台阶高度的 0.5 ~ 0.55 倍，爆堆宽度为台阶高度的 1.5 ~ 1.8 倍。值得注意的是，当采用多排孔齐发爆破时，由于第二排孔爆破时受第一排孔爆破底板处的阻力，常常出现根底。第二排孔爆破时，有一部分爆力向上作用而形成爆破漏斗，底板处可能出现“硬墙”。

还应注意，某些较脆或节理很发育的岩石，虽然普氏坚固性系数较大，选取了较大的炸药单耗，即孔内装入炸药较多，但因爆破较易，爆堆过于分散，甚至会发生埋道或砸坏设备等事故。遇到这类情况时应当认真考虑并选择适当的参数。

参 考 文 献

[1] 陈家钧. 露天爆破安全管理与控制问题探讨 [J]. 爆破，2000 (S1)：266-271.

[2] 杨善元. 岩石爆破动力学基础 [M]. 北京：煤炭工业出版社，1993.

[3] 熊代余，顾毅成. 岩石爆破理论与技术新进展 [M]. 北京：冶金工业出版社，2002.

[4] 杨军，金乾坤，黄风雷. 岩石爆破理论模型及数值计算 [M]. 北京：科学出版社，1999.

[5] 佚名. 地下工程爆破 [M]. 武汉：武汉理工大学出版社，2009.

[6] 徐颖. 地下工程爆破技术的现状及发展 [J]. 中国煤炭，2001，27 (11)：29-31.

第 8 章

爆炸技术在水下爆破中的应用

8.1　水下爆炸的基本理论

8.1.1　水下爆炸冲击波

在水下爆炸的情况下，周围的介质是水，可以将其视为无法承受剪切应力的均匀流体。穿过水的冲击波具有两个不同的物理特性：冲击波速度和局部粒子速度。在此处考虑的压力下，水中冲击波速度与峰值压力无关，且约为 1 440 m/s。

三硝基甲苯（TNT）通常用于生成、表征和研究水下爆炸。TNT 的比能为 4 500 kJ/kg，其他爆炸性化合物释放的比能通常以 TNT 的质量当量表示，以进行校准。TNT 在爆炸后生成氮气、水、一氧化碳和固体碳，并产生巨大的压力——约为 14 000 MPa。这种压力会压缩周围的介质，并产生高压扰动。这种扰动会迅速消失，称为“爆炸衰减”。通常观察到的 TNT 的爆速是水中声速极限值（1 440 m/s）的几倍。该水中冲击波中的最大压力随距离迅速下降，并在远距离接近稳态行为。随着冲击波向外传播，冲击波的时间轮廓逐渐变宽。水下爆炸冲击波的这种行为的示意图如图 8－1 所示。

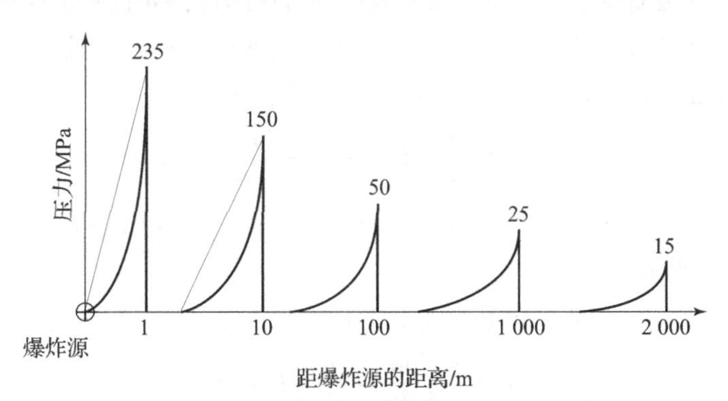

图 8－1　TNT 在水中爆炸的爆炸脉冲的空间演化

水下爆炸在海洋结构的动态行为中起着重要作用。如果在结构附近发生水下爆炸，则产生的压力波将使船体破裂，并对周围设备造成重大损坏。另一方面，如果爆炸发生在远离船舶的地方，则爆炸波将具有平坦的前部，并且压力载荷将不均匀。在这种情况下，海洋结构的每个部分将对入射压力脉冲做出不同的响应。定义压力脉冲的特征量为峰值压力和压力时间，水下爆炸产生的峰值压力 p_m 为

$$p_{\mathrm{m}}=K_1\left(\frac{M^{1/3}}{R}\right)^{\alpha_1} \tag{8-1}$$

式中，K_1 和 α_1 是材料常数（对于 TNT，$K_1=5\times10^7$ 和 $\alpha_1=1.15$）；M 是 TNT 的质量；R 是到爆炸源的距离。由水下爆炸产生的压力脉冲的爆炸衰减常数 γ 为

$$\gamma=M^{1/3}K_2\left(\frac{M^{1/3}}{R}\right)^{\alpha_2} \tag{8-2}$$

式中，K_2 和 α_2 是材料常数（对于 TNT，$K_2=9.2\times10^6$ 和 $\alpha_2=-0.22$）。衰减常数表征了峰值压力随时间的衰减规律。综上可以得到，水中爆炸的冲击波压力随时间和距离的衰减关系如下：

$$p(t)=p_{\mathrm{m}}\exp\left(-\frac{t}{t_0}\right) \tag{8-3}$$

式中，t 是时间，t_0 是脉冲时间，皆以毫秒为单位。由于水的机械阻抗远高于空气，因此水下爆炸在充分衰减以至无害之前会传播很长一段距离。

当水下爆炸冲击波与海洋结构相互作用时，它们会导致大量的塑性耗散和破裂。对于较大的无支撑船段，损坏形式为弯曲和拉伸颈缩；对于有支撑的船舶部分，损坏形式为剪切断裂和撕裂。对于厚壁复合圆柱形截面，初级故障是帘布层失效，包括层间脱粘和层内开裂；薄壁结构则更容易通过动态不稳定（屈曲）失效。这种情况的典型现象之一就是舰船结构的内爆。

8.1.2 气泡脉动

与水下爆炸产生的主要爆炸波的运动几乎一样重要的是包含爆炸性气体产物或水蒸气的气泡的运动。如果发生核爆炸，则该气泡将包含大部分放射性碎片，因此追踪其进展非常重要。此外，气泡脉动会置换大量水，并经常产生振幅非常大的表面波。

水下气泡运动的最简单理论忽略了重力效应和可压缩性，并且基于控制具有球对称性的非稳态不可压缩流动的方程式的解。在此假设下，气泡脉动的径向速度与半径的平方成反比，并且从气泡表面（$r=a$）到较远距离的动量方程积分关系为

$$t=\left(\frac{3\rho_0}{2P_0}\right)^{1/2}\int_{a_0}^{\infty}\frac{\mathrm{d}a}{[(a_{\mathrm{m}}/a)^3-1]^{1/2}} \tag{8-4}$$

如果忽略气体的内部能量，则 P_0 是流体静压力，而 a_0 是初始气泡半径。气泡半径随时间的变化如图 8-2 所示。

如果气泡中心的垂直速度 U 向上，则由气泡产生的扰动可以用速度势来表示

$$\phi=\frac{a^2}{r}\left(\frac{\mathrm{d}a}{\mathrm{d}t}\right)+\frac{1}{2}\frac{a^3}{r^2}U\cos\theta \tag{8-5}$$

使用方程式（8-5），我们可以建立以下形式的能量方程式：

$$2\pi\rho_0a^3\left(\frac{\mathrm{d}a}{\mathrm{d}t}\right)^2+\frac{\pi}{3}\rho_0a^3U^2+\frac{4\pi}{3}\rho_0a^3g=Y-E(a) \tag{8-6}$$

式中，z 是气泡中心的高度；Y 是爆炸释放的能量；E 是气泡的内部能量。由于 $U=\frac{\mathrm{d}z}{\mathrm{d}t}$，式（8-6）有两个未知数，$a$ 和 z。通过将气态球上的浮力的推力与周围水所获得的垂直动量相

等，可以得到与 a 和 z 有关的第二个方程。

$$U = -\frac{dz}{dt} = \frac{2g}{a^3}\int_0^t a^3 dt \tag{8-7}$$

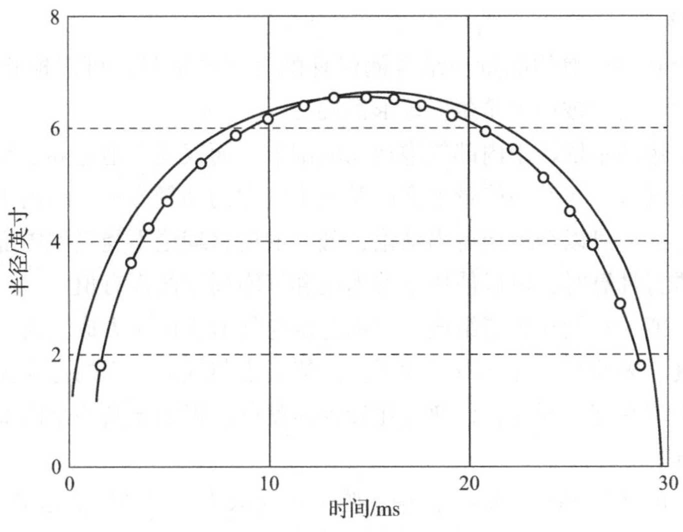

图 8-2　泡沫增长的早期阶段

由式（8-6）和式（8-7）得出的气泡的组合振动和迁移如图 8-3 所示。这两个简单的理论都基于以下假设：气泡是球形的，并且受干扰的水具有向上和向下的叠加运动。在小型实验室测试和全面爆炸中对气泡运动的观察表明，实际的气泡行为要复杂得多。在第一个气泡收缩阶段，浮力作用占主导地位，并且使气泡的球形明显变形。气泡的下侧在最后的收缩期进入凹入状态，因此气泡整体上呈肾形。当气泡向上移动时，气泡边界上的流动在后凹部附近分离。形成一个对称的循环芯，从而形成一个涡流环。然后，合并的气泡和涡流环一起向水的表面迁移。

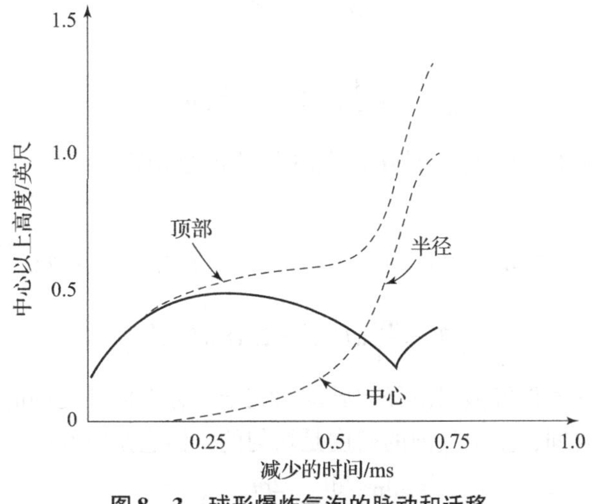

图 8-3　球形爆炸气泡的脉动和迁移

最初提出的关于涡流环附着在气泡上的推测得到了直接和间接实验证据的支持。研究人员测量了由化学装药引起的水下深部爆炸产生的干扰，尽管气泡到达表面需要很长的行程时间，但产生的表面扰动的程度表明气泡以巨大的能量到达了那里。实际上，能量远大于基于简单球泡理论计算得到的值。但是，如果将涡流环与气泡结合，则在爆炸早期获得的大量动能会存储在由涡流环传递的旋转分量中，而在涡旋的振荡和迁移过程中，旋转几乎不会消耗掉这些泡沫的动能。

通过比较单个脉动气泡的能量与结合涡流环的气泡的能量，可以检验涡环理论的可行性。在组合运动中，气泡被视为希尔氏球形涡旋。

气泡外的水的运动不依赖于内部气泡运动的细节，而仅受气泡边界运动的影响。当前的气泡迁移理论基于气泡外部水的能量平衡以及整个气泡的动量方程，给出了气泡振荡的平移速度和周期的表达式。可以合理地得出结论，现有的迁移理论不受气泡内部涡旋运动模型的影响。因此，在进行计算时，可以使用平移速度和气泡周期的现有值。

气泡能由内部能、动能和势能组成。内部能量与气泡表面压力成正比。该压力取决于气泡半径和平移速度，因此与内部气泡运动无关。势能也与气泡内部的行为无关，因为它还取决于气泡半径和平均密度。因此，仅通过比较动能就可以揭示出其两个内部运动模型在气泡能量上的任何差异。

现在，在式（8-6）和式（8-7）中，唯一可能取决于内部气泡运动的项是$E(a)$，这与气泡表面的压力成正比。因此，压力的值仅取决于气泡的半径及其向上的速度，而绝不受气泡内部运动的细节的影响。

从这些性质可以得出结论，气泡的迁移特性与气泡内部的运动方式无关。气泡是作为径向脉动球还是作为振荡的球形涡流运动，都不会影响气泡的向上移动速度和边界的周期性运动。两种运动方式的唯一区别在于气泡内部流体的能量。

气泡的动能是根据其作为振荡球形涡旋运动的假设计算的。假设半径a是时间的函数，当球形涡旋振荡时，相同的表达式立即适用。半径为a的球形涡旋以速度U移动时径向和横向速度分量的表达式为

$$v_r = \frac{3}{2}U\left(\frac{1-r^2}{a^2}\right)\cos\theta$$

$$v_0 = \frac{3}{2}U\left(1-\frac{2r^2}{a^2}\right)\sin\theta \tag{8-8}$$

式中，r是从其中心测量的半径，θ是从垂直向上测量的角度。

球形涡旋的动能为

$$T_E = \int_0^a 2\pi\rho r^2\left[(U\cos\theta + v_r)^2 + (v_\theta - U\sin\theta)^2\right]\sin\theta \mathrm{d}r\int_0^\pi \mathrm{d}\theta \tag{8-9}$$

$$T_v = \frac{46}{21}\pi U^2 a^3 = 2.18\pi U^2 a^3 \tag{8-10}$$

为了进行比较，在假设气泡仅沿径向脉动而完全不存在涡环运动的情况下计算其动能。假定在任何给定时间，整个气泡的密度是均匀的，但它是时间的函数，则连续性方程为

$$\frac{\mathrm{d}p}{\mathrm{d}t} + \frac{\mathrm{d}v_r}{\mathrm{d}r} + \frac{2\rho v_r}{r} = 0$$

$$\frac{\mathrm{d}v_r}{\mathrm{d}r} + \frac{2v_r}{r} = -K \tag{8-11}$$

式中，$K=\frac{\mathrm{d}}{\mathrm{d}t}\log p$；$v_r$ 是径向速度。式（8－11）的积分是

$$v_r = -\frac{1}{3}Kr \tag{8-12}$$

因为当 $r=0$ 时，$v_r=0$，令 V 为气泡边界的速度，则 $V=\frac{\mathrm{d}a}{\mathrm{d}t}$。然后式（8－12）在边界处成立，因此

$$v_r = \frac{V}{a}r \tag{8-13}$$

脉动气泡的动能为

$$T_p = \int_0^a \mathrm{d}r \int_0^{\pi} 2\pi\rho r^2 (U^2 + v_r^2 + 2Uv_r\cos\theta)\sin\theta\mathrm{d}\theta \tag{8-14}$$

减少到

$$T_p = 4\pi\rho a^3\left[\frac{1}{3}U^2 + \frac{4}{5}a^2\omega^2\left(1-\frac{a^2}{a_{\max}^2}\right)\right] \tag{8-15}$$

式中，a 为在时间 t 时的气泡半径；$a_{\max}$ 为最大半径。令 $\omega=\frac{\pi}{T}$为气泡脉动频率，则 $V=a_{\max}\cos^2\omega t$。

从式（8－10）和式（8－15）中，我们得出气泡作为球形涡旋运动时的动能与简单脉动气泡的动能之比，即

$$\frac{T_v}{T_p} = \frac{2.18\pi\rho U^2 a^3}{4\pi\rho a^3\left(\frac{1}{3}U^2 + 4a^2\omega^2\frac{1-a^2}{a_{\max}}\right)} \tag{8-16}$$

如果 $a=a_{\max}$，则有

$$\frac{T_v}{T_p} = \frac{2.18\pi U^2 a^3}{4\pi a^3\left(\frac{1}{3}U^2\right)}$$

$$\frac{T_v}{T_p} = \frac{2.18}{1.33} = 1.64 \tag{8-17}$$

因此，球形涡旋的动能超过脉动气泡的动能达 64%。在气泡波动的最大值和最小值之间，该增加将稍小。该结果与观察结果在定性上吻合。

8.1.3　表面效果

水下爆炸不仅在海面以下和上方引起巨大的爆炸波影响，而且还引起大振幅地表波的传播，在某些情况下，这可能对海岸线和港口造成巨大破坏。

图 8－4 显示了水下或近地面爆炸所产生的表面波振幅随爆炸深度的变化。可以观察到两个峰值。较低的一个对应于大约八个爆炸半径的爆炸深度。在这种情况下，爆炸完全被淹没，并且发生最大爆炸，因为在该深度的爆炸将在到达自由表面时传递最大动能，这是气泡达到自由表面正下方的第一最大值时的情况。对应于该最大值的深度称为下临界深度。

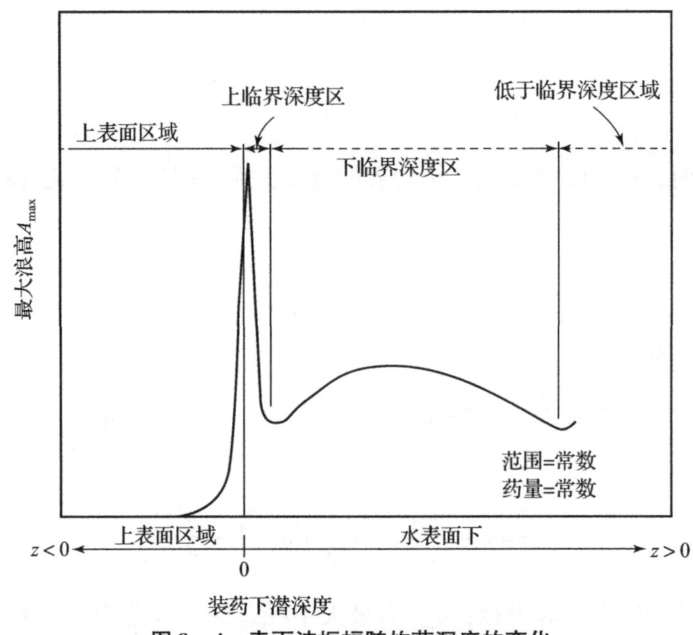

图 8-4 表面波振幅随炸药深度的变化

另一个最大值给出的幅度比相邻爆炸深度处的幅度大一个数量级，并在爆炸中心位于表面以下约一半的半径时发生。该位置称为上临界深度。

使用基于球形爆炸计算和气泡迁移数据的最大气泡能量估计值，可以令人满意地说明较低的临界深度效应。从理论上讲，我们很难对上临界深度效应进行研究，因为近地表爆炸产生的流场从来都不是球对称的，它对从爆炸中心测得的角坐标有很强的依赖性。此外，来自这种爆炸的爆炸波会立即与自由表面接触，过程非常复杂。

8.2 水下裸露药包爆破

在水下用药包直接紧贴于拟爆破对象物的表面进行爆破破碎的方法称水下裸露药包爆破法。该法常用于航道炸礁、水下清障、水下拉槽爆破、水下基础开挖、水底扩深航道和水下地基爆炸处理工程。此法与陆地上的裸露药包爆破法基本相似，但由于在水中作业，受水域特殊环境影响，在药包设计、炸药消耗和施工工艺方面则更为复杂，更加困难。水下裸露药包爆破法较钻孔爆破法具有施工简单、机动灵活、易于掌握、无须特殊设备等优点。但存在爆破单位耗药量大，效率较低，爆破效果准确性差，有害效应较大，并受水文气象条件限制等缺点。

8.2.1 水下裸露药包设计

由于水下裸露药包一般仅有一面直接紧贴拟爆物体表面，药包的其他各面受水层覆盖。因此，药包爆炸的能量大部分进入水体，只有与被爆物接触面的部分炸药能直接爆炸冲击破碎物体。因此，药包形状设计对爆破效果有重要影响，理想的药包结构形式为聚能药包。利用药包聚能穴的曲面几何形状，使药包爆炸产生聚能作用，提高对被炸物体的破碎效果。若用普通药包，则最有效的药包形式为扁平状药包，不仅有利于投放，稳定接触于被爆物体表面，而且能提高炸药有效破碎能量。根据爆炸流体动力学原理知，六面体形状的药包其爆炸能在各方向作用的大体分配比例与药包各向表面积大小有关。药包与被爆物体接触面越大，爆破有效破碎能占的比例越大。如图 8－5 所示。

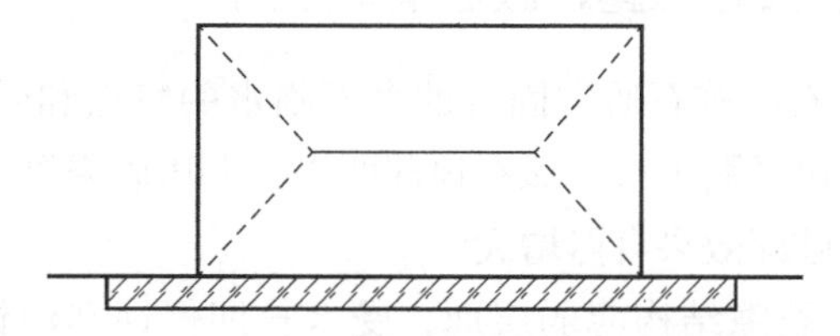

图 8－5　扁平药包与被爆物体各向接触面的爆破能量分配

因此扁平药包较正方形或圆球形药包对裸露爆破更有效。但扁平药包的厚度与被爆物体的破碎深度、破碎程度和爆破体积有关。药包厚度越大，爆破深度和范围就越大。因此水下裸露药包的设计应根据爆破的目的和要求，结合被爆物体的情况，依据爆炸流体动力学的基本原理设计最适宜的有效药包。

8.2.2　炸药性能选择与药包制作

水下裸露药包的破碎机制属于纯冲击破碎效应。因此炸药选型应考虑与被爆物体的强度特性相匹配。对坚硬介质和物体一般应选用高爆速、威力大，与水深相适应的抗水型炸药和起爆材料。若爆破作业区水深较浅，拟采用非抗水爆破器材时，应对药包的制作采取密封防水、耐磨损包装等处理措施，防止药包施工投放中破损和受水浸泡失效，产生拒爆。

8.2.3　药包投放施工方法

（1）对于聚能药包，最好采用潜水员敷设法，也可采用拉缆及木桩固定聚能方向法投放。

（2）对于普通药包，可根据作业区水深和水流环境以及施工设备条件，采用各种与之相适应的简便敷设投放方法。具体包括以下几种：

①岸边直接敷设法。即在岸边利用斜坡平台或钎杆直接滑放或插送到岸边浅水爆破区中的拟爆目标上。

②潜水敷设法。在浅水区，水流速度慢时对零星或临空面凹凸奇异的孤石或礁石，潜水敷设法定位准确、接触牢靠、爆效良好。但在深水区和气候欠佳时潜水工作效率低。当水流达到 2.5 m/s 以上时，便不能潜水作业。

③沉排法。即预先将药包按设计间距排列安放在木排、竹排或尼龙框架上，形成网状药包群（布药形式可用方格式、梅花式或错开的三角形）。然后推滑下水，利用压重砂袋或块石，使药包排沉落至水底爆区；该法适用于大面积礁石爆破区。

④船投法。其适用于水下面积大的爆区作业。在流速小、流态好的水域爆区，可将投药船驶到爆破点水面上直接投放。或投药船逆流驶至爆区上游处牵绳投放，利用水流使药包流入爆区后沉放。水流条件恶劣时，可采用跨河缆索吊投放置，定位船（抛锚或拴绳固定一只大木船）投放。

⑤缆递法。其即通过架设跨河缆用吊投和拉投等办法投放药包。由于炸药比重较轻，故一般应在药包上加重物，如砂袋、石块等以利沉放。

8.2.4 水底礁石、孤石裸露爆破法基本原则

（1）充分利用水底孤石、礁石通常固有的多面临水的特点和受水长期侵蚀形成的表面凹凸不平形状。将聚能药包紧贴于水下孤石顶部凹岩，上压砂袋等重物固定爆炸，此时因孤石底部反力大，位移小，破碎效果自然增大。

（2）利用礁石固有的裂隙结构薄弱层面，受水长期侵蚀和溶蚀后，形成的狭缝空间，塞放可塑性变形药包。这样一方面可以增加药包与礁石体的接触面积，提高药包对礁石的有效破碎能量。另一方面药包爆炸波沿礁石体的裂隙结构面传播产生高应力集中利于破碎和炸药爆破产物及高压水舌的楔入作用，进一步破碎礁石体。利用礁石尖峰高和侧向多临水面特点，采用单侧吊挂药包，另侧挂重物，平衡的紧贴药包法炸除尖峰礁石。或用双侧吊挂相互平衡的两个紧贴药包于礁岩表面同时起爆法，炸除体宽礁石等。如图 8－6 所示。

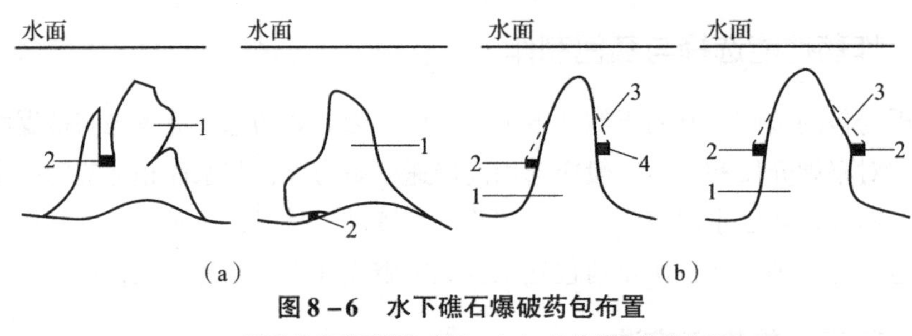

图 8－6　水下礁石爆破药包布置

（a）断裂破碎礁石药包布置；（b）吊挂药包炸礁布置

1—礁石；2—药包；3—绳索；4—平衡体

8.3 水下钻孔爆破

水下钻孔爆破的作业环境比较复杂，既受水面风浪、海潮涌浪、河流水位、水流速度、泥沙运动等因素影响，又因爆破介质处于水饱和状态并受水层压力和水的阻力双重作用，因此，在爆破作用机制和设计施工技术上都有别于陆地钻孔爆破。其作业难度更大、风险更为突出、技术要求更高。

8.3.1 水下岩石钻孔爆破作用机制

水下岩体与陆地爆破的主要差异是岩体一般处于水饱和状态。岩层表面与水体相耦合的界面上承受水层的静压力荷载。岩体爆破破碎和岩石运动过程中受水层阻力影响。

（1）由于岩石的声阻抗 ρC 值较空气的声阻抗大一个数量级，因此岩体爆破的冲击波在水界面上产生的反射波能量远少于大气临空面上的反射值，反射拉伸波对爆破破碎区岩石的拉伸破坏作用大为减弱。

（2）爆破区岩石表面的爆破位移变形需克服水压力而做功，爆破岩石膨胀位移和抛掷运动受水的阻力影响远较陆地爆破时受空气阻力作用大两个数量级，且与岩石抛掷运动速度

的平方成正比。因此，水下岩体钻孔爆破的单位耗药量必然比陆地爆破时大。松动爆破时炸药单耗需增加 10%～20%，抛掷爆破单耗随抛距要求增长非常迅速。水下抛掷爆破岩石在水中的实际抛掷距离不可能很大，强求增加抛距一般都不可取。

（3）饱和岩体爆破中冲击波、应力波和地震波在饱和介质中的传播，随距离增大而衰减的速度较陆地爆破慢许多，因此，其爆破震动效应格外强烈，破坏影响范围较大，需引起足够重视。

8.3.2　水下钻孔爆破装药量计算

装药量计算的基本原则是以陆地钻孔爆破的计算方法做参考依据。同时考虑水层厚度影响因素，装药量应做相应增加。其增加值既应包括水层厚度影响因素，也应考虑水下钻孔的定位，开孔精度、炮孔装药堵塞质量控制均较陆地施工困难，容易产生偏差等影响因素。因此，国内水下钻孔爆破工程中，炸药单耗一般较陆地爆破单耗增加 15%～20%。目前工程中习惯做法是根据爆区水下岩石的岩性、开挖方式和临水面条件（如平底拉槽或台阶爆破），以及爆破岩块尺度大小及水下清渣机械配套情况，参照陆地钻孔爆破布孔形式、钻孔参数和炸药单耗做适量增加，然后通过现场爆破实测结果进行调整和修正后，作为工程正式爆破设计指标。

8.3.3　水下钻孔爆破的布孔原则

（1）水下炮孔布置形式和孔网参数。首先要与采用的作业方式（钻孔、装药、堵塞的方式方法与所用机具条件）相适应。水下潜水员钻孔、装药、起爆网路连接作业方式，受水下作业条件限制，钻孔深度不可能太深，但孔、排距不宜过小，否则会给潜水员水下装药、堵塞和起爆网路连接带来困难和危险。若采用水上作业平台施工方法，则钻孔深度和台阶高度可以较大，钻孔直径和孔、排距可相应增大。

（2）水下钻孔布置形式原则上应越简单越规则越好，一般采用一字形、方形、矩形、三角形或梅花形的布孔形式。

（3）水下钻孔布置应能确保孔底开挖面上不残留未被爆除的岩埂，同时炮孔上部不致产生过多的大块率，以避免和减少水下二次爆破破碎工作量。根据工程经验，水下深孔爆破的孔距 a 和排距 b 布置的经验计算式为

坚硬完整岩石：

$$a=(1.0\sim1.25)W;\ b=(0.8\sim1.2)W \tag{8-18}$$

裂隙发育或中等硬度岩层：

$$a=(1.25\sim1.5)W;\ b=(1.2\sim1.5)W \tag{8-19}$$

式中，W 为最小抵抗线。

（4）水下钻孔的超深值一般应略大于陆地爆破，特别是在多泥沙水域和无套管保护时，钻孔可能会被泥沙部分淤填，同时鉴于水下爆破欠挖时补充爆破难度较大、效率低、耗时长。因此，国内水下钻孔超深值一般采用 1.0～1.5 m。在国外，考虑到水下深孔越深，孔底偏差越大，考虑到钻孔内可能落淤和清运底部石碴时效率低、困难大等因素，故钻孔超深

一般达到2.0 m，在较深水域中钻孔时，超钻深度甚至达到3.0 m以上。

(5) 在钻孔设备和机具备件许可，钻孔定位和钻进稳定技术有保证时，可采用斜孔布置形式，它具有炮孔底盘夹制作用小，炮孔抵抗线较垂直孔均匀，岩碴块度较均匀，有利于减少根坎，多排炮孔爆破时利于岩石充分膨胀，可大大减少过量装药，炮孔顶部产生的大块率较低，利于清运等优点。

8.3.4 近年来水下钻孔爆破施工技术进展

近几十年随着钻孔爆破机具的不断改进和创新，以及水上作业方式多样化的进展，在自升式水上作业平台上，用双套管式回转冲击凿岩机（OD法）钻孔，采用抗水耐压的专用炸药和起爆器材，装于密封圆筒器内装填或用风动装药器或水压装药器在作业平台直接装药，用无线遥控起爆综合配套技术已成为当今水下钻孔爆破法主要发展方向。

工程实践表明，水上作业平台施工法的成败关键是作业平台能否在施工点水面上准确稳固定位，精确顺利钻孔，安全实施爆破。常见的水上作业平台有以下几种结构形式：

(1) 固定支架平台。其包括在浅水、流速小的靠岸作业区，通过支架固定在水底上的木栈桥支架作业平台；在航槽狭窄、水流紊乱、流速较大、作业船难以稳固定位区，采用岸边固定支架悬臂式作业平台，以及严冬季节冰封河湖区在水面冰层上凿孔，跨冰孔架设的固定支架作业平台。这类作业平台缺点是固定于爆破区水面上，不能移动，作业范围狭小。

(2) 浮式作业平台。这类作业平台是依靠锚缆，将由木船、铁驳船、浮箱或浮筒等浮体组装成的简易浮动作业平台，固定于爆破区的水面上，其中双体浮式平台，中间留有0.5 m宽左右的空隙作为施钻时插钻杆、套管的缺口之用，钻机可移动于铺设在平台上的轨道上，调整钻孔定位后固定其上。另一种带支承桩的浮筒作业平台可利用手摇、绞车定位及移动，在2 m/s流速下施钻爆破，若设有气压传动装置控制的支承桩，更有助于提高平台的稳定性。此平台较普遍使用。例如，乌江渡水电站围堰基础水下爆破自制6个7.5 t浮筒拼装成钻台，上面装有3部钻机作业；而摩泽尔河爆破疏浚工程采用由7个浮筒拼装而成的作业平台。浮式作业平台如图8-7所示。

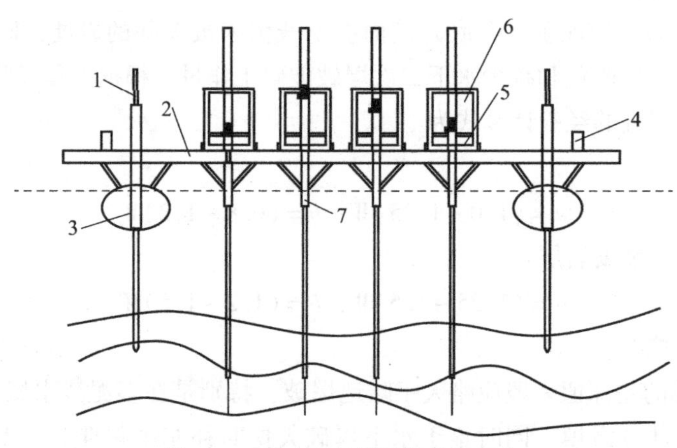

图8-7 带支承桩的浮筒作业平台

1—支承桩；2—平台；3—浮筒；4—风动绞车；5—钻机移动轨槽；6—钻机；7—管式定位器

浮体作业平台可采用抛锚稳船，水深不大时，还可采用钢管组成支杠，下插于水底，以稳定浮船，定位施钻。在水深、流急、浪大、漩涡多的水域或航运频繁江河峡谷区，则宜用船体宽大、吨位在 150 t 以上的铁驳船改装成作业平台，以保持在恶劣水域环境中工作平台的稳定性。例如，在香港地区开挖香港至九龙水下沉埋或隧道基坑时，采用铁驳船做爆破工作船，船身长 28 m，宽 14 m，安装 3 台 OD 钻机，能在 20 m 水深情况下施钻 9 m 深的炮孔。我国黄埔港航道整治爆破工程中，采用两条 220 t 载重驳船作业平台，每条船上安装 5 台钻机（间距 2.5 m），对水下钻孔参数控制十分方便。远距离移动靠拖轮，近距离移动靠本身锚机，用六分仪船上定位，定位坐标误差 20 cm 以内。

（3）永久性的专业钻孔爆破工作船。为适应水上钻孔爆破特点，船上配备专门技术设施。其包括：随潮水涨落能自动调节的伸缩管和锚定设备，以克服海上潮差、波浪、流速和紊流的影响；利用固定导向设备保证钻孔位置精度；依靠移动式装药导管及活动的爆破网路接线阀，通过覆盖层在水面上进行钻孔和装药。从而能缩短爆破作业时间，减轻劳动强度。船上还设有打捞机具，可将水下爆破时残留的导线、浮标及接线杆等爆破器材在爆破后即打捞到船上。在进行钻孔作业时，不需封港断航，对航运干扰较少。其适用于 8 ~ 20 m 水深，流速 3.0 m/s，浪高 1 m 的水域进行作业。

8.4　水下硐室爆破

水下硐室爆破是从岸边开挖平硐或竖井伸入水底岩层内，或利用水域中小岛修筑围堰，排水后开挖竖井和平硐，在平硐内开挖药室，一次装入大量炸药的爆破方法。在三峡工程下引航道开挖及福建某码头附近水域水下炸礁工程中，都曾采用水下硐室爆破。随着水下钻孔爆破技术的发展，水下硐室爆破有被其逐步替代的趋势。

8.4.1　适用范围

（1）为争取时间发挥工程效益的重点整治浅滩工程，如疏浚航道的礁石区，开凿运河的重点土石方地段。

（2）处于航道上的大面积礁石区，部分露出水面，部分处于水下。

（3）在航道激流险滩区，若用钻孔爆破法疏浚坚硬岩石，需长期水上作业，影响正常通航，对生产安全不利。

（4）能利用航道两岸的有利地形，从陆上开挖通至水底岩层的导硐和药室，达到加宽和拓深水域的目的时。

（5）开挖放量集中，工期短，缺乏足够的钻孔机械设备等设施；或通过各种爆破疏浚方案的技术经济指标比较，采用水下硐室爆破更为有利时。

下列条件，应避免采用水下硐室爆破法施工。

（1）水底岩体的地质条件比较差，断层、裂隙发育，在开挖导硐、药室过程中容易发生涌水、崩塌事故。

（2）在拟爆破的两岸山体有明显滑坡面，或者坚硬岩石与松软石间有明显分界面或软弱夹层；爆破后，有可能影响岩层的稳定区，产生大量塌方、滑坡，造成航道填塞或增加大量水下清渣量。

（3）爆区附近的地面和水下有其他重要建筑物，采用硐室爆破有可能受到水中爆炸冲击波和地震波的破坏影响而无法进行可靠防护时。

必须说明的是，由于水下硐室爆破应用炸药量较多，爆破对基岩破坏影响的范围比较大，因此必须对爆区周围环境的实际情况进行全面的调查研究，作为决定爆破方案和设计时的依据。

8.4.2 药量计算与参数选择

水下硐室爆破的药包布置原则与一般陆上硐室爆破基本相同，但计算爆破装药量时必须充分考虑水的载荷的作用。

通常，在水下硐室爆破中，主要考虑以下三种因素而需要增加药量：

（1）岩石的破碎、移动、受到静水压力和水的阻力影响，特别是在需要大量抛掷岩石时。

（2）要求爆破后的块度大小适中，并形成松散的堆积体，以利于清渣。

（3）水下硐室的布置和开挖，其施工质量不如陆上易于掌握，往往有较大的误差。

8.4.3 施工工艺

水下硐室爆破施工与一般陆上硐室爆破有很多共同点，需要重视的是，在地表和地下涌水与渗水比较严重的地层中开挖导硐和药室时，要有良好的排水措施，注意施工安全。

根据水下爆破的特点，为合理布置导硐和药室，除按一般硐室爆破要求外，尚需增加如下资料：

（1）更为详细的水文地质和工程地质调查报告。

（2）大比例（1∶100～1∶200）的局部水深图和整个滩险的河床水深地形图。

竖井和平硐的位置应根据地形、地质特点和周围水域的具体情况合理确定。通常尽可能多打平硐，少打竖井。

竖井的位置，一般选在水深较浅或能露出水面（施工水位）的岩盘上，其布置形式可以从江中用围堰开挖，也可以从岸边开挖。

开挖竖井时的排水，可采用常规的井点法和集水坑法。平硐开挖成一定的斜坡，使水流集中到竖井井底的集水坑中，然后用水泵排出。无论是竖井还是平硐，在接近水面或水面以下开挖时，均应控制爆破开挖进尺和单响药量。若遇可能发生涌水的地段，应通过超前孔试测发生大量涌水的可能性，并准备好相应的防患措施。

水下清渣比较困难，爆破后如发生大面积的欠挖，清底的难度更大。因此，如对工程质量无特殊要求，通常将药室中心布置在设计底标高以下 0.2～0.5 m。在计算药室装药量时，已考虑了水深的影响适当增加了炸药量，所以水下硐室爆破的药包间距仍可采用公式 $a \leqslant 0.5W(n+1)$ 计算。

需要注意的是，水下地形测量精度较差，且不可见的影响因素较多，在药室开挖完成后需进行仔细的校核，详细探测不同方向的抵抗线大小，以及附近有无凹岸、空洞和大裂缝，并根据探测结果，修正设计。

8.5　水下爆夯

8.5.1　概况

在港湾、码头以及防波堤建设中，常常使用水下抛石或抛砂基床，并在夯实的基床上修筑建筑物，因而对基床的夯实处理就显得尤为重要。传统的水下重锤夯实法，工期长、费用高，很难满足快速和大面积夯实的要求。

爆夯法处理水下抛石基床技术是近几年才发展起来的一项新技术，随着我国国民经济建设的发展，在港口、码头等工程建设中开始大量采用水下爆夯施工。采用该技术不仅工期短、见效快，而且成本低，质量也能得到保证，是一项值得推广的新技术。

8.5.2　爆夯原理

基床的水下爆夯，根据药包在水下的位置可分为：①水中爆炸（药包悬于基床上一定距离处）；②水底爆炸（药包置于基床表面）；③水下钻孔爆炸（药包置于基床的钻孔中）。工程实践表明，以水中爆炸的效果为最好，且实际使用以水中爆炸为主。

当炸药起爆后，爆炸引起的冲击波和产生的气泡脉动，可在水和堆石体两种介质中分别传播。冲击波传至水面，反射为稀疏波（拉伸波），可将表层水剥离，以很高的速度飞入空中，而冲击波传入堆石体可使堆石体获得动能，使其往淤泥中运动。与此同时，爆炸产物在水中形成高压气团、膨胀水，它们推动堆石体继续做功，而淤泥在堆石体向下运动过程中被挤出堆石体两侧淤泥面外。同时，爆炸引起的基床振动，使基床颠簸和摇晃，加大抛石基床的密实，因而基床的空隙度减小，密度增大，从而通过水下爆炸使基床的散粒体在水中的冲击波、气泡脉动和基床振动的作用下，达到工程所需的密实度。

8.5.3　爆夯参数设计与确定

爆夯法施工时将药包悬于堆石体上方一定高度处的水中，用等距离点阵式布药构成平面药包。依据能量准则，爆夯移动深度和单位面积的分配药量成正比。下沉量和堆石体宽度 L 及淤泥深度 H 有关。在工程中发现，L/H 越小，堆石体越易下沉。具体参数根据工程情况（淤泥性质、厚度、堆石体厚度、水深、堆石体宽度及所用炸药性质）确定。

1. 单药包重量

$$q = q_0 abH\eta/n \tag{8-20}$$

式中，q 为单药包质量，kg；q_0 为爆夯 1 m^3 堆石体所需炸药量，取 15 kg；H 为爆夯基床厚度，此处为 40 m；a、b 为药包平面排、间距，均取 40 m；η 为夯实率；n 为爆夯次数，取 2～3 次。本工程水深为 6 m，经计算得单药包重量为 75 kg。

2. 药包悬空高度（挂高）

$$h=(0.2\sim0.3)(\sqrt[3]{q})^{2.2} \tag{8-21}$$

经计算，本次工程中 h 取 0.75 m。

3. 一次起爆总药量

单药包药量确定后，一次起爆总药量与一次布药范围有关，总药量越大，夯沉效果就越明显。因此，在满足安全条件的情况下，一次布药量与布药范围应尽可能大。

4. 爆破安全距离

1）水中冲击波安全距离

水中冲击波产生的危险半径可用式（8－22）计算：

$$R_d = 16(H/E_s)Q^{1/3} \tag{8-22}$$

式中，R_d为危险区半径，m；H 为水深，m；Q 为一次起爆最大药量，kg；E_s为物体安全允许能流密度，$J\cdot m^{-2}$。根据苏联有关资料：对铁船 $E_s=330\ J\cdot m^{-2}$，对木船 $E_s=150\ J\cdot m^{-2}$。

最大一次起爆总药量为 480 kg，共 65 个药包，故其危险半径为（对木船）

$$R_d=55.9\ m$$

水下作业人员、游泳的安全距离按《爆破安全规程》取为 2 000 m。即在确保 2 000 m 范围内无人进行水下作业时，船只警戒线离爆区 150 m。

2）爆破振动

采用萨道夫斯基的经验公式：

$$V = K(\sqrt[3]{Q}/R)^{\alpha} \tag{8-23}$$

式中，V 为地层质点振动速度，$cm\cdot s^{-1}$；Q 为一次爆破最大药量，kg；R 为爆心至被保护物的距离，m；K 为爆破场地系数，取 530；α 为衰减指数，取 1.82。

距爆破场地 200 m 的地方有香港惠记集团的一座仓库，按照式（8－23）计算得：$V=1.46\ cm\cdot s^{-1}$；计算得最大质点振动速度为 $1.46\ cm\cdot s^{-1}$，小于规定的 $3\ cm\cdot s^{-1}$，所以仓库是安全的。

8.5.4 施工工艺

在爆夯前对抛石基床进行探测，摸清抛石基床各部分的基本情况。对抛石不足的部位予以补抛，使整个抛石基床平整，然后测量地形，取得爆夯前的基础资料。爆破之前应先扎好药包坠石，并参照潮位表，确定出投药和起爆时间。采用摩托快艇准确投放炸药包。使用乳化炸药制作药包，外套一层塑料袋，封口处用细绳系紧，再装入编织袋中。为了安全准爆，所有药包中均放入防水导爆索，要求将导爆索插入药包的中心部位。整个起爆网路采用电雷管＋防水导爆索＋炸药包的方式，确保一次起爆成功。

爆夯法施工工艺简单，所需人工和机械设备少，是一项值得大力推广与应用的新技术。水下基床爆夯效果受到多方面因素影响，如单药包重量、挂高、布药方式与尺寸等。本书的计算公式都是些经验公式，其应用受到许多制约，最好能从理论上再进行一些探索与研究。在浅海中进行爆夯处理时，应注意潮位的影响。低潮位时装药，高潮位时进行爆炸处理，这样效果最好。

8.6 水下炸礁

8.6.1 概况

近年来，水下炸礁爆破在港口工程中有着广泛的应用，水下炸礁施工爆破控制难度大，安全防护较为困难，要想成功地实施水下炸礁施工，必须选择合理的爆破方法、控制好装药量、做好爆破安全防护措施。以下结合工程实例，较为详细地阐述了内河水下炸礁施工工艺以及安全防护措施。

某内河整治工程水下炸礁施工，施工区域水深约 4.5 m，施工总面积约 1.6 万 m^2，岩层平均厚度约 1.1 m，炸礁方量约 1.76 万 m^3。钻孔地质资料显示，该施工区域底层主要为第四系冲洪积层与燕山期花岗岩。该区域内地质构造较为稳定，没有不良地质构造情况。另外，该施工点距离城镇较远，周围没有重要的建筑物等，只零星地分布着一些民房。

8.6.2 水下炸礁施工方法比选

1. 爆破方法的比选

通常水下爆破施工的方法有水下钻孔爆破法与水下裸露药包爆破法两种：

（1）水下钻孔爆破法具有爆破效率高、炸药用量小、节省爆破器材、岩石炸碎均匀、水中冲击波较小等优点。其缺点为：施工工序繁多复杂、需要投入的人力物力和机械设备较多。其主要适用于炸礁区域面积大、炸层较厚，水下沟槽、基槽的开挖，拆除水下构筑物，要求岩层破碎均匀、对断面形状要求高、对水中冲击波有较高要求等爆破施工。

（2）水下裸露药包爆破法施工具有施工简单方便，需要投入的人员、机械设备少的优点，但是其用药量大、爆破声音大、对环境的影响较大，爆破引起的水中冲击波大、岩石炸碎不均匀。其主要适用于以下条件的施工：①炸层较薄、炸礁区域面积较小；②破冰及冰下炸礁；③水下障碍物的清除；④零星的礁石或者炸礁后残余的浅点消除以及巨大块石的二次爆破；⑤钻孔施工困难的施工点。

根据该炸礁工程的规模、工程地质情况以及具体的施工环境与安全要求，经过认真仔细的比选，最终选用水下钻孔爆破法进行施工。采用钻机船进行水下钻孔爆破，利用抓斗挖泥船清渣；采用分断面、分带的方式进行爆破施工，钻孔采用梅花形布置。爆破施工采用非电导爆管起爆系统，电力引爆方式。采用 8#工业电雷管作为击发元件，利用非电导爆管雷管作为传爆体，将主炸药引爆。

2. 机械设备的选用

根据本工程具体的施工条件以及施工方法与设计的要求，该工程采用两条钻爆船（各配备 3 台 CQ100 中风压钻机）与两条 2.5 m^3 挖泥船进行施工，另外还配备锚艇、拖轮、交通船等。

8.6.3 爆破方案设计

1. 选择爆破器材

该工程主要的爆破器材有：防水型 2 号乳化岩石炸药；防水型 8#金属工业电雷管与防水型非电导爆管雷管。

2. 确定参数 a、b、d、ΔH

参照同类其他工程的经验并结合该工程实际的地质条件、施工环境等，确定钻孔布置间距 a 为 2.5 m，排距 b 为 1.5 m，孔径 d 为 9.5 cm，超钻深度 ΔH 为 1.5 m。

3. 装药量计算

装药量可按照 $Q = q_0 \times b \times a \times H_0$ 来进行计算。

式中，Q 为单孔装药量，kg；q_0 为单位炸药消耗量，kg/m^3，为经验值，结合本工程的实际条件取 1.6 kg/m^3；b 为炮孔排距，m；H_0 为炸礁岩层厚度，包括超深量。本工程 $H_0 = 1.1 + 0.4 = 1.5$ m。

经计算设计装药量 $Q = 9$ kg。实际装药量 $Q = 6 \times 2.5 = 15$ kg > 9 kg，满足要求。(平均钻孔深度为 3 m，装药长度取孔深的 2/3 ~ 4/5；药卷规格为 6.0 kg/m。)

4. 起爆体

起爆体由两发同一生产厂家、同一批次的电雷管并联而成，由于该工程装药长度为 2.5 m小于 3 m，将其布置于距离孔底 1/3 ~ 2/3 高度。

5. 电爆网路

《水运工程爆破技术规范》明确规定：通过每个电雷管的电流不得小于 4.0 A（交流）与 2.5 A（直流）；电雷管的电阻值差距不得大于 0.2 Ω；起爆导线长度应该根据水深以及水流速度来确定，其值不得小于孔深与水深和的 1.5 倍；另外，导爆管网路必须符合《水运工程爆破技术规范》5.9.8 条的要求。

网路连接前必须将钻机船撤离到安全水域；顺着流水的方向进行网路连接，网路的连接与主线应该绑扎牢靠；在主线与起爆电源相接前，必须对网路的总电阻值进行检测。实测值与设计值的误差不得大于 5%。

6. 起爆网路

起爆网路（CQ100 钻机）采用并联网路。将 3 个孔并联为一排，将三排并联为一组进行起爆。采用微差爆破法进行爆破，以减小爆破冲击波与地震波的影响。

8.6.4 施工工艺

清挖覆盖层→施工放样→移船定位→钻孔→装药→接线移船→警戒→起爆→检查确认无盲炮（如有必须处理）→清渣→运渣卸至指定卸区→扫床检测→补炸→清渣→检验合格。

8.6.5 爆破安全

1. 地震波安全距离计算

由于该炸礁工程距离城镇较远，周围 300 m 范围无重要建筑物，因此可以根据《水运工程爆破技术规范》（JTS_204—2008）中：$R=(K/V)^{1/\alpha}Q^{m}$ 进行计算。根据本工程的具体情况，式中 V、m、K、α 分别取值为 1.0 cm/s、1/3、150、1.5，将其代入上式计算得出爆破安全距离及安全用药量，如表 8－1 所示。

表 8－1　爆破安全距离及安全用药量

安全距离 R/m	100	110	120	130	140	150	160	170	180	190	200
安全用药量 Q/kg	44.4	59.2	76.8	97.6	122	150	182	218.4	259.2	304.8	355.6

在爆破施工时，必须严格按照表 8－1 控制爆破炸药用量，确保爆破施工安全。

2. 飞石安全

《爆破安全规程》规定，水深小于 1.5 m 时，200 m 为安全距离；水深为 2.0～4.0 m 时，就应该考虑加密布孔、适当减小药量，以防止飞石；当水深大于 6 m 时则不考虑飞石影响。为了安全起见，结合本工程的水深，将飞石安全距离确定为 100 m。

3. 爆破安全技术措施

施工安全是水下爆破管理的核心内容，本工程主要采取了下列措施确保施工安全：

（1）采用微差爆破法，将每段起爆的药量严格控制好，以保证满足安全距离的要求。

（2）为减小爆破引起的地震波与冲击波的强度，采用了不耦合装药结构。

（3）由当地公安、海事部门批准，划分爆破施工安全区域，并设置警戒标识。

（4）在爆破施工前，通过当地的公安部门与海事部门对当地的村民及渔民提前发布公告，提醒其在爆破施工期间不要进入危险区域。

（5）施工前对进行爆破作业的船只的安全性及技术工作性能全面检查，确保其正常状态。

（6）对施工区域的散杂电流进行检测，若发现其电流值超过了 30 mA，则不能使用普通电雷管起爆。

（7）大风、大雾、雷雨等恶劣天气应该停止爆破作业，当风力超过 6 级时，不允许进行水下钻孔爆破施工。

（8）起爆体与药卷必须在专门的场所进行加工，加工厂内严禁烟火。

（9）起爆前，必须进行清场以及做好爆破警戒，在确定完全符合安全条件后才能起爆。

4. 盲炮处理

在施工过程中若出现盲炮，则不得随意处理。处理盲炮时，所有无关人员不允许进入施工现场，并做好安全、警戒工作，直到盲炮解除后方可解除警戒。处理人员应该将盲炮处理的过程详细记录。一般盲炮处理的方法有以下两种：①在盲炮孔附近位置放置裸露炸药包将其诱爆。②若盲炮是因爆破网路而引起的，则可在检查、处理后，重新进行连线起爆。

8.6.6　总结

水下炸礁施工是一项安全风险较大、施工技术含量较高的工程，尤其是布孔、药量的控制具有相当的技术难度，若控制不好，将会产生地震波、冲击波，对人们的生命财产安全造成影响。但是只要事先经过准确的计算，选用合理的施工方案，确定最佳的爆破方法，采取恰当的安全技术管理措施，水下炸礁施工便能顺利地进行。

8.7 水下爆破沉船清障

8.7.1 概况

水下爆破解体、打捞沉船具有工期短、速度快、成本低、效率高的优点，能达到快速清航的目的。某些情况下能完成常规打捞方法无法完成的清航任务。以下结合工程实例，对水下爆破沉船清障做简要的介绍。

某货轮总长161.50 m、宽22.00 m、型深13.00 m，是一艘载量为16 000 t的艉机型货轮。因事故沉没于南通天生港附近长江中心航道北侧约500 m处，沉船点距北岸天生港电厂码头约1 800 m，距南通华能电厂码头约2 200 m，距南岸江堤约3 000 m。此处江面开阔，航道水深20 m以上，故为航运的黄金地段，过往巨轮穿梭不息，小型船只云集。两个发电厂均有冷却取水口伸入长江，其中天生港电厂四号取水口伸入江中约45 m，取水钢管直径2.2 m，采用桩基固定在江底，取水口走向与爆点方向夹角约15°；华能电厂的取水口伸入江中约180 m，取水口截面呈长菱形，由水泥板块拼装而成，取水口上端露出水面，引水钢管通过底板和桩基固定在江底，并采用抱箍和密封圈连接延伸至江边泵房。沉船的尾段长约65 m，已顺利整段出水，但据水下反复探摸，沉船前段长约96 m，前倾19°、左倾25°，艏处水深达46 m，船体甲板处水深在20～30 m，前段船体严重扭曲变形，船帮结构严重损坏，船底转圆处有多处裂口和坏洞。如此状况，常规的整段打捞方案已不可行，决定采用水下爆破解体后分块打捞的方案。

图8－8为本书作者参与的沉船爆破作业现场，图8－9为本书作者参与的沉船爆破作业中的沉船解体残块。

图8－8 本书作者参与的沉船爆破作业现场

8.7.2 爆破方案设计

1. 对爆破作业的基本要求

(1) 爆破作业必须确保周围环境，尤其是两个电厂的取水口的绝对安全。

图8－9　本书作者参与的沉船爆破作业中的沉船解体残块

（2）根据沉船水域的条件和沉船状态，必须确保齐爆、准爆。由于水深、流急、风大，炸药的布设、爆破线路的连接、炸药雷管的防水抗压等诸多技术问题必须仔细解决。

（3）由于沉船水域航行船只极多，江面开阔，又有沿岸船闸、汽车轮渡的船只进出，故必须制订严密的短时间的禁航警戒方案，以确保人员财产的绝对安全。

（4）爆破解体残骸的块度、尺寸必须符合打捞船的抓捞要求。

2. 爆破方案的选择

对于钢质船体的水下切割解体，虽然采用聚能切割的方式具有聚能理论比较成熟、炸药用量少等优点，但实践中很难实施。除成本因素外，因船体表面为不规则的曲面，船体钢板内侧尚有许多角钢等加强筋，故在聚能药条的设计、布设，聚能腔内的隔水等方面，存在许多难以解决的技术问题。为此，我们主要采用条形药包的接触爆破切割和集中药包的爆破撕裂相结合的方式，实施沉船解体。具体地讲，根据沉船的状态，用条形药包将沉船沿泥线周向切割一圈，使船帮和船底分离，再将船体甲板、隔舱横向切断；在桅杆房、艏尖舱等舱室采用集中药包使其进一步解体，然后由打捞船（起吊能力2 500 t）用大抓斗（自重110 t、容积11 m^3、闭合力600 t）对残骸进行抓捞，清理航道，同时回收废钢材。因此，爆破时既要使残骸钢板相互基本分离，又不能使它们过分飞散，以利于抓捞。

3. 装药量的计算及爆破器材的选用

水下爆破作业首先要求炸药的防水性能好。长江水流混浊，在几十米深的水下，能见度为零，整个布药工作将持续70 h左右，故对炸药的防水性能提出了更高的要求。铸装的TNT药块虽具有良好的抗水性能，但价格昂贵，不能在工程上大量使用。为此，根据以往的工程实践，主体炸药选用EL系列乳化炸药，铸装的TNT药块（200 g/块）作为起爆药；选用毫秒电雷管作为起爆元件。

条形切割药包的药量确定：$Q=K_1K_2S$。式中，Q为条形药包的线装药量，kg/m；K_1为单位面积耗药量，对于钢材，取$K_1=0.025\sim0.04$ kg/cm^2；K_2为装药几何结构系数，$K_2=1\sim3$，取$K_2=2$；S为切割处的每米断面积，万吨轮船用钢板的厚度在2.2～2.5 cm，加上角钢、槽钢等加强结构，折合厚度为4 cm，故每米折合断面积为400 cm^2。

计算结果，条形切割药包的线装药量为25～32 kg/m；周围爆破作业环境要求较严时取下值，反之取上值。由于乳化炸药在有效期内存放时爆速仍下降较显著，应尽量采用生产日期短的产品（10天以内）；对出厂已2～3个月的乳化炸药，应适当增加药量，以确保爆破效果。

由于沉船处水深达46 m，根据专家建议，在相应水深处进行了药包浸泡72 h后的起爆试验，雷管抗水、抗压安全试验，铸装TNT药块起爆可靠性试验。这些预备试验确保了爆破作业的安全性和爆破解体的一次成功。

8.7.3 施工工艺

1. 水下探摸和装药预备工作

首先依据船舶的图纸，通过潜水作业对沉船进行探摸、勘测，了解沉船的状态、破损情况，内容物情况，淤入泥面的深度等，为爆破解体方案的设计提供依据。然后在沉船预定的切割处（包括纵、横及垂直方向）安装导向和固定药条用的钢丝绳，并在堆放集中药包的场所清除杂物和积泥，使通道畅通。

2. 切割药条的布设

（1）沿沉船泥线布放一圈切割药条，以便将沉船切割成上下两部分（沉船泥面以下部分在爆破后将被深深嵌入江底淤泥中，若不影响通航，一般不再打捞）。共布12条药条，每条长16 m，药条总长192 m，计5 760 kg炸药。

（2）为了将沉船切割成5段，在沉船两舷各布设4条垂直药条，每条长13 m，共用药3 120 kg。

（3）在沉船的艏尖舱和第一大舱隔舱壁梁头以及第一、二、三舱间隔舱壁梁头处布设4根横向药条，用于切割隔舱壁，每条长20 m，共用药2 400 kg。

（4）在沉船的甲板上布设横向药条4条，每条长20 m；纵向药条8条，每条长10 m，共用药4 800 kg。

3. 集中药包的布设

在沉船的艏尖舱、锚链舱、艏楼内走道桅杆房，以及一、二、三、四各舱内前梁头处，各布设一个集中药包，药量在600～1 000 kg，集中药包用药8 620 kg。以上合计总药量为24 700 kg。

为了提高水下爆破效果，潜水员在水下布药时应尽可能使药条紧贴被切船体，同段起爆的条药之间相互搭接0.5 m，并用绳子扎紧；甲板上布药时应使药条紧贴甲板。横向和竖向药条都要可靠搭接且扎牢，以确保爆破后解体充分、完全。分段起爆的药条之间距离不小于0.6 m，以防殉爆窜段。一次起爆药量应控制在设计的2 500 kg范围内。

4. 起爆药包的制作与安放

起爆药包由5块铸装TNT（合计1 kg）叠合组成，每个起爆药包放置2发毫秒电雷管，每个条形药包或集中药包放置2个起爆药包。电雷管收口处用环氧树脂密封，再用防水自粘胶布包扎，所有起爆线路的接头亦用防水自粘胶布密封，以确保雷管和起爆线路的可靠防水。

5. 起爆网路

为了控制爆破地面震动对周围环境的影响，本次爆破作业选用了10多段毫秒电雷管，使一次起爆药量控制在 2 500 kg 以下。药包位置、药量与雷管分段如表 8 –2 所示。

表 8 –2　药包位置、药量与雷管分段

段别	药条位置	药量/kg	起爆药包/个	TNT/块	雷管/发	作业性质
1	沉船左舷前 48 m 及前垂直药 2 条	1 750	4	20	8	切割
		980	2	10	4	
3	沉船左舷后 48 m 及后垂直药 2 条	1 750	4	20	8	切割
		980	2	10	4	
5	沉船右舷前 48m 及前垂直药 2 条	1 750	4	20	8	切割
		980	2	10	4	
6	沉船右舷后 48 m 及后垂直药 2 条	1 750	4	20	8	切割
		980	2	10	4	
7	沉船前甲板横向 2 条及一、二舱间纵向 1 条	1 540	4	20	8	切割
		350	1	5	2	
8	沉船后甲板横向 2 条，三、四舱间纵向 1 条及桅房集中药包	1 540	4	20	8	切割 爆炸 撕裂
		350	1	5	2	
		500	2	10	4	
9	沉船艏楼内通道和走道、一舱前隔舱壁以及一舱集中药包	500	4	20	8	切割 爆炸 撕裂
		1 000	2	10	4	
		770	2	10	4	
10	二舱前隔舱壁及二舱内集中药包	770	2	10	4	切割 爆炸 撕裂
		1 640	2	10	4	
11	三舱前隔舱壁及三舱内集中药包	770	2	10	4	切割 爆炸 撕裂
		1 640	2	10	4	
12	四舱前隔舱壁及四舱内集中药包	770	2	10	4	切割 爆炸 撕裂
		1 640	2	10	4	
合计		24 700		280	112	

起爆药包于爆破日入水布设，每个起爆药包中的2发电雷管分别与其他药包中的电雷管串联，形成两路独立的串联网路，再并联到起爆主线上。电雷管应事先进行阻值筛选，采用同厂、同批的产品，阻值相差不大于0.2 Ω。起爆网路的串、并联作业无法在水下进行，故每个药包的起爆导线长达80～100 m，做好标记并捆上浮标后浮在江面上。整个爆破网路的电线应选用耐磨、耐拉的金属屏蔽导线（型号RVVR2×23/0.15），以防线路被水流或风浪冲断，或被钢板磨断，确保整个起爆网路的安全可靠。

主起爆线采用高强度的船用屏蔽导线，长达1 200 m，事先进行线电阻和绝缘电阻（500 V兆欧表）测量，起爆船只与爆点距离不小于1 000 m。

8.7.4　爆破作业安全性评估

本次爆破作业炸药用量大，由于爆破作业在水深约40 m处进行，故声响、飞散物不对周围环境构成危害，主要考虑爆炸产生的水中冲击波对江面船只的影响及爆破地震波对两个电厂取水口的影响。

1. 水中冲击波安全距离

根据《爆破安全规程》，当炸药量大于1 000 kg时，水中冲击波对人员和过往船只的安全距离为：$R_0 = K_0\sqrt[3]{Q}$。式中，R_0为水中冲击波的最小安全距离，m；Q为一次起爆药量，考虑到万一分段失败，本处取$Q = 24\ 700$ kg；K_0为经验系数，对木质船，$K_0 = 50$，对铁质船，$K_0 = 25$。

经计算，对于木质船只，$R = 1\ 456$ m；对于铁质船只，$R = 728$ m。

考虑到江面船只众多，大小、型号、材质不易区分，故将安全警戒区域定为以爆点为中心、半径1 500 m的圆形区域，由于沉船距南岸有3 000余米，因此江面南侧部分区域仍可通航。由于实施起爆的工作船系玻璃钢制成，距爆点1 000 m开外即可保证其安全。

2. 爆破安全振速

考虑到分段爆破作业产生的多次震动、低频震动对江岸电厂取水口的影响，规定每段的起爆药量为2 500 kg，此时引起的1 800 m处的地面振动速度为$v = K_0\left(\sqrt[3]{Q}/R\right)^{0.84}$。式中，$K_0$为地面震动耦合系数，在水中裸露药包爆破时，取$K_0 = 94$；$Q$为最大一段起爆药量，$Q = 2\ 500$ kg；R为距爆点距离，取$R = 1\ 800$ m。

计算得$v = 1.54$ cm/s。据《爆破安全规程》规定，一般砖房、非抗震的大型砌块建筑物允许的震动安全速度为2～3 cm/s，而电厂取水口的抗震等级高于上述建（构）筑物，故在此振速下建筑物是安全的。

上述计算结果的可靠性如何呢？先参考表8－3中所列的1999年1月在南京燕子矶长江水域对“大庆243”轮进行的二次水下爆破作业时的计算及实测结果。由表8－3中的数据可知，实测值远小于计算值。由此看来，在地理环境十分相似的条件下根据上述公式计算出的振速是偏于保守的，邻近建筑物的安全是有保障的。

表 8－3 “大庆 243” 轮水下爆破解体的振速数据

水下爆破	距离/m	最大一段起爆药量/kg	计算震速/(cm·s^{-1})	实测震速/(cm·s^{-1})
第 1 次作业	1 100	3 500	2.57	1.29
第 2 次作业	1 100	2 800	2.41	1.63

由于水下爆破作业装药施工条件十分恶劣，不易实施分段爆破。专家在评审会上提出，万一出现分段失败或爆破震动叠加的极端情况，爆破安全还能否保证？为此，按极端情况进行了振速预估。在距爆点 1 800 m 处，起爆药量各为 8 000 kg、16 000 kg、24 000 kg 时，所计算的振速分别为 2.14 cm/s、2.59 cm/s 和 2.91 cm/s。极端情况下振速预估结果表明，振动速度仍在许可的范围内。尽管如此，根据专家的建议，在确保前段装药爆后不对后段装药产生移位等不良影响的前提下，我们将每段延时间隔适当拉大，取消了 2 段和 4 段，增加了 11 段和 12 段；同时加强了对整个装药过程的质量控制，以确保分段爆破成功，爆后的振速实测结果已证明了这一点。

8.7.5　其他安全作业措施

1. 装药过程中的几项规定

实施万吨轮水下爆破解体作业，规模大、水下情况复杂，组织难度显而易见。为确保爆破作业的安全，做出如下规定：

(1) 主药条（包）先入水安置就位，药包在水下时间不超过 72 h；起爆药包于爆破日入水就位，其在水下时间不超过 8 h。

(2) 除必要的检测外，所有雷管端线及起爆网路端线必须短路，工程船没有撤离前不能打开接头。

(3) 所有起爆网路的端线的连接均在水面上进行，接线端经防水处理后入水。

(4) 参与起爆线路连接的人员在作业时应关闭一切电气通信工具，包括手机、VHF（甚高频）对讲机等，工程船甲板上的大型电气设备，包括电动机、高频发射机等均应暂时关闭。

(5) 爆后先进行水下探摸，在确认无哑炮后再进行抓捞钢板残骸。

2. 关于警戒禁航

由于江面开阔、船只云集，警戒禁航工作十分重要且艰难。港务公安局、水上派出所等单位组成了强大的警戒力量，共计出动了近 20 艘巡逻船只，确保了爆破作业的安全顺利实施。

8.7.6　总结

水下爆破受水流、水压、风浪、潮汛等自然条件的影响，对炸药的布置、防水及起爆感度，对雷管的抗杂电、抗射频、抗水压等性能提出了更高的要求，因此爆破作业实施之前，必须充分准备好符合要求的爆破器材，并做好相应的测试工作，只有这样，才能确保爆破作业万无一失。

8.8 水下爆破技术研究趋势

水下爆破工程中遇到的多属浅水爆炸类型，即部分炸药能量将要冲出水体在空气中释放，此时，由于边界条件的变化，水下冲击波的压力作用时间等参数计算及波形不再是理想的状态，它受到水下界面反射、水面切割等作用而呈现出较为复杂的波形。但总体上说，当药包置于水下岩石介质内爆炸时与理想的水下爆炸相比较，其特性为伴随爆炸水面会出现水柱并有较大的波浪，此时水下冲击波压力值有所减小，冲击前缘变缓，使冲击波频率大为降低，而作用时间稍有延长。水下钻孔爆炸的另一特点是由于炸药直接与岩石接触以及岩隙裂缝被水充填，因此产生的地震波较强，对周围邻近建筑结构的振动影响较大，在安全评估分析中需要注意。在近距离实施水下钻孔爆破，通过采用水下预裂、气泡帷幕、多段延时起爆等措施，能有效地削减地震波和水中冲击波。

炸药在水下爆炸时产生的诸多力学效应如水下压力、作用时间、冲量等参数计算和对结构的破坏作用等在20世纪60年代初国内基本还处于空白状态，主要参考美国、英国、苏联等国家相关研究资料。而美国、英国在第二次世界大战期间均已耗费巨资开展了水下爆炸的系统或专题试验研究工作。无限水介质和半无限水介质水下爆炸情况下，通过运用爆炸相似律，J. B. Gaspin分析了获得相同的冲击波压力—时间曲线、爆深与装药能量之间的关系。P. Cole通过大量试验研究，并在总结前人成果基础上，全面阐述了水下爆炸的物理现象与基本规律，建立了一定范围内、爆炸流场中冲击波峰值压力、比冲量及能量密度的计算公式。

对国内外有关水下爆炸效应研究成果进行分析，可以看出，国内外的研究水平相差较大。确切地说，国外在水下爆炸动态响应方面做了大量的工作，特别是在数值模拟和模拟试验方法方面取得了很大的成绩，这些成果可以借鉴。与国外相比较而言，国内在水下爆炸方面的研究则起步较晚。

参考文献

[1] 张翠兵，王中黔. 抛石基床的水下爆夯密实方法 [J]. 爆破，2000 (4)：92 -94.
[2] 田维银，李祖玮，代连朋. 工程爆破技术的发展现状及发展趋势 [J]. 科技致富向导，2013 (23)：361.
[3] 刘美山，童克强，余强，等. 水下岩塞爆破技术及在塘寨电厂取水工程中的应用 [J]. 长江科学院院报，2011，28 (10)：156 -161.
[4] 宁燕华. 航道整治中水下炸礁的爆破方法研究 [J]. 科技传播，2011 (11)：73.
[5] 张承珍. 采用水下爆炸法夯实抛石基床 [J]. 铁道建筑，2003 (7)：63 -64.
[6] 蔡劼刚，樊绍臣，常仲波. 水下抛石基床的爆夯处理 [J]. 水运工程，1993 (1)：52 -56.
[7] 符朝辉，蒋继来，谢桃生. 水下炸礁工程施工工艺 [J]. 中国水运 (下半月)，2011

(9)：184－186.

[8] 赵坚．内河水下炸礁施工技术 [J]. 科技风，2010 (20)：189－191.

[9] 詹发民，邢世龙，张可玉．水下爆破沉船清障 [J]. 爆破，2003 (1)：87－88，96.

[10] 程才林，王伟平，张正平．“长宇”轮沉船水下爆破解体 [J]. 工程爆破，2001 (1)：34－39.

[11] 高建华，陆林，何洋扬．浅水中爆炸及其破坏效应 [M]. 北京：国防工业出版社，2010.

[12] Robinson S P, Wang L, Cheong S H, et al. Underwater acoustic characterisation of unexploded ordnance disposal using deflagration [J]. Marine Pollution Bulletin, 2020, 160: 111646.

第9章

警用爆炸技术与反爆炸恐怖

9.1 警用爆炸技术

爆炸的破坏力，对社会财富和人身安全造成巨大损失。恐怖分子历来把爆炸当作犯罪的惯用伎俩，有恃无恐，爆炸恶性事件时有发生。但随着对于爆炸技术的深入了解，尤其是通过警用爆炸相关问题的研究，我们已经能合理地应用爆炸技术去处理一些紧急情况，如解救人质、快速破障、扑灭大火等暴恐事件和应急事件，并能够收获奇效。

9.1.1 爆炸物探测技术

危爆品识别关系到人质与警察的安全，也关系到行动方案的选择问题。纵观自2002年10月23日莫斯科轴承厂工人文化宫爆炸劫持人质案件以来的所有大型恐怖袭击事件，如何在现场环境复杂、时间紧急、信息不畅的情况下，识别恐怖分子所使用的炸药、爆炸装置以及爆炸装置的发火原理，就成为反爆炸恐怖技术上首要解决的问题。恐怖分子常用的炸药包括：RDX、TNT、黑火药、TATP等。

为了打击和防范爆炸恐怖犯罪，保护人民生命和财产不受侵害，世界各国政府和科研机构越来越重视爆炸物探测技术的研究和发展。

1. 有机爆炸物探测

有机爆炸物探测主要分为三类：①以蒸汽/微粒为代表的化学探测技术；②以X射线、中子等介质为代表的物理探测技术；③以及以警犬、微生物等为代表的生物探测技术。具体见图9-1。

（1）离子迁移谱技术。该技术是通过分析离子的迁移率来区分不同分子，从而实现不同分子种类的高灵敏度探测，主要利用分子离化和迁移技术。离子迁移谱在进行物质种类探测时，待测物质通过载气口进入到电离反应区，待测物分子在机器内部离子源的作用下，发生离化反应，产生离子。离子在内部设定电场的作用下开始移动，在离子门的周期性启动过程中，按照先后顺序进入内部漂移区，由于不同荷质比的离子在电场中的迁移速率不同，从而使得不同离子能够有效分离，再完成离子收集即可达到检测目的。离子迁移谱探测仪（图9-2）检测灵敏度很高，可以达到痕量级，目前已经被广泛应用于毒品、爆炸物和环境检测等领域。

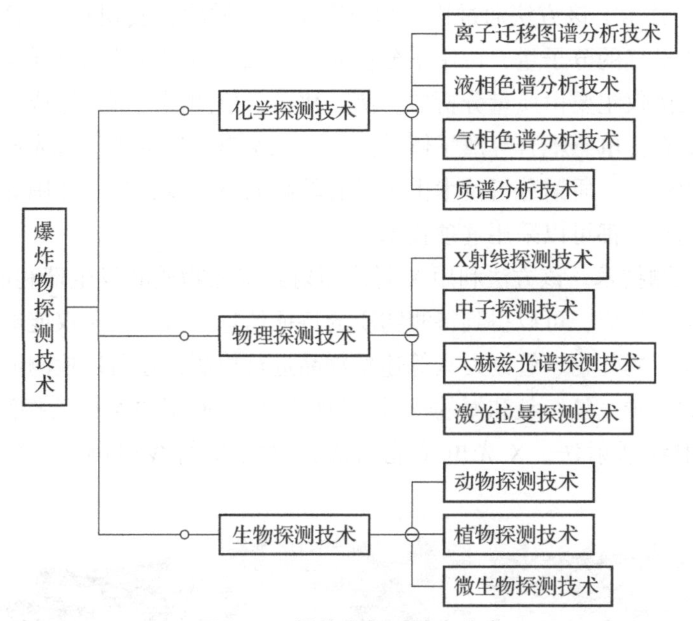

图 9-1　爆炸物探测技术分类

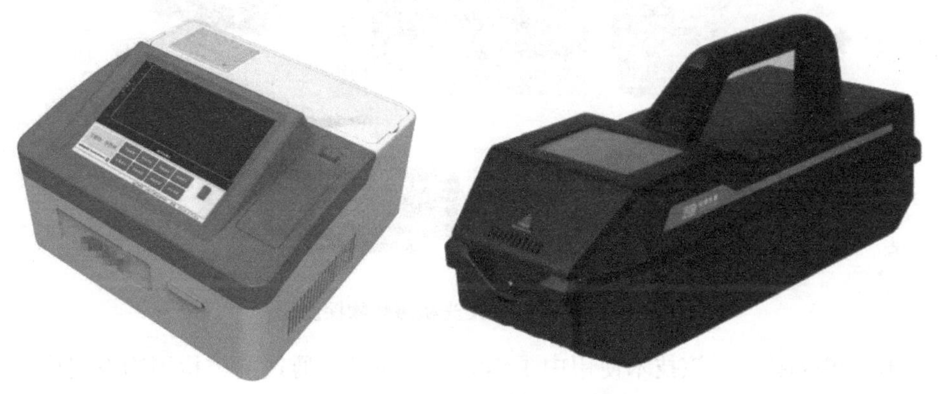

图 9-2　离子迁移谱爆炸物探测仪

（2）气相色谱技术。该技术是利用载气（通常为氮气）流气体作为流动相，加热色谱柱，不同物质的挥发性不同，利用离子挥发的不同顺序，即可将不同成分的离子分开，再经过检测器确认物质种类和数量。该技术要求待测物质可以被汽化，还可以被检测器捕捉到。由于大部分爆炸物，具有热不稳定性和难汽化的特点，特别是有的硝基化合物类爆炸物，电负性极强，气相色谱技术很难应用于爆炸物的汽化分离。因此，运用气相色谱检测技术，核心的问题就是如何选择恰当的检测器。目前，实验室应用较多的检测器有以下几种：火焰光感检测器、电子捕获类检测器、氮磷类检测器、氢火焰离化检测器等。

（3）高效液相色谱技术。该方法是利用不同物质相容性质存在差异性，以液体溶剂为流动相，实现不同物质分离和表征的目的。优点主要是检测灵敏度高、分析速度快、还可以进行准确的定量分析。它与质谱联合使用，可以实现对大部分有机物的分离和检查任务。对于热稳定性比较差、分子量高、溶沸点高等气相色谱难以分离检测的物质，理论上都能够采用液相色谱技术来进行分离检测。

(4) 质谱分析技术。该方法通过检测物质离子的荷质比，实现对不同物质检测的目的，可以得到待测物质准确的分子量，可用来分析元素组成、同位素的同分异构体、各种有机化合物的构造等。质谱仪主要由质量分析器、离子化器合检测器三部分组成。目前，应用比较广泛的质谱仪主要有：电感耦合等离子体质谱仪、二次离子质谱仪、辉光放电质谱仪、液质联用仪、气质联用仪等。质谱分析技术由于具有较高的灵敏度，应用范围非常广，分析化学涉及的各个领域基本上都可以采用这项技术。

(5) X 射线探测技术。该方法利用 X 射线照射到待测物质时发生瑞利散射、光电吸收、康普顿散射和电子对效应，可以得到待测物质的特征信息。该方法不仅能够对人体、车辆和箱包中隐藏的毒品、爆炸物、管制刀具等违禁物品进行检测，还可以检测液体炸药和片状炸药，特别是含有大量碳、氢、氧和氮的物质。目前，广泛使用的 X 射线探测技术主要有：X 射线散射法、X 射线透射法、X 光电子能谱法、双能 X 射线检测法、X 射线 CT 等，如图 9－3 所示。

图 9－3　便携式 X 光机爆炸物探测仪

(6) 中子探测技术。该技术使用中子作为轰击粒子，通过向被检测物发射中子束，来实施检测的一种活化分析方法，可以对物质含有的元素进行准确的定性和定量分析。爆炸物的组成成分多种多样，但是，大多数都含有较多的碳、氢、氧和氮元素，中子束可以穿透绝大多数的物质，并且还不会对照射物质产生物理损伤。利用中子束轰击爆炸物，与其中的碳、氢、氧和氮元素产生反应，释放出不同的射线，通过捕捉不同的射线，进而分析出待测物质中各元素的组成和含量，与已知的标准含量比对，即可以作为判断爆炸物种类的依据。常用的中子活化分析技术主要包括：脉冲快中子分析法、快中子分析法、热中子分析法、脉冲快中子和热中子结合分析法。

(7) 太赫兹光谱技术。太赫兹波就像其他无线电波一样，能够穿透纸张、纺织物和塑料等各类包装材料，同时能够获得待测物质的各种组成参数，得到隐藏物的太赫兹光谱图像，从而为待测物质的定性提供依据。太赫兹波是一种低能的非电离波，与一般的电磁波一样，穿透能力极强，而且对待测物几乎不会产生任何损伤，因此，特别适合运用于隐藏爆炸物的检测工作，可以远距离观察成像，是目前最安全的安检技术之一。太赫兹技术移动检查站如图 9－4 所示。

图 9－4　太赫兹技术移动检查站

（8）激光拉曼光谱技术。拉曼光谱是由分子产生的振动光谱，谱线的长度、位移以及数目的多少，与分子振动能级直接相关，不同种类物质的拉曼光谱具有唯一性，因此，该技术可以作为鉴别物质种类和分析物质组成的重要工具。使用普通光源照射物质，所产生的光谱散射强度低，很容易受到干扰，检测相对困难。而激光有着较好的稳定性和单向性，不同种类的物质在激光的作用下，所产生的拉曼光谱和散射强度具有特异性，可以用来进行物质的定性定量分析。该技术对待测物质的体积、状态和温度等情况要求不高，而且分析的速度特别快，对于液体爆炸物的检测同样有效。激光拉曼光谱仪如图 9－5 所示。

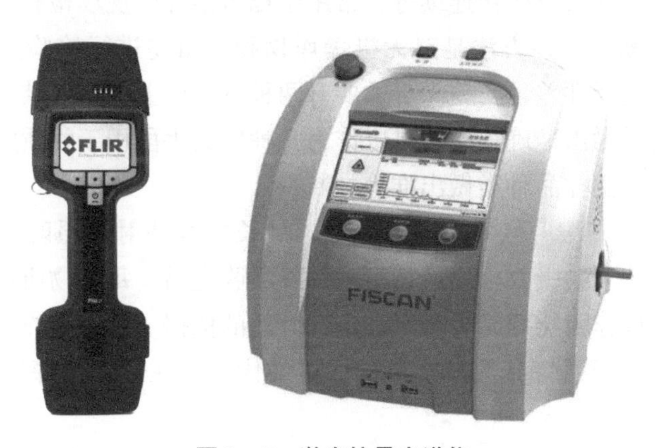

图 9－5　激光拉曼光谱仪

（9）生物探测技术。该技术是当前国内外正在积极研究发展的一项新型检测方法，主要是通过微生物、动物和植物感知到特定环境中的某种物质或挥发物，进行分析辨别的技术。该技术具有灵活性强、灵敏度高的优点，甚至还可以追查可疑物的源头，已经面世的产品中使用最多的是搜爆犬等。图 9－6 为警犬搜寻爆炸物。

2. 无机爆炸物探测

无机爆炸物的检测方法主要有：化学点滴法、离子选择电极法、红外光谱法、毛细管电泳法、离子色谱法、扫描电镜/能谱仪法和 X 射线光电子能谱法等。

图9－6　警犬搜寻爆炸物

(1) 离子色谱法。该方法是将待测样品在离子交换树脂上进行分离，利用电导检测器检测色谱分离后的离子，是爆炸残留物快速检测的一种有效方法。优点是：操作简单、线性范围宽、选择性好、灵敏度高等。离子色谱的线性范围很宽、准确性较好、保留时间基线漂移很小，可以对摩尔级别浓度的爆炸残留物无机离子进行准确的定性定量分析，而且具有较高的可靠性。

(2) 扫描电镜/能谱仪法。扫描电镜可以对爆炸残留物检材进行组成成分和物理形态分析，能谱仪利用不同物质的 X 光量子的能量各异，探测器接收能量后，自动换算成电脉冲讯号，再经放大器整形后，转入多道脉冲分析器，最后把脉冲数和脉冲高度图形清晰地显示在显像管上。利用该方法进行爆炸残留物检测，优点是检材用量少、放大倍数高、变化范围大，图像分辨率高、景深大，操作连续等，常用于枪击案件的现场检验。

(3) 化学点滴分析法。该方法是对无机爆炸物和残留物进行检验分析的基本方法，由于该方法灵敏度低、选择性差，实验中必须要有两种方法以上得出的结果呈阳性，才能对检测样品中存在某种物质做出准确结论。可以作为一种辅助手段用于物质定性分析，与其他检测手段相互印证，对待测样品种类做出准确判断。

(4) 红外光吸收光谱法。该方法是利用不同波长的红外射线照射在待测物上，一些特定波长的红外光谱被待测物吸收，形成特定的红外吸收光谱。每种物质都有独一无二的红外吸收光谱，因此，可以作为物质结构鉴定和定性分析的依据。其对爆炸物的检测具有检材用量少、对检材损失小、图谱特异性高、重现性好的优点，在爆炸物探测技术中得到格外的重视。

(5) 离子选择电极法。该方法指带有敏感膜、能对离子或分子态物质有选择性响应的电化学传感器，利用传感器进行电位分析，进而对物质种类进行定性。利用该方法进行爆炸残留物中的无机物检测，具有操作简单、设备轻便、灵敏度高等优点，可以作为其他定性分析方法的一个补充，用作爆炸现场无机残留物检测。

(6) 毛细管电泳分析法。该方法是由高压场强提供动力，以毛细管道为分离的通道，由于待测样品的各组分之间的分配系数和离散性不同而被逐步分离开的一种新型分离技术。该技术能将爆炸残留物中的无机物离子准确、快速的分离并检测出来，而且待测样品无须复杂的前处理过程，检测用量少，抗干扰能力强，是爆炸残留物中无机离子的重要检测方法之一。

（7）X射线光电子能谱法。该方法是运用元器件显微和电子材料进行检测分析的一种新型技术，可以用来测量原子内层电子的化学位移和束缚能，不仅能够提供分子/原子结构以及价态信息，还可以给出化合物的组成元素、分子结构、化学状态和含量等信息。由于其可以无损、快速检测出无机爆炸残留物的元素成分及含量，可以作为一种新型的无机物爆炸残留物检测方法，可与其他检测方法结合，准确探测无机爆炸物。

9.1.2　人员防护技术

人员的安全历来是反恐怖活动中需考虑的最大问题，甚至某些情况下，一次行动的成功与否与人员伤亡的多寡有直接的关系。这里所讲的人员包括恐怖活动中的人质，也包括参加处置活动的警方人员。根据爆炸的特点，在人员安全防护方面，应当注意以下几个方面。

1. 警觉意识防护

所谓的警觉意识防护，是指在恐怖活动中任何人都要将人员的安全放在第一位，每个人首先防护好自身的安全，在切实做好自身安全工作的基础上，最大限度地顾及他人的安全。要真正做好警觉意识防护，又必须注意以下几点：一是不要贸然触摸自己不熟悉的物品；二是不要贸然进入自己不熟悉的环境；三是在紧急的情况下，不要一味地追求速度，不妨适当采取凡事慢三拍的做法，给自己以及他人一个思考的余地。

2. 姿态防护

涉爆环境下始终张开嘴巴，保持身体内外的压强处于平衡状态，可以防止人体耳膜在爆炸作用下的破裂。根据空气冲击波对人体破坏的临界压力值 $\Delta p = 0.02 \sim 0.03$ MPa，人体在空气冲击波作用下鼓膜最容易出现破裂，因此张开嘴巴可以动态保持人体内外压力平衡，进而保护人体鼓膜。

此外涉爆环境下，身体尽量采取卧姿。根据人体的结构，当人体采取卧姿时，身体的高度将是人体站立时高度的1/5，因此在爆炸环境下人体所受到的冲击波加载面积将是站姿状态下的20%；对破片而言，尤其是当爆炸装置放置在地面的时候，根据爆炸原理，其破片的飞散范围往往与地面呈一定的角度，与地面形成了一定的所谓半真空状态。因此，在爆炸附近采取卧姿会大大减少人体遭受破片冲击的概率。

3. 材料防护

反恐行动中面临的危险多，需要执法人员根据实际条件，借助外部物体或器材进行有效的身体防护。材料防护可以分为专业器材防护和非专业器材防护两种。专业器材防护是指借助某些专业制式防爆设备，如防爆服、排爆服、防爆盾牌等所实施的个体防护；而非专业器材防护是指在现实反恐行动中，参战人员依据现场实际情况，躲藏在某些能够吸收、衰减、阻挡冲击波以及破片杀伤作用的非专业防爆器材物体背后的一种防护。在这种情况下，现场中选择的防爆材料按照防护效果递减的顺序可以排列为地下掩体、土围墙、砖墙、汽车、木材、棉被等；而在任何情况下都应当尽量避免躲藏在其背后的材料有玻璃、铸铁、贴有瓷砖的墙体以及其他易碎易裂材料。

4. 缺口防护

人们往往认为，在存在爆炸危险的环境里，靠近建筑物的门窗部位应当是非常安全的，并且存在一个错误的认识，即靠近这些地方便于人员紧急逃散。在建筑防爆当中，一般将建筑结构强度相对其他单元较弱的建筑单元称为缺口。当爆炸装置发生爆炸时，其所产生的大量气体会首先朝向建筑结构强度最为薄弱的地方即缺口部位进行传播、泄压，此时门窗附近的冲击波压强要远远大于周围其他地方的压强。因此，在反恐行动中，除非万不得已尽量不要站在靠近门窗或其他建筑结构强度比较薄弱的地方。当然，在反恐行动中也可以利用缺口这一特性，尽量打开建筑物的所有门窗，使爆炸所产生的气压定向传播，减弱空气冲击波对建筑物主体结构以及内部人员的破坏作用。

9.2 爆炸应急处突技术

9.2.1 聚能装药技术

爆炸破障技术主要是应用在安全部门执行抓捕嫌犯、解救人质、救灾救援以及消防救人救火等紧急任务中，在这些突发事件中，往往遇到的第一个问题是如何快速打开应急通道入口，即如何迅速破门或破墙而入，这是国内外安全部门应急处置的首要难题。

针对快速开启难题，国内外已有采用爆炸技术来进行破障的器材。对于破门技术，美国警察有500系列柔性突破性开门和开锁两种类型开门器材，还有一种震墙开门钥匙，均采用炸药爆炸开启门，但美国的门为向里开门，且多为木门。国内亦有采用炸药驱动锤体撞击开门方式。对于破墙技术，美国陆军作战手册FM90－10、FM90－10－1、FM3－06.11对于城区战斗MOUT（城市地区军事作战行动）中如何攻击敌占建筑及清场行动，专门有相应章节加以说明。地面进攻时，一般的40 mm榴弹和反坦克火箭弹可以直接在墙壁上开洞，或使用炸药包把墙壁炸出一个洞然后突入建筑物。对于现有的一些破障器材，在我国的一些实际情况中总有一些不适应或者不够优化，研究出一种既符合我国的国情，又能够尽可能减小附带毁伤的破障器材，便成了现今研究的热题。

在现代反恐作战中，采用工具和炸药等传统方法破门破障已经无法满足新形势新任务提出的新要求。为实现快速破门、破窗或在墙上破洞，使作战队员快速突入，聚能爆破切割装置以其快速反应、高效处置的特点，广泛应用于反恐处突、特种作战等领域。

1. 聚能装药技术概述

聚能装药，又称成型装药，是一种一端装有内凹金属罩（药型罩）的装药，在另一端引爆后，爆轰波从药型罩顶部掠至尾部时，将罩以很大的速度向轴向挤压，使罩金属变形并在轴线处发生碰撞，同时在碰撞高压的作用下，汇成一股连续高速金属射流。金属射流头部速度在6～10 km/s，尾部的速度大约为2 km/s。射流金属占金属罩质量的6%～11%，其他金属部分形成跟在高速射流后面以较低速度运动的杵体。由于射流速度分布不均匀，存在速度梯度，所以射流的长度随时间而变长。一般情况下，射流的直径也是不均匀的，头部细、尾部较粗。射流飞行一定时间以后，由于速度梯度的存在越拉越长，终于断裂成为一串不连续的小段或颗粒。

成型装药的聚能效应主要特点是能量的密度高和方向性强，仅仅在锥孔方向上有很大的能量密度和强烈的破坏作用，适于需要局部破坏的领域。在成型装药的锥孔表面加上一个金属罩，爆炸后的爆轰产物将推动罩壁向轴线运动，将能量传递给金属罩，这样就可以避免气体的高压膨胀引起的能量的再度分散。罩壁在轴线处碰撞时，罩内表面的速度比药型罩压垮闭合时的速度高出1~2倍，使金属中的动能进一步提高。在这一过程中促使药型罩材料在分段的时间间隔内急剧变形，应变率可达$10^6 \sim 10^7$/s，这是因为叠加到变形上的力是很大的流体动态压力，锥形药型罩材料在中心线上压合使一部分的药型罩挤出，从而形成高速的金属射流。

2. 聚能装药技术的发展

炸药爆炸的聚能现象，早在18世纪就发现了，但一直没有得到重视。在第二次世界大战中，由于军事技术应用的推动，交战各国迅速采用了聚能装药破甲弹这一新弹种，用于对付装甲如坦克、装甲车等。第二次世界大战后，聚能装药开始得到更广泛的发展和应用，整个聚能装药的发展史可概括为三个阶段：

1）早期发展阶段（18世纪末到20世纪30年代中期）

在不同外壳的情况下，由雷管引爆炸药的爆炸反应能量通过炸药柱传播。这被称为爆轰或猛烈爆炸。1883年，德国人冯·福斯特第一次论证了高能炸药的空穴效应。所以后人均比较认同他是现代成型装药的真正发现者。自冯·福斯特发现成型装药的空穴效应到20世纪30年代认识到金属药型罩的重要性，经历了四十多年，其间虽然争议不断，但许多现象和结论的提出为后期成型装药的发展和应用奠定了坚实的基础。

2）第二次世界大战期间的成型装药（20世纪30年代中期到50年代）

由于第二次世界大战的爆发，带有药型罩的成型装药获得了惊人的发展。成型装药被应用于巴祖卡火箭筒、铁拳反坦克火箭筒以及其他各种反坦克导弹和其他装置。这一阶段因战争的需要，各国均投入了大量的人力、物力研究衬有金属药型罩的空穴装药，迅速把成型装药应用于军事领域，并成功地研制出针对不同战斗对象和战术指标的枪弹。特别是后期闪光X射线照相技术的引进，将药型罩的压跨、射流的形成通过图片真实地反映出来，进而对其成型装药理论进行比较合理的阐述。

随着第二次世界大战的结束，许多国家聚能装药研究停顿了下来。美国的一项商业调查表明：那些以前致力于军事研究的制造商已开始在非军事领域寻求聚能装药技术的应用。如油井、矿井的挖掘，钢熔炉的出液清堵，以及用于科学研究的人造流星的制造等，在军事应用领域，火箭、导弹和原子武器的研究者则对聚能装药的设计进行了创新的研究，研究内容包括自毁、阶段分离等。

3）第二次世界大战后期聚能装药的发展（20世纪50年代至今）

成型装药理论在第二次世界大战后继续发展，特别是朝鲜战争的爆发又加大了各国对聚能装药的投入和研究。高速摄影术和闪光X射线照相技术使得实验方法进一步完善，TNT炸药改用了能量更高的炸药，如B炸药、奥克托今、压装炸药、LX-14混合炸药等，引爆方式和波形形成方法使得战斗部的设计也得到相应改善，此外发展了大型计算机编码，用以模拟成型装药药型罩的压垮、射流的形成和自由运动。

一些国家的国防部还一直从事一些专用成型装药的其他应用研究。这些专用成型装药设计包括外壳或炸药的压实，改变几何形状或改变所使用的装药类型，改变起爆方式，利用炸药透镜或多种炸药或者炸药 - 非炸药隔板或间隙，波形形成法或形成爆轰波（通常利用短装药头部高度来确保均匀强度的波），或者改变炸高距离。通过改变药型罩材料，改变药型罩的壁厚、变壁厚（使壁厚连续或非连续地逐渐变化），或改变药型罩的几何形状均可获得良好的效应。

这些实验的改进、计算机编码的开发、高能炸药的运用以及药型罩加工新工艺的引进，使得聚能装药在一定程度上得到了加速发展。此外，一些 20 世纪 50 年代开始的研究工作仍在继续，非军事领域的应用也在日益增大。

9.2.2 线性聚能装药技术

1. 线性聚能装药技术概述

爆炸切割是利用聚能原理，采用线性聚能装药结构来切割坚硬物质的爆炸新技术。线性聚能装药是一种长条形带有空腔的装药，在空腔中嵌有金属药型罩。药型罩的形状可以是圆弧形或各种不同顶角的楔形，药型罩的材料可以是铜、钢、铝、铅等。利用这种装药可制成各种爆炸切割器，图 9 - 7 所示为线性聚能装药的基本构形。

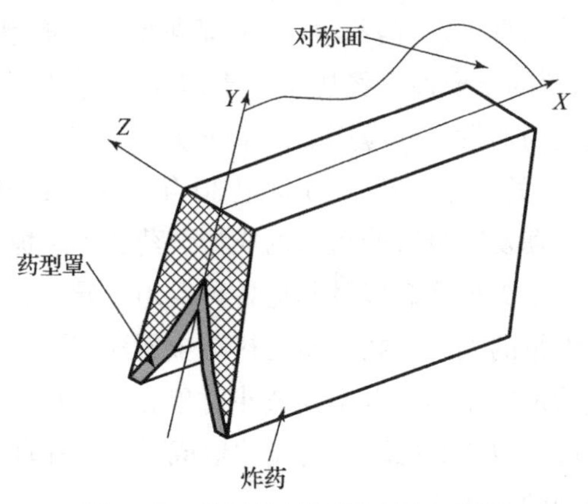

图 9 - 7　线性聚能装药的基本构形

当炸药起爆后，爆轰波一方面沿着炸药的长度方向传播，另一方面沿着药型罩运动，聚能作用使爆炸能量向药型罩汇聚，爆轰产物以高达几十万大气压的压力作用于药型罩，并将其压垮，而后向对称轴闭合运动，并在对称平面内发生高速碰撞，药型罩内壁附近的金属在对称平面上挤出一块向着装药底部以高速运动的片状射流，通常称之为“聚能刀”。它一般是呈熔融状态（热塑状态）的高速金属射流，其头部速度为 3 000 ~ 5 000 m/s，集中了很高的能量。

金属射流在飞行中不断拉长，当它与金属靶板发生相互作用时，迫使靶板表面压力突然达到几百万大气压。在高压作用下，靶板表面金属被排开，向侧表面堆积，而飞溅和汽化的不多。随着射流和靶板的连续作用，金属射流不断损失能量并依附在金属断裂面上。爆炸切割器正是依靠这种片状的“聚能刀”，实现对金属的切割作用。

2. 滑移爆轰理论

线性聚能射流参数是研究射流切割的主要因素，对于端部起爆的线性聚能装药而言，可以采用滑移爆轰理论来研究射流的主要参数。

设线性聚能装药引爆后，经一定距离爆轰波趋于定常，波面为平面，坐标 $Oxyz$ 随爆轰波阵面一直运动，Oyz 为切割器的横截面，Oxy 为对称面，α 为金属药型罩的顶半角，如图9－8所示。

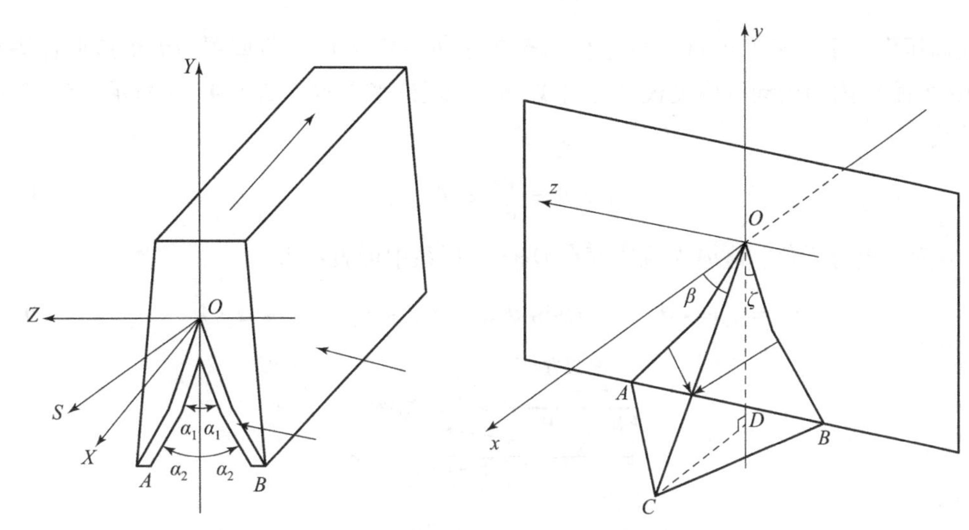

图9－8　线性聚能药型罩压垮示意图

由图9－8可以看出，药型罩平面的单位法向量为

$$\vec{n}_1 = \sin\alpha \cdot \vec{j} - \cos\alpha \cdot \vec{k} \tag{9-1}$$

直线 OA 在 Oyz 平面上，其方程为

$$\begin{cases} x = 0 \\ y\sin\alpha - z\cos\alpha = 0 \end{cases} \tag{9-2}$$

因此，可得压垮平面 OAC 的方程式：

$$\lambda x + y\sin\alpha - z\cos\alpha = 0 \tag{9-3}$$

则平面 OAC 的单位法向量为

$$\vec{n}_2 = \frac{1}{\sqrt{1+\lambda^2}}(\lambda\vec{i} + \sin\alpha \cdot \vec{j} - \cos\alpha \cdot \vec{k}) \tag{9-4}$$

设药型罩的折转角为 θ，则有

$$\vec{n}_1 \cdot \vec{n}_2 = \frac{1}{\sqrt{1+\lambda^2}} = \cos\theta \tag{9-5}$$

可以得出

$$\lambda = \tan\theta \tag{9-6}$$

设压垮平面 OAC 与对称平面 OCD 构成的夹角为 σ，该夹角即为碰撞棱 OC 的 V 形角的一半，则有

$$\cos\sigma = -\vec{k} \cdot \vec{n}_2 = \sin\alpha\cos\theta \tag{9-7}$$

按照经典射流理论，射流质量由式（9－8）给出：

$$M_j = \frac{1}{2}M_L(1 - \cos\sigma) \tag{9-8}$$

式中，M_L为药型罩质量，将式（9－7）代入式（9－8），可得射流质量为

$$M_j = \frac{1}{2}M_L(1 - \sin\alpha\cos\theta) \tag{9-9}$$

在高压作用下，药型罩材料可近似为理想不可压缩流体。药型罩 OB 在其垂直法平面（即 Oxs 平面）内的运动可按飞板飞行曲线的一般理论来求解。如图 9－9 所示，$S = f(x)$ 为飞行曲线。

$$\tan\theta = \frac{ds}{dx} = f'(x) \tag{9-10}$$

式中，θ 为飞板弯折角。碰撞来流速度在 $Oxyz$ 坐标系中可表示为

$$\vec{v}_f = v_d\cos\theta \cdot \vec{i} - v_d\sin\theta\sin\alpha \cdot \vec{j} + v_d\sin\theta\cos\alpha \cdot \vec{k} \tag{9-11}$$

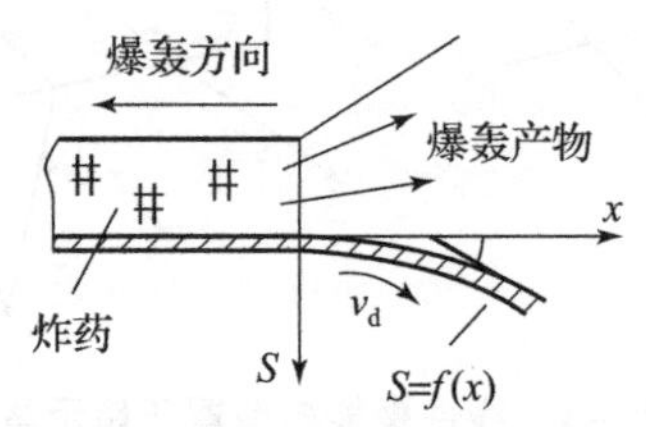

图 9－9　飞板飞行曲线及弯折角示意图

在 Oxy 平面上的碰撞点连线（在二维碰撞时为驻点连线，以下称为碰撞棱）的方程式为

$$y = -\frac{f(x)}{\sin\alpha} \tag{9-12}$$

式中，α 为药型罩与对称面之间的夹角，碰撞棱与 x 轴的夹角为 β，则

$$\tan\beta = \frac{dy}{dx} = -\frac{f'(x)}{\sin\alpha} = -\frac{\tan\theta}{\sin\alpha} \tag{9-13}$$

如果建立一个新坐标系 $Ox'y'z'$，如图 9－10 所示。

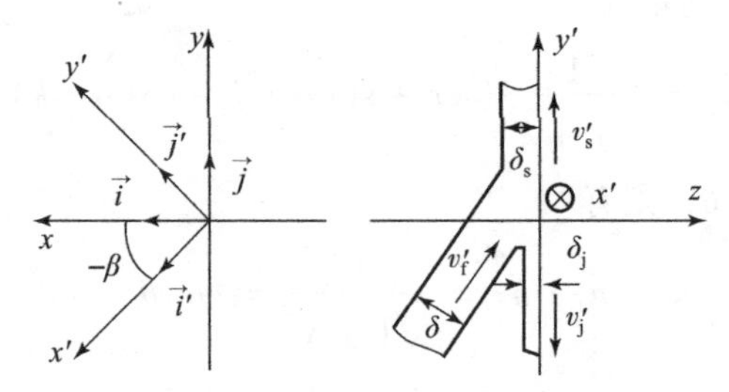

图 9－10　新坐标系 $Ox'y'z'$ 示意图

其中 x'轴，y'轴是 x 轴，y 轴绕 z 轴转过 β 角而求得的。$\vec{i}'$、$\vec{j}'$、$\vec{k}'$为

$$\begin{cases} \vec{i}' = \cos\beta \cdot \vec{i} + \sin\beta \cdot \vec{j} \\ \vec{j}' = -\sin\beta \cdot \vec{i} + \cos\beta \cdot \vec{j} \\ \vec{k}' = \vec{k} \end{cases} \tag{9-14}$$

取该坐标系相对 $Oxyz$ 坐标以 u 的速度沿 x'轴的正方向运动，其中 $\vec{u}$ 为

$$\vec{u} = v_d(\cos\theta\cos\beta - \sin\theta\sin\alpha\sin\beta)\cdot\vec{i}' \tag{9-15}$$

将式（9-14）代入式（9-11）中并减去 $\vec{u}$，可以获得在新坐标系中的碰撞前来流速度为

$$v_f' = v_d(-\cos\theta\sin\beta - \sin\theta\sin\alpha\cos\beta)\cdot\vec{j}' + v_d\sin\theta\cos\alpha\cdot\vec{k}' \tag{9-16}$$

因此，这个三维碰撞在 $Ox'y'z'$坐标系中就变为来流速度为 $\vec{v}_f'$ 的二维轴对称碰撞，且有解，见图9-10。

$$\begin{cases}\delta_s = \delta - \delta_j \\ \delta_j = \dfrac{\delta}{2}\left(1 - \dfrac{\vec{v}_f'\cdot\vec{j}'}{v_f'}\right) \\ \vec{v}_f' = -v_f'\cdot\vec{j}',\vec{v}_s' = v_f'\cdot\vec{j}'\end{cases} \tag{9-17}$$

式中，δ 为药型罩厚度；δ_s 为碰撞后药型罩的出流厚度；δ_j 为再入射流厚度；$\vec{v}_j'$ 为 $Ox'y'z'$坐标系中的射流速度；$\vec{v}'_s$ 为 $Ox'y'z'$坐标系中的出流速度。

将式（9-16）代入式（9-17），求得

$$\begin{cases}v_f' = v_d\cot\alpha\tan\theta\cos\beta \\ \delta_j = \dfrac{\delta}{2}(1-\cos\theta\cos\alpha) \\ \delta_s = \dfrac{\delta}{2}(1+\cos\theta\cos\alpha)\end{cases} \tag{9-18}$$

将速度还原到 $Oxyz$ 坐标系中，可以得到

$$\begin{cases}v_{jx} = v_d\dfrac{\cos\theta-\cos\alpha}{1-\cos\theta\cos\alpha} \\ v_{jy} = -v_d\dfrac{\sin\theta\sin\alpha}{1-\cos\theta\cos\alpha}\end{cases} \tag{9-19}$$

进而有

$$\vec{v}_j = \frac{v_d(\cos\theta-\cos\alpha)}{1-\cos\theta\cos\alpha}\cdot\vec{i} - \frac{v_d\sin\theta\sin\alpha}{1-\cos\theta\cos\alpha}\cdot\vec{j} \tag{9-20}$$

式（9-20）中 $\vec{v}_j$ 表示的是在坐标系 $Oxyz$ 中所观察到的射流速度，因而射流的绝对速度为

$$\vec{v}_{jA} = v_d\left(\frac{\cos\theta-\cos\alpha}{1-\cos\theta\cos\alpha}-1\right)\cdot\vec{i} - \frac{v_d\sin\theta\sin\alpha}{1-\cos\theta\cos\alpha}\cdot\vec{j} \tag{9-21}$$

射流方向与形状如图9-11所示，从式（9-20）和式（9-21）可以求得

$$\begin{cases}\tan\phi = \dfrac{\sin\alpha\sin\theta}{\cos\theta-\cos\alpha} \\ \tan\gamma = \dfrac{(1-\cos\theta)(1+\cos\alpha)}{\sin\alpha\sin\theta}\end{cases} \tag{9-22}$$

式中，ϕ 为射流刀与 x 轴夹角；γ 为射流绝对速度与对称轴 y 的夹角。显然 $\alpha=2\gamma$，即射流绝对速度（$\vec{v}_{jA}$）是角∠EOG 的平分线。

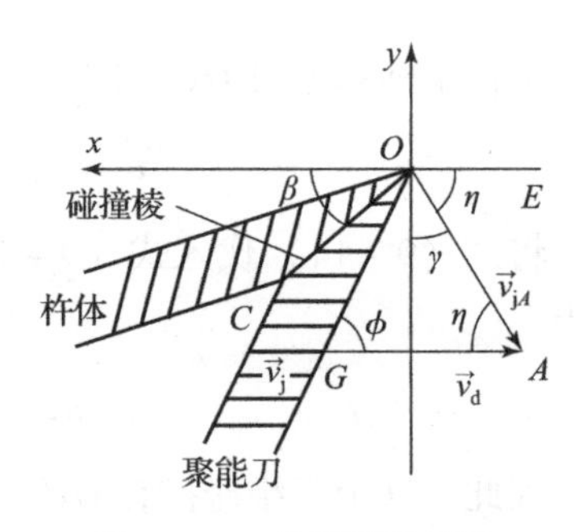

图 9-11　线性聚能射流参数示意图

9.2.3　线性聚能装药在破门破障中的应用

突击队员面对反恐处突各类事件时需要快速打通行动通道，民用防盗安全门是突击行动的常见障碍。国标防盗安全门由双层间隔钢板构成，短时破拆困难，可以使用线性聚能装药结构进行门板切割开洞以便突击队员通过。线性聚能结构充分利用其能量定向聚集能力，使用较少装药就可以对防盗安全门特定方向产生较好侵彻效果。

1. 线性聚能装药破门破障中的仿真计算

针对国标乙级防盗安全门，徐斌等进行了大量的线性聚能装药的侵彻研究，对乙级防盗安全门简化结构和装药结构建模，如图 9-12（a）所示，前后靶板间隔间距为 90 mm，均为钢质靶，厚 1 mm；装药结构壳体和药型罩均采用紫铜。

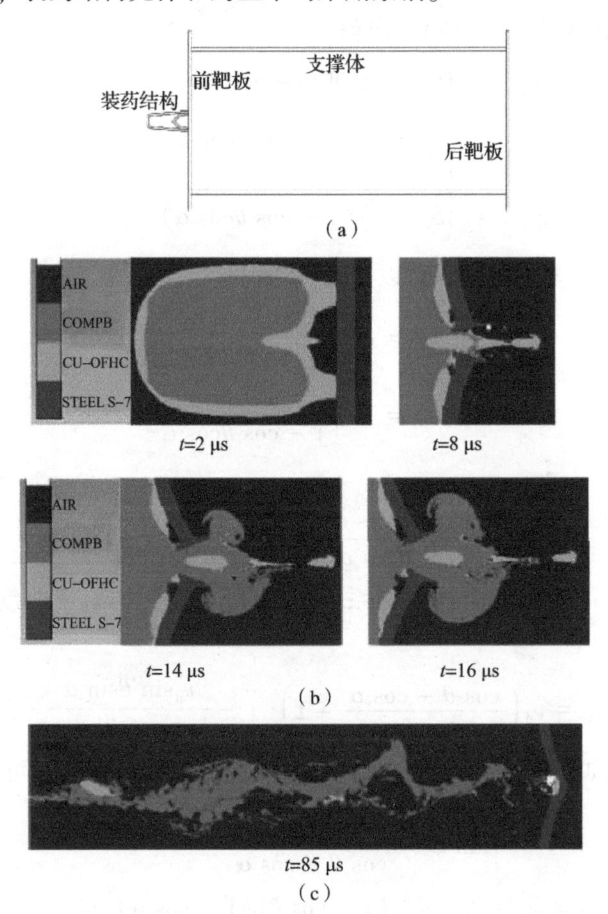

图 9-12　线性聚能射流形成及侵彻双层靶板数值模拟计算

（a）双层靶板切割示意图；（b）射流形成及侵彻前靶板；（c）射流侵彻后靶板

2. 线性聚能装药破门试验

防盗门多以钢、不锈钢、铝合金、木材或其他复合材料加工制作而成。一般情况下，前、后门板的厚度多为1.0 mm和1.2 mm，且前、后门板间有多根加强筋相连接，从而提高了防盗门的抗侵彻冲击能力。图9－13和图9－14所示分别为线性聚能射流对前门板和后门板的侵彻效果。

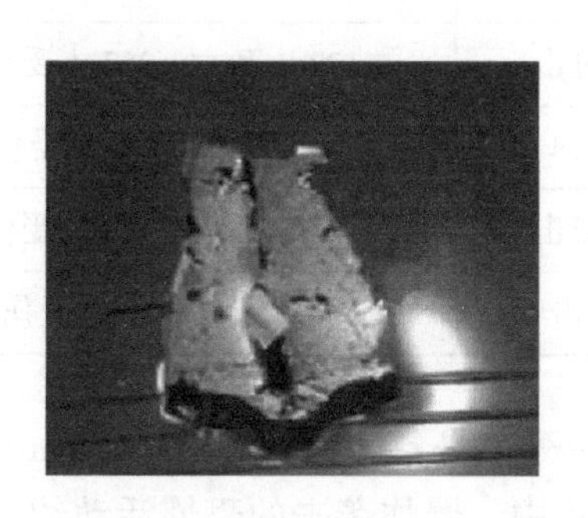

图9－13　线性聚能射流对前门板的侵彻效果

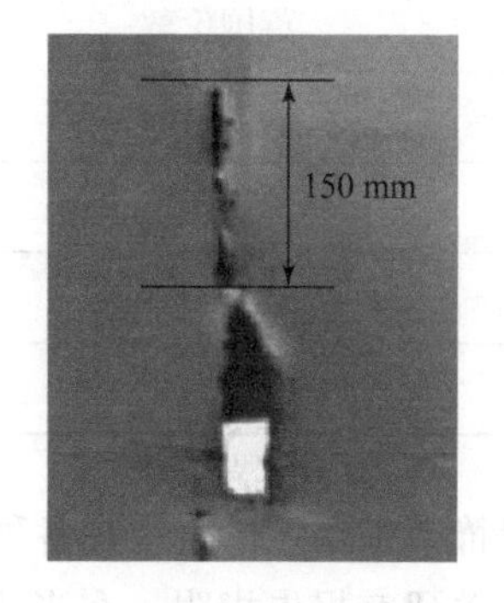

图9－14　线性聚能射流对后门板的侵彻效果

通过试验可以发现，线性聚能装药能够很好地完成对防盗门的切割，并且通过合理的优化设计装药结构，能够有效地减小破门之后的附带毁伤，进而保证特警在应急处突的过程中，能够顺利完成作战任务。

9.3　爆炸物的检查与反爆炸恐怖

9.3.1　爆炸恐怖袭击背景

20世纪90年代以来，由于经济发展、宗教冲突、领土争端等多种问题，恐怖活动越来越成为社会安全的一大威胁因素。随着恐怖分子知识水平的逐渐上升，恐怖袭击手段也更加具有威胁性，其中爆炸恐怖袭击则由于其具有非常巨大的社会影响力、良好的袭击隐蔽性、爆炸物制造的简便性以及严重的杀伤性，成为一种恐怖活动手段。

爆炸恐怖袭击已经造成难以估量的人员伤亡以及财产损失：2004年的马德里地铁连环爆炸案导致190人死亡，超过1 500人受伤；2005年，伦敦地铁爆炸案造成52人死亡，百余人受伤；2011年，挪威奥斯陆发生爆炸枪击案，造成77人死亡，逾百人受伤；2019年4月，斯里兰卡首都科伦坡发生连环爆炸袭击，造成253人死亡，500人受伤；2020年12月，发生在索马里中部地区加尔卡约体育场外的自杀式爆炸袭击事件造成至少10人死亡、20人受伤，其中包括多名高级军官、士兵和政府官员。类似的事件屡屡发生，威胁着人们的生活。如表9－1所示。

表 9－1　近年典型恐怖袭击情况调查

事发时间	事发地点	爆炸袭击形式	死伤人数
2011 年	挪威奥斯陆	汽车炸弹	77 人死亡，逾百人受伤
2013 年	美国波士顿	自制街边炸弹	4 人死亡，141 人受伤
2015 年	英国伦敦	自制 TATP 炸药	仅少数人受伤
2015 年	法国巴黎	自制爆炸物、枪击	129 人死亡，352 人受伤
2016 年	土耳其伊斯坦布尔	自杀式汽车炸弹	34 人死亡，125 人受伤
2019 年	斯里兰卡科伦坡	连环炸弹爆炸袭击	253 人死亡，500 人受伤
2020 年	索马里加尔卡约	自杀式炸弹袭击	10 人死亡，20 人受伤

爆炸恐怖袭击致死的人数在各种恐怖袭击中一直位列第一，美国国务院（Department of State）的相关研究报告指明，在当代恐怖主义活动方式中，爆炸袭击的恐怖活动约占 65% 以上，这个比例仍然在逐年上升，并且爆炸恐怖袭击的目标也越来越集中于平民以及民用设施，对公民的生产生活产生了巨大的威胁。卡拉奇爆炸案如图 9－15 所示。

图 9－15　卡拉奇爆炸案

9.3.2　爆炸恐怖袭击的基本形式

根据爆炸物的载体，可以将爆炸恐怖袭击主要分为汽车炸弹、自杀式人体炸弹、简易爆炸物三种。

1. 汽车炸弹

汽车炸弹由装载炸弹的汽车、辅助装置和炸药三部分组成。汽车炸弹袭击具有行动隐蔽、发起突然、破坏性强、影响面广的特点，主要有三种输送方式：一是恐怖分子把装满炸药的汽车停放在袭击目标旁边，采用定时、遥控等各种引爆装置使其自行爆炸。二是“自杀型汽车炸弹”，其破坏力更大，是由亡命的恐怖分子驾驶装有大量炸药的汽车直接冲向袭击目标，引爆炸药。三是恐怖分子把炸弹偷偷放置在汽车里或汽车底盘下，这类炸弹多使用延时起爆装置。

2. 自杀式人体炸弹

恐怖分子将 TNT 炸药或易于成形的塑性炸弹缠在身上，用外套隐蔽起来，然后来到建筑物的内部或外部，或接近受害人，在适当的时机引爆身上所携带的炸药。这是一种自杀式爆炸模式，其危害是它的随机性和不确定性，相当于一个移动炸弹装置，在人群密集的建筑群中随时随地都会引起爆炸，对平静生活的人们所造成的精神恐慌是空前的。人体炸弹隐蔽性强，一般难以被发现。爆炸装置的药量一般较少，起爆装置比较简单，多为导火索拉发或电点火法触发，很少采用遥控起爆装置或其他高科技起爆装置。

3. 简易爆炸物

恐怖分子直接将炸弹（药）放置在建筑物的内部或邻近建筑物的外部，并采用简单的措施隐蔽炸弹或炸药。然后用延时起爆或遥控装置引爆炸药，杀伤人员或炸毁建筑。这种突发爆炸模式比较常见。一般中小型的爆炸都是采取这种模式，对建筑物能造成一定的破坏。

9.3.3 爆炸恐怖袭击的特点

1. 爆炸恐怖犯罪具有动机复杂性和预谋性

爆炸恐怖犯罪，是一种极为复杂的国际犯罪形式，是各种政治势力用来达到某种政治目的的工具，对社会公共安全和公民的生命、财产构成了极大的危害。促使和助长爆炸恐怖犯罪活动泛滥的因素是多样的，不同类型的恐怖组织有其不同的社会背景和根源。概括地说，爆炸恐怖犯罪的主要根源是殖民主义、种族主义、霸权主义、经济掠夺和历史形成的民族仇恨与宗教矛盾等原因交织构成的。恐怖组织在其特定的动机驱使下，有计划地谋划爆炸的方式和预先选择作案的目标、地点、时机，筹集爆炸物品和器材，以及具备爆炸技能的恐怖分子，甚至在作案前还要进行多次爆炸试验等。爆炸恐怖犯罪具有预谋性。

2. 爆炸恐怖犯罪具有较强的针对性和突发性

爆炸恐怖犯罪针对性较强，报复谁、威胁谁都有具体的目标和对象。犯罪具有明确的作案目的。作案后一般都有某一恐怖组织声称对爆炸事件负责。但在发案时间、发案地点、爆炸方式上又具有突发性、随机性，让人防不胜防。这是恐怖分子变态心理的突出反映。因此，制定防爆对策也应多考虑些非常规性因素，做到百无一疏。

3. 爆炸恐怖犯罪具有巨大的破坏力和震撼性

爆炸具有巨大的破坏力和杀伤力，利用爆炸制造强烈的恐怖气氛和国际影响，容易在人们心理上产生震撼。恐怖分子正是利用爆炸产生的破坏性和心理影响的双重效应，达到特定的犯罪目的。

4. 爆炸装置输送方式的多样性

输送方式是指把爆炸物送到被袭击目标的方法。恐怖分子目前采用的爆炸输送方式主要有汽车炸弹、固定箱包炸弹、自杀式人体炸弹、邮件（包）炸弹、投掷炸弹、礼品炸弹、埋设炸弹、香烟炸弹、空飘炸弹等。输送爆炸装置的方式具有多样性。

5. 爆炸恐怖犯罪呈现高技术智能型

随着科学技术的发展，各种先进的技术和器材被恐怖分子所采用，使爆炸手段更加诡秘、隐蔽和残忍，呈现智能化发展趋势。爆炸装置在外形上有大有小、有真有假，多数在外壳上都有伪装，以混淆、分散保卫人员的注意力。爆炸装置在引爆方式上出现投掷、触发、延时、遥控等多种方式。甚至采用“诡计装置”，把几套起爆系统联动使用，以防排除。

9.3.4 爆炸物处置技术

爆炸物处置（也称排爆）具有时效性强、影响面广的特点，是一项十分危险和技术要求很高的行动。其主要流程包括频率干扰、爆炸物抓取、爆炸物转移和爆炸物解体。其基本原则是尽可能不使爆炸物在排爆现场发生爆炸，尽可能不直接接触爆炸物，能移动的爆炸物要首先考虑转移处置，不能转移的要用技术手段就地销毁，确实有把握时才考虑人工拆除。

1. 频率干扰

在进行爆炸物探测及处置之前需要信号屏蔽，通过信号屏蔽仪（图 9－16）对各种遥控信号进行干扰，阻止爆炸物被遥控引爆，确保重要人士和场所及排爆人员的安全。

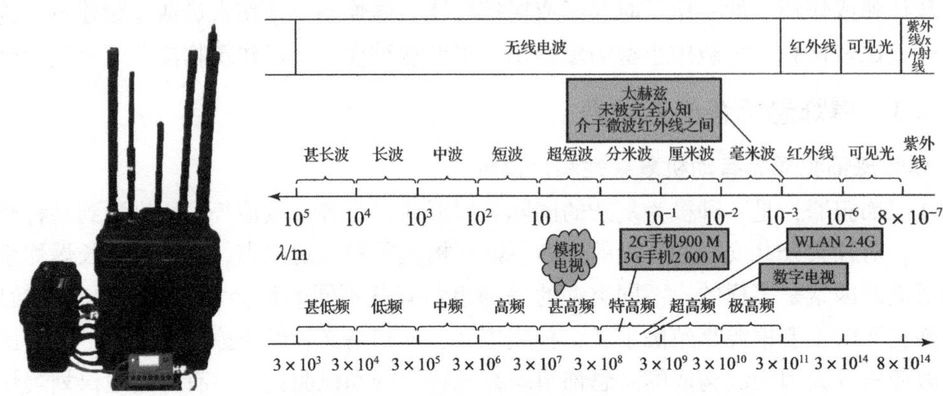

图 9－16　信号屏蔽仪及无线电波段

在保证安全的前提下，尽可能将频率干扰仪放置在距离疑似爆炸物较近的位置。排爆操作人员以及其携带的安检排爆器材，宜从频率干扰仪指向干扰的相对方向接近爆炸物，减少对人员及器材的电磁辐射。

一般的频率干扰段与干扰目标对应如表 9－2 所示。

表 9－2　干扰频段及干扰目标

干扰频段	干扰信号源方式	天线	干扰目标
20～80 MHz	点频与宽带扫频相结合	A：鞭状天线	玩具遥控器、玩具对讲机
135～176 MHz	三角波 FM 调制、快扫与慢扫相结合	B：鞭状天线	VHF 工业、民用、汽车遥控器
230～500 MHz	FM 调制、多重扫描时间相结合	C：偶极子天线	工业、民用、汽车遥控器
400～470 MHz	三角波 FM 调制、快扫与慢扫相结合	D：偶极子天线	UHF 工业、民用、汽车遥控器
500～1 000 MHz	复合干扰手机的最佳方式	E/F/G/H 内置阵列定向天线	2G－3G－CDMA800、GSM900MHz
1 000～2 000 MHz			GSM1800、CDMA1900、4G－TLE
2 000～3 000 MHz			3G－TD－CDMA、WCDMA2000、4G－LTE
2 400～3 000 MHz			WIFI、2.4G 玩具遥控器、4G－TLE

2. 爆炸物抓取

在确认爆炸物可以移动后，利用排爆机械手或排爆机器人等对爆炸物进行抓取，将其放置于防爆装置中或爆炸物销毁装置中。如图 9－17 所示。

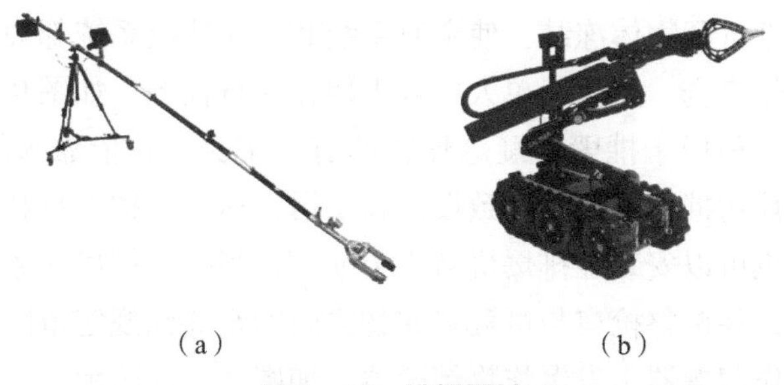

（a）　　　　　　（b）

图 9－17　排爆器械

（a）排爆机械手；（b）排爆机器人

排爆机械手包括机械手、机械臂、配重、电池盒和控制等装置；机械臂由空心臂杆拼接而成，机械手固定在机械臂的一端，机械臂的另一端设置有配重。控制装置设置有开合控制，结构简单，操作方便，排爆人员能灵活控制机械手的开合，显示器实现机械手的精确操作。

排爆机器人是排爆人员用于处置或销毁爆炸可疑物的专用器材，避免不必要的人员伤亡。它可用于多种复杂地形进行排爆。其主要用于代替排爆人员搬运、转移爆炸可疑物品及其他有害危险品；代替排爆人员使用爆炸物销毁器销毁炸弹；代替现场安检人员实地勘察，实时传输现场图像；可配备散弹枪对犯罪分子进行攻击；可配备探测器材检查危险场所及危险物品。

3. 爆炸物转移

通过排爆机器人/机械爪将爆炸物转移到防爆储运容器（如防爆罐、防爆球、柔性防爆桶等）中进行转运，如图 9－18 所示。其中，防爆球一般为封闭式圆球形，采用钢制结构或刚柔复合结构，一般配有拖车，可以用于临时存放、运输爆炸物。在进行转运的时候要确定爆炸物是可以移动的，爆炸物的防爆当量不大于装备的防爆当量。

图 9－18　爆炸物转移

4. 爆炸物解体

在保证安全的情况下，排爆人员可以采用液氮冷冻或高压水流冲击等方式对爆炸物进行直接销毁，从而防止爆炸物发生爆炸，保障周围设备与人员的安全。

爆炸物经常放在一个包裹或箱体内伪装，给实际的排爆任务造成了很大困难。而且炸弹形式不一样，有无线遥控的、定时的等多种形式。为了适应实际工作中排爆的需要，需要一种能够针对各种形式的排爆设备，液氮冻结装置正是针对这种需要而产生的。其原理是利用液氮超低温的特性，把可疑物体冻结，使定时系统和无线接收系统都失效，在这种状态下对可疑物质进行处理比较安全。适用于单人或双人协作执行任务。如图 9-19 所示。

爆炸物销毁器是一种用于摧毁可疑爆炸物的有效工具，它依靠水的高速射流产生的威力，在瞬间将可疑爆炸物摧毁，而不导致爆炸物引爆，达到保护人员和财产安全的目的。该产品可以单独使用，也可以安装在排爆机器人上使用，当执行排爆任务时，将爆炸物销毁器枪口瞄准可疑爆炸物，并调整枪口与可疑爆炸物之间的距离到规定范围内，将周围人员撤离到安全距离以外，操作起爆器击发爆炸物销毁器。如图 9-20 所示。

图 9-19　爆炸物冷冻装置

图 9-20　爆炸物销毁器

9.3.5　无人化排爆技术

1. 排爆机器人

排爆机器人主要有行走、通信、信息处理和控制、处置爆炸物等功能，部分机器人可以带有爆炸物探测、爆炸物防护等功能。

排爆机器人按照运动形式可分为轮式机器人、履带式机器人、足式机器人等，如图 9-21 所示。轮式机器人质量轻、操作简单，普通路面行驶速度快，一般采用四轮式、六轮式、行星轮式等结构。履带式机器人通过性好，可以翻越各类障碍物，是最为常见的排爆机器人种类。足式机器人一般具备视觉、识别地形、自主避障、自主导航等功能，能够在复杂地形进行作业。

2. 一站式无人排爆平台

传统无人排爆装备主要依托于机器人，本身无爆炸物防护设备，系统集成度较低，如图 9-22 所示。通过以柔性防护为中心，以智能化、物联化为基本方向，构建防排爆体系，打通危爆品处置的所有技术环节，优化处置流程，同时合并危爆品处置过程的各种功能模块，做到一站式远程无人排爆，达到危爆品处置的高效率、安全的目标。其主要特点如下：

（1）利用柔性防爆技术的轻量化和无接触处置的优势，远程操作柔性防爆装备，可以实现对爆炸物的远程防护与检测；

（2）可以对爆炸物进行无接触的转运，利用集成的机械手实现对爆炸物的抓取与转移；

（3）可集成多种爆炸物检测和销毁模块，实现对爆炸物的一站式应急处置。

图 9－21　各类排爆机器人

（a）带防护机器人；（b）双臂机器人；（c）履带式机器人；（d）足式机器人

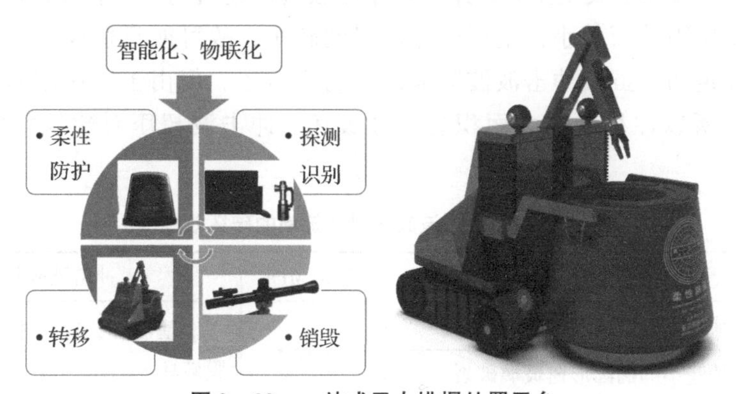

图 9－22　一站式无人排爆处置平台

9.4　爆炸防护技术

9.4.1　爆炸对建筑物的损毁

爆炸冲击波对建筑物的损毁作用，与冲击波本身的强弱和建筑物的结构特征有关。由于冲击波正压区作用时间随着距爆炸点的距离和爆炸药量的增加而增加，故大药量远距离爆炸时，常以冲击波峰值超压破坏为主；小药量近距离爆炸时，常以比冲量破坏为主。

在爆炸药量与爆炸中心距建筑物距离一定的情况下，破坏作用则主要取决于建筑物本身结构特性和冲击波正压作用时间（t）。爆炸药量决定了建筑物对冲击波载荷的承受情况，而爆炸中心距建筑物距离则决定了受载荷作用的时间长短。每种建筑结构都有自身确定的振动周期（T），如果 $t \geq T$，则爆炸对建筑物的破坏作用主要取决于冲击波的峰值超压；如果 $t \leq T$，则爆炸对建筑物的破坏作用主要取决于冲击波的比冲量。表 9－3 给出建筑构件的自振周期和破坏载荷，通过将冲击波正压区作用时间与构件的自振周期相比较，就可以确定冲击波作用的性质和类型。

表 9－3 建筑物构件自振周期及破坏载荷

构件名称	自振周期/s	破坏载荷	
		超压/MPa	冲量/($kg \cdot m \cdot s^{-1}$)
砖墙（2 层砖厚）	0.01	0.45	220
砖墙（1.5 层砖厚）	0.015	0.25	190
钢筋混凝土墙（0.25 m 厚）	0.015	3.0	—
木梁楼板	0.3	0.10～0.16	—
轻隔板	0.07	0.05	—
玻璃窗	0.02～0.04	0.05～0.10	—

需要指出，当爆炸事故发生时，距爆炸中心较近的建筑物，尽管冲击波阵面的压力很高，但是由于受作用的面积小，正压区作用时间较短，故可能只造成局部破坏；而距爆炸中心较远的建筑物，虽然冲击波波阵面的压力衰减了，但由于受作用面积大，正压区作用时间较长，所以往往造成大面积总体性破坏。冲击波超压对建筑物的破坏效应如表 9－4 所示。

表 9－4 冲击波超压对建筑物的破坏效应

超压/MPa	冲击波破坏效应	超压/MPa	冲击波破坏效应
0.002	某些大的椭圆形窗玻璃破裂	0.15	地基破坏，1/3 树木倾倒，动物耳膜破坏
0.007	某些小的椭圆形窗玻璃破裂		
0.01	窗玻璃全部破裂	0.2	树木基本倾倒，钢筋混凝土土柱扭曲
0.02	有冲击碎片飞出		
0.03	民用住房轻微损坏	0.3	油罐开裂，钢柱倒塌，木柱折断
0.05	窗户外框损坏	0.5	货车倾覆，民用建筑全部毁坏，人体肺部受伤
0.06	房屋地基受到损坏		
0.08	树木折枝，房屋需要修理	0.7	砖墙全部破坏
0.10	承重墙破坏，地基向上错动	1.0	油罐压坏

9.4.2 爆炸对人员的威胁

1. 爆炸冲击波对人员的伤害

爆炸产生的瞬间高压使人员的整个身体受到冲力而加速，运动的身体在撞到地面或者其他障碍物时，很容易产生伤害，有时会骨折、脑出血等。在加速－减速过程中，脊柱很容易受到冲击损伤。热辐射伤害可以导致人产生热脱水、心血管系统负担增加、紧张、急躁、判断力下降等严重后果，另外，暴露于热辐射中会导致个人极度疲劳。大量出汗导致体内电解质失调，钾钠等元素含量增加，可能出现腹泻、呕吐、肾功能衰竭等症状。

爆炸冲击波在皮下组织中的传播衰减较空气中慢，原因是皮下软组织较空气有更高的密度。但爆炸冲击波在皮下组织中的传播与在主动脉系统中的传播相比，则在循环管路系统中的传播衰减更慢，这不仅由于血液是一种不可压缩的连续介质，对波具有良好的传导性，而且由于循环管路系统是一个有压管路系统。因此，受到爆炸冲击波损伤时，循环管路系统的损伤可能更为显著。而有些组织含丰富的循环管路，这些组织受损伤的程度较其他组织会更为严重。哺乳动物对爆炸冲击波变化的承受能力与压强的上升与下降的速率、大小、特点及持续时间有关，还与物种的大小、爆炸发生的环境压力有关。另一个重要影响因素是，生物体对于非标准或扰动波与标准或接近标准的脉冲波的承受能力也不同。

峰值超压是最重要的空气爆炸冲击波的参量，但除了某些特定情况之外，峰值超压不能够单独用于评价人体对爆炸波的耐受程度。一方面，瞬时形成的爆炸超压比缓慢升高的爆炸超压会造成更加具有破坏性的后果；另一方面，持续时间长的爆炸超压会明显比持续时间短的爆炸超压对人体造成更严重的损伤。

对于长时间超压（50～100 ms）而言，可以通过表 9－5 估计持续压力脉冲对人员的杀伤效果。

表 9－5　爆炸冲击波对人员的杀伤作用

超压/MPa	冲击波对人体的损伤作用
<0.02	没有杀伤
0.02～0.03	轻伤（轻微挫伤）
0.03～0.05	中等损伤（听觉器官损伤、中等挫伤、骨折等）
0.05～0.1	重伤甚至死亡（内脏严重挫伤）
>0.1	大部分死亡

在公共安全领域，实验研究中常规安全超压值为 0.03 MPa，并认为在该超压值的冲击波作用下，人员仅受到轻伤，具有较好的行动能力。

2. 爆炸破片对人员的伤害

爆炸物爆炸产生的巨大能量能够驱动金属碎片、长钉、钢珠、石子等硬质物品使其高速飞行，此类高速破片飞行速度衰减慢、杀伤范围大，因此会对周围人员及设备造成巨大的伤害。

动能标准是最早的人体损伤评价标准。破片、枪弹等杀伤元对人员造成损伤一般以击穿为主，而击穿依靠其动能作用，因此在衡量杀伤效应的时候通常以破片、枪弹的动能 E_d 作为标准来衡量其杀伤效应：

$$E_d = \frac{1}{2}mV_0^2 \tag{9-23}$$

式中，m 为破片、枪弹的质量；V_0 为作用目标时的着速。

对人员目标来说，杀伤效率的标准为 78.4 J，即动能大于 78.4 J 的破片、枪弹等杀伤元能够使人致命。

随着破片形状的复杂化、破片飞行过程相关研究的深入，比动能衡量标准就变得更加确切和可靠，比动能在新型破片的相关研究中越来越得到重视，比动能的定义为

$$e_d = \frac{E_d}{A} = \frac{1}{2}\frac{m}{A}V_0^2 \tag{9-24}$$

式中，A 为破片与目标遭遇面积的数学期望值。在惯用的比动能杀伤标准中，对穿透人员的最小比动能一般取值为 160 J/cm^2。

曾经还采用过破片质量的杀伤标准。该标准以杀伤人员的有效破片质量为判据，其实质仍是破片动能杀伤标准。

除上述三种以外，还有一种破片分布密度标准。该标准主要考虑爆炸所形成的杀伤破片在空间中分布不连续，同时随着破片的飞散距离增大，破片相互间距也逐渐增大的问题。即认为有效破片的密度越大，人员目标被命中和杀伤的概率就越大。

在实验研究中，常用人体模拟靶标来评估破片飞散的威力，部分研究人员利用高 1 500 mm、宽 500 mm、厚 25 mm 的松木靶板模拟被保护的人员，并认为当至少一枚破片穿透松木靶板时，该模拟靶标位置的人员死亡。在公共安全领域，常用 5 mm 厚的 A 型瓦楞纸围成半径 3 000 mm、高度 1 700 mm 的模拟靶标，并认为当至少一枚破片穿透环形靶标时，破片穿透相应位置的人员的皮肤。

3. 爆炸热辐射对人员的伤害

人在复杂的爆炸环境中除了受到破片、子弹和冲击波等机械损伤，还会受到爆炸火焰热辐射产生的热损伤。

由于皮肤可以吸收辐射能，因此，间接加热、点燃衣服、热辐射等都能造成皮肤烧伤。间接烧伤常常被称为“闪光烧伤”，这是因为这种烧伤是由燃烧弹热辐射的闪光引起的。吸收辐射热（随皮肤颜色而异）和衣服传热使皮肤温度升高，从而造成皮肤烧伤。图 9-23 适用于裸露皮肤，烧伤皮肤的强度低于点燃衣服所需的强度。热辐射必须持续几秒，才能产生烧伤。纵坐标是暴露时间，单位为 s，横坐标是入射辐射强度，单位为 [cal/(cm² · s)]。

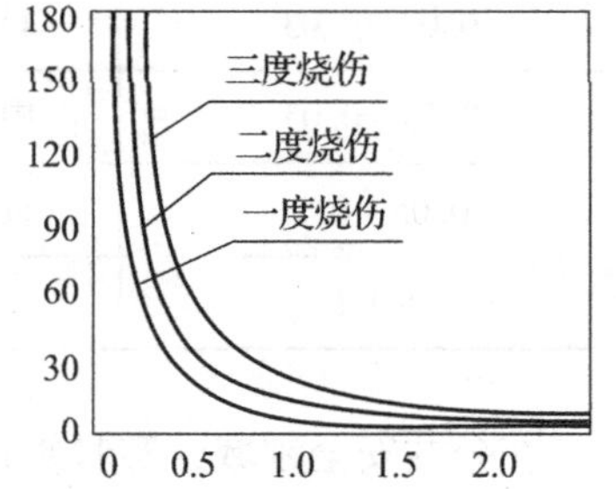

图 9-23　暴露于辐射中的肌肉烧伤程度

9.4.3　常用爆炸物处置防护装置

制造爆炸现象是犯罪分子破坏社会公共安全、危害人民生命财产安全的重要手段之一，

其后果非常严重。公安民警在处理各种违法犯罪活动中需要有效隔离和防护可疑爆炸物品。

爆炸物处置防护产品主要是为防止爆炸物对周围的人和财产造成严重伤害而设计的产品，主要包括以下几种。

1. 防爆墙

防爆墙主要用于防范汽车炸弹等当量较大的爆炸物袭击，防爆墙一方面能够很大程度地减弱爆炸冲击波对墙后人员、建筑及其他财产的破坏；另一方面也能够阻挡爆炸产生的高速破片，防止破片对墙后人员、设备造成的机械损伤。根据防爆墙的材料性质，目前通常使用的防爆墙主要有三类。

第一类是刚性防爆墙，此类墙在经受设计的爆炸荷载作用时，墙体基本不破坏且变形很小。其主要有厚度尺寸较大的钢筋混凝土防爆墙、堆积土防爆墙和加筋防爆墙等。

第二类是柔性防爆墙，又可分为延性防爆墙和易脆性防爆墙。在大当量汽车炸弹上，延性防爆墙将产生大塑性变形，易脆性防爆墙将破裂成小碎块。其主要有中等厚度的钢筋混凝土防爆墙、配筋砌体防爆墙、柔性织物防爆墙等。

第三类是惯性防爆墙，主要利用较大体积的砂土和水等简便材料的质量来抵抗撞击和爆炸作用。在大当量汽车炸弹袭击下，这类防爆墙中的砂土或水会飞散开裂，达到抵抗一次碎片的侵彻和爆炸冲击波的目的。该类防爆墙有砂袋防爆墙、集装箱式防爆墙、水体防爆墙等。如图9－24所示。

防爆墙为固定式防爆工事，其缺点显而易见，该类防爆结构大部分无法移动（某些防爆墙能够现场按需装配，可以根据爆炸物的位置确定安放位置），该类防爆结构大部分只是针对被防护目标（如建筑）进行提前预防，不能应对当今越来越多变的爆炸物威胁，但其对大当量爆炸物（如汽车炸弹）的防护性能十分卓越。

图9－24　砂土防爆墙搭建过程与防爆水墙（英国 Cintec 公司产品）

2. 防爆罐与防爆球

防爆罐如图9－25所示。防爆罐是一种能够抑制爆炸物所产生的冲击波和破片对周围环境造成的杀伤效应，用于临时存放或运输爆炸物及其他可疑爆炸物的罐状、筒状等专用防护装置，一般可分为固定式防爆罐和拖车式防爆罐。防爆罐一般采用圆柱形多孔筒状结构，罐体主要有开口型和密闭型两种形式。一般按设计方向进行定向泄爆和吸能，有效抑制爆炸物碎片和冲击效应。利用吸能材料填入罐体夹层中，从而增强罐体结构，缩短爆炸冲击波对罐体结构的持续作用时间，起到一定的抗爆效果。对于多层防护结构的开口的筒形及密封的罐形结构防爆容器，一般采用经验设计、有限元数值仿真计算、爆轰试验验证等方法。

防爆罐多为开口型容器，采用上方泄爆的方式，对罐体上方的自由空间要求较大，建筑物顶部结构受到破坏的安全隐患较大，其对噪声和冲击波的削弱能力也较差。但与此同时，防爆罐的使用成本低，使用简单方便。

防爆球通常是由厚重的金属焊接或锻压而成，加工复杂、使用成本高、体积大、占地面积大且不易移动，但其对爆炸冲击波与噪声的衰减能力非常卓越。防爆球如图 9－26 所示。防爆球按使用方式一般采用固定式、车载式以及拖车牵引式。通常为上、下泄爆的半球型结构。防爆球由于是近似封闭结构，对爆炸能量能够较好地进行全向抑制，但要确保处置防护的爆炸物的 TNT 当量不能超过额定当量，否则会产生二次碎片伤害。

图 9－25　防爆罐

图 9－26　防爆球

研制防爆罐体、球体过程比较复杂，需要利用数值仿真计算技术，罐体动态力学应变响应测试技术为罐体结构设计提供相应的理论指导，从而提出合理的结构设计，依据爆破试验和冲击波测试技术来验证防爆罐、防爆球结构的抗爆效果，通过冲击波超压测试可以更好地验证防爆罐、防爆球的有效安全距离，抗爆当量一般在 1.5 kg TNT 以上，防爆球重量一般在 1 吨左右。

3. 防爆箱

防爆箱如图 9－27 所示。在国外防爆箱主要为车载式集装箱体结构，主要利用金属防护材料进行设计加工而成，体积大，不适应相对狭小空间。为了克服常规金属防爆容器的体积重量偏大的特点，需要研制一种重量小、体积轻、便于移动的箱体以便适用于银行、飞机机舱、动车车厢等空间相对狭小的场合。

图 9－27　防爆箱

目前国内在轻便防爆箱体的研制方面刚刚展开研究，一些研究人员利用经验设计、数值模拟、试验验证相结合的方法开展对轻便防爆箱的箱体研制。箱体采用内箱、外箱、包裹袋三个组件。其中内箱为抽屉状结构，外箱为抽屉柜状结构，包裹袋为柔性圆筒状结构。防爆箱处于贮运状态时，疑似爆炸物收入内箱，内箱放入外箱，外箱置于包裹袋中以获得全方位的防护性能。防爆箱的主体材料具有较高强度与韧性、良好的温度耐受性、可行的加工工艺性能和环境适应性，能承受冲击波超压和破片产生的毁伤，防爆当量可达到 200 g 标准 TNT 炸药，重量小于 30 kg。

防爆箱是一种轻便小巧的非金属材料防爆容器，它在保证机动性和轻量化的情况下拥有很好的冲击波、破片、噪声防护效果，可以用于高铁、飞机机舱等防护性能要求较高的环境，但防爆箱的防爆当量很小，大部分同类产品只能防护 200 g TNT 当量以下的爆炸物。

4. 防爆毯

防爆毯如图 9 – 28 所示。防爆毯采用先进的双围栏结构，由软质材料加工而成，能有效减少爆炸物爆炸时所产生的冲击波和破片对周围人和物造成的伤害，一般由盖毯和围栏组成，盖毯和围栏由内胆、外套等制成，能有效地阻挡 82 – 2 式手榴弹（内部装填 62 g TNT 炸药，壳体为内部半预制刻槽的球形 A3 钢，爆炸时产生破片不少于 300 枚）爆炸时所产生的破坏效应。对爆炸破片和冲击效应可以形成一定的阻挡作用，从而最大限度地防止爆炸中心附近的人和物受到损伤，是现场临时处置爆炸物品的重要装置。以爆炸源为中心，围成半径 3 000 mm、高度 1 700 mm 的模拟靶标（由 5 mm 厚的瓦楞纸板贴地围成一个半径为 3 m 的圆弧形破片鉴证靶标)，当手榴弹被引爆时，在鉴证靶标上不应有穿透孔，从而验证防爆性能。

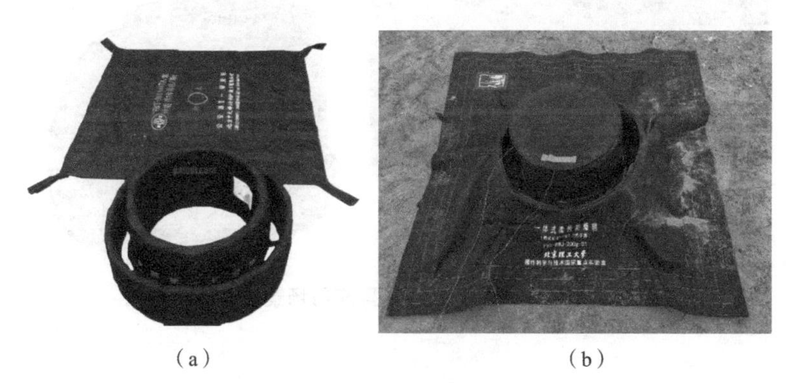

(a)　　　　(b)

图 9 – 28　防爆毯

(a) 普通防爆毯（可防 1 个手雷)；(b) 一体式柔性防爆毯（可防 2 ~ 5 个手雷)

盖毯和围栏的总质量小于等于 30 kg，盖毯的外形尺寸应大于等于 1 200 mm × 1 200 mm，围栏的内径尺寸应大于等于 400 mm。盖毯和围栏的外套材料在抗渗水性能（耐静水压应大于 12 kPa)、断裂强力（经向和纬向均应大于 1 200 N)、撕破强力（经向和纬向均应大于 120 N）等方面均有严格要求。

防爆毯（含防爆围栏）是最轻便、机动性最强的防爆结构，可以很好地用于产生破片较多的小当量爆炸物的防护，但由于其体积小、上下方向防护能力不足的特点，在面对体积较大的爆炸物时，防爆毯将不能完成预期防护目标。目前的防爆毯主要使用芳纶、PE 等材料制备，防护能力为1个手雷，由内围栏、外围栏和盖毯组成，处置方式为先用内围栏围住疑似爆炸物，再用外围栏围挡，最后盖毯覆盖在外围栏上方并展开平整。新研制的柔性防爆毯采用一体式围栏结构，防护能力为2~5个手雷，且兼具灭火能力，其处置方式为直接将一体式防爆围栏展开并覆盖疑似爆炸物即可，如图9-28（b）所示。

5. 柔性复合防爆技术及装备

柔性复合防爆技术是一种通过采用全部柔性材料制成的复合结构来对爆炸冲击波、高速破片和高温火焰进行全防护的技术，通过柔性材料的大变形、多孔聚合物的压缩破碎和液体的雾化将爆炸能量吸收、内耗、弥散和转化，从而实现“以柔制爆”的防护作用。

柔性复合防爆装备是基于柔性复合防爆技术而制成的全柔性爆炸防护装备，具有重量轻、使用灵活、无二次伤害等特点。其“柔性”主要体现为以下5个方面：①质柔，不含金属，全部采用低密度柔软材料制备，可以通过X射线进行爆炸物快速检测；②性柔，柔性防护，过量爆炸后不会产生二次伤害；③轻柔，轻质便携，1~2人可抬动进行快速处置；④内柔，装备底部为空，且内部高效吸能防护，可进行无接触遮罩处置；⑤光柔，可以削波熄焰，达到阻隔熄灭火焰和减震降噪的效果。图9-29是柔性防爆装备的典型应用场景和装备外观图。其防护当量为0.5~1.5 kg TNT当量，装备重量62~120 kg，对爆炸产生的高压冲击波、高温火焰和高速碎片均可防护。目前，该装备在全国军队、公安、消防、机场、高铁、场馆等场所广泛应用。

该技术已在3 kg、6 kg、15 kg TNT等大当量爆炸防护中开展创新研制，通过模块化、轻量化设计，在建筑、车辆、人体防护、石油化工等多个领域拓展应用。

图9-29　柔性防爆装备的典型应用场景和装备外观图

9.5　防爆装备爆炸防护性能测试

常用反恐防爆装备能够从一定程度上对爆炸物载荷破坏要素进行约束，削弱爆炸伴随的不同载荷特征对周围环境造成的杀伤效应及其他附带毁伤效应，用于临时处置、存放或运输爆炸装置及其他可疑物品，广泛应用于火车站、机场、地铁、体育馆、会展中心、海关、广场等人员密集性场所，以确保公共场所人员的安全。GA871-2010、GA872-2010、GA69-2007等公共安全行业标准分别给出了防爆罐、防爆球、防爆毯等典型防爆装备的安全性评价要求，其主要考虑防爆装备的检测成本，对其爆炸防护性能测试主要针对爆炸后的装备特征或瓦楞鉴证纸板上有无破片侵彻痕迹进行定性测试。然而，恐怖爆炸时常伴随冲击波、破片、热辐射三种主导破坏因素，还包括爆震强噪声、机械功、地震波等附带危害因素。各种因素耦合叠加导致出现多种破坏特征及复杂效应。针对各项破坏因素进行综合测试，是评估不同防爆装备爆炸防护性能的重要方式，也是防爆装备在不同场合推广使用的可靠前提。

9.5.1　模拟等效爆炸物

模拟等效爆炸物一般可采用炸药装药 + 杀伤元的结构形式。炸药装药一般采用 TNT 炸药压装或熔注成型，密度应保持在 1.55 ~ 1.63 g/cm^3 范围内，炸药形状一般为球形或圆柱形；杀伤元由金属壳体或预制破片受炸药装药爆炸驱动产生，采用一定厚度的柱形钢质壳体、或直径为 4 ~ 8 mm 的钢球、或大小不一的铁钉螺母。一般情况下，钢质壳体与炸药装药直接装配，钢球采用规则密排的形式单层或多层排布，铁钉或螺钉采用非规则性随机排列。装药质量与壳体或破片的质量一般选用 1∶1。几种典型的模拟等效爆炸物如图 9 - 30 所示。

(a)

(b)

(c)

图 9 - 30　不同爆炸物结构照片

(a) 带壳型爆炸物；(b) 预制钢珠型爆炸物；(c) 预制螺钉型爆炸物

除上述三种典型爆炸物结构外，防爆毯的爆炸防护性能测试一般选用无引信的 82 - 2 制式手榴弹（图 9 - 31），该弹全弹重 260 g，装药为 62 g 注装成型 TNT，球形壳体为内部半预制刻槽处理的 A3 钢板冲压成型。由于试验前需摘除引信机构，试验测试时需采用 8 号电雷管进行引爆。壳体产生单个破片质量在 0.3 g 以上的破片约 330 余片，杀伤半径大于 6 m。

(a)

(b)

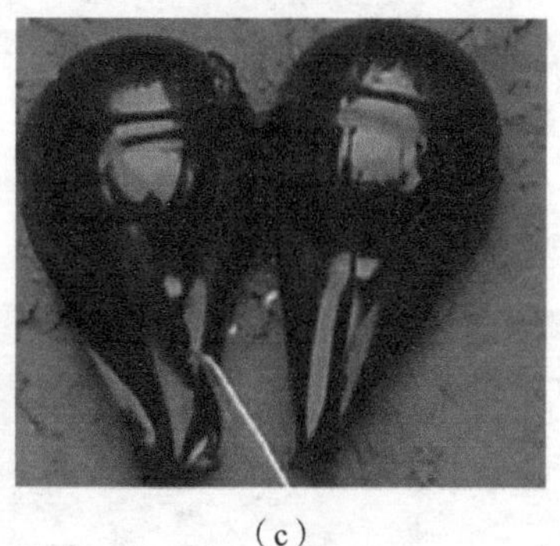
(c)

图 9 - 31　82 - 2 式手榴弹外观

(a) 带保险机构的 82 - 2 式手榴弹；(b) 摘除保险及引信体后的状态；(c) 测试布置状态

9.5.2 防爆罐爆炸防护性能测试

爆炸产生的冲击波、破片、热辐射等效应易于向周围环境传播扩散形成较大的安全隐患，防爆装备的爆炸防护性能测试布置应综合考虑不同欧拉测试点及鉴证靶标测试点的基础上进行合理布局。以开口型防爆罐为例，各个欧拉测试点可根据具体测试需求包含或部分包含冲击波超压、破片速度、爆炸火焰热辐射、爆震强噪声、爆炸机械功、地震波等内容。各模拟靶标也可按照具体需求进行设置，如 25 mm 厚松木靶、混三 50 假人（或模拟配重假人）、瓦楞纸板、特种靶标等。防爆罐露天爆炸防护性能测试布置示意图及现场布置图如图 9－32 和图 9－33 所示。

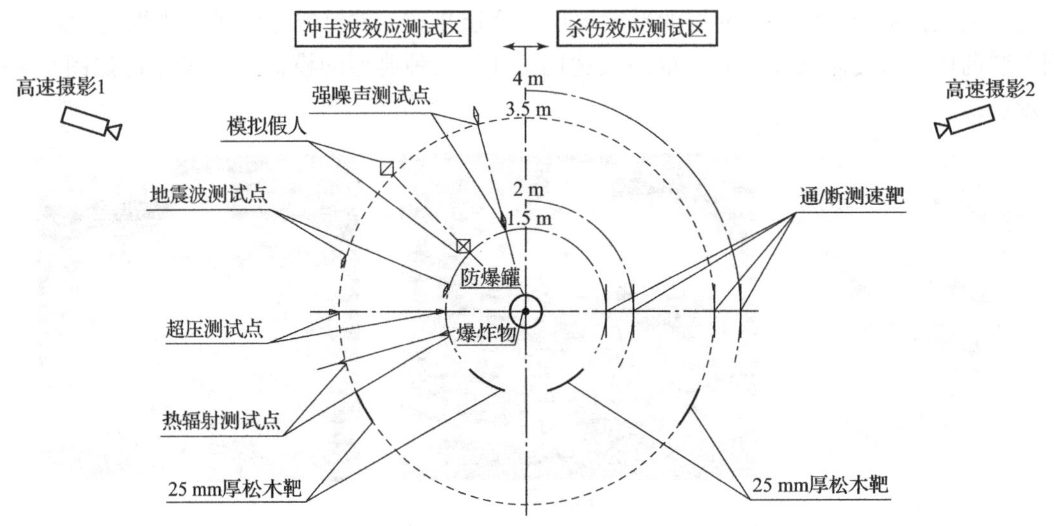

图 9－32　防爆罐露天爆炸防护性能测试布置示意图

图 9－33　某新型复合防爆罐防护性能测试现场图

1. 爆炸瞬态光学测试

模拟爆炸物爆炸产生的冲击波、火焰膨胀、破片运动轨迹等能量释放及动态载荷过程可通过高速摄影进行光学采集及分析，现有高速摄影系统最大拍摄频率为1 000 000 fps，全画幅分辨率为1 024×1 000。此外，对防爆罐在防爆过程中的动态响应及姿态变化进行直观评估，尤其是在爆炸物当量超过防爆装备防爆能力时的过爆条件下，还可评估防爆罐外壁撕裂成形成不规则破片飞散的附带杀伤效应。此外，用于观测松木靶标及模拟假人动态响应，可分别对冲击波效应区、破片杀伤效应区测试对照组，和对25 mm厚松木靶、模拟假人不同模拟靶标组进行对比，分析测试不同维度的模拟靶标受爆炸冲击波、破片、火焰等致伤元素时的瞬间响应特征，为生物损伤机理提供直观的光测判据。图9－34所示为典型高速摄影和防爆测试动态过程。

图9－34　高速摄影系统（左）及防爆测试画面（右）

2. 冲击波超压测试

爆炸冲击波所伴随的超压是造成人员损伤的主要因素，由超压直接作用导致环境压力的突然改变而使人体产生原发性冲击伤，如肺部、胃肠道、听觉器官等含气压差的脏器受到损伤。强超压还可导致人体内脏破裂和肋骨或听小骨骨折。采用爆炸冲击波超压测试系统测量爆炸物爆炸产生的冲击波超压在典型距离、不同高度位置处的超压时程曲线，反映出防爆装备对典型距离处冲击波超压的防护效果。在距爆心1.5 m和3.5 m处分别布置两组冲击波超压传感器，每个距离处分别按照0.3 m、1.3 m和1.6 m的高度布置3支自由场压力传感器，并通过数据采集系统对信号进行采集。其中，自由场压力传感器灵敏度参数为20 mV/psi，共振频率≥400 kHz，最大量程可选取0.345 MPa或1.725 MPa，具体根据爆炸物装填炸药的当量以及测试位与爆心的距离确定。数据采集系统的单通道采样频率不低于1 MS/s（1兆采样点/秒），时间轴精度±0.005%，测量通道数应满足冲击波超压测试点位的数量需求，同时系统还应搭配其他供电适配模块以及测试同轴信号线缆，如图9－35所示。用来测试两个不同距离处的人体腿部、胸部和头部三个不同高度的冲击波超压数据，可评判防爆罐在典型距离处的冲击波超压防护效能。

3. 破片飞散速度测试

爆炸产生的高速破片在侵彻机体过程中，克服组织阻力沿弹道直接挤压、撕裂、翻滚和穿透组织，可导致生物体组织钝挫或贯通，严重破坏机体器官组织完整性，使得机体组织丧失原有机能。当破片动能较大时，破片将以很大的压力压缩弹道周围组织，使其迅速位移，

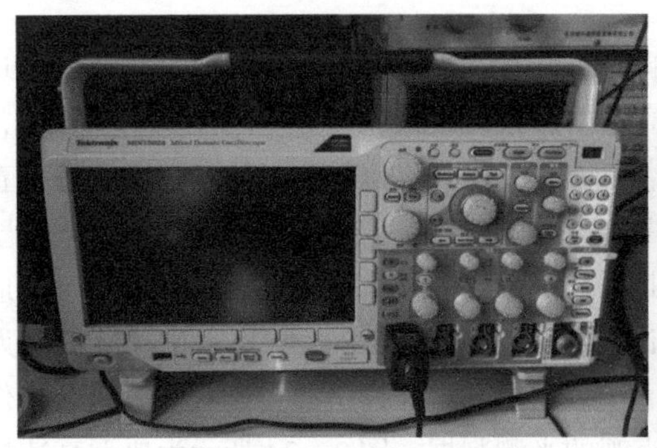

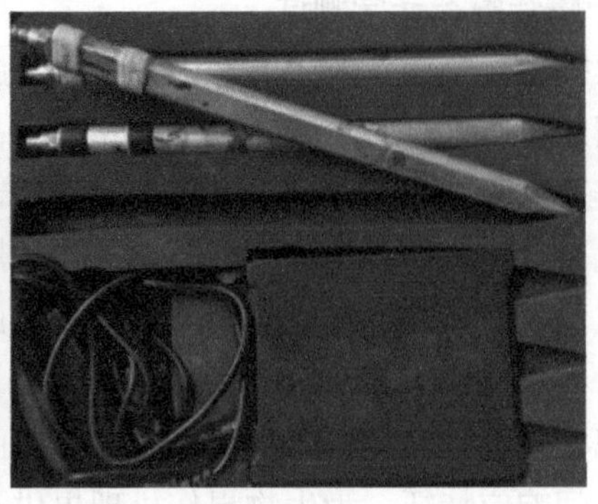

图 9 – 35　数据采集系统（左）及自由场压力传感器（右）

从而形成比原发伤道或破片直径大几倍甚至几十倍的空腔。因此，对破片速度及其衰减进行测试，可以反映穿透介质的作用机理。采用多通道破片测速系统，搭配通/断测速靶网（或印刷电路梳状靶），其中单通道采样频率通常选取 1 MS/s，数据信号采集系统的通道数应满足破片速度测试点位的数量需求，如图 9 – 36 所示。此外，测速靶网的任意两个相邻线路的间距应小于来袭破片的规格尺寸。在距离爆炸物 1.5 m、2 m、3.5 m、4 m 处分别布置长 2 000 mm、宽 1 000 mm 的固定测速靶，对防爆装备在过爆条件下的逃逸破片或二次破片速度进行测试，分析距爆炸物一定距离处的破片飞散高度、飞散平均速度及衰减等物理参量，用以揭示模拟等效靶标的破片损伤机制，形成致伤量化评估判据。

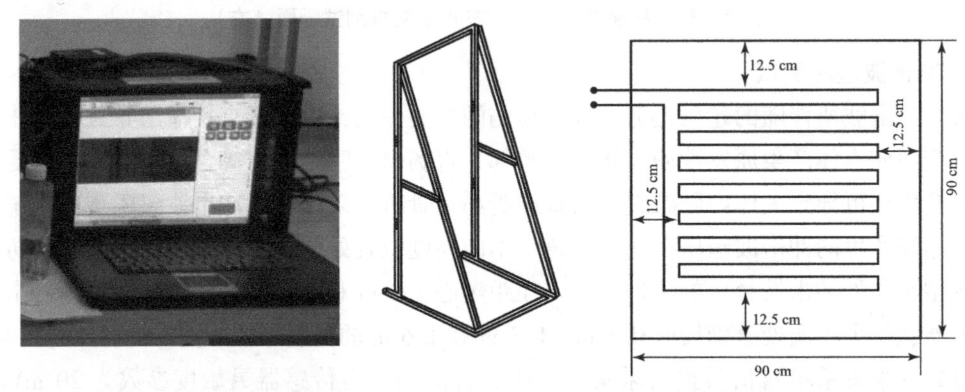

图 9 – 36　多通道破片测速系统（左为采集系统，右为测速靶架及梳状靶方案）

4. 爆炸热辐射测试

烧伤是爆炸热引起的组织损害，烧伤后的局部毛细血管通透性增加，血管内液体深入组织间隙或自创面渗出，形成组织水肿。皮肤在烧伤后，将逐渐失去屏障功能，大量水分从皮肤蒸发，增加了体液丧失。当体液丢失量过多时，可并发低血容量休克。同时，创面坏死组织和渗出物适于细菌繁殖，极易发生感染。小面积浅度烧伤，感染局限于局部表层；当大面积烧伤、机体抗力下降时，感染可向深部侵入或向全身扩散。对于爆炸热辐射的测试，一般采用爆炸场瞬态温度测试系统，搭配 C 型钨铼型热电偶进行接触式热辐射测试，其中瞬态温度测试系统采样频率可趋近于 1 MS/s，热电偶最大量程 3 000℃，并可毫秒级快速响应，如图 9 – 37 所示。可以直接反映出爆炸场内的温度变化规律及其持续作用时间，研究爆炸场热辐射由近场向远场传播过程的温度变化时程规律，为爆炸热辐射致伤效应和致伤判据提供依据。另外，还可以采用高拍摄速率的高速红外热成像仪，对爆炸火球尺寸、辐射范围和热辐射随时间变化规律进行定视场全域红外热成像分析，为爆炸热辐射致伤效应和致伤判据提供直观的热图像依据。

图 9 – 37　接触式爆炸场热辐射测试系统（左为采集系统，右为 C 型快速热电偶）

5. 爆震强噪声测试

爆炸产生的高声压级的爆震强噪声，一般情况下爆炸产生的瞬间声压级为 160 ~ 200 dB，它对机体造成声损伤和非声创伤。声损伤包括鼓膜穿孔、内外毛细胞确实、内耳损伤、中耳听骨链骨折、脱位及中枢听觉系统多个听力最敏感的部位产生异常活动，如耳鸣、耳聋、眩晕、言语识别能力降低，这种损伤对人耳和听觉系统危害极大。非声损伤包括除听觉系统外的器官损伤、平衡障碍、创伤后应激综合征、记忆丧失等情况。因此对爆震强噪声进行测试，可以直观评判爆炸产生的强噪声的声压级。一般采用快速响应声压测试系统，可选取微秒级响应，动态范围 4 ~ 20 kHz，最大量程不小于 200 dB，进行标定后的声压传感器，搭配专业的低噪声信号线缆，如图 9 – 38 所示。可用来测试爆炸近场和远场距离处的声压级随时间的动态演化过程，研究爆震强噪声时空传播变化及衰减规律，为爆震强噪声致伤判据提供参数。

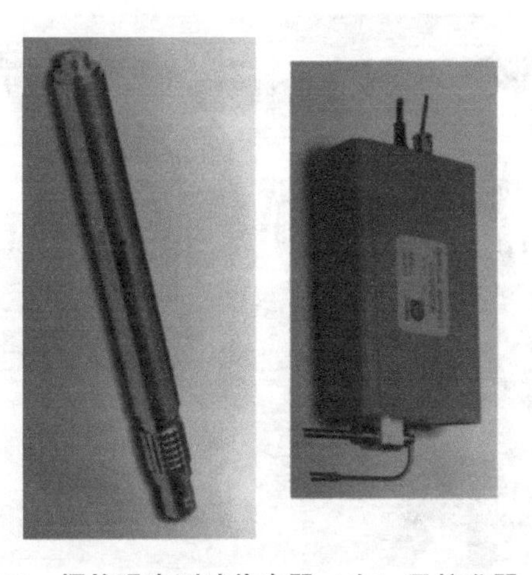

图 9 – 38　爆炸噪声测试传声器（左）及校准器（右）

6. 爆炸对假人的机械功测试

爆炸产生一定强度的动压，可表现为一种冲击力和抛掷力，作用于人体后，可使人员发生位移或被抛掷到空中，当人员摔向地面时，会产生各种加速伤或减速伤，但多表现为在与坚硬物体相撞的减速伤。人体以 3.66 m/s 左右的速度撞击坚硬物体时，重伤率约为 50%；以 5.18 m/s 左右的速度撞击时，死亡率约为 50%。这具体还取决于爆炸冲击力强度、人员与爆心的距离、地形条件以及人体方位等。对爆炸冲击机械功的测试，可采用如混三 50 百分位模拟假人，如图 9－39 所示。在假人头部、胸部和腿部等不同器官位置处搭载加速度、位移或其他力传感器，用来测试爆炸机械功对模拟假人惯性冲击加载作用，为爆炸冲击机械功致伤判据提供依据。

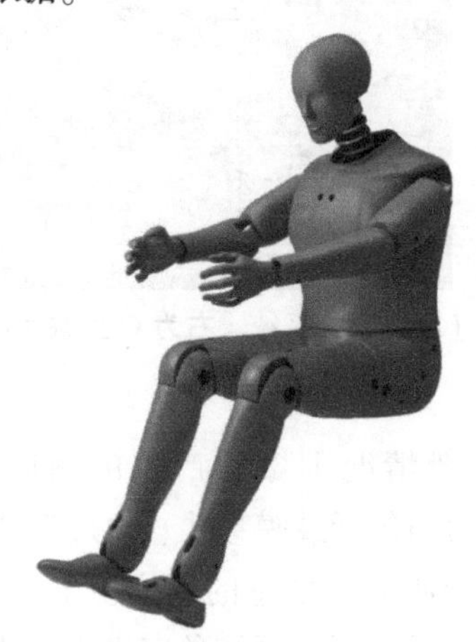

图 9－39　混三 50 型模拟假人

7. 爆炸地震波测试

爆炸地震波可以导致建筑物部分或完全倒塌，从而使人员受到压砸损伤。损伤类型包括软组织、内脏挫伤、骨折等，重者可发生挤压综合征。被掩埋人员可因呼吸道堵塞而窒息。采用爆炸地震波测试系统（图 9－40），搭配单轴/三轴震动速度传感器，频响范围为 5～300 Hz，X/Y/Z 三轴向的灵敏度 25% V/m/s，地震触发范围为 0.2～300 mm/s，用以对地面

图 9－40　爆炸地震波测试系统

爆炸地震波传播时的振速和幅值等参量进行检测。通过地震波参量反演地震波传播对建筑物结构的影响，进而评估地震波对建筑物的破坏效应，确定建筑物内生物体的安全系数。

参考文献

[1] 梁永磊. 几种常见爆炸物探测技术研究 [D]：南京：南京理工大学，2016.

[2] 王誉天，倪君杰，李剑，等. 常用防爆容器的应用和性能比较 [J]. 工业技术，2012，33 (1)：78－79.

[3] 张志江，王立群，许正光，等. 爆炸物冲击波的人体防护研究 [J]. 中国个体防护装备，2009，1 (1)：8－11.

[4] 孔新立，金丰年，蒋美蓉. 恐怖爆炸袭击方式及规模分析 [J]. 爆破，2007，24 (3)：89－92.

[5] 方向，高振儒，周守强，等. 反爆炸恐怖袭击防排爆技术综述 [J]. 中国工程科学，2013，15 (5)：80－83.

[6] 黄魁，林远斌，吴腾芳，等. 国外爆炸物探测与识别技术综述 [J]. 爆破器材，2007，36 (3)：34－38.

[7] 邱日祥，胡志昂. 反恐防爆水墙 [J]. 警察技术，2013 (3)：70－72.

[8] 刘秋冬. 警用防爆装备 [J]. 现代兵器，1993 (7)：34－35.

[9] 随树元，王树山. 终点效应学 [M]. 北京：国防工业出版社，2000.

[10] 李剑. 爆炸与防护 [M]. 北京：中国水利水电出版社，2014.

[11] 孙光. 反爆炸学 [M]. 北京：群众出版社，2019.

第10章
爆炸技术的军事应用

10.1　爆炸装置基本原理

爆破战斗部利用炸药爆炸产生的爆轰产物和冲击波破坏目标，可用于打击空中、地面、地下、水上和水下的多种目标，特别是有生力量、建筑物及轻装甲目标等。爆破战斗部内部一般装填高能炸药，炸药在各种介质（如空气、水、岩石和金属等）中爆炸时，介质将受到爆轰产物的强烈冲击。爆轰产物具有高压、高温和高密度的特性，对于一般高能炸药，爆轰产物的压力可达20～40 GPa，温升可达3 000～5 000 ℃，密度可达2.15～2.37 g/cm^3。爆轰产物作用于周围介质，还将在介质内形成爆炸冲击波，爆炸冲击波携带着爆炸的能量，可使介质产生大变形、破碎等破坏效应。

战斗部是各类弹药和导弹等武器系统毁伤目标的最终毁伤单元，一般由壳体、装填物和传爆序列组成。

10.1.1　壳体

壳体是战斗部的基体，是容纳装填物的容器，也起到支撑体和连接体的作用（在有些导弹结构上，战斗部壳体与导弹舱体相连接，并成为导弹外壳的一部分，是导弹的承力构件之一）。另外，在有些战斗部中，炸药引爆壳体破裂可形成能毁伤目标的高速破片或其他形式的毁伤元素。

10.1.2　装填物

装填物是战斗部毁伤目标的能源物质，其作用是将本身存储的化学能通过剧烈的放热化学反应释放出来，产生毁伤目标的毁伤元素。

常规战斗部的主要装填物为高能炸药，在引爆后，炸药通过剧烈的化学反应释放能量，并产生金属射流、破片、冲击波等毁伤元素。

10.1.3　传爆序列

战斗部的传爆序列是把引信所接收的起始信号转变为爆轰波（或火焰），并逐级放大，最终引爆战斗部主装药的装置。它通常由雷管、传爆药柱、辅助传爆药柱和扩爆药柱等组成。其工作过程一般是当引信受到触发并输出电脉冲或其他物理信号时，雷管、传爆药柱和扩爆药柱相继爆炸，最后引发主装药的爆炸。

常规的战斗部依据其结构原理的差异，主要可分为爆破战斗部、破片战斗部、聚能装药战斗部、穿甲战斗部、子母战斗部和温压弹等，依据其不同的爆炸特性形成的毁伤元主要有爆炸冲击波、爆炸驱动破片、爆炸成型弹丸（EFP）、爆炸抛撒和云雾爆轰这几种毁伤应用。

10.2　爆炸冲击波

爆破战斗部利用炸药爆炸产生的爆轰产物和冲击波对目标产生的破坏作用称为爆炸冲击效应。炸药爆炸时，除了产生高温高压的爆轰产物以外，还形成强大的冲击波向四周运动，以很高的压力作用在目标上，给目标很大的冲量和超压，使其遭受不同程度的破坏。根据爆破战斗部爆炸时周围介质的不同，将爆破战斗部的毁伤效应分为空中爆炸、水中爆炸和岩土中爆炸三种情况。

10.2.1　空中爆炸

1. 空中爆炸的形成

爆破战斗部在空气中爆炸时，炸药能量的 60%～70% 通过空气冲击波作用于目标，给目标施加巨大的压力和冲量。炸药在空气中爆炸，瞬间转变为高温、高压的爆轰产物。由于空气的初始压力和密度都很低，爆轰产物急剧膨胀，使其内部压力和密度下降；同时，爆轰产物高速膨胀，强烈压缩周围空气，在空气中形成空气冲击波，具体过程如下。

假设爆轰由装药中心引发，当爆轰波到达炸药和空气界面时，瞬间在空气中形成强冲击波，称为初始冲击波，其参数由炸药和介质性质决定。初始冲击波作为一个强间断面，其运动速度大于爆轰产物－空气界面的运动速度，造成压力波阵面与爆轰产物－空气界面的分离。初始冲击波构成整个冲击波的头部，其压力最高，压力波尾部压力最低，与爆轰产物－空气界面压力相连续。由于惯性效应，爆轰产物会产生过度膨胀，其压力将低于临近空气的压力，即刻在压力波的尾部形成稀疏波，并开始第一次反向压缩。此时，压力波和稀疏波与爆轰产物分别独立地向前传播。这样就形成一个尾部带有稀疏波区（或负压区）的空气冲击波，称为爆炸空气冲击波。爆炸空气冲击波的形成和压力分布如图 10－1 所示。

2. 爆炸空气冲击波参量

爆炸空气冲击波形成以后，脱离爆轰产物独立地在空气中传播。在传播过程中，波的前沿以超声速传播，而正压区的尾部则以与压力 p_0 相对应的声速传播，所以正压区不断被拉宽。爆炸空气冲击波的传播如图 10－2 所示。随着爆炸空气冲击波的传播，其峰值压力和传播速度等参数迅速下降。其原因是：首先，爆炸空气冲击波的波阵面随传播距离的增加而不断扩大，即使没有其他能量损耗，其波阵面上单位面积的能量也迅速减小；其次，爆炸空气冲击波的正压区随传播距离的增加而不断拉宽，受压缩的空气量不断增加，使得单位质量空气的平均能量不断下降；此外，空气波的

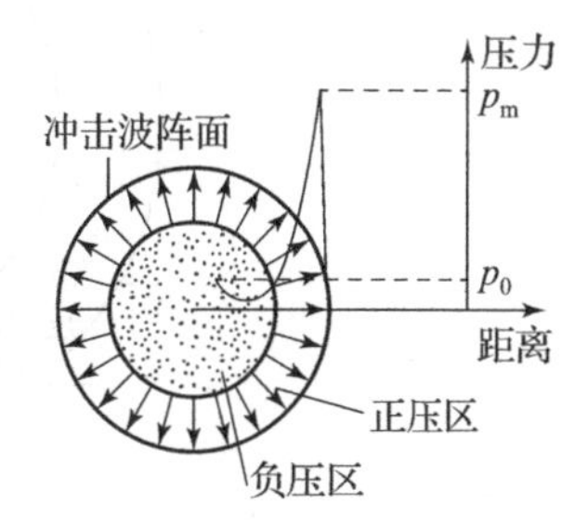

图 10－1　爆炸空气冲击波的形成和压力分布

传播是熵增过程，因此在传播过程中始终存在着因空气冲击绝热压缩而产生的不可逆的能量损失。爆炸空气冲击波传播过程中波阵面压力在初始阶段衰减快，后期减慢，传播一定距离后，冲击波衰减为声波。

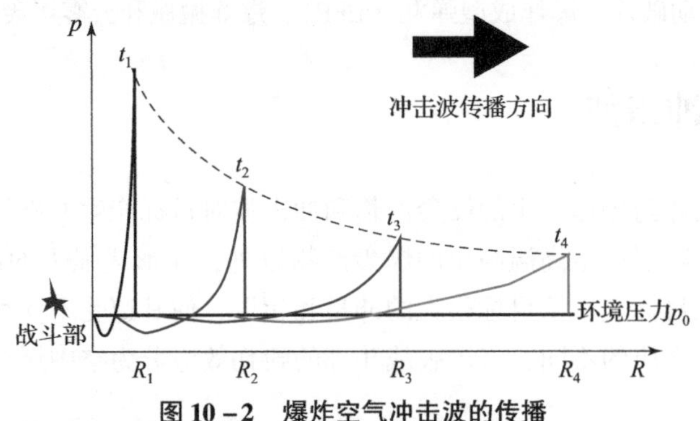

图 10－2　爆炸空气冲击波的传播

典型冲击波压力随时间的变化曲线如图 10－3 所示。$\Delta p = p - p_0$ 为冲击波超压，t_+ 表示正压持续时间，$I_+ = \int_0^{\tau_+} \Delta p(t)\,\mathrm{d}t$ 为比冲量。冲击波常压峰值 $\Delta p_m = p_m - p_0$、t_+ 和 I_+ 构成了爆炸空气冲击波的三个基本参数。

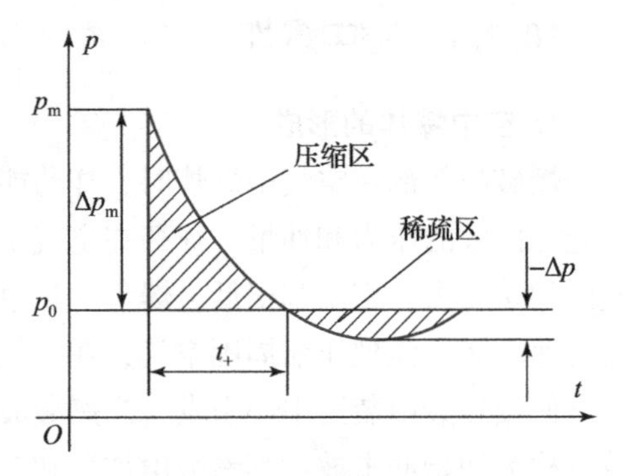

图 10－3　典型冲击波压力随时间的变化曲线

炸药在地面爆炸时，由于地面的阻挡，空气冲击波主要向一半无限空间传播，地面对冲击波的反射作用使能量向一个方向增强。图 10－4 给出了炸药在有限高度 H 爆炸时，冲击波传播的示意图。有限高度空中爆炸后，冲击波到达地面时发生波反射，形成马赫反射区和正规反射区，反射波后压力得到增强，形成不对称作用。

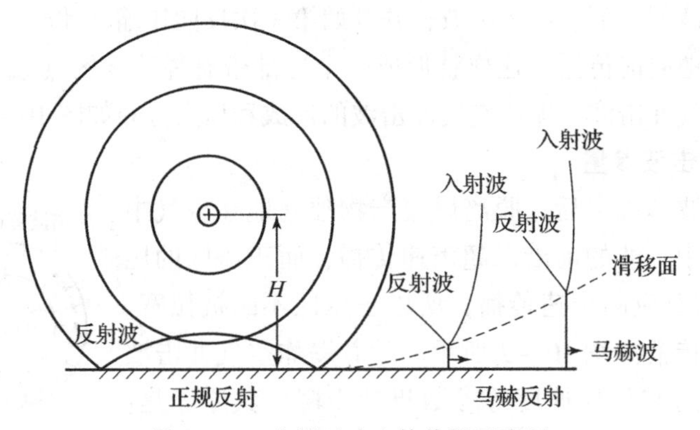

图 10－4　空爆时冲击波传播示意图

3. 爆炸空气冲击波的破坏作用

装药在空气中爆炸能对周围目标（如建筑物、军事装备和人员等）产生不同程度的破坏和损伤。离爆炸中心距离小于 $(10\sim15)r_0$（r_0 为装药半径）时，目标受到爆轰产物和冲

击波的同时作用，而超过上述距离时，主要受到空气冲击波的作用。在实际中，空气冲击波在传播时遇到的目标往往是有限尺寸的。这时除了有反射冲击波作用，还发生冲击波的环流作用，又称绕流作用。假设平面冲击波垂直作用于一座很坚固的障碍物，这时发生正反射，壁面压力增高 Δp_2。与此同时，入射冲击波沿着墙顶部传播，显然，并不发生反射，其波阵面上压力为 Δp_1。由于 $\Delta p_1 < \Delta p_2$，稀疏波向高压区内传播。在稀疏波作用下，壁面处空气向上运动，但在其运动过程中，由于受到障碍物顶部入射波后运动的空气影响而改变了运动方向，形成顺时针方向运动的旋风，另外又和相邻的入射波一起作用，变成绕流向前传播，如图 10－5（a）所示。绕流进一步发展，绕过障碍物顶部沿着障碍物后壁向下运动，如图 10－5（b）所示。这时障碍物后壁受到的压力逐渐增加，而障碍物的正面则由于稀疏波的作用，压力逐渐下降。即使如此，降低后的压力还是要比障碍物后壁受到的压力大。绕流波继续沿着障碍物后壁向下运动，经某一时刻到达地面，并从地面发生反射，使压力升高，如图 10－5（c）所示。这和空中爆炸时，冲击波从地面反射的情况类似。绕流波沿着地面运动，大约在离障碍物后 $2H$（H 为障碍物高度）的地方形成马赫反射，这时冲击波的压力大为加强，如图 10－5（d）所示。因此，这种情况下利用障碍物做防护时，越靠近障碍物内侧越安全。

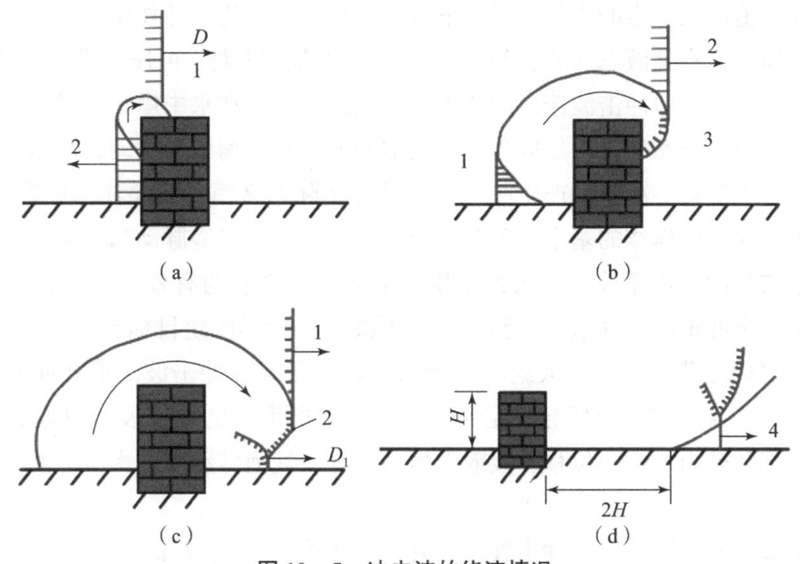

图 10－5　冲击波的绕流情况

（a）反射的初始情况；（b）绕流情况；（c）绕流波与地面的反射；（d）障碍物后的马赫反射

1—入射冲击波；2—反射冲击波；3—绕流波；4—马赫波

当冲击波遇到高而窄的障碍物（如烟囱等）时，冲击波绕流情况如图 10－6 所示。冲击波在墙的两侧同时产生绕流，当两个绕流绕过障碍物继续运动时将发生相互作用现象，作用区的压力骤然升高。当障碍物的高度和宽度都不是很大时，受到冲击波作用后绕流同时产生于障碍物的顶端和两侧，这时在障碍物的后壁某处会出现三个绕流波汇聚作用的合成波区，该处压力很高。因此，在利用障碍物做防护时，必须注意障碍物后某距离处的破坏作用可能比无障碍物时更加严重。

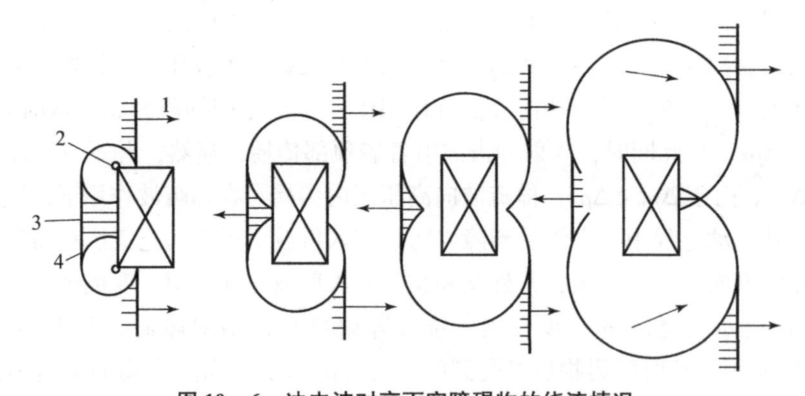

图 10 - 6　冲击波对高而窄障碍物的绕流情况

1—入射冲击波；2—绕流波；3—反射波；4—稀疏波

10.2.2　水中爆炸

爆破战斗部在水中爆炸时，以水中冲击波、气泡脉动和二次压力波为主要特征，形成的水中冲击波和二次压力波可对较远距离目标产生破坏作用，而被水介质包围的爆轰产物形成的气泡脉动和气泡溃灭产生的水射流对水下近距离目标可实施破坏作用。

常温、常压下，水是液态介质，相对于空气，水的密度大，可压缩性小，因此声速大。由冲击波公式可知，水中冲击波造成的压力会大很多。炸药在水中爆炸形成水中冲击波，同时爆轰产物被包围在液态的水中形成气泡，气泡的膨胀和压缩引起脉动。气泡的脉动产生后续压力波，通常由于第一次脉动产生的压力波具有实际意义而受到关注，称为二次压力波。简而言之，炸药在水中爆炸的基本现象是形成水中冲击波、气泡脉动和二次压力波。

鱼雷、水雷和深水炸弹等水下武器是用来摧毁敌方舰船的有效手段。装药在水中爆炸时，通常产生水中冲击波、气泡脉动和二次压力波，三者都能使目标受到一定程度的破坏。对于猛炸药（高能炸药）来说，大约有一半以上的能量是以冲击波的形式向外传播的。因此，多数情况下，冲击波的破坏起决定性作用。爆炸所形成的冲击波能引起舰体结构的破坏，如舰体局部的破损、机座位移、接缝强烈破坏等。气泡脉动和二次压力波一般引起附加的破坏作用。

水中接触爆炸时，除了水中冲击波作用外，爆轰产物（气泡脉动）也同时作用于目标，二者的共同作用使舰体壳板遭到严重破坏。当舰体与隔墙之间充填液体时，水中冲击波可通过液体传到其他部分，增大破坏作用。由于水中冲击波的作用，可能发生机器与机座的破裂，仪器设备破损，也可能使舰艇着火或弹药爆炸。

水中非接触爆炸按作用距离和对舰艇的破坏程度，大致可分为两种情况：近距离爆炸（指装药与目标的距离与气泡的最大半径相当），水中冲击波、气泡脉动和二次压力波三者都作用于目标，可能产生舰艇局部性破坏；较远距离爆炸时（指装药与目标的距离远大于气泡的最大半径），目标主要受到水中冲击波的破坏作用，使舰体产生整体变形和裂缝等。在气泡脉动的过程中，气泡最终将溃灭并产生水射流，水射流作用于目标可造成局部的冲击和侵彻作用，即使对装甲目标也具有强烈的破坏效应。

10.2.3　岩土中爆炸

1. 岩土中的爆炸现象

岩土是指岩石和土壤的总称，它由多种矿物质颗粒组成，颗粒与颗粒之间有的相互联系，有的相互不联系。岩土的孔隙中还含有水和气体，气体通常是空气。根据颗粒间机械联系的类型、孔隙率和颗粒的大小，岩石可分为以下几类：坚硬岩石和半坚硬岩石、黏性土、非黏性（松散）土。

由于岩土是一种很不均匀的介质，颗粒之间存在较大的孔隙，即使同一岩区，各部位岩质的结构构造和力学性能也可能存在很大的差别。因此，与空中爆炸和水中爆炸相比，岩土中的爆炸现场要复杂得多。

2. 装药在无限均匀岩土介质中爆炸

图 10－7 表示某一球形炸药无限均匀岩土介质中爆炸后爆点附近的横截面。当炸药在中心起爆后，爆轰波以相同的速度向各个方向传播，传播的速度取决于炸药类型和装药条件。爆轰波传播速度通常大于岩石中应力波的传播速度，因此可以假定，爆轰产物的压力同时作用在与炸药相接触的岩土介质的所有点上。由于变形过程的速度极高，可以认为爆轰产物与周围介质之间不进行热交换，过程是绝热的。

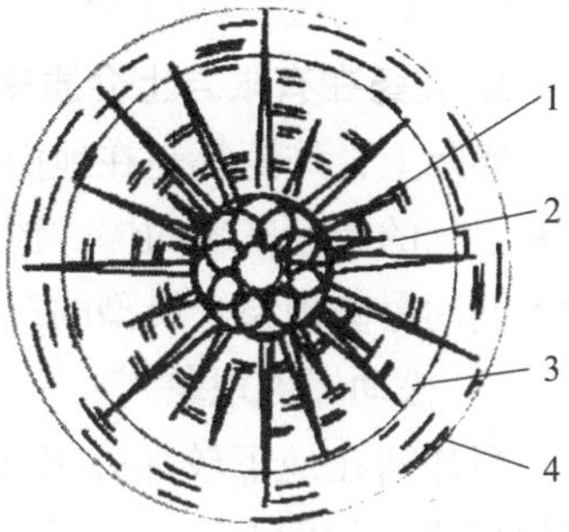

图 10－7　某一球形炸药无限均匀岩土介质中爆炸后爆点附近的横截面

1—爆腔；2—压碎区；3—破裂区；4—震动区

爆轰后的瞬间，爆轰产物的压力达几十 GPa，而岩土的抗压强度仅为几百 MPa 或更低，因此靠近炸药表面的岩土将被压碎，甚至进入流动状态。被压碎的介质因受爆轰产物的挤压发生径向运动，形成空腔，称为爆腔，如图 10－7 中 1 区所示。爆腔的体积约为炸药体积的几十倍。

爆心附近岩土被强烈压碎的区域，称为压碎区，如图 10－7 中 2 区所示。若岩土为均匀介质，在这个区域内将形成一组滑移面，表现为细密的裂纹，这些滑移面的切线与自爆炸中心引出的射线之间成 45°。在这个区域内，岩土强烈压缩，并朝离开爆炸中心的方向运动，于是产生了以超声速传播的冲击波。

随着冲击波离开炸药距离的增加，能量扩散到越来越大的介质体积中，加之能量的耗散，使压力迅速降低。在距炸药一定距离处，压力将低于岩土的强度极限，这时变形特性发生了变化，破碎现象和滑移面消失，岩土保持原来的结构。由于岩土受到冲击波的压缩会发生径向向外运动，这时介质中的每一层受环向拉伸应力的作用。如果拉伸应力超过了岩土的动态抗拉强度极限，就会产生从爆炸中心向外辐射的径向裂缝。大量实验研究表明，岩土的抗拉强度极限比抗压强度极限小很多，通常为抗压强度的 2%～10%。因此在压碎区外出现拉伸应力的破坏区，且破坏范围比前者大。随着压力波阵面半径的增大，超压降低，拉伸应力值降低。在某一半径处，拉伸应力将低于岩土的抗拉强度，岩土不再被拉裂。在爆轰产物迅速膨胀的过程中，爆轰产物逸散到周围的径向裂纹中去，因而助长了这些裂缝的扩展，并使自身的体积进一步增大。这样，气体的压力和温度进一步降低。由于惯性的缘故，在压力波脱离爆腔之后，岩土的颗粒在一定时间内继续朝离开爆炸中心的方向运动，导致爆轰产物中出现负压，并且在压力波后面传播一个稀疏（拉伸）波。由于径向稀疏波的作用，介质颗粒在达到最大位移后，反向朝爆炸中心方向运动，于是在径向裂缝之间形成了许多环向裂缝。这个主要由拉伸应力引起的径向和环向裂缝彼此交织的破坏区域称为破裂区或松动区，如图 10－7 中 3 区所示。

在破裂区（松动区）以外，冲击波已经很弱，不能引起岩土结构的破坏，只能产生质点的震动。离爆炸中心越远，震动的幅度越小，最后冲击波衰减为声波。这一区域称为弹性变形区或震动区，如图 10－7 中 4 区所示。

3. 装药在有限岩土介质中爆炸

实际上，炸药都是在地面下一定深度处爆炸的。所谓的岩土介质中的爆炸，就是指有岩土和空气的界面影响的爆炸情况。装药在岩土中爆炸时，根据装药埋设深度的不同而呈现程度不同的爆破现象，典型的有松动爆破和抛掷爆破。

1）松动爆破现象

当炸药在地下较深处爆炸时，爆炸冲击波只导致周围介质的松动，而不发生土石外抛掷的现象。如图 10－8 所示，装药爆炸后，压力波由中心向四周传播，当压力波到达自由表面时，介质产生径向运动。与此同时压力波从自由面反射为拉伸波，以当地声速向岩土深处传播。反射拉伸波到达之处，岩土内部受到拉伸应力的作用，造成介质结构的破坏。这种破坏从自由面开始向深处一层层地扩展，而且基本按几何光学或声学的规律进行。可以近似地认为反射拉伸波是从装药中心成镜像对称的虚拟中心 O' 处所发出的球形波。

如图 10－9 所示，松动爆破的破坏由两部分组成：①由爆炸中心到周围保持球状的破坏区，称为松动破坏区Ⅰ，其特点是岩土介质内的裂缝径向发散，介质颗粒破碎得较细；②自由面反射拉伸波引起的破坏区称为松动破坏区Ⅱ，其特点是裂缝大致以虚拟中心发出的球面扩展，介质颗粒破碎得较粗。松动区的形状像一个漏斗，通常称为松动漏斗。

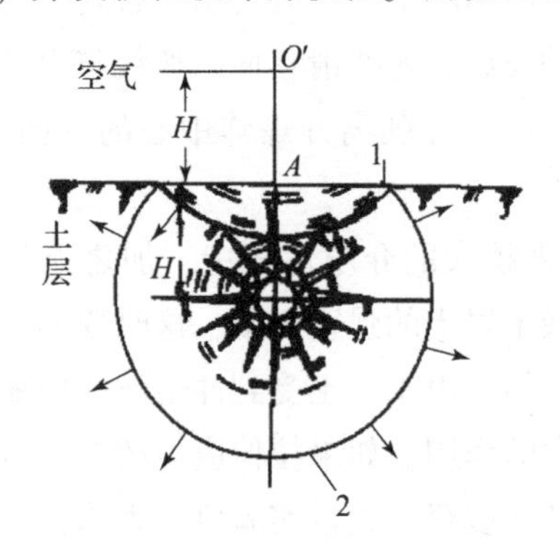

图 10－8　松动爆破时波的传播

1—反射波阵面；2—爆炸波阵面

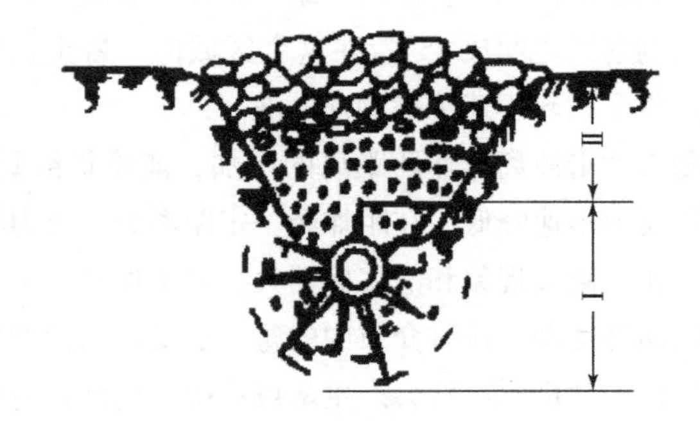

图 10－9　松动爆破岩土的破坏情况

2）抛掷爆破现象

如图 10－10 所示，如果装药与地面进一步接近，或者装药量更多，那么当炸药爆炸的能量超过炸药上方介质的阻碍时，土石将被抛掷，在爆炸中心与地面之间形成一个抛掷漏斗坑，称为抛掷爆破。图 10 - 10 中，装药中心到自由面的垂直距离称为最小抵抗线，用 H 表示。漏斗坑口部半径用 R 表示。漏斗坑口部半径 R 与最小抵抗线 H 之比称为抛掷指数，用 n 表示。抛掷爆破按抛掷指数的大小分成以下几种情况：①$n>1$ 为加强抛掷爆破，此时，漏斗坑顶角大于 90°；②$n=1$ 为标准抛掷爆破，此时，漏斗坑顶角等于 90°；③$0.75<n<1$ 为减弱抛掷爆破，此时，漏斗坑顶角小于 90°；④$n<0.75$ 属于松动爆破，此时没有土石抛掷现象。

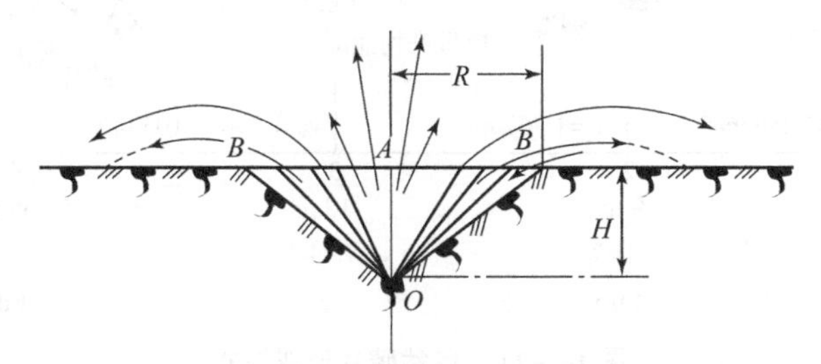

图 10 - 10　抛掷爆破岩土的飞散

10.3　爆炸驱动破片

炸药在空气中爆炸时，利用所形成的冲击波超压和爆轰产物对周围介质实施毁伤，但是冲击波超压随距离的增加而迅速衰减，在较远距离上，冲击波超压已经很低，不足以毁伤目标。而当爆轰产物膨胀到 10 ~ 15 倍装药半径时，其内部压力衰减至与环境压力基本相当，所以只能对近距离目标发挥毁伤作用。因此为了实现更远距离的毁伤，一般采用爆炸驱动破片的方式，将爆炸能量转化为破片动能，产生高速破片群，利用破片对目标的击穿、引燃和引爆作用来杀伤目标。

当战斗部爆炸时，在几微秒内产生的高压爆轰产物对战斗部金属外壳施加数十万大气压的压力，这个压力远远大于战斗部壳体的材料强度，使壳体破裂，产生破片。外壳的结构形式决定了壳体的破裂方式，如果预先在金属外壳上设置削弱结构，使之成为壳体破裂的应力集中源，则可以得到可控制的破片形状和质量。因此，根据破片产生的途径可分为自然破片、半预制破片和预制破片三种形式。

（1）自然破片。在爆轰产物作用下，壳体膨胀、断裂、破碎而形成破片。壳体既是容器又是毁伤元素，壳体材料利用率较高；一般情况下壳体较厚，爆轰产物泄漏之前驱动加速时间较长，形成的破片初速较高；但破片大小不均匀，形状不规则，在空气中飞行时速度衰减很快。

自然破片的思想是把外壳分解为大量破片，破片的质量由壳体材料特性、壳体厚度、密封性和炸药性能等决定。自然破片形成过程可以分为四步来理解，如图 10 - 11 所示。先是壳体膨胀，如图 10 - 11（a）所示；当膨胀变形超过材料强度时，壳体外表面开始裂口，如图 10 - 11（b）所示；接着壳体外表面的裂纹开始向内表面发展形成裂缝，如图 10 - 11（c）所示；爆轰产物从裂缝中流出造成大量爆轰产物飞出，如图 10 - 11（d）所示。随后爆炸气体冲出并伴随着破片飞散，同时气体产物开始消散。这时战斗部壳体已经膨胀达到其初始直径的150%~160%。

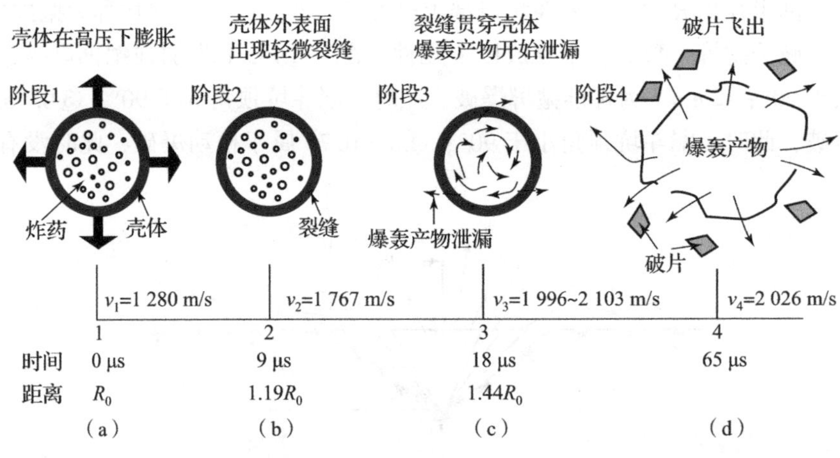

图10-11　自然破片形成过程

(2) 半预制破片。一般采用壳体刻槽、炸药刻槽、壳体区域弱化和圆环叠加焊接等措施，使壳体局部强度减弱，控制爆炸时壳体的破裂位置，形成形状和质量可控制的破片。这样可以避免产生过大和过小的破片，减少了有效破片数量的损失，改善了破片性能，从而提高了战斗部的杀伤半径。

刻槽式破片是在一定厚度的壳体上，按照规定的方向和尺寸加工出相互交错的沟槽，沟槽之间形成菱形、正方形、矩形或平行四边形的小块。刻槽也可以通过钢板轧制使其直接成型，然后将刻好槽的钢板卷焊成圆柱或锥形战斗部壳体，以提高生产效率并降低成本。战斗部装药爆炸后，壳体在爆轰产物的作用下膨胀，并按刻槽造成的薄弱环节破裂，形成较规则的破片。

药柱刻槽装药中，药柱上的槽由特制的带聚能槽的衬套来保证，而不是真正在药柱上刻槽，典型结构如图10-12所示。战斗部的外壳可以是无缝钢管，衬套上带有特定尺寸的楔形槽。衬套与外壳的内壁紧密相贴，用注药法注药后，装药表面就形成楔形槽。装药爆炸时，楔形槽产生聚能效应，将壳体切割成所设计的破片。

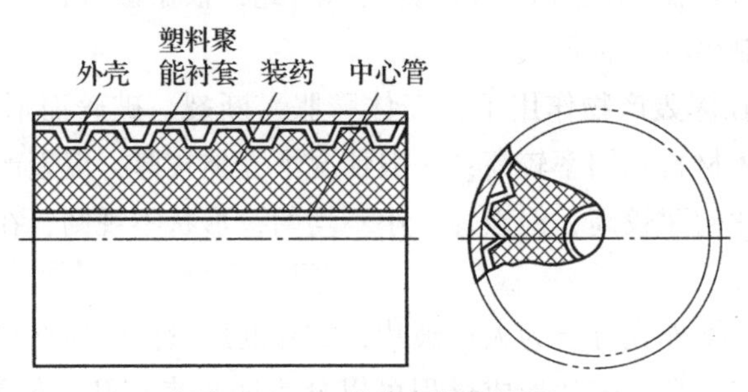

图10-12　药柱刻槽示意图

叠环式破片战斗部壳体由钢环叠加而成，环与环之间点焊，以形成整体，通常在圆周上均匀分布三个焊点，整个壳体的焊点形成三条等间隔的螺旋线。这种结构示意图如图10-13所示。装药爆炸后，钢环沿环向膨胀并断裂形成长度不太一致的条状破片，对目标造成切割使其破坏。

（3）预制破片。破片完全采用预先定制的结构和材料，用黏结剂定位于两层壳体之间。破片形状可以是球形、立方体、长方体、杆状等，材料可以不同于壳体。壳体材料一般为薄铝板、薄钢板或玻璃钢板等，用环氧树脂或其他适当材料填充破片间的空隙。

预制破片战斗部示意图如图 10－14 所示。破片按需要的形状和尺寸，用规定的材料预先制造好，再用黏结剂黏结在装药外的内衬上。内衬可以是薄铝筒、薄钢筒或玻璃钢筒，破片层外面有一外套。球形破片则可直接装入外套和内衬之间，其间隙以环氧树脂或其他适当材料填充。装药爆炸后，预制破片被爆炸作用直接抛出，因此壳体几乎不存在膨胀的过程，爆轰产物较早逸出。在各种破片战斗部中，质量比相同的情况下，预制式的破片速度是最低的，与刻槽式相比要低 10%～15%。

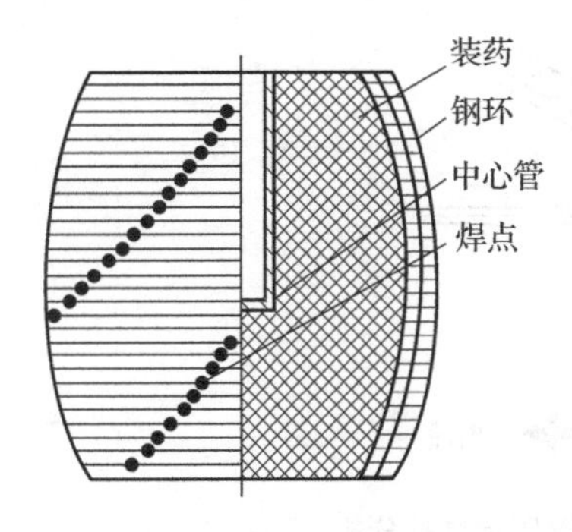

图 10－13　叠环式破片战斗部示意图

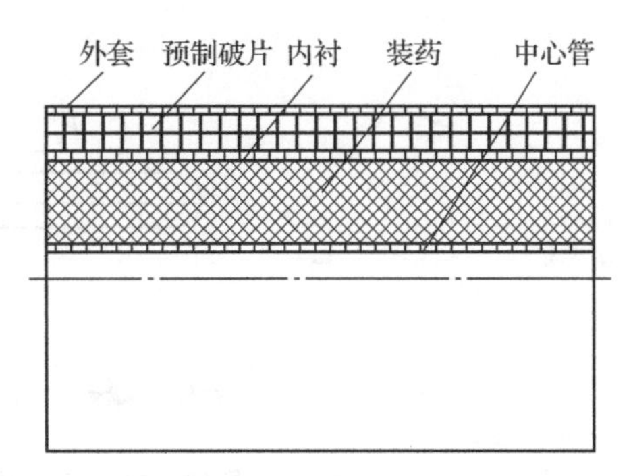

图 10－14　预制破片战斗部示意图

10.4　爆炸聚能效应

10.4.1　聚能装药射流形成理论

聚能装药爆炸时，可以观察到三个不同的时期，分别是射流形成阶段、射流断裂阶段、射流与靶板相互作用阶段。对于第一阶段，Birkhoff 等人提出了定常流体理论，并被发展成为我们所熟知的 PER（Pugh，Eichelberger and Rostoker）理论，这也是最常用的非定常模型。另外，Godunov 等在 1975 年改进了定常理论来描述应变率的影响，其后来又进一步被 Walters 发展。

1. 射流形成的定常 Birkhoff 理论

成形装药射流形成定常理论是由 Birkhoff 等建立的，它有如下假设：

（1）药型罩微元在罩轴线上被瞬时加速到最终压垮速度 V_0 后不变。

（2）射流长度恒定且等于药型罩母线长。

（3）作用于罩壁各处的压力相等并且压垮角 2β 大于罩锥角 2α。

（4）射流和杵体的速度和交叉处截面积都是恒定的。

图 10－15 所示为定常射流理论的药型罩压合过程分析，其中 β 表示压垮角，α 是药型罩锥角的一半，V_0 为压合速度，V_1 为坐标移动速度（或 A 点的滞止速度），V_2 为射流微元

流动速度，U_D 为爆轰波速。

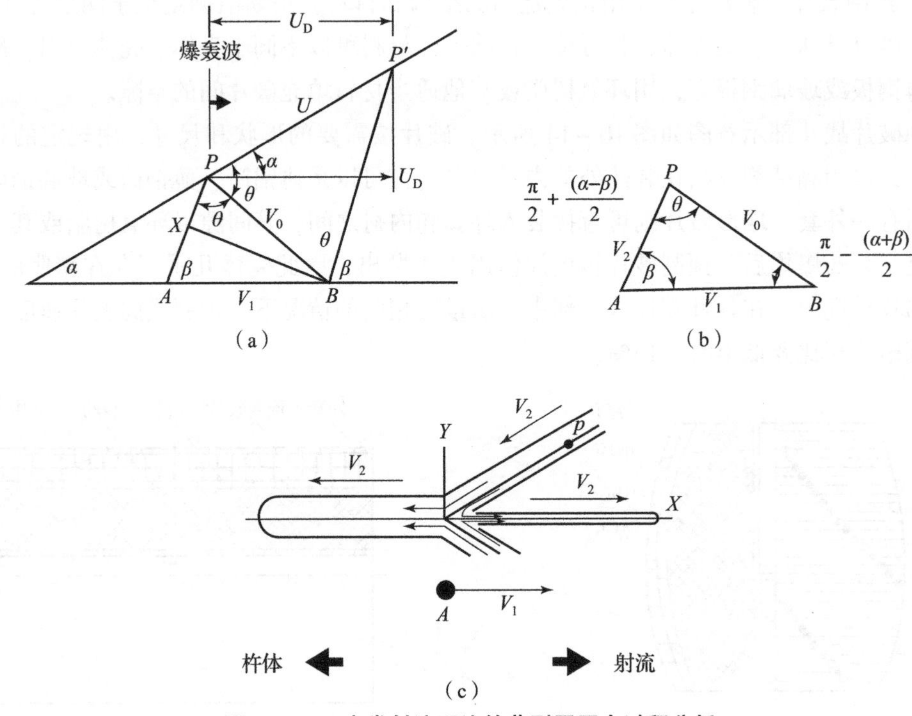

图 10－15　定常射流理论的药型罩压合过程分析

（a）药型罩压合过程；（b）压垮、流动和滞止三者速度关系；（c）在动坐标 A 点上观察射流和杵体微元运动

认为该过程为定常理论的压合过程，根据三角关系，$\triangle PAB$ 中的角可以表示为 $\angle\alpha$ 和 $\angle\beta$ 的函数如下：

$$\angle(PBA)=\frac{\pi}{2}-\frac{(\alpha+\beta)}{2}$$
$$\angle(BPA)=\theta=\frac{\pi}{2}+\frac{(\alpha-\beta)}{2} \tag{10-1}$$

站在点 A 上的观察者将看到点 P 在以速度 V_2 接近他，同时点 A 本身又以 V_1 的速度向右移动，因此射流和杵体的速度可以由式（10－2）、式（10－3）计算：

$$V_{jet}=V_1+V_2 \tag{10-2}$$

$$V_{slug}=V_1-V_2 \tag{10-3}$$

又因为 V_1 和 V_2 分别是滞止速度和流动速度，由正弦定理有如下关系：

$$\frac{V_0}{\sin\beta}=\frac{V_1}{\sin\left(\frac{\pi}{2}+\frac{(\alpha-\beta)}{2}\right)}=\frac{V_2}{\sin\left(\frac{\pi}{2}-\frac{(\alpha+\beta)}{2}\right)} \tag{10-4}$$

因此，V_1 和 V_2 可以表示为

$$V_1=\frac{V_0\cos[(\beta-\alpha)/2]}{\sin\beta} \tag{10-5}$$

$$V_2=V_0\left(\frac{\cos[(\beta-\alpha)/2]}{\tan\beta}+\sin\left(\frac{\beta-\alpha}{2}\right)\right) \tag{10-6}$$

式中，压垮角β可以由式（10－7）求得

$$U=\frac{V_0\cos[(\beta-\alpha)/2]}{\sin(\beta-\alpha)} \tag{10-7}$$

式中，U为爆轰波速沿$\overline{PP'}$方向的投影，可由$U=U_D/\cos\alpha$求得，U_D为爆轰波速。因此，射流和杵体速度可以如下计算：

$$V_{jet}=\frac{U_D}{\cos\alpha}\sin(\beta-\alpha)\left[\csc\beta+\cot\beta+\tan\left(\frac{\beta-\alpha}{2}\right)\right] \tag{10-8}$$

$$V_{slug}=\frac{U_D}{\cos\alpha}\sin(\beta-\alpha)\left[\csc\beta-\cot\beta-\tan\left(\frac{\beta-\alpha}{2}\right)\right] \tag{10-9}$$

射流质量m_j和杵体质量m_s可由射流和杵体的质量和动量守恒关系求得，因此，可用式（10－10）、式（10－11）表示：

$$m_j=\frac{1}{2}m(1-\cos\beta) \tag{10-10}$$

$$m_s=\frac{1}{2}m(1+\cos\beta) \tag{10-11}$$

式中，m为药型罩初始质量。

此模型忽略了射流头部速度。计算出的射流长度大于圆锥的母线长度（药型罩的初始母线长度），这与最初的假设矛盾。并且，定常模型没有考虑速度梯度，而速度梯度是射流断裂的主要原因。

2. 非定常 PER 理论

除了药型罩微元的压垮速度因各微元所处位置不同而不同外，非定常理论的基本原则与定常理论相同。压合速度在锥顶点取得最大值并向着锥底方向递减。假设压垮角向着锥底方向增大，那么，射流速度会在新的药型罩微元加入时降低。图 10－16 描述了恒定壁厚和不变锥角情况下的 PER 模型。另外，由于压合过程药型罩受压力很大，因而可以忽略罩材的内力。同时，已形成的射流中存在速度梯度，射流头部速度远大于射流尾部速度而导致射流拉长并断裂。

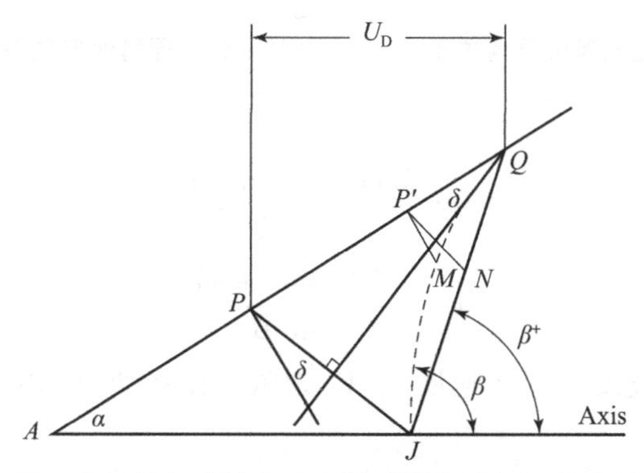

图 10－16　压合速度为变量时的药型罩压合过程

由 PER 理论得到的非定常射流形成图解，如果压垮速度不变，则当P到达J点的同时P'到达N点，QNJ保持在一条直线上。但是，在 PER 模型中，P'的压合速度小于P，因而

压合线是如图 10-16 所示的 QMJ，所以非定常压垮角 β 比定常压垮角 β^+ 要大。该假设是基于各微元足够小而不受相邻微元的影响的前提。药型罩微元并不是沿着原表面的法线方向移动，而是有一个小的 Taylor 偏向角 δ，如图 10-17 所示。Richter 提出了一个公式去求 Taylor 偏向角 δ：

$$\frac{1}{2\delta} = \frac{1}{\phi_0} + \frac{T_L K \rho_1}{T_e} \tag{10-12}$$

式中，ρ_1 和 T_L 分别为药型罩的密度和壁厚；K 和 ϕ_0 为取决于炸药种类和爆轰波作用于药型罩的入射角的常数；T_e 为驱动药型罩的炸药层厚度。

由非定常 PER 理论得到并表示出各个角度的几何关系，见图 10-17。

$$\delta = \sin^{-1}(V_0/2U) \tag{10-13}$$

式中，V_0 为相对于静止参考系的压合速度。

$$U = U_D/\cos\alpha \tag{10-14}$$

在压垮速度关系中，滞止速度和流动速度如图 10-18 所示，其中 V_1 和 V_2 可由 V_0 通过正弦定理求得

$$\frac{V_0}{\sin\beta} = \frac{V_1}{\sin\left(\frac{\pi}{2} - (\beta - \alpha - \delta)\right)} = \frac{V_2}{\sin\left(\frac{\pi}{2} - (\alpha + \delta)\right)} \tag{10-15}$$

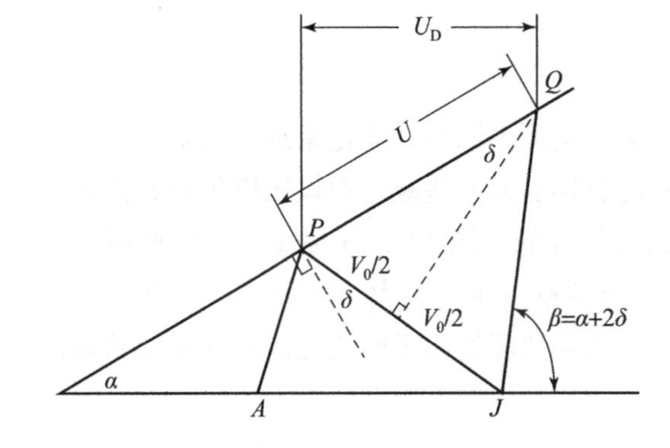

图 10-17　非定常理论的参数几何关系

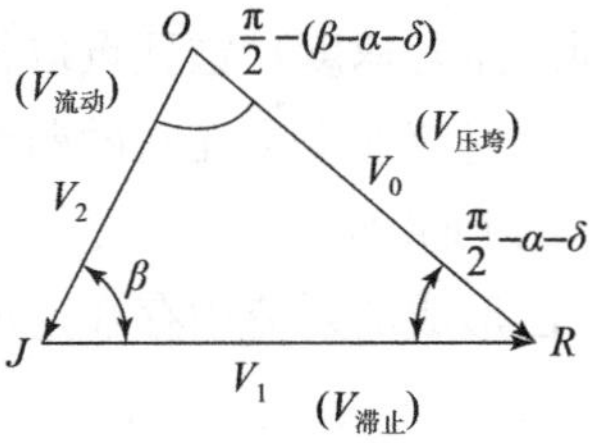

图 10-18　压垮速度关系中流动速度和滞止速度

可得

$$V_1 = \frac{V_0\cos(\beta - \alpha - \delta)}{\sin\beta} \tag{10-16}$$

$$V_2 = \frac{V_0\cos(\alpha + \delta)}{\sin\beta} \tag{10-17}$$

式中，V_1 为移动坐标的速度（滞止速度）；V_2 为微元在移动坐标中的流动速度；V_0 为在静止坐标系中的压垮速度。

Hirsh 和 Liu 提出，非定常理论中的压垮角 β 可以如下计算：

$$\beta = \beta^+ + \Delta\beta \tag{10-18}$$

式中，β^+ 为定常理论压垮角，β^+ 可如下给出：

$$\beta^{+} = \alpha + 2\delta \tag{10-19}$$

$$\Delta\beta = \arctan\left(\frac{-(x\sin\alpha)}{\cos(\alpha+\delta)\cos\delta}\left(\frac{V'_0}{V_0}\right)\right) \tag{10-20}$$

式中，x 为沿着药型罩轴线从顶点到 x 点的距离。

因此，射流和杵体的速度可以如下计算：

$$V_{\text{jet}} = V_0 \csc\frac{\beta}{2}\cos\left(\alpha+\delta-\frac{\beta}{2}\right) \tag{10-21}$$

$$V_{\text{slug}} = V_0 \sec\frac{\beta}{2}\sin\left(\alpha+\delta-\frac{\beta}{2}\right) \tag{10-22}$$

这些等式在定常理论（V_0 恒定）和非定常理论（V_0 变化）中都适用。

射流和杵体的质量满足

$$\frac{\mathrm{d}m_{\mathrm{j}}}{\mathrm{d}m} = \sin^2\frac{\beta}{2} \tag{10-23}$$

$$\frac{\mathrm{d}m_{\mathrm{s}}}{\mathrm{d}m} = \cos^2\frac{\beta}{2} \tag{10-24}$$

3. PER 理论的改进

Allison 和 Vitalli 的实验结果与 PER 理论有很好的吻合。但是 Eichelberger 发现了一些实验结果与 PER 模型预测结果矛盾，这是因为 PER 模型假设了微元压合到轴线上的加速过程是瞬时完成的（即加速度无穷大），如图 10－19（a）所示。

Eichelberger 提出药型罩压合的加速度是恒定的常数，即药型罩微元速度与时间呈线性关系，如图 10－19（b）所示。该假设也被 Carleone 等人应用，其加速度值由式（10－25）给出：

$$a = c\frac{P_{\mathrm{CJ}}}{T_{\mathrm{L}}\rho_{\mathrm{l}}} \tag{10-25}$$

式中，P_{CJ}为所有炸药的 C－J 压力；T_{L} 和 ρ_{l} 分别为药型罩的厚度和密度；c 为经验常数。Randers－Pehrson 提出了更加精确的药型罩压合速度与时间关系，如图 10－19（c）所示，其计算公式为

$$V(t) = V_0\left[1 - \mathrm{e}^{-\frac{t-t_0}{\tau}}\right] \tag{10-26}$$

式中，τ 为时间常数，可以由式（10－27）计算：

$$\tau = c_1\frac{MV_0}{P_{\mathrm{CJ}}} + c_2 \tag{10-27}$$

式中，M 为单位面积上的原始质量；c_1 和 c_2 为经验常数。

理论上，顶点部分有最大的压垮速度，因为它有最大的炸药－罩材质量比。但是，实际上并不是这样，因为邻近顶点的罩材没有足够的时间达到理论压垮速度，而在顶点之后的某个微元有最大速度。这种速度增大造成了称为反向速度梯度的现象，如图 10－20 所示。

很多作者尝试去解释当爆轰波到达金属罩时射流速度与爆轰波形状的关系。Behrmann、Birnbaum 和 Carleone 改进了 PER 射流形成模型去考虑爆轰波对射流形成的影响。

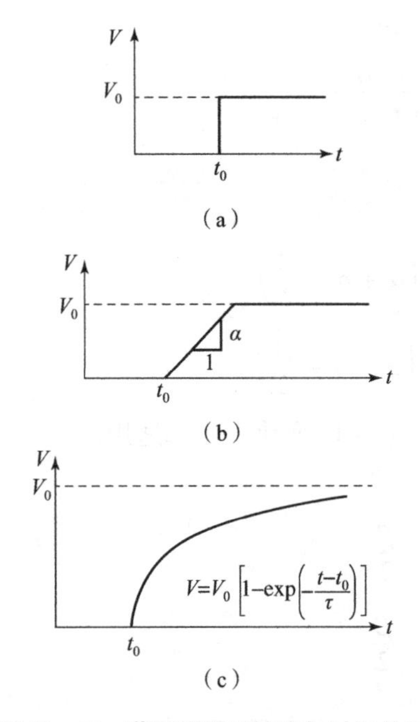

图 10-19　药型罩微元速度与时间关系

(a) 加速度无穷大；(b) 线性关系；(c) 指数关系

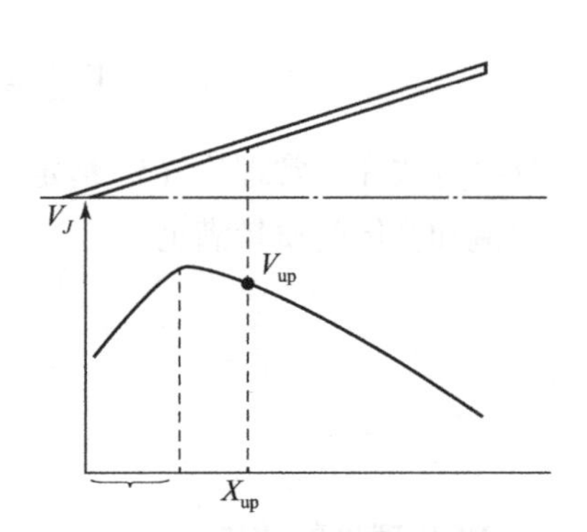

图 10-20　反向速度梯度

沿着药型罩表面方向的爆轰波速 U 可以用 $U_D/\cos\zeta(x)$ 表示，其中 U_D 是轴向爆轰波速，$\zeta(x)$ 是爆轰波前沿法线与药型罩表面的夹角。因此，Taylor 偏向角可一般表示为

$$\sin\delta = \frac{V_0\cos\zeta}{2U_D} \tag{10-28}$$

10.4.2　聚能效应的应用

利用炸药一端的空穴结构来提高局部破坏作用的效应，称为聚能效应，这种现象称为聚能现象。一端有空穴、另一端起爆的炸药药柱，通常称为空心装药。当空心内衬有一层金属或其他固态材料制成的衬套时，将形成更深的穿孔，这种空心装药结构称为成型装药或聚能装药，空穴内的固体材料衬套称为药型罩。当装药离靶板有一段距离时，孔洞深度还要增大，装药底部与靶板的距离称为炸高。根据装药几何形状、炸药和药型罩性能满足一定的要求，炸药装药起爆后药型罩将形成聚能射流、爆炸成型弹丸或聚能杆式侵彻体。

1. 聚能射流

聚能射流是炸药爆轰推动药型罩向纵轴线方向压垮，药型罩各微元形成不可压缩的金属流体，这种流体的速度可高达 8 000 m/s，其形成过程如图 10-21 所示。射流头部撞击静止靶板时，碰撞点的高压和所产生的冲击波使靶板自由面崩裂，并使靶板和射流残渣飞溅，而且在靶板中形成一个高温、高压、高应变率的三高区域，此阶段即为开坑阶段；射流对处于三高区状态的靶板进行侵彻穿孔，侵彻破甲的大部分破孔深度是在此阶段形成的，由于此阶段中的冲击波压力不是很高，射流的能量变化缓慢，破甲参数和破孔的直径变化不大，基本上与破甲时间无关，所以称为准定常阶段；当射流速度降低，一方面靶板强度的作用越来越明显，另一方面后续射流将被前面已释放能量的射流残渣阻挡，影响破甲进行，同时射流在破甲后期也会出现失稳（颈缩和断裂），从而影响破甲，当射流速度低于可以侵彻靶板的最低速度时，将不能继续侵彻穿孔，而是堆积在坑底，使破甲过程结束。

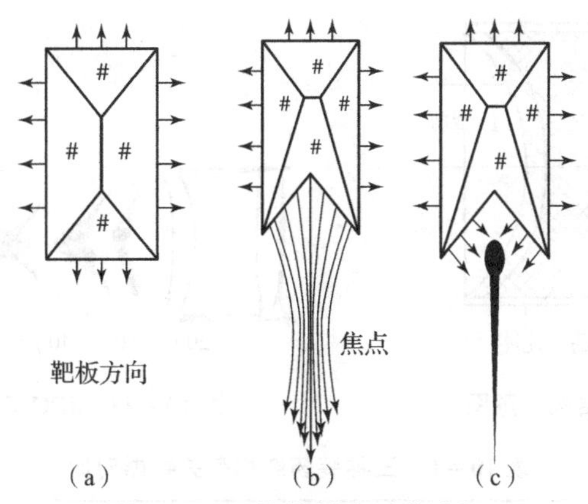

图 10－21　聚能射流形成过程

2. 爆炸成型弹丸

爆炸成型弹丸是在金属射流的基础上，采用大锥角药型罩、球缺形药型罩等聚能装药，在爆轰波作用下压垮、翻转和闭合形成高速弹体，不会形成射流和杵体，整个质量全部可用于侵彻目标。图 10－22 给出了爆炸成型弹丸战斗部结构原理及形成的射弹形状。与金属射流相比，爆炸成型弹丸具有对炸高不敏感、抗反应装甲能力强和侵彻后效大三大优点。

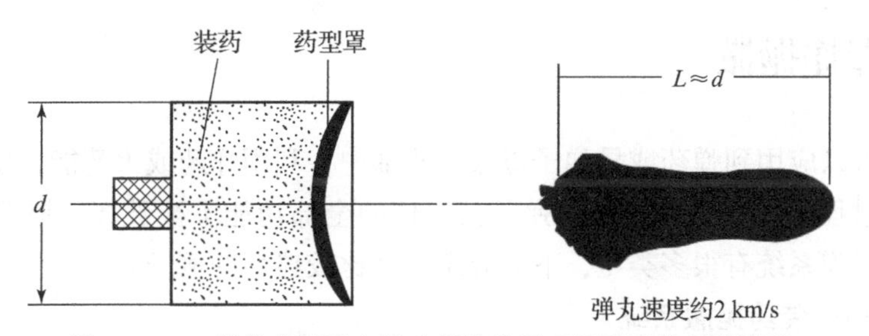

图 10－22　爆炸成型弹丸战斗部结构原理及形成的射弹形状

3. 聚能杆式侵彻体

聚能杆式侵彻体采用新型起爆、传爆系统和新型装药结构以及高密度的重金属合金药型罩，通过改善药型罩的结构形状，产生高速杆式弹丸。既具有射流速度高、侵彻能力强的优势，也具有爆炸成型弹丸药型罩利用率高、直径大、侵彻孔径大、大炸高、破甲稳定性好的优点。该侵彻体具有比 EFP 更高的速度，3～5 km/s；其形状类似穿甲弹的外形，在一定的距离内能够稳定分型；具有很强的侵彻能力，一般穿深在 3～5 倍装药口径，侵彻孔径一般可达到装药口径 45% 左右，因此比破甲弹射流具有更大的后效杀伤效果。

杆式侵彻体装药结构主要由药型罩、壳体、主装药、波形整形器（VESF 板）、辅助装药、雷管等组成，图 10－23 所示。VESF 板是形状特殊的金属或塑料板，与主装药有一定间隙。雷管起爆后，辅助装药驱动 VESF 板撞击起爆主装药，通过调节 VESF 板形状、材料及与主装药的距离，在主装药中形成所期望的爆轰波形，使药型罩接近 100% 地形成高速杆式弹丸。图 10－24 给出了 JPC 装药弹丸成型过程中药型罩压垮变形的几个典型时刻，药型罩受到炸药爆轰压力和爆轰产物的冲击和推动作用，开始压垮、变形、向前高速运动的过程。三种装药结构有关数据对比如表 10－1 所示。

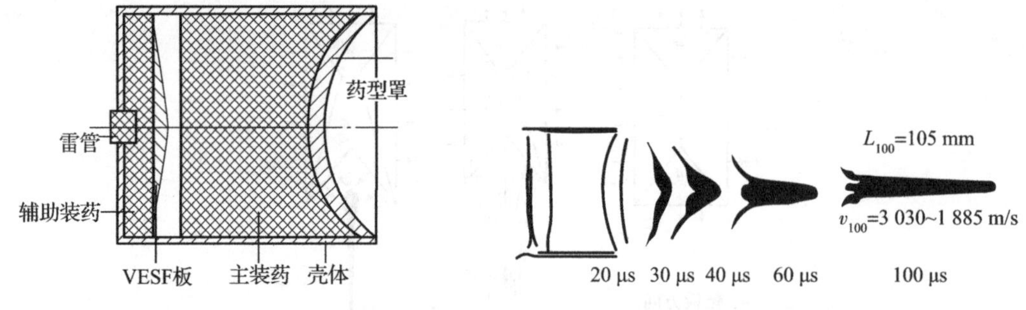

图 10－23　JPC 装药结构示意图　　**图 10－24　JPC 装药侵彻体形成过程**

表 10－1　三种装药结构有关数据对比

聚能毁伤元	速度/(km·s^{-1})	有效作用距离	侵彻深度	侵彻孔径	药型罩利用率/%
JET	5.0～8.0	3～8d	5～10d	0.2～0.3d	10～30
EFP	1.7～2.5	1 000d	0.7～1d	0.8d	100
JPC	3.0～5.0	50d	>4d	0.45d	80

10.5　爆炸抛撒

爆炸效应可以应用到弹药或导弹子母式战斗部中，利用炸药或火药能，使子弹获得必要的速度。在此过程中，还必须保证子弹及其引信的全部功能不被破坏。根据不同的应用效能，爆炸抛撒子弹系统有很多类型，下面介绍三种比较典型的例子。

1. 整体式中心装药抛撒系统

在此抛撒系统中，抛撒火药装在位于纵轴的铝管内，球形子弹沿着纵轴逐圈交错排列。装药与子弹间有一定厚度的空气间隙，如图 10－25 所示。间隙越小，子弹的速度越大，但子弹较容易受到损坏，反之亦然。

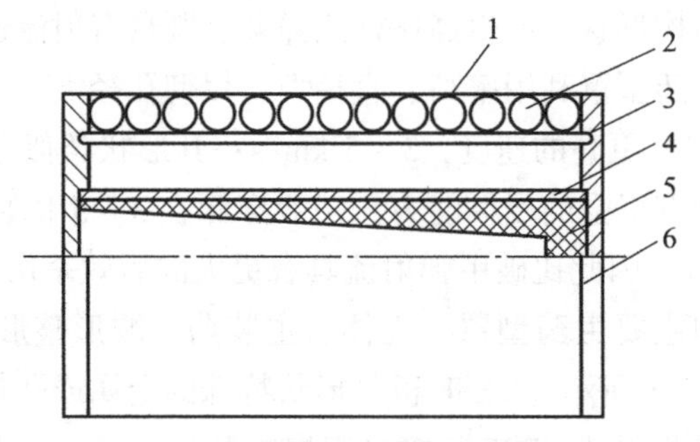

图 10－25　整体式中心装药抛撒系统

1—蒙皮；2—子弹；3—内衬；4—中心管；5—装药；6—连接件

装药形状有三种形式，如图 10－26 所示。一是轴向均匀装药，子弹获得速度大致相等；二是沿轴线阶梯装药，子弹的速度按装药的阶梯数分成几组；三是装药量沿轴向连续变化，子弹的速度沿轴向呈线性分布。

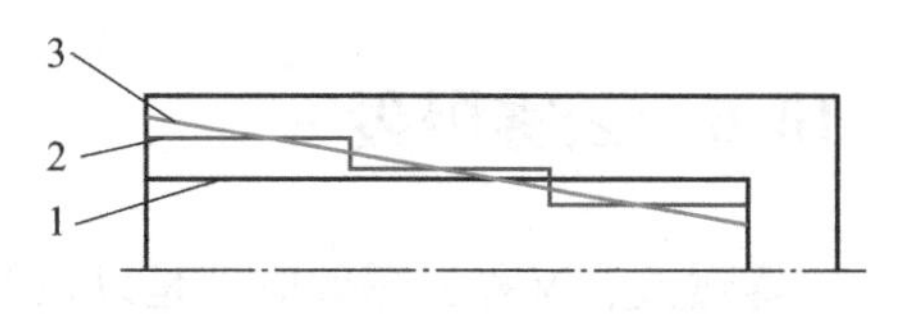

图 10－26　中心管中装药的三种形式

1—均匀装药；2—阶梯形装药；3—连续变化装药

装药可以用火药或炸药，前者，子弹的速度低，但受到的冲击小；后者，子弹的速度高，但易受到破坏。子弹如果装在塑料垫环内，可以提高抛撒速度，垫环也能对子弹起一定的保护作用。

2. 枪管式抛撒系统

燃烧室分离型枪管式抛撒系统如图 10－27 所示，钢制的枪管是子弹结构的组成部分，位于子弹的中心，与子弹的支撑管严密配合，抛撒火药装于支撑管内，火药点燃后，高压燃气作用于枪管并把子弹推出。

燃烧室共用型枪管式抛撒系统如图 10－28 所示，与燃烧室分离型枪管式抛撒系统不同的是，整个战斗部只有一个共同的火药燃烧室，燃烧室壁装有若干枪管，每个枪管上安装一颗子弹，燃气压力通过各个枪管传送给子弹，把子弹抛撒出去。

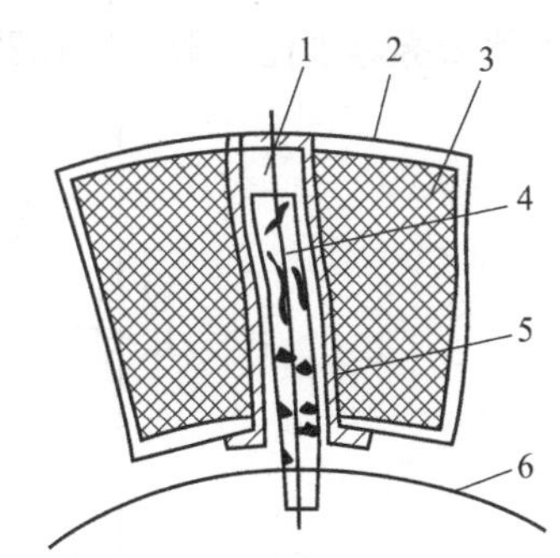

图 10－27　燃烧室分离型枪管式抛撒系统

1—枪管；2—子弹；3—子弹装药；4—燃烧室；5—子弹支撑管；6—弹药舱内支架

3. 膨胀式抛撒系统

膨胀式抛撒系统如图 10－29 所示，折叠成星形的可膨胀衬套把弹舱和子弹在径向分成若干个间隔（图中为 7 个），衬套中间为柱形燃烧室，燃烧室壁上有与间隔数相应的排气孔。抛撒药点燃后，燃气经排气孔向密闭的衬套内腔充气，衬套膨胀最终把子弹抛撒出去。由于衬套膨胀和子弹抛撒的过程很快，为了充分利用火药能量，与枪管抛撒的情况类似，也要求从火药的性能和药型上保证火药的快速和完全燃烧，以及在峰值压力建立前对子弹的约束。

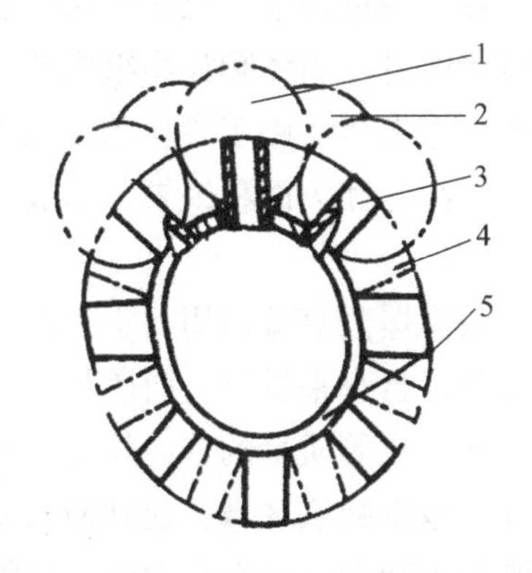

图 10－28　燃烧室共用型枪管式抛撒系统

1—第一圈子弹；2—第二圈子弹；3—第一圈枪管；4—第二圈枪管；5—战斗部中心管

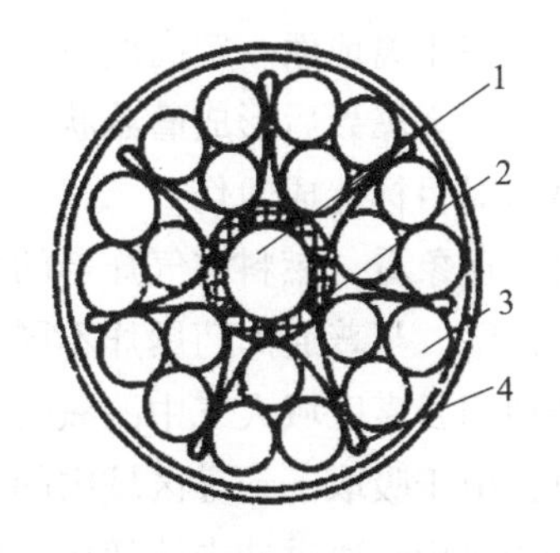

图 10－29　膨胀式抛撒系统

1—火药；2—带孔燃烧室壁；3—子弹；4—可膨胀衬套

10.6 云雾爆轰

云雾爆轰，又称云爆效应，是以燃料空气炸药在空气中爆炸产生爆炸冲击效应获得大面积杀伤和破坏效果。

燃料空气炸药与普通炸药（如 TNT）在装药质量相同时，产生的爆炸冲击波超压随距爆心距离的变化规律如图 10－30 所示。从图 10－30 中可以看出，燃料空气炸药爆轰区超压不高，但是具有体积庞大的云雾作用区（达到图中 *L* 点处）；而 TNT 在爆点附近可产生很高的超压，但超压随距爆点距离的增加急剧下降。燃料空气炸药爆炸场超压随传播距离的衰减明显缓于 TNT，当与爆心的距离超过某一范围（图中 *C* 点）后，燃料空气炸药的超压将大于 TNT，所以燃料空气炸药的有效范围更大。另外，燃料空气炸药的超压随时间的衰减也比普通炸药迟缓很多，即在某处超压相同的情况下，燃料空气炸药超压的作用时间要比普通炸药长。因此云雾爆轰比一般传统炸药爆炸具有更大的杀伤威力。

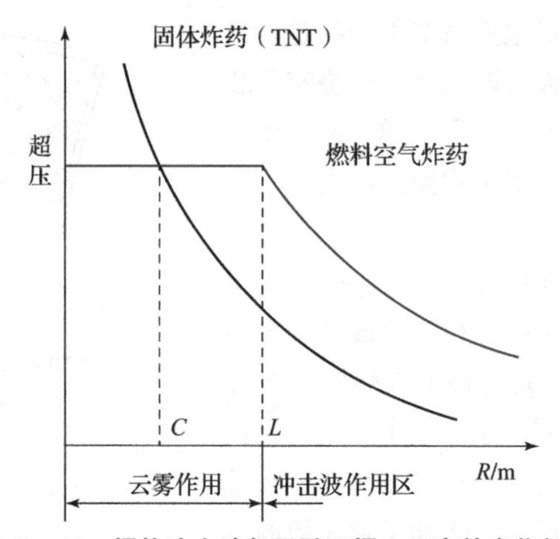

图 10－30　爆炸冲击波超压随距爆心距离的变化规律

云爆弹一般采用两次引爆模式，其作用原理是，当云爆弹被投放到目标上空一定高度时，进行第一次引爆，将弹体内的燃料抛撒到空中；在抛撒过程中，燃料迅速弥散成雾状小液滴并与周围空气充分混合，形成由挥发性气体、液体或悬浮固体颗粒物组成的气溶胶状云团；当云团在距离地面一定高度时第二次引爆，形成云雾爆轰。由于燃料散布到空气中形成云雾状态，云雾爆轰后形成蘑菇状烟云，并产生高温、高压和大面积缺氧，形成大范围的冲击波传播，对目标造成毁伤。

从物理现象看，燃料空气炸药的爆炸作用形式有云雾爆轰直接作用、空气冲击波超压作用、窒息作用。与普通炸药爆炸不同，普通炸药爆炸时靠自身来供氧，而燃料空气炸药爆炸时则充分利用云雾区域大气中的氧气，所以燃料空气炸药比等质量的普通炸药释放的能量要高；同时，由于吸取了云雾区域内的氧气，还能形成大范围缺氧区域，起到使人窒息、使发动机熄火的作用；通过冲击波超压的作用，云爆弹既能大面积杀伤有生力量，又能摧毁无防护或只有软防护的武器和电子设备，其威力相当于等质量 TNT 爆炸威力的 5～10 倍。

温压弹是在云爆弹的基础上研制出来的，是利用高温和高压造成杀伤效果的弹药，也被称为热压武器。温压弹装填的是温压炸药，温压炸药一般由炸药和铝、镁、钛、锆、硼、硅等多种物质粉末混合而成，这些粉末在爆轰作用下被加热引燃，可再次释放出大量能量。因此，温压弹爆炸后产生爆炸冲击波和持续的高温火球，其热效应和纵火效应远高于一般常规武器，并造成窒息效应。温压弹主要用于杀伤隐蔽于地下或洞穴内的有生力量和生化武器。

温压弹的结构组成主要有弹体、温压炸药、引信、稳定装置等。温压炸药是温压弹有效毁伤目标的重要组成部分，其中药剂的配方尤为重要。与云爆弹相比，温压弹使用的温压炸药一般呈颗粒状，属于含有氧化剂的富燃料合成物，战斗部炸开后温压炸药以粒子云形式扩散。这种微小的炸药颗粒充满空间，爆炸力极强，其爆炸效果比常规爆炸物和云爆弹更强，释放能量的时间更长，形成的压力波持续时间更长。

温压弹在地面爆炸时，爆炸后形成三个毁伤区，如图 10－31 所示。一区为中心区，区内人员和大部分设备受爆炸超压和高热作用而毁伤；在中心区的外围一定范围内为二区，具有较强爆炸效能，会造成人员烧伤和内脏损伤；在二区外面相当距离内为三区，仍有爆炸冲击效果，兼具破片杀伤区域，会造成人员某些部位的严重损伤和烧伤。温压弹爆炸后产生的高温、高压场向四周扩散，通过目标上尚未关好的各种通道（如射击孔、炮塔座圈缝隙、通气部位等）进入目标结构内部，高温可使人员表皮烧伤，高压可造成人员内脏破裂。因此，温压弹更多用来杀伤有限空间内的有生力量，在有限空间中爆炸时，毁伤效果比开阔区域爆炸要高很多。

图 10－31　温压弹地面爆炸毁伤机制示意图

温压弹对洞穴内目标的毁伤机制示意图如图 10－32 所示。温压弹打击洞穴的投放和爆炸方式有很多种。例如，可以垂直投放，在洞穴或地下工事的入口处爆炸或穿透防护工事表层，在洞穴内爆炸。也可以采用延时引信（一次或两次触发）的弹跳爆炸，先将其投放在目标附近，然后跳向目标爆炸或穿透防护工事口部，进入洞穴深处爆炸。温压弹还有一个特殊之处在于，它可在隧道或山洞里造成强烈爆炸，杀死内部的有生力量，却不会使山洞坍塌，因为温压炸药的爆轰峰值压力并不高。

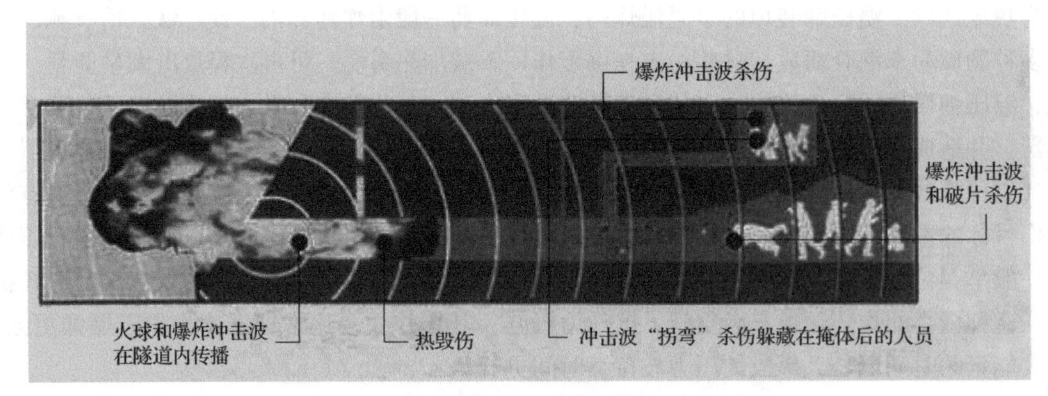

图 10-32 温压弹对洞穴内目标的毁伤机制示意图

10.7 爆炸技术在武器战斗部中应用发展动态

国外对爆炸技术在武器战斗部中的应用除了努力提高战斗部威力外，还将研究重点放在了加强战斗部威力释放的控制方面。充分利用战斗部整体设计和材料升级等技术手段，不断提高战斗部的威力与毁伤效能。

1. 深侵彻战斗部中的应用

以美国、俄罗斯、英国、德国和以色列为代表的军事强国推进了爆炸技术在武器战斗部中的应用技术发展。美国研制的 11 t TNT 当量的“炸弹之母”（MOAB），装药量达到 8 t，毁伤威力半径达到 150 m，并进行了实际应用；已装备的 13.6 t 重巨型钻地弹，对超强加固钢筋混凝土侵彻能力超过 8 m，且还在研发“集束装药”侵彻技术，爆破的岩石或混凝土容积达到单个聚能装药的 60~80 倍。俄罗斯研发的 44 t TNT 当量的“炸弹之父”毁伤威力半径达到 300 m，已成功进行了试验。

针对当前的掩体、指控中心、地下防御工事以及战略物资储备等高价值目标的防护区，美国和以色列积极开展新型钻地弹的研究，通过进一步优化弹体结构和钢质壳体，将重量分别为 2 000 lb（1lb=453.59 g）的 A2K 型钻地弹和 5 000 lb 的 A5K 型钻地弹的侵彻能力及整体攻击性能大幅提升。同时，美国空军为了提高 500 lb 级的 MK82（BLU-111）和 1 000 磅级的 MK83（BLU-110）通用炸弹性能，成功测试了 MNX-770 Mod1 改进型钝感炸药，该炸药威力与 PBXN-109 相当，但是安全性能更佳，大幅提高了航弹在储存和勤务处理过程中的安全性。此外，以色列成功研制了 MPR-500 新型钻地弹，使线性侵彻能力和侵彻深度大幅提高，其最大破片杀伤范围为 60~100 m，以 80°攻顶角度打击时可穿透超过 1 m 厚的钢筋混凝土，该型弹已在加沙地带的“保护边界行动”中得到使用。

2. 活性材料战斗部中的应用

美国活性材料战斗部技术已趋于工程化研究阶段，其应用研究领域包括陆军主动防护系统用活性破片武器、爆炸成型弹丸用活性材料、海空军导弹战斗部用活性材料等。试验及演示验证表明，高密度活性材料可代替钢用于制造破片杀伤导弹战斗部的壳体，在经受发射过载及炸药装药起爆时的冲击加载时不发生反应，但起爆后产生的破片能在穿透目标壳体后快速发生反应，提高对目标的毁伤效能。活性破片杀伤战斗部的杀伤半径是惰性破片杀伤战斗部的2倍，而潜在的毁伤威力可以达到5倍。

3. 破甲战斗部中的应用

在反装甲多用途毁伤领域，美国已研发出可同时打击坦克、薄装甲车辆、下车士兵等不同目标的综合毁伤效能战斗部，且已应用于在研的联合空对地导弹（JAGM）中。美国采用串联式聚能装药和触发引信，可侵彻1.4 m厚的装甲。俄罗斯反装甲多用途战斗部领域也非常先进，串联战斗部和温压云爆战斗部是其发展特色，前者可侵彻1.2 m厚以上的装甲目标，后者单兵使用可有效打击掩体目标。美俄防空反导战斗部已采用定向战斗部技术，使破片的利用率提高到80%，炸药能量的利用率提高到75%左右，正在研制采用逻辑网路起爆技术的定向可控破片战斗部。

4. 低附带毁伤战斗部中的应用

在低附带毁伤研制领域，美国在积极发展低附带毁伤战斗部。其使用组分为钨粉和高密度惰性金属的炸药控制毁伤半径；使用毁伤模式可调和毁伤威力可调技术，使武器具备灵活作战能力。此外，美国还在积极研发替代子母弹的先进预制破片战斗部技术。

5. 杀爆战斗部中的应用

近几年，抗冲击性能好、壳体破碎均匀的球墨铸铁炸弹得到了美军的重视。相比于普通钢质壳体，该类材料壳体更易破碎，且碎裂更加均匀，尤其是用于壳体内部预制处理。同时，壳体强度随着石墨含量的提高而增加，其抗冲击性能更好，更适用于战斗机挂载投放。此外，美国格鲁曼公司首次利用增材制造技术研制成了50磅级的杀伤力增强弹药（LEO）预制破片内衬战斗部，该战斗部可按目标种类对破片进行优化布设，调节毁伤威力，未来有望装备到高超声速武器中。此外，美国和以色列分别还在优化破片飞行轨迹和多层预制破片战斗部应用方面有所突破。

参考文献

[1] 卢芳云，蒋邦海，李翔宇，等．武器战斗部投射与毁伤［M］．北京：科学出版社，2013.

[2] 卢芳云，李翔宇，林玉亮．战斗部结构与原理［M］．北京：科学出版社，2009.

[3] 随树元，王树山．终点效应学［M］．北京：国防工业出版社，2000.

[4] 姜春兰，邢郁丽，周明德，等．弹药学［M］．北京：兵器工业出版社，2006.

[5] 张国伟．终点效应及靶场试验［M］．北京：北京理工大学出版社，2009.

[6] 尹建平，王志军．弹药学［M］．北京：北京理工大学出版社，2014.

[7] 何勇，季波，乌兰图雅，等．船用烟火信号光强测试技术研究［J］．应用光学．2008，29（2）：267－270.

[8] 李宝峰，陈永新，王建波，等．国外战斗部技术发展动态及特点分析．第十六届全国战斗部与毁伤技术学术交流会论文集：上册［C］．昆明，2019.

第 11 章
爆炸安全与防护技术

爆炸是一种生活中常见现象，所有爆炸都有一个共同的特点，就是在狭小的空间和短促的时间内发生巨大能量的释放和转化，这种剧烈的事件发生，必然导致对周围环境造成破坏性的变化。爆炸的破坏作用主要表现在爆炸高压冲击波、爆炸高速破片和爆炸高温火焰。爆炸高压冲击波是爆炸物能量快速释放，冲击压缩周围的介质（如水和空气），从而在其中形成冲击波，冲击波往往是一种面杀伤，冲击波在介质中一般耗散得比较快。爆炸高速破片是爆炸驱动周围硬质物质结构，赋予其一定速度，这种硬质物质结构由于动能较大，会对周围环境造成杀伤。爆炸高温火焰是由于爆炸往往伴随着火焰，从而引燃引爆周围物质，造成杀伤。因此，爆炸安全防护，首先是要控制爆炸高压冲击波、高速破片和高温火焰。

随着城市基础设施建设项目的不断发展，重建或者改扩建需要拆除的建（构）筑物也越来越多。控制爆破是一种快速、有效的拆除方法，由于拆除爆破大多是在人口稠密、交通繁忙、建筑物林立的市区内进行的，不论爆破设计多么完善，安全防护措施都是必不可少的。即便如此，因为预想不到的一些漏洞或者一丝的大意而引起的爆破事故也屡有发生。因此，拆除爆破中安全技术的研究，对爆破施工的安全性具有重要意义。

炸药在介质中爆炸，在达到工程目的的同时，将产生一些有害效应，如爆破振动、水中冲击波及动水压力、空气冲击波及噪声、有害气体、粉尘及爆破飞石等。炸药在固体介质中爆炸，在离爆源一定距离的固体介质中产生地震波，伴随爆炸气体逸出产生空气冲击波和噪声，炸药在水中及水下固体介质中爆炸，将产生水中冲击波及动水压力，并引起振动效应。炸药在空气中爆炸将产生强烈的空气冲击波，任何爆破都可能产生爆破振动等有害影响，只有将这些有害影响控制在允许范围内，才能确保建（构）筑物及各种设施、设备的安全。

拆除爆破的危害主要体现在五个方面：①爆破飞石和拆除物碰撞引起的碎石，打坏玻璃、屋顶，打断通信线路，砸坏机械设备，甚至击伤旁观者与过往行人；②炸药爆炸产生的冲击波可能造成建筑物玻璃破碎、门窗损坏、砖墙开裂等；③爆破震动和拆除物的触地振动，损坏周围的建筑物，造成某些机械设备停止运转、供电中断等；④炸药爆炸产生的噪声会干扰附近居民休息、工作和学习；⑤拆除物倒塌产生的灰尘对周围环境的污染。近年来，因为上述危害导致的爆破悲剧也时有报道，因此有必要针对这些危害来展开拆除爆破安全技术的研究。

11.1　爆炸冲击波的控制

11.1.1　爆炸空气冲击波

炸药爆炸所产生的空气冲击波是一种在空气中传播的压缩扰动。这种冲击波是由于裸露药包在空气中爆炸所产生的高压气体冲击压缩药包周围的空气而形成的，或者由于装填在炮孔或药室中的药包爆炸所产生高压气体通过岩石的裂缝或孔口泄漏到大气中，冲击压缩周围的空气而形成的。这种空气冲击波具有比自由空气更高的压力，常常也会造成爆区附近建筑物的破坏、人类器官的损伤，并带来一定的心理反应，爆炸空气冲击波如图 11 -1 所示。

图 11 -1　爆炸空气冲击波

11.1.2　爆炸空气冲击波的超压计算

冲击波的破坏作用主要是其中的压缩部分引起的，实际上是由波阵面上的超压值 Δp 决定的，超压表示为

$$\Delta p = p - p_0 \tag{11-1}$$

式中，p_0 为空气中的初始压力，Pa；p 为空气冲击波波阵面上的压力，Pa。

（1）自由空气场：

无限空气介质中（自由空气场）爆炸存在相似规律得到人们的普遍共识。关于爆炸空气冲击波三个基本参数超压 P、压力区作用时间 τ、比冲量 i 的计算，均根据相似理论、通过量纲分析和实验标定参数的方法得到了相应的经验计算公式。这里我们根据相应的设计规范，采用如下的公式进行计算：

$$\Delta P_+ = \frac{0.082}{\bar{r}} + \frac{0.265}{\bar{r}^2} + \frac{0.686}{\bar{r}^3} \quad (1 \leqslant \bar{r} \leqslant 15) \tag{11-2}$$

式中，ΔP_+ 是冲击波超压值（冲击波压力值减去大气压），MPa；$\bar{r} = r/\sqrt[3]{M}$ 是比例距离，r 是距离爆点的真实距离，m；M 是炸药的等效 TNT 当量值，kg。

（2）自由水场：

$$\Delta P_+ = \frac{52.4}{\bar{r}^{1.13}} \tag{11-3}$$

从这个公式可以看出，自由水场中，同样 TNT 当量，同样距离处的冲击波超压远高于自由空气场中的数值。因此，水下爆炸是非常危险的。

（3）普通地面：

$$\Delta P_{+}=\frac{0.102}{\bar{r}}+\frac{0.399}{\bar{r}^{2}}+\frac{1.26}{\bar{r}^{3}}\quad(1\leqslant\bar{r}\leqslant10\sim15)\tag{11-4}$$

（4）刚性地面：

$$\Delta P_{+}=\frac{0.106}{\bar{r}}+\frac{0.43}{\bar{r}^{2}}+\frac{1.4}{\bar{r}^{3}}\quad(1\leqslant\bar{r}\leqslant15)\tag{11-5}$$

（5）标准土围：

$$\Delta P_{+}=\frac{0.41}{\bar{r}}+\frac{0.69}{\bar{r}^{2}}+\frac{0.668}{\bar{r}^{3}}\quad(1\leqslant\bar{r}\leqslant10\sim15)\tag{11-6}$$

注意到，上述的计算公式都是有适用范围的，使用时需要加以考虑。

爆炸产生的冲击波超压到达给定位置的时间的计算为

$$t_a=EXP[A+B\ln r_p+C(\ln r_p)^2+D(\ln r_p)^3+E(\ln r_p)^4+F(\ln r_p)^5]\tag{11-7}$$

式中，t_a 是冲击波到达时间，ms；r_p 是比例距离，其定义与前面的 $\bar{r}$ 相同，即 $r_p=r/\sqrt[3]{M}$，r 是关心位置到爆点的真实距离，m；M 是炸药的等效 TNT 当量值，kg。A，B，C，D，E，F 为系数常数，具体的数值如表 11－1 所示。

表 11－1　冲击波到达时间表达式中各个参数的数值

符号	A	B	C	D	E	F
数值	－0.713 7	1.573 2	0.556 1	－0.421 3	0.105 4	－0.009 29

通过上面的式子即可计算不同爆炸场景下，给定距离和 TNT 当量的爆炸冲击波超压值。

以上计算公式都是针对球形 TNT 装药爆炸的情况，当传播距离大于装药特征尺寸时，可按照式（11－7）进行计算。

对于其他类型的炸药，由于其爆热不同，这时应该利用能量相似原理，将其他的一定质量的炸药换算成等效 TNT 当量，换算公式如下：

$$G_e=G_{ei}\frac{Q_i}{Q_r}\tag{11-8}$$

式中，G_{ei} 为某炸药重量，kg；Q_i 为某炸药爆热，kcal/kg；Q_r 为 TNT 的爆热，取 $Q_r=1\ 000$ kcal/kg；G_e 为某炸药的 TNT 当量，kg。

11.1.3　爆炸空气冲击波毁伤效应

爆炸空气冲击波会对周围的人员、建筑设施、目标等产生毁伤，其毁伤效应的主要决定因素是爆炸冲击波超压峰值，表 11－2 中列出了在不同距离处的不同 TNT 当量爆炸物的自由场超压峰值。不同爆炸冲击波超压峰值范围下，人员、建筑设施、典型军事目标等的毁伤（杀伤）程度如表 11－3～表 11－5 所示。

表 11-2　不同距离处不同 TNT 当量爆炸物的自由场超压峰值（kPa）

药量/kg \ 距离/m	1.0	2.0	3.0	5.0	8.0	10.0	15.0
0.07	126.8	34.2	18.0	8.9	—	—	—
0.2	275.8	63.8	31.1	14.3	7.7	—	—
0.5	575.0	117.2	52.9	22.4	11.4	8.5	
1.0	1033.0	193.0	82.2	32.5	15.7	11.5	6.8
1.5	—	262.4	108	40.9	19.2	13.9	8.1
3.0	—	454.2	176.9	62.2	27.4	19.4	10.9
6.0	—	807.8	299.3	97.7	40.3	27.8	15.0
10.0	—	—	449.6	139.4	54.7	36.8	19.3

表 11-3　爆炸冲击波超压对人员的杀伤作用

冲击波超压 ΔP/MPa	人员杀伤程度
>0.1	死亡或致命伤
0.05~0.1	重伤（骨折或内出血）
0.03~0.05	中伤（内伤或耳膜破裂）
0.02~0.03	轻伤或耳鸣
<0.02	无伤

表 11-4　冲击波超压对不同建筑和设施的破坏程度

建筑物与设施种类	冲击波超压值 ΔP/kPa				
	完全毁伤	严重毁伤	中等毁伤	轻度毁伤	轻微损伤
钢筋混凝土建筑物	80~100	50~80	30~50	10~30	3~10
多层砖建筑物	30~40	20~30	10~20	5~10	2~5
单层砖建筑物	35~45	25~35	15~25	7~15	7~0.05
木建筑物	20~30	12~20	9~12	3~9	3~0.05
民用设施	100~150	60~100	20~60		—
铁路	30~50		15~30	10~15	—
铁路列车	10~20		4~10	3~4	—
工业钢架建筑物	50~80	30~50	20~30	5~20	3~5

表 11－5　冲击波超压对不同军事目标的破坏程度

飞机	超压大于 0.1 MPa 时，各类飞机完全破坏，可对应摧毁模式或一级毁伤； 超压为 0.05～0.1 MPa 时，活塞式飞机完全破坏，对应摧毁模式或一级毁伤，喷气式飞机受到严重破坏，对应重创模式或二级毁伤； 超压为 0.02～0.05 MPa 时，歼击机和轰炸机轻微损伤，对应压制模式或三级毁伤，运输机受到中等或严重破坏对应重创模式或二级毁伤
舰船	超压为 0.07～0.085 MPa 时，舰船受到严重破坏，对应重创模式或二级毁伤； 超压为 0.028～0.043MPa 时，舰船受到轻微或中等破坏，对应压制模式或三级毁伤
装甲车辆	超压为 0.035～0.3 MPa 时，轻型装甲车、自行火炮等受到不同程度的破坏； 超压为 0.045～1.5 MPa 时，坦克等重型装甲车等受到不同程度的破坏

11.1.4　爆炸冲击波防护

对爆炸冲击波的防护，即削弱冲击波对周围目标的作用。对于人员在遇到意外爆炸时，为了尽可能减弱冲击波的伤害，可以采取的措施有：①快速卧倒，以防止冲击波将人“推倒”而导致的摔伤，并能有效减小冲击波对人体的作用面积；②张开嘴，使人体内外气压尽可能平衡，以保护耳膜和肺部等薄弱器官；③寻找掩体并快速躲避，以利用掩体阻挡住冲击波的伤害，但需要注意冲击波的绕流作用。

11.2　爆炸高速破片的控制

11.2.1　爆炸高速破片场速度场计算

对于含有金属壳体的装药结构，内部装药在爆炸时，会强烈冲击外部的金属壳体，使金属壳体破碎，产生大量的高速破片（几百米到几千米每秒不等），可以对周围的物体和人员产生严重的伤害，如手雷就是利用这个原理产生杀伤作用的。因此，快速计算装药壳体的破片的平均速度，对于快速估计爆炸场破片作用非常重要。

根据前人的研究成果，在一定的装药质量和装药壳体质量条件下，对于整体式圆柱形战斗部产生的自然破片，弹体的破碎与弹体结构、装药种类、弹体材料等因素有直接关系。目前，多采用半经验公式计算破片数量。爆炸产生的高速破片场的平均初始速度可以通过经典的格尼（Gurney）公式计算得到，具体的计算公式如下：

$$V_0 = \sqrt{2E_0}\sqrt{\frac{C/M}{1+0.5C/M}} \tag{11-9}$$

式中，$\sqrt{2E_0}$ 是炸药的格尼常数，不同的炸药其数值不同，对于典型的 5 种炸药，其格尼常数如表 11－6 所示。C 和 M 分别是炸药装药的质量（单位：kg）和金属壳体的质量（单位：

kg)，因此，公式中的 C/M 即为装填比。

表 11－6　不同类型的炸药的格尼常数表

炸药类型	TNT	RDX	B 炸药	HMX	PBX－9404
$\sqrt{2E_0}$	2. 37	2. 83	2. 71	2. 97	2. 90

根据 Mott 破片分布公式得到破片的平均质量表达式：

$$m_{fi}=2A^2\frac{\delta_i^2(r_i+\delta_i)^3}{r_i^2}(1+0.5\alpha_i) \tag{11-10}$$

式中，r_i，δ_i 对应的是壳体的平均内径和壁厚，cm；A 为与装药类型有关的常数，$(g\cdot cm^{-3})^{1/2}$，当选择的炸药为 B 炸药时，$A=0.53$，当选择的炸药为 TNT 时，$A=0.42$；α 为炸药的装填比。从而破片的数量为：

$$N=\frac{M}{m_f} \tag{11-11}$$

采用 TNT 装药，不同装填比下破片的初速如表 11－7 所示。

表 11－7　采用 TNT 装药，不同装填比下破片的初速

装填比	0. 5	0. 6	0. 7	0. 8	0. 9	1. 0
破片初速/($m\cdot s^{-1}$)	1 499	1 610	1 707	1 792	1 867	1 935

11. 2. 2　高速破片杀伤范围计算

破片以初速 V_0 飞出后，经距离 s 后，其速度下降为

$$Vs=V\exp(-K_a s)$$

速度衰减系数为

$$K_a=\frac{C_p r_0 H(y) A}{2m}$$

式中，C_p 为大气阻力系数；r_0 为海平面空气密度，$r_0=1.225$（kg/m^3）；$H(y)$ 为高度 y 处对应的相对空气密度，即 $H(y)=r_H/r_0$，r_H 为高度 y 处的空气密度；A 为破片迎风面积。

1. 阻力系数

破片的阻力系数随破片形状和飞行速度而变，风洞试验证明，在破片的飞行马赫数 Ma＞3 的使用速度范围内，C_p 值可按如下公式求取：

球状破片：$C_p=0.97$；

立方体破片：$C_p=1.2852+1.0539/Ma$；

圆柱形破片：$C_p=0.8058+1.3226/Ma$；

菱形破片：$C_p=1.45-0.0389Ma$。

用于初步估算时，考虑到破片速度的实际范围已经超过 3 倍声速，故 C_p 壳体近似取：球形破片 0. 97，圆柱形破片 1. 17，菱形破片 $C_p=1.5$。

2. 空气相对密度

r_H 可根据遭遇点的高度，通过标准大气表差值计算得出。本书中的战斗部基本处于海平面爆炸，取 $r_H = r_0 = 1.225$ （kg/m^3）。

3. 破片的迎风面积

破片迎风面积是破片在飞行方向上的投影面积。由于破片在飞行时不断翻滚，因而除球形破片外，迎风面积一般为随机变量，其数值取数学期望值为

$$A = Fm^{2/3} \tag{11-12}$$

式中，F 为破片形状系数。各种形状的规则破片其 F 的计算如下：

球：$F = 3.07 \times 10^{-3}$；

立方体：$F = 3.09 \times 10^{-3}$；

圆柱体：$F = 1.03 \times 10^{-3} \dfrac{1.446 + 1.844(l/d)}{(l/d)^{2/3}}$；

长方体：$F = 1.03 \times 10^{-3} \dfrac{(l_1/l_3)(l_2/l_3) + (l_1/l_3) + (l_2/l_3)}{(l_1 l_2 l_3^2)^{2/3}}$

这里选择阻力系数最小的球形破片作为研究对象。破片质量设置为0.1～100 g，这个也是比较符合理论计算及仿真结果。飞散距离为10～3 000 m。

通过图11－2可以看出，在3 000 m内，破片的速度近似衰减到0 m/s，所以整个弹丸爆炸的安全距离在3 000 m内。

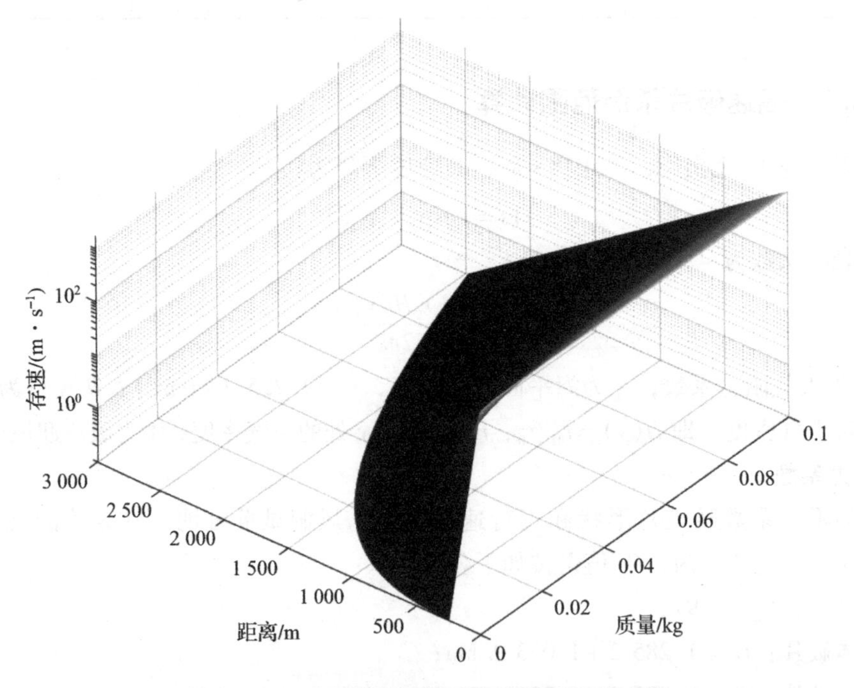

图11－2　不同质量的破片在不同距离处的存速

表11－8～表11－10中分别列出了初速为1 700 m/s的不同质量的球形破片、圆柱形破片和方形破片在典型距离处的速度，可以直观地看到其速度衰减规律。

表 11-8　不同质量的初速 1 700 m/s 的球形破片在典型距离处的速度

质量/g \ 距离/m	5	10	50	100	200	500	1 000	2 000	2 500
0.5	1 680.58	1 661.39	1 515.51	1 351.04	1 073.71	538.95	170.86	17.17	5.44
1	1 684.57	1 669.27	1 551.82	1 416.56	1 180.38	682.93	274.35	44.28	17.79
5	1 690.95	1 681.95	1 611.66	1 527.92	1 373.25	997.01	584.73	201.12	117.95
8	1 692.26	1 684.56	1 624.17	1 551.72	1 416.38	1 077.15	682.50	274.00	173.61
10	1 692.81	1 685.66	1 629.49	1 561.90	1 435.02	1 112.93	728.60	312.27	204.43

表 11-9　不同质量的初速 1 700 m/s 的圆柱形破片（长径比为 1）在典型距离处的速度

质量/g \ 距离/m	5	10	50	100	200	500	1 000	2 000	2 500
0.5	1 674.20	1 648.79	1 458.90	1 251.99	922.05	368.31	79.79	3.75	0.81
1	1 679.48	1 659.21	1 505.62	1 333.47	1 045.96	504.80	149.90	13.22	3.92
5	1 687.96	1 676.02	1 583.41	1 474.82	1 279.47	835.41	410.53	99.14	48.72
8	1 689.70	1 679.47	1 599.79	1 505.50	1 333.24	925.98	504.37	149.64	81.51
10	1 690.44	1 680.93	1 606.77	1 518.65	1 356.65	967.16	550.23	178.09	101.32

表 11-10　不同质量的初速 1 700 m/s 的方形破片在典型距离处的速度

质量/g \ 距离/m	5	10	50	100	200	500	1 000	2 000	2 500
0.5	1 669.87	1 640.28	1 421.66	1 188.90	831.45	284.40	47.58	1.33	0.22
1	1 676.04	1 652.42	1 475.03	1 279.84	963.52	411.13	99.43	5.82	1.41
5	1 685.94	1 671.99	1 564.51	1 439.82	1 219.45	740.87	322.87	61.32	26.72
8	1 687.97	1 676.02	1 583.45	1 474.89	1 279.58	835.60	410.72	99.23	48.78
10	1 688.83	1 677.73	1 591.52	1 489.97	1 305.88	879.20	454.70	121.62	62.90

11.2.3　高速破片的杀伤准则

1. 穿透 15 mm 均质装甲钢板

高速破片在空气中飞行并着靶时，其姿态都是随机的。因此不同形状的破片其着靶面积不同，因而，影响到其对靶板的极限贯穿速度。假定破片在着靶时将动能全部转换为对靶板的剪切能，则有

$$\frac{1}{2}s_b Sh = \frac{1}{2}m_f v_{50}^2 \tag{11-13}$$

$$v_{50} = \sqrt{\frac{s_b Sh}{m_f}} \tag{11-14}$$

式中，v_{50}为靶板的极限贯穿速度；h 为靶板厚度（mm）；s_b 为靶板的断裂强度（Mpa）；S 为破片的着靶面积；m_f 为单枚破片质量。破片的着靶面积 S 是随机的，与破片的形状系数有关。

2. 杀伤动能

杀伤动能是衡量目标被击毁或杀伤的重要指标。目标的性质不同，则杀伤或击毁目标所需要的打击动能就不同。这个动能称为杀伤准则，在世界各国中得到了广泛的应用。常见的杀伤动能如表 11－11 所示。

表 11－11　各种目标的破片杀伤动能标准

目标名称	破片最低质量/g	杀伤动能 /(kg·m²)	杀伤比动能 /(kg·m·cm⁻²)
人	1	8～10	2.6
马	4	19	10
飞机	—	25～40	—
金属飞机	2～11.6	100～250	—
4 mm 装甲	—	—	80
7 mm 装甲	—	200～220	—
10 mm 装甲	—	350	—
13 mm 装甲	—	590	—
12 mm 装甲	—	—	350
16 mm 装甲	—	1 040	—
飞机发动机	25～50	90～135	—
飞机汽油箱	20～30	20～30	—
飞机大梁	—	—	80
飞机蒙皮	—	—	25

11.2.4　爆炸高速破片的防护

爆炸破片的防护主要是利用先进的防弹材料，如金属材料、陶瓷材料、纤维复合材料、具有剪切增稠特性的液体装甲、非织造布的柔性装甲等，对高速破片进行拦截，以防止其对周围人员和目标的伤害。人员在遇到爆炸时，对于高速破片所采取的措施和爆炸冲击波类似，尽快卧倒或者寻找掩体。

11.3　爆炸高温火焰的控制

11.3.1　爆炸火焰场计算

爆炸通常会产生巨大的高温火焰，对周围的物体和生命造成伤害。因此，在爆炸实验前，我们需要预先估计爆炸产生的火焰场的火球直径以及火焰持续时间，一方面，可以估计合理的燃烧安全距离和时间，另一方面，也为爆炸实验的测量（如高速摄影）提供了可参考的数据。

爆炸产生的高温火焰场的火球直径以及火焰持续时间一般与装药量之间存在指数关系，具体的计算公式如下：

$$D = aW^b \tag{11-15}$$

$$t = cW^d \tag{11-16}$$

式中，W 为炸药的装药质量，kg；D 为爆炸火焰的直径，m；t 为爆炸火焰的持续时间，s；a，b，c，d 为常数系数，其具体的数值根据爆炸火球模型的不同而不同。比较常见的模型有 High 模型，Hasegava 模型、Rakaczky 模型、Roberts 模型、Moorhouse 模型和 ILO 模型六种。

上述的各个爆炸火球模型所对应的系数常数 a，b，c，d 的取值如表 11－12 所示。实际使用中，我们可以尝试选取不同的模型进行计算，并比较各个爆炸火球模型的计算结果，最后选择更符合真实情况的模型。

表 11－12　6 种不同的模型下爆炸火焰场的火球直径、火焰持续时间的计算公式中系数常数

爆炸火球模型	a	b	c	D
High 模型	3.86	0.32	0.299	0.32
Hasegava 模型	5.25	0.314	1.070	0.258
Rakaczky 模型	3.76	0.325	0.258	0.349
Roberts 模型	5.8	0.333	0.830	0.316
Moorhouse 模型	5.33	0.3	1.089	0.327
ILO 模型	5.8	0.333 33	0.45	0.333 33

下面给出采用 High 模型计算得到的不同的药量下的火球直径和火焰持续时间，如表 11－13 所示。

表 11－13 采用 High 模型计算得到的不同的药量下的火球直径和火焰持续时间

药量/kg	0.5	1	2	3	5	10
火球直径/m	3.09	3.86	4.82	5.49	6.46	8.07
火焰持续时间/s	0.24	0.30	0.37	0.43	0.50	0.63

11.3.2 爆炸火焰场的防护

爆炸火焰场对人员和目标的伤害主要是通过近距离引燃、火球热辐射或与其他毁伤共同作用的结果。由于爆炸火球直径有限，因此，对于人员来说，远离爆炸核心区域是避免爆炸火焰伤害的最直接有效的方法。此外，利用可快速熄灭或阻隔火焰的材料，也可以有效防护爆炸火焰的伤害，如低温液体、阻燃纤维等。

11.4 爆炸振动和噪声的控制

11.4.1 爆炸地震效应概述

爆破地震效应一般指爆破引起地层振动所产生的一切效应，也就是炸药在岩石中爆炸，其中部分爆炸能转化为弹性振动的地震波，对附近地层、建（构）筑物所产生的一切振动和破坏效应。

爆破中，药包在岩体质中爆炸时，除造成邻近药包周围的介质产生压碎和破坏外，应力传播过程中，强度迅速衰减，在远处虽不再引起岩质的破裂，但能引起介质质点弹性振动。这种弹性振动以弹性波阵面的形式继续向外传播，造成地面的振动。这种弹性波即是爆破地震波（简称地震波）。

地震波由若干种波组成，根据波阵面传播的途径不同，可以分为体积波和表面波两类。体积波存在于岩体体内，包括纵波和横波两种。纵波的特点是周期短、振幅小和速度快。横波周期长、振幅较大，速度比纵波小。表面波可分为瑞利波和勒夫波。勒夫波与横波相似，质点仅在水平方向做剪切变形，勒夫波不经常出现，只是在半无限介质上且至少覆盖有一层表面层时才会出现。瑞利波的特点是介质质点在与波面方向平行的竖直平面内沿椭圆轨道做后退式运动，它的振幅和周期较大，衰减较慢，速度比横波稍小。

体积波使岩石产生伸缩和扭曲变形，是爆破时造成岩石破裂的主要原因。表面波特别是其中的瑞利波，由于它的频率低、衰减慢、携带的能量较多，是造成地震破坏的主要原因。

11.4.2 爆炸振动强度的计算

目前拆除爆破中广泛采用质点振动速度作为衡量爆破震动强度的标准。

1. 爆破振动速度

一般矿山爆破中，爆破引起的质点振动速度按萨道夫斯基公式计算：

$$V = K\left(\frac{\sqrt[3]{Q}}{R}\right)^{\alpha} \tag{11-17}$$

式中，V 为质点振速，cm/s；Q 为炸药量，kg，齐发爆破为总炸药量，延期爆破为最大单响药量；R 为测点到爆心的距离，m；α 为地震波衰减系数，与地质条件有关，近区为 1.5～2.0，远区为 1.0～1.5；K 为介质系数，与介质性质、爆破方法等因素有关，一般 $K=50$～350，介质松软取大值。爆区不同岩性的 K、α 值如表 11－14 所示。

表 11－14　爆区不同岩性的 K、α 值

岩性	K	α
坚硬岩石	50～150	1.3～1.5
中硬岩石	150～200	1.5～1.8
软岩石	250～350	1.8～2

对于拆除爆破，由于装药量小，药包比较分散，自由面效应明显，质点振动速度的计算不同于一般矿山爆破，目前，普遍采用以下计算公式：

$$V = K \cdot K_{A}\left(\frac{Q^{\frac{1}{3}}}{R}\right)^{\alpha} \tag{11-18}$$

式中，V 指爆破引起地面质点垂直振速，cm/s；K_{A}、K 分别为与爆破点地形、地质等条件有关的系数和衰减指数；Q 为延时爆破最大齐爆药量，kg；R 指爆心到测点的距离，m。

2. 触地振动计算

城市拆爆中，被爆体的触地振动有时候是不容忽略的，其产生的危害甚至有可能超过爆破震动。建筑物倒塌后的触地振动速度一般按以下经验公式计算：

$$v = k\left(I^{1/3}/R\right)^{\alpha} \tag{11-19}$$

式中，I 为触地冲量，N·s，$I=M\ (2gH)^{1/2}$，其中 M 为建筑物的质量，kg，H 为建筑物重心高度，m；k、α 为和介质有关的常数。

11.4.3　爆炸振动的控制及降振措施

爆破破坏主要依赖于炸药爆炸所产生的波动，因此，完全不产生超出破碎圈进一步传播开去的冲击波的爆破是不可能的，但是可采取一些措施来控制和减弱爆破的振动效应。减轻爆破振动的方法，最基本的一条是要正确进行爆破作业，即要确定恰当的最小抵抗线和装药量，利用尽可能多的自由面，最大限度地利用爆破能进行破碎。现在常用以下的措施来控制和减弱爆破振动效应。

1. 选取合理的孔网参数

根据爆破机理的微分原理，为达到安全、合理的目的，使炸药均匀地分布在被爆岩体中，防止能量过于集中，达到减小爆破振动强度的目的，这就要求爆破设计中选取比较合理的孔网参数。

2. 选取合适的炸药单耗

单位炸药消耗量，是爆破设计中计算炸药量一个非常重要的参数，它除对保证爆破效果起决定作用外，还影响着爆破振动的强度。单位炸药消耗量过高会引起强烈的振动和空气冲击波；单位炸药消耗量过低则会造成岩石的破碎不充分和松动不良，大部分能量消耗在振动上。最优的炸药单耗，要通过现场测试和长期实践来确定。

3. 利用微差起爆技术

微差起爆，就是将爆破的总药量进行分组并以毫秒级的时间间隔进行顺序起爆，这完全符合爆破机理的微分原理，对减弱爆破地震效应有很大作用。大量的试验研究表明，在总装药量及其他条件相同的情况下，微差起爆的振动强度要比齐发爆破降低 1/3 ~ 2/3。确定微差时间的原则是使前后起爆的炸药量产生的地震波主振不相重叠；并且选取的微差时间应使前后起爆的炸药量产生的地震波互相干扰。国内矿山一些工程试验表明，采用微差起爆后，与齐发爆破相比，平均降振率为 50% 左右。微差段数越多，降振效果越好。

实践证明，段间隔时间大于 100 ms，降振效果比较明显，间隔时间小于 100 ms 时，各段爆破产生的地震波尚不能显著分开。

4. 控制单响药量

一次爆破时的最大炸药量与爆破振动的强度成正比，一次爆破药量越大，爆破振动强度越大，所以在利用微差起爆时可采用增加雷管的段别、减少同段雷管起爆药量来减小爆破地震强度。

5. 选择合理的炸药品种

试验研究表明，炸药的波阻抗不同，爆破振动强度也不同，ρD 越大，爆破振动强度也越大。炸药的波阻抗 ρD 越接近岩石的波阻抗 ρC，则振动强度会更大。所以应根据岩石的物理性质选择合适的炸药品种。某隧道工程中，在二号岩石硝铵炸药中混入 13% 的添加剂，制成低爆速炸药，使二号岩石硝铵炸药的爆速从 3 200 m/s 降至 1 800 m/s，振动观测表明，降振效果可达 40% ~ 60%；采用小直径（ϕ = 20 mm）的不耦合装药，也能达到一定的降振效果。

6. 采用预裂爆破或开挖降振沟槽

在爆破体与被保护体之间，钻凿不装药的单排防振孔或双排防振孔，可以起到降振效果，降振率可达 30% ~ 50%。防振孔的孔径可选取 35 ~ 65 mm，孔间距不大于 25 cm。

采用预裂爆破，与打防振孔相比要减少钻孔量，并可取得更好的降振效果，但应注意预裂爆破时产生的振动效应。预裂孔和防振孔都应有一定的超深 h，一般取 20 ~ 50 cm。

当介质为土层时，可以开挖降振沟，沟宽以施工方便为前提，并应尽可能深一些，以超过药包底部 20 ~ 50 cm 为好。

作为预裂用的孔、缝和沟，应注意防止充水，否则不能起到降振效果。

7. 选择合理的掏槽形式

隧道爆破中掏槽是爆破成败的关键，也是产生最大爆破振动速度的主要震源。为了达到降振的目的，根据岩石的性质，选择合理的掏槽形式。如大断面的隧道，可以选择斜眼掏槽。断面较小的隧道，可以选择中空直眼掏槽。

8. 拆除爆破中的降振措施

对于建筑物拆除爆破，应适当加大预拆除部位，以减少爆破钻孔数；对基础部位采用分部爆破拆除方式、低爆速炸药或采用静态破碎剂，均可控制和减弱爆破的振动效应；还可以通过改善爆破设计，如采用折叠式拆除爆破，以降低爆破振动影响；可在地面预铺松散的砂层和煤渣等降振物，铺设降振埂，可有效地控制高大建筑物爆破塌落振动。

11.4.4　爆炸噪声的控制

爆破噪声主要是由冲击波造成气体压力脉动而产生的，噪声声压级达到 150 dB 时，能使人的听力发生障碍，因此爆破产生的噪声都不能超过 140 dB。《爆破安全规程》规定，城市拆除爆破噪声不能大于 120 dB。爆破噪声的控制可采用以下方法。

1. 从声源上加以控制

降低噪声声源是控制噪声最有效和最直接的措施。

（1）采用多分段的装药爆破方式，尽量减小一次齐发爆破药量。应尽量避免在地面敷设雷管和导爆索，当不能避免时，应采取覆盖的措施。

（2）采用延期爆破，不仅能降低爆破的地震效应，还能降低爆破噪声。实践证明，只要布局合理，采用秒或毫秒延期爆破，可降低噪声强度的 1/3～1/2。

（3）采用水封爆破。爆破时，在覆盖物上面再覆盖水袋不但可以降噪还可以防尘。水封爆破一般可以降低噪声强度的 2/3。

（4）避免炮孔间的总延期时间过长。

（5）控制钻孔精度，孔间距、排距一致，以防出现后爆炮孔抵抗线过小而加大噪声。保证填塞质量和长度，加强覆盖。

（6）控制一次爆破规模。严格控制单位耗药量、单孔药量和一次起爆药量。

（7）安排合适的爆破时间。避开人流高峰期的时段，避免在早晨或下午较晚的时候进行爆破，以减少因大气效应而引起的噪声增加。爆区周围有学校、医院、居民点时，应与各有关单位协商，实施定点、准时爆破。

2. 从传播途径上加以控制

设置遮蔽物或充分利用地形地貌。在爆源与测点之间设置遮蔽物，如防护排架等，可阻碍和扰乱声波的正常传播，并改变传播的方向，从而可较大地降低声波直达点的噪声级。

注意方向效应。当大量炮孔以很短的延发时间相继起爆时，各单孔爆破产生的噪声可能在某一特定方向上叠加从而形成强大的爆破噪声。爆破噪声在顺山谷或街道方向，其传播距离也会大大增加。

11.5　爆破飞石的控制

随着城市建设速度的加快，拆除爆破越来越多。拆除爆破的施工环境大多复杂，周围经常有住宅、水电管网等需要保护的建（构）筑物。爆破飞石的产生会造成财产损失甚至人员伤亡。因此，拆除爆破中飞石的控制是一个重要指标。

11.5.1　爆破飞石的产生原因

爆破飞石是指爆破时产生的个别飞散较远的碎块。由于其飞行方向难以预测，往往会给爆区附近的人员、建筑物及设备等带来严重的威胁。通过文献资料统计和高速摄影分析，拆除爆破中产生的飞石主要有以下四种类型：

（1）炸药爆炸后，介质表面在爆破鼓包运动作用下，大面积或整体性地向前抛掷形成飞石。

（2）爆破时，局部介质破碎后呈放射线飞散形成飞石。

（3）爆破时，由于炸药爆炸而生成的高速爆轰气体从介质的软弱夹层或炮孔堵塞部分冲出，使个别介质碎块加速抛射形成飞石。

（4）对烟囱、水塔等高耸建筑物进行爆破时，其定向或坍塌时以很高的速度和动能冲击地面，部分介质碎块从地面反弹飞出，或者结构物落地处的碎渣、石子等没有清理干净，在结构物倒塌落地瞬间，受其冲击而获得能量和速度向外弹射形成飞石。

爆破飞石的形成是一个十分复杂的过程，造成飞石的因素很多，最主要的有现场方面的原因、设计方面的原因和施工方面的原因。

1. 现场方面的原因

（1）爆区测量有误差。爆区地形和被爆体测量误差太大时，在设计作图时就不能正确反映最小抵抗线的方向、大小。

（2）对被爆体资料掌握不够。未能完全掌握爆破体的性质、结构、软弱部位等方面的情况，导致设计中将药包布置在软弱部位、裂缝、混凝土接缝附近，因而产生飞石。

（3）爆区勘测不详细。爆区地面已有碎渣、石子等覆盖层没有详细掌握，无法采取相应措施来预防飞石的危害。

2. 设计方面的原因

（1）爆破参数选择有误。如选取单位炸药消耗量过大时，就会造成大量飞石超出安全距离，导致安全事故的发生。

（2）炮眼位置布置不当。爆前对被爆介质中的裂隙、软弱夹层或原结构的工程质量、结构、布筋情况等了解不够，导致炮孔被布置在这些薄弱部位，造成高温、高压的爆生气体夹带个别碎块从薄弱部位率先冲出而形成飞石。

（3）爆破器材或起爆顺序选择不合理。若选择的起爆形式或起爆顺序不能给炮孔爆破创造自由破碎条件，后起爆炮眼会因夹制作用太大，形成“冲天炮”而引起飞石事故。

（4）延期时间不合理。实践证明，微差爆破延期间隔时间过长容易产生飞石。

3. 施工方面的原因

（1）炮孔位置和质量未严格按设计位置和标准施工，改变了最小抵抗线和装药量，导致实际药量与设计药量不符而引起飞石。

（2）装药失误。在施工中由于误装药，或颠倒了装药顺序、起爆顺序而造成飞石。

（3）堵塞质量不合格。施工中，炮孔附近的碎石未清理干净、堵塞长度不够、堵塞不严或堵塞材料质量差都会引起飞石。

（4）施工操作不当。施工中操作不慎，折断了起爆线路或连线不合格，造成少数炮孔拒爆，使部分炮孔受到夹制或改变了最小抵抗线大小及方向而引起飞石。

（5）检查核实工作不到位。施工人员没有按设计参数进行施工，管理人员又没有核查到位，就会导致大量飞石的产生（图 11－3）。

图 11－3　爆破飞石

11.5.2　爆破飞石的防护

飞石的最大抛掷距离一般按式（11－20）估算：

$$R_f = 20n^2WK_f \tag{11-20}$$

式中，R_f 为飞石抛掷距离，m；n 为最大药包的爆破作用指数；W 为最大药包的最小抵抗线，m；K_f 为安全系数，一般选用 1～1.5。在爆破设计与分析中，这一经验公式经常被国内学者采用。

根据对爆破飞石的类型、产生的原因及其运动规律的分析，在熟悉被爆体力学性能和结构特点的基础上，设计和施工中可以采取如下主动控制措施：

（1）优选爆破参数。选取适宜的孔距、排距、最小抵抗线等爆破参数，准确选取炸药单耗，并尽可能使产生飞石的主要方向避开重要保护对象及人员密集的方向。

（2）保证堵塞质量。堵塞要密实、连续，堵塞物中应避免夹杂碎石，并保证堵塞长度不小于最小抵抗线值。

（3）合理布置药包位置。根据被爆介质的性质和爆破要求，合理布置药包的位置，并严格控制药量，在设计和施工中切忌将药包布置在软弱夹层、裂隙、混凝土接触缝附近。

（4）选用较低爆速的炸药，并采用不耦合装药、非连续装药等装药结构，设计合理的起爆顺序和最佳的延期时间。

在目前的爆破技术条件下，并不能杜绝个别飞石的产生。因此，爆区附近必须进行必要的被动防护：

（1）覆盖防护是覆盖在爆破体上的防护，这是拆除爆破中的主要防护方法。覆盖材料应便于固定、不易抛撒和折断，并能防止细小碎块的穿透。因此，选用的覆盖材料应该具有一定的强度和韧性。常用的覆盖防护材料有草袋（或草帘）、废旧胶带（或胶管）编制的胶帘、荆笆（竹笆）和铁丝网等。

（2）近体防护指在爆破体附近设置的防护，亦称二次防护。近体防护一般采用悬挂防护物的围挡排架，防护物可用荆笆、铁丝网或尼龙帆布，排架可用杉木杆、毛竹或钢管做骨架。近体围挡防护要有一定的高度和长度，可根据爆破时抵抗线的方向可能出现的飞石高度，再由围挡防护排架距爆破体的距离来估算。

（3）保护性防护指当在爆破危险区域或爆破点附近，有重要机器设备或设施需要保护时，在被保护的物体上再进行遮挡或覆盖防护。根据不同的保护对象，防护材料可选用草袋、荆笆（竹笆）、钢丝网、木板、方木或圆木等。

11.6 爆破粉尘的控制

在爆破作业过程中，粉尘是大量存在的，如果对粉尘处理或防护不当则有可能导致人员伤亡。露天爆破的粉尘主要来源于穿孔爆破（占35%）、装运（占40%）和已沉降在爆区地面的粉尘。对于矿山生产爆破及城市建筑拆除爆破，爆破粉尘是伴随爆破瞬间产生的，随后扩散到整个空间，然后进入大气流扩散到地表。如图11-4所示。

图11-4 爆破粉尘

11.6.1 爆破粉尘的产生及其特点

爆破粉尘的来源可分为施工准备阶段产生的粉尘和施爆阶段产生的粉尘。施工准备阶段产生的粉尘主要有：拆除物表面附着的粉尘；凿岩机钻孔形成的粉尘；砖墙及楼板落地冲击地面或断裂时产生的粉尘；预处理时锤击砖墙及楼板时产生的粉尘。施爆阶段产生的粉尘主要有：炮孔周围介质被炸药粉碎，断裂和破坏过程中产生的粉尘；构件触地解体时产生的粉尘；拆除物倒塌时折断处及相互碰撞形成的粉尘；建筑物倒塌时扬起的粉尘；由爆炸冲击波掀起的积尘；随爆生气体飘散的粉尘等。

爆破粉尘的特点主要有以下几点：

（1）浓度高。爆破瞬间，每立方厘米空气里含有数十万颗尘粒，以重量计，浓度可达到1 500~2 000 mg/m^3。

（2）扩散速度快、分布范围广。由于粉尘受建筑物倒塌形成的高压气流和爆生气体为主的气浪的作用，其扩散速度很快，可以达到7~8 m/s，瞬间扩散范围达几十米甚至上百米。

（3）滞留时间长。由于爆破粉尘带有大量的电荷，因而可长时间飘浮在空气中。同时，由于尘粒粒度小（粒度多处在0.01~0.10 mm之间）、重量轻、矿尘表面积大，其吸附空气的能力也较强，在粉尘的表面形成一层空气膜，导致粉尘不易降落，可以长时间地悬浮于空气中，对环境的污染持续时间较长。

（4）吸湿性良好。爆破粉尘的主要成分为SiO_2、黏土和硅酸盐类物质等，亲水性较强，因此采用湿式除尘会获得较好的效果。

11.6.2　爆破粉尘的危害

爆破产生的粉尘中有部分粒度非常细微，容易随气流混入空气并与空气形成气溶胶，能在空气中长期悬浮和飘移，在其表面会吸附多种有机物和无机物（尤其是重金属），并在颗粒表面发生一系列化学反应，有可能改变物质的化学形态和生物毒性。这些粉尘可进入人体鼻孔、呼吸道、肺部，引起不同程度的危害。

另外，爆破粉尘还对环境产生较大的影响：一是在有浓密电网和有精密、复杂仪器设备的地方可能引起电路的短接，影响电力的供应、设备的正常工作；二是与空气作用形成气溶胶并在空中长时间地飘浮，影响采光和降水的清洁度；三是沉降在各类建筑物、物体表面影响其清洁和美观。

11.6.3　现有降尘技术

1. 水预湿被爆体降低爆破粉尘技术

该技术从爆破扬尘的粒度分布及尘粒运动特性入手，研究了尘粒在气体中的运动，得到尘粒在飘撒运动过程中，有三种颗粒间力即范德华力、静电力和液体桥联力（液桥力）对其沉降起到制约作用。但在干燥尘粒流和湿润尘粒流中起主导作用的颗粒间作用力是不同的。在干燥情况下，尘粒间不存在液桥力，起主导作用的是范德华力；在湿润情况下，液桥力起主导作用，并且液桥力比静电力和范德华力要大得多。液桥力的产生，将促进尘粒的凝聚，使小尘粒积聚成大尘粒，加速尘粒的沉降，从而起到降尘作用。同时由于液桥力较大，通过液桥力被黏结起来的粉尘的起动风力增强，与干燥尘粒相比，不易被扬起，这就是水预湿被爆体的降尘机理。实施时，将爆破对象在爆前用水淋湿，借助粉尘颗粒间液桥力的作用来达到降低爆破破碎时产生粉尘的目的，但被爆体的含水率难以准确把握，现有研究认为，当被爆体水分达到4%以上时，降尘率相对稳定并不再提高；此外，在水中适当加入添加剂以提高气液界面张力也可增强降尘效果。

2. 水幕帘降低爆破粉尘技术

该技术针对施工辅助阶段和施爆阶段分别采取技术措施。第一阶段主要进行湿式打眼，喷水润湿预处理墙体或板件，预先加大范围喷淋并湿透预处理墙体或板件的着地点；第二阶段主要是在柱、梁和墙的爆点处设置水袋，在楼层空旷区域悬挂盛水容器，在楼层面设置蓄水池以及在楼层面钻孔注水湿润预制板件等。施爆时产生的高压气体得到释放并膨胀，水在瞬间被雾化并形成大面积的水幕帘，从而捕捉、吸附和沉淀粉尘，且水袋中泼溅而出的水还可有效地实现（二次）降低爆破粉尘的目的。现有案例表明，与不做防尘处理的拆除爆破相比，进行防尘处理的拆除爆破的爆后粉尘减少80%以上。

3. 新型水炮泥降尘技术

该技术是在普通水炮泥袋中直接加入一定量的添加剂（主要由吸水性很强的无机盐类以及表面活性剂配制而成），注满水后形成一定浓度的添加剂溶液，和普通水炮泥一样直接装入炮眼使用。在俘获粉尘能力方面，加入添加剂后溶液的表面张力比纯水低，且其润湿粉尘的能力又比水高，因此在爆破时的高温高压作用下，添加后的水溶液被汽化及雾化的程度远比纯水溶液高，溶液润湿与黏结粉尘的能力也得到了加强。在雾化效果方面，根据液体雾化参数韦伯数，加入添加剂后，一是表面张力降低提高了液体的雾化效果，二是液体密度增大提高了液体的雾化效果。在对粉尘沉降速度影响方面，新型水炮泥水溶液的密度较纯水大，所以已汽化的溶液重新凝结成极细的雾滴与矿尘相撞时，因其所形成的凝结核或被雾滴所湿润的矿尘密度均较大，较纯水更容易沉降，在相同时间内，其粉尘沉降效果要比纯水好。因此，加入添加剂的新型水炮泥溶液，其溶液表面张力的降低和湿润能力的加强可以更好地俘获粉尘；优化的雾化效果可以提高其接触粉尘的概率；溶液密度的增加可以加快被俘粉尘沉降的速度。

4. “环保型”降尘技术

该技术是基于爆破粉尘防控方法应运发展起来的。爆破粉尘污染的防控方法主要有通风防尘、工艺防尘和湿式防尘。通风防尘应用最早且行之有效，但只能起到稀释、转移粉尘的作用，其应用范围受限。工艺防尘措施主要包括保证堵塞长度、采用炮孔孔底起爆、控制炸药的包装材料、完善炸药配方、采用挤压爆破或松动爆破等。湿式防尘措施主要有充水药室爆破、水塞爆破、用胶糊填塞炮孔、爆破区洒水、泡沫覆盖爆区、人工降雨、人工降雪等。另外，随着石油化工工业的迅速发展，利用泡沫覆盖爆区、富水胶冻炮泥降尘以及表面活性剂溶液降尘等措施也已成为降低爆破扬尘的一个重要途径。

11.7 爆破有害气体的预防

炸药除用于军事目的外，大量应用于矿山、基础建设以及城市控制爆破工程。在炸药爆炸后，有时工作人员需要立即作业，炸药爆炸产生的有毒气体将直接影响操作人员的身体健康，尤其是在一些通风不良的场所，如坑道、矿井等爆炸作业场所，其危害更大。此外，大量的有毒气体散布于空气中，也会造成环境的污染。因此，有毒气体产物的含量已成为炸药特别是工业炸药的一项重要性能指标。

11.7.1 爆破有害气体的产生

现代工业炸药主要为有机和无机的硝胺化合物、硝基化合物和各种含碳化合物，以及以金属无机盐如 NaCl 作为消焰剂的化学成分，此外还有氯酸盐炸药和含硫炸药。一般来说，炸药爆炸会生成一氧化碳（CO）和氮的氧化物（N_nO_m），此外，在含硫矿床中进行爆破作业，还可能产生二氧化硫（SO_2）和硫化氢（H_2S）。上述四种气体都是有害气体，凡是炸药爆炸后含有上述一种或一种以上的气体总称爆破有害气体，人体吸入后轻则中毒重则死亡，据我国部分冶金矿山爆破事故统计，因爆破有害气体中毒的死亡事故占整个事故率的 28.3%。

我们知道，从元素组成来说，炸药通常是由碳（C）、氢（H）、氧（O）、氮（N）四种元素组成，其中碳、氢是可燃元素，氧是助燃剂，氮一般是载氧体。炸药爆炸的过程就是可燃元素与助燃元素发生极其迅速和猛烈的氧化燃烧反应，反应的结果必然出现三种情况：有时氧较多而剩余，称为正氧平衡；有时碳、氢元素较多而氧不足，称为负氧平衡；有时正好吻合，即氧完全氧化，与碳原子生成 CO_2，与氢原子生成水，则称为零氧平衡。正氧平衡过大的炸药爆炸时，过剩的氧将使氮元素氧化成氮氧化物（NO、N_2O_5）；负氧平衡过大的炸药爆炸时，由于氧不足，碳原子不能完全氧化，因而生成较多的一氧化碳（CO）。在爆破工程中，即使零氧平衡的炸药，因为爆炸时周围介质也会参加反应及整个过程的复杂性，仍然会生成相当数量的有害气体。

11.7.2 爆破有害气体对人体的危害

1. 一氧化碳

一氧化碳是炸药爆炸时产生的主要有害气体，它是无色、无嗅的气体，其密度为空气的 0.97，化学性质不活泼，在常态下不能和氧化合，但当浓度为 13%～75% 时，能引起爆炸。一氧化碳与红细胞中血红素的亲和力比氧气的亲和力大 250～300 倍，它被吸入人体后，阻碍了氧和血红素的正常结合，使人体各部组织和细胞产生缺氧现象，引起中毒以至死亡。

一氧化碳中毒的特征是两颊有红斑，口唇呈桃红色。一氧化碳中毒的程度和速度决定于下列因素：空气中一氧化碳的含量；人体呼吸含有一氧化碳气体的时间、呼吸频率、深度以及血液循环的速度。它的中毒程度可分为三种：①轻微中毒：有耳鸣、头痛、头晕和心跳加速等症状；②严重中毒：除上述症状外，还有肌肉疼痛、四肢无力、呕吐、感觉迟钝和丧失行动能力；③致命中毒：丧失知觉、痉挛、心脏及呼吸骤停。

2. 氮的氧化物

爆破气体中氮的氧化物主要包括 NO、N_2O_3、NO_2/N_2O_4 等，一般以 NO_2/N_2O_4 为代表。一氧化氮（NO）是无色无味气体，其密度是空气的 1.04 倍，略溶于水。它与空气接触即产生复杂的氧化反应，生成 N_2O_3。二氧化氮（NO_2）是棕红色有特殊气味的气体，性能不稳定，低温易变为无色的硝酸酐（N_2O_4）气体。常温下，NO_2/N_2O_4 混合气体中 N_2O_4 占多数，但受热即分解为 NO_2。因此，一般认为这类混合气体在低浓度、低压力下稳定形式是 NO_2。NO_2/N_2O_4 密度是空气密度的 1.59 倍和 3.18 倍，故爆后可长期渗于碴堆与岩石裂隙，不易被通风驱散，出碴时往往挥发伤人，危害很大。

N_2O_3 是一种带有特殊化学性质的气体或混合气体，其物理性质类似 NO 与 NO_2 的等分子混合物。它的密度是空气的 2.48 倍，能被水或碱液吸收产生亚硝酸或亚硝酸盐。NO_2/N_2O_4 与 N_2O_3 易溶于水，当吸入人体肺部时，就在肺的表面黏膜上产生腐蚀，并有强烈刺激性。这些气体会刺激鼻腔和眼睛，引发咳嗽及胸口痛，低浓度时导致头痛与胸闷，浓度较高时可引起肺部浮肿而致命。这些气体具有潜伏期与延迟特性，开始吸入时不会有任何征候，但几个小时（长达 12 h）后剧烈咳嗽并吐出大量带血丝痰液，常因肺水肿死亡。

NO 难溶于水，故不是刺激性的，其毒性是与红细胞结合成一种血的自然分解物，损害血红蛋白吸收氧的能力，导致产生缺氧的萎黄病。研究表明，NO 毒性虽稍逊于 NO_2，但它常有可能氧化为 NO_2，故认为两者都是具有潜在剧毒性的气体。

3. 硫化物

硫化氢是一种无色有臭鸡蛋味的气体，密度是空气密度的 1.19 倍，易溶于水，1 个体积水中能溶解2.5个体积H_2S，故它常积存巷道积水中。H_2S能燃烧，自燃点为260 ℃，爆炸上限45.50%，爆炸下限4.30%。H_2S具有很强的毒性，能使血液中毒，对眼睛黏膜及呼吸道有强烈刺激作用。当空气中H_2S浓度达到0.01%时即能闻到气味，流鼻涕；浓度达到0.05%时，0.5～1.0 h即严重中毒；浓度达到0.1%时，短时间内就有生命危险。

二氧化硫是一种无色、有强烈硫黄味的气体，易溶于水，密度是空气密度的2.2倍，故它常存在于巷道底部，对眼睛有强烈刺激作用。SO_2与水汽接触生成硫酸，对呼吸器官作用，刺激喉咙、支气管发炎，呼吸困难，严重时引起肺水肿。当空气中SO_2浓度为0.000 5%时，即能闻到气味；浓度0.002%时有强烈刺激，可引起头痛和喉痛；浓度0.05%时即引起支气管炎和肺水肿，短时间内人就会死亡。

11.7.3 防范措施

1. 优选炸药品种，严格控制一次起爆药量

在井巷爆破掘进过程中，应根据工作面的实际情况，选用合适的炸药品种，如工作面积水时，应选用抗水型炸药，否则炸药受潮将会影响爆轰传播的稳定性，同时还会产生大量有毒气体；对于低温冻结井施工，应选用防冻型炸药，否则炸药也会因不完全爆炸或爆轰中断，产生大量有毒气体；此外由于爆破产生的有毒气体量与炸药用量成正比，严格控制起爆药量，可以有效地降低爆破有毒气体生成量。

2. 控制炸药的外壳材料质量

为了防潮，粉状炸药常采用涂蜡纸壳包卷，由于纸和蜡均为可燃物质，爆破过程中夺取炸药中的氧分子，易使炸药成分在爆炸时发生负氧平衡反应。在氧量不充裕的情况下，会产生较多一氧化碳气体，因此，限定每100 g炸药的纸壳和涂蜡质量分别不超过2.0 g和2.5 g。

3. 保证炮孔堵塞长度和堵塞质量

保证炮孔堵塞长度和堵塞质量，能够使炸药发生爆炸时、介质在碎裂之前，装药孔洞内保持高温、高压状态，有利于炸药充分反应，减少有毒气体生成量。而且足够的堵塞长度和良好的堵塞质量，还会减少未反应或反应不充分的炸药颗粒从装药表面抛出反应区，也能降低空气中的有毒气体含量。

4. 采用水炮泥或放炮喷雾

炸药爆炸时会形成高温高压环境，炸药爆炸后，水炮泥的水由于爆炸气体的冲击作用形成一层水幕，起到了降低温度、缩短爆炸火焰的作用，有灭尘和吸收炮烟中有毒气体的作用，有利于改善工人劳动条件。据试验测定：用水炮泥可使煤尘浓度降低近50%，一氧化碳的含量可减少35%，二氧化氮可减少45%。由于爆破产生的某些有毒气体易溶于水，因此在放炮时，采用自动喷雾设施进行喷雾，既能起到降尘作用，又能有效减少有毒气体含量，使炮烟毒性降低。

5. 采用正向起爆方式

采用正向起爆方式时，炮泥开始运动的时间比反向起爆推迟，间接地起到了增加炮孔堵塞长度的效果，使炸药反应完全程度提高，从而降低有毒气体生成量。

11.8　爆破中外来电流的预防

一切与专用起爆电流无关而流入电雷管或电爆网路中的电流都叫做外来电流。当这种外来电流的强度达到某一值时就可能引起电雷管的早爆。因此，为了保证爆破作业的安全，在进行电爆作业时必须把外来电流的强度控制在允许的安全界限内（即低于爆破安全规程中所规定的安全电流）。

在爆破工地可能遇到的外来电流主要包括：由雷电引起的闪电和静电；由于电气设备绝缘不好和接地不当而引起的大地杂散电流；由发射机发射的高频射频电；由交变电磁场引起的感应电流；由用压气输送炸药颗粒所引起的静电。

11.8.1　雷电引起早爆的预防

雷电是自然界的静电放电现象。为了防止雷电引起早爆应采取以下措施：

（1）雷雨季节宜采用非电起爆法；

（2）在露天爆区不得不采用电力起爆系统时，应在区内设立避雷针系统；

（3）在雷雨多发地区和季节，宜将一切通往爆区的导体（如铁轨、金属管道）暂时切断，以防止电流流入爆区；

（4）如正在装药连线时出现了雷电，应立即停止作业，爆区作好警戒，将全体人员撤离到安全地点；

（5）对硐室爆破，遇有雷雨时，应立即将各导硐口的引出线端头放入口至少 2 m 的悬空位置上。同时将所有人员撤离到安全地区。

11.8.2　静电引起早爆的预防

露天深孔爆破在采用压气装填粉状炸药时，特别是在干燥地区，施工人员穿的化纤衣物或其他绝缘的工作服相互摩擦所产生的静电和压气装药系统所产生的静电是引起早爆的主要原因。为防止由静电引起的早爆，可采取以下措施。

（1）爆破现场作业人员严禁穿着化纤、毛与化纤混纺的衣物，特别是不能将毛衣与化纤衣物重叠穿着。

（2）采用导爆索网路和孔口起爆法。在装药过程中避免了电雷管出现。其缺点是：消耗大量导爆索，成本高；爆破效果不如孔底起爆法可靠，特别是对较深的炮孔。

（3）采用抗静电雷管。塑料或纸壳电雷管，有着与大地绝缘的外壳，阻碍管壳与引火头之间放电，有着抗静电的性能。这种雷管目前尚不能制成分段的微差雷管。

我国还研制了半导电塞雷管，在管壳与引火头间放电时，用半导电塑料塞代替普通雷管的绝缘塞，作为放电途径。这种抗静电雷管引火头与管壳间的最小起爆能比普通电雷管高 150 倍以上。

（4）采用半导电输药管。对输药管的要求是既能导出孔内的静电，又能防止杂散电流的导入。我国目前采用的半导电输药管，是用加入适量乙炔炭黑的橡胶或塑料制成的，其体

积电阻为 10^3 ~10^4 Ω·cm。很多国家规定，输药管总电阻不超过 10^6 Ω。

(5) 装药设备系统接地。金属装药器若是靠胶轮移动的，应设专门的接地线。接地线禁止通过风水管、铁轨或其他永久接地物接地以防止产生杂散电流。

为了使装药设备系统接地良好，输药管程不断与孔壁接触；持管人员应穿导电或半导电胶鞋，或手持一根接地线操作。

除此以外，我国矿山部门还在操作上提出一些措施，简单易行，对预防静电引起雷管早爆，行之有效。这些措施是：①禁用断桥丝电雷管；②在满足装药质量要求的前提下，尽量降低装药压力；③电雷管脚线短路并接地；④禁止打干眼；⑤操作者接触雷管前除电。

通过以上方法，结合现场情况采取综合措施可以有效防止静电引起电雷管和装药的早爆现象的发生。

11.8.3 杂散电流引起早爆的预防

杂散电流是指来自电爆网路之外的电流，如动力或照明电路的漏电、隧道施工运输或井下架线电机车牵引网路的漏电、高压线路的漏电电流等。这些杂散电流容易引起电爆网路发生早爆事故，应当进行监测，并采取以下措施：

(1) 采用电雷管起爆时，装药前应检测爆区内的杂散电流。杂散电流超过 30 mA 时，应采取降低杂散电流强度的有效措施，或采用抗杂散电流的电雷管或改用非电起爆系统。

(2) 减少杂散电流的来源。如采取措施以减少电机车和动力线路对大地的电流泄漏；在进行大规模爆破时，采取局部停电或全部停电；防止将硝铵炸药撒在潮湿的地面上等。

(3) 采用抗杂散电流的电雷管或采用防杂散电流的电爆网路。

(4) 避免金属物体及其他导电体装入有电雷管的炮孔内。

11.8.4 射频电流引起早爆的预防

由无线广播、雷达、电视发射台等发射的射频能达到一定强度时，能够产生引发电雷管的电流，因而在地面，特别是城市拆除爆破中，应对射频能引起重视。

电爆网路中感生的射频电流强度取决于发射机的功率、频率、距离和导线布置情况。因而，为防止射频电流引起的早爆事故，首先应了解爆区附近有无射频源，了解各种发射机的频率和功率，并用射频电流仪进行检测。同时，还可采取如下措施：

(1) 确定合理的安全距离。

(2) 在有发射源附近运输电雷管或在运输工具装有无线发射机时，应将电雷管装入密闭的金属箱中。

(3) 对民用或不重要的发射机，爆破作用时可进行协调临时关闭，停止工作。

(4) 手持式或其他移动式通信工具进入爆区应事先关闭。

(5) 采用非电起爆网路。

11.8.5 感应电流引起早爆的预防

动力线、变压器、电源开关和接地的回馈铁轨附近，都存在一定强度的电磁场，在这样的环境下实施电雷管起爆，电起爆网路可能产生感应电流。如果感应电流达到一定强度，就可能起爆电雷管，造成事故。

感应电流产生的条件是存在闭合电路，因此在连接起爆网路时，具有较大的危险性。感应电流可用杂散电流测定仪配合环路线圈进行测定。通过测量，可判定感应电流的大小和最大感应电流的方向。

预防感应电流的危害，可采取以下措施：

（1）电爆网路平行输电线路时，应尽可能远离。

（2）两根母线、连接线尽量靠近。

（3）炮孔间尽量采用并联，少采用串联。

（4）采用非电起爆网路。

11.9　爆破中盲炮的预防和处理

盲炮指瞎炮，又名误炮，是炮眼或深孔中的起爆药包经点火或通电后，雷管与炸药全部未爆或只爆雷管而炸药未爆的现象。盲炮对人身的危险性极高，是目前矿山爆炸事故的主要原因之一。针对盲炮做必要的分析，及时的发现盲炮并予以处理，降低爆破事故的发生率，对指导矿山的安全生产具有重要意义。

11.9.1　盲炮产生的原因

1. 爆破器材质量问题

其主要包括雷管和炸药两大问题。雷管储存在空气潮湿的库房内，会使其引药受潮、桥丝生锈等造成雷管的敏感度下降而无法起爆。或使用超过存储有效期限失效或者变质的炸药，从而使起爆感度和爆轰稳定性减小导致炸药拒爆。

2. 爆破网路设计问题

主要包括设计的起爆网路不当、起爆方式及起爆器材的选择等因素。如设计起爆网路时，孔内使用低段别雷管，孔外使用高段别雷管，造成先爆破孔损坏后爆破孔传爆网路，孔距、排距、最小抵抗线等参数设计时的不准确都会导致盲炮的产生。

3. 施工管理和操作问题

现场爆破负责人、爆破员、安全员等不具备相应的专业资质，没有经过岗位安全培训便上岗，在实际操作中产生的一些问题。

11.9.2　盲炮的发现及处理

可以采用数码电子雷管，通过测量爆破地震波判断炮孔的实际起爆时间，然后和设计的延时作对比，能够判断出已爆与未爆的雷管段别，从而确定是否存在盲炮，以及盲炮的大体位置，目前已被成功运用。

盲炮发现以后，首先建立警戒线，疏散无关人员，保护作业现场，等待爆破员来处理。爆破员查找出现盲炮的原因并制定最优处理方案。对于雷管响了炸药未爆或只爆一半，可以直接用电铲挖掘，也可以用木、竹或其他不产生火花的材料制成的工具，轻轻地将炮孔内的填塞物掏出，用药包诱爆；采用平行装药起爆时，浅孔平行孔距盲炮不应小于0.3 m，深孔不少于10倍的炮孔直径。对于非抗水硝铵类炸药，将填塞物掏出，再向孔内灌水使之失效。

常用的处理盲炮中的残药方法包括重新起爆法、打平行眼装药爆破法、诱炮法、用水冲洗法等。

1. 裸露爆破的盲炮处理

安置新的起爆药包（或雷管）重新起爆或将未爆药包回收销毁。对于未爆炸药受潮变质的处理方式是将变质炸药取出销毁，重新敷药起爆。

2. 浅孔爆破的盲炮处理

可钻平行孔装药爆破，平行孔距盲炮孔不应小于0.3 m。另外，也可在安全地点外用远距离操纵的风水喷管吹出盲炮填塞物及炸药，但应采取措施回收雷管。

3. 深孔爆破的盲炮处理

对于爆破网路未受破坏，且最小抵抗线无变化者，可重新连接起爆；最小抵抗线有变化者，应验算安全距离，并加大警戒范围后，再连接起爆。如若爆破网路受到破坏，可在距盲炮孔口不少于10倍炮孔直径处另打平行孔装药起爆。对于非抗水炸药，且孔壁完好时，可取出部分填塞物向孔内灌水使之失效，然后做进一步处理，但应回收雷管。

4. 其他盲炮处理

制定安全可靠的处理办法。特别在地震勘探爆破发生盲炮时应从炮孔或炸药安放点取出拒爆药包销毁；不能取出拒爆药包时，可装填新起爆药包进行诱爆。

对于雷管未响炸药未爆的情形，可在浅孔不小于0.3 m处，深孔不少于10倍的炮孔直径处打平行孔，进行诱爆，将其带响。也可在盲炮周围清挖岩土，待露出雷管后，将其取出，随后按照雷管响药未爆的情况加以处理。

11.9.3 盲炮的预防

1. 严把器材质量关

严格落实爆破使用的雷管和炸药的储存管理制度，不发放不达标的雷管，杜绝使用不同厂家、不同型号的雷管。也不使用过期变质的炸药。如遇水孔时，应当使用防水型炸药，在装药过程中，匀力缓慢将炸药送入，不得乱捅硬捅，避免在装药过程中出现“压死”现象，导致盲炮事故的发生。

2. 优化网路设计

设计员在爆破施工设计时，应全面了解爆破区域地质地形条件，以及所使用炸药和爆炸器材的性能，在起爆网路选择时，应根据现场作业情况实施改变。在选用爆破器材时，不得选用不同厂家甚至不同批次的器材。

3. 提高施工质量

施工过程中技术人员做到全程参与。从布孔、设计、施工、爆破及爆后总结都全程参与，做到全面了解，过程监控，做好工前技术交底，使每一位爆破作业人员都明确爆破基本情况、注意事项及采用的网路等问题。并且对爆破作业人员进行爆破安全技术基础知识和爆破技术培训，增强爆破安全意识，提高爆破施工操作技能。

盲炮主要还是以预防为主。使用合格的爆破器材，按照合理的网路设计施工，遵守工艺安全规程操作，采取有效的安全防范措施，可以减少盲炮的产生，从而提高爆破效率和爆破作业的安全系数。

11.10　爆破安全技术处理方法

1. 严格落实各项安全规定

在具体爆破施工过程中，务必严格按照相关施工安全规定及要求展开作业。如要求爆破作业人员需持证上岗，需经过专业、系统性的专业技能和安全知识等学习和培训，具备高度安全意识，在具体作业时应当严格按照相关作业规定来执行和落实。

2. 爆破前警戒线的设置

开展爆破作业前，必须设置相应区域内的警戒线，且在起爆前需保证警戒线范围内没有人员活动，并鸣笛、发视觉信号等以便周边人群接收到警戒信号并及时进行撤离，以确保安全范围外周边人群得以有效地分散，当全面保证所有人员均转移到安全区域后方可实施爆破。当完成爆破以后，由于烟雾属于有害物质，所以需要烟雾分散且通风完全后方可安排施工人员入场施工。

3. 科学准确的确定爆破参数

炮孔的直径将会对爆破块度、炸药单耗、炮孔数量、凿岩效率以及巷道周壁的平整程度产生较大影响。加大炮孔直径情况下，能够较为集中药包爆炸能量，且可以在一定程度上提升其爆速和爆轰稳定性。但是一味增加炮孔直径会大大减小凿岩的速率，并且缩小炮孔数量，对于矿山爆破会降低岩石破碎质量，使得爆破效果无法达到预期。因而结合爆破段内岩石的存在形式与风化程度等情况来有针对性的优化选取垂直炮孔或水平炮孔。

4. 科学设置爆破现场的安全网络

在进行爆破安全技术管理过程中，工作人员需要尽可能使用计算机信息技术来监管作业，建设实时系统来对爆破人员的工作情况进行监测。如若出现爆破安全事故，需要在第一时间把控事故的发展态势，防止事故进一步恶化，并且避免再次出现类似施工，尽可能减低由此引发的人身财产损失。对于发生的安全事故，必须要在第一时间采用相应的应对策略，安全负责人在事先就需要全方位考虑整体爆破环节，并科学制定有效的安全应急方案。

5. 正确使用爆破用药及其数量

单孔装药量在很大程度上影响炸药的单耗。对深孔实施爆破时，通常要求结合具体采取的炸药类型、岩石坚固程度、爆破确定的自由面数量以及作业人员的工艺技术等因素来确定单耗，因此，要结合具体情况来准确计算出实际使用的炸药数量。

6. 完善爆破危害控制工作

结合工程实际需求、实施对象、爆破规模以及环境等多方面因素，制定相关防护技术及措施，以达到爆炸能量和岩体破碎等的控制，从而实现预期目标。与此同时，需对爆破后破碎物飞散、噪声、冲击波及其方向等各项内容进行有效的控制，并最终实现爆破危害及效果的合理控制。

参考文献

[1] 刘殿中．工程爆破实用手册［M］．北京：冶金工业出版社，1999.
[2] 李守巨．拆除爆破中的安全防护技术［J］．工程爆破，1995，1（1）：71－75.
[3] 张翠兵，张承珍，邓志勇，等．11 层钢筋混凝土框架楼房爆破拆除［J］．工程爆破，2003，9（2）：30－33.
[4] 梁开水，王斌．武汉饭店大楼拆除爆破安全技术研究［J］．武汉理工大学学报，2002（5）：68－70.
[5] 周磊．盲炮的分析及预防［J］．化工管理，2016（1）：145.
[6] GB 6722—2014 爆破安全规程［S］．中国国家标准化管理委员会，2014.
[7] 孙宗席．探槽爆破施工中电爆网路外来电流预防技术［J］．探矿工程（岩土钻掘工程），2017，44（12）：91－94.
[8] 陆克松，陆天龙．矿山爆破安全与技术的探析［J］．中国金属通报，2020（08）：213－214.